Einführung in die Modelltheorie

Philipp Rothmaler

Einführung in die Modelltheorie

Vorlesungen

Ausgearbeitet von Frank Reitmaier

Spektrum Akademischer Verlag Heidelberg · Berlin · Oxford

Die Deutsche Bibliothek – CIP-Einheitsaufnahme

Rothmaler, Philipp:
Einführung in die Modelltheorie : Vorlesungen / Philipp Rothmaler. Ausgearb. von Frank Reitmaier. – Heidelberg ; Berlin ; Oxford : Spektrum, Akad. Verl., 1995
ISBN 3-86025-461-8

Einbandgestaltung: Kurt Bitsch, Birkenau
Druck und Verarbeitung: Franz Spiegel Buch GmbH, Ulm

Spektrum Akademischer Verlag Heidelberg · Berlin · Oxford

Vorwort

Dieses Buch wendet sich an diejenigen, die einen ersten Einblick in die Modelltheorie der Logik erster Stufe (auch Prädikatenlogik genannt) und deren algebraische Anwendungsmöglichkeiten erlangen möchten. Dabei sind keine Vorkenntnisse aus der Logik nötig - obgleich solche nützlich wären. Lediglich aus der Algebra wird beim Leser eine gewisse Vertrautheit mit Vektorräumen, Gruppen, Ringen und Körpern im Rahmen allgemeiner mathematischer Kultur vorausgesetzt.

Das Buch entstand aus einer Ausarbeitung meiner Vorlesung zur Modelltheorie im Wintersemester 1992/93 an der Christian-Albrechts-Universität zu Kiel vor Studenten verschiedener, auch niederer Semester durch einen der Hörer, Frank Reitmaier. Herr Reitmaier hat das Manuskript mit großem Engagement erstellt - wofür ich ihm an dieser Stelle herzlichst danke - und dabei natürlich einen eigenen Stil eingebracht. Dieser ist sicher nicht immer der meinige, aber vielleicht und hoffentlich kommt er den studentischen Anforderungen besonders entgegen. Großer Dank gilt besonders Matthias Clasen und Thomas Rohwer und weiterhin Andreas Baudisch, Arnold Oberschelp, Klaus Potthoff, Hans Röpcke, Thomas Wilke und (last, but not least) Martin Ziegler. Sie alle haben auf ihre Weise - sei es durch gründliche Korrektur oder anderweitige wertvolle Hinweise - diesem Buch zu seiner endgültigen Form verholfen. Die Verantwortung für dennoch verbliebene Mängel liegt allerdings ganz auf meiner Seite.

Kiel im Mai 1995 Ph. Ro.

Inhalt

Aufgepaßt !
Kosma Prutkov (1803-1863)
Früchte der Reflexion (Aphorismus 42)

Einleitung

Die Modelltheorie ist, wie die mathematische Logik selbst, ein relativ junges Gebiet. Sie beinhaltet das Zusammenspiel zwischen Aussagenmengen und deren Modellen - also im weitesten Sinne das Zusammenspiel zwischen Syntax und Semantik einer formalisierten Sprache. Wir beschränken uns auf die Modelltheorie der Logik *erster* Stufe, denn sie hat besonders schöne und nützliche Eigenschaften.

Die Entwicklung der Modelltheorie geht einher mit der ihrer Anwendungen in anderen mathematischen Disziplinen. Dabei bildet die Algebra einen Schwerpunkt, auf den wir uns hier konzentrieren. Hinweise auf weitere Anwendungsgebiete und zur Modelltheorie anderer Logiken finden sich im Literaturverzeichnis am Ende des Buches.

Die Gliederung wurde möglichst dicht gehalten, da es sich um eine Einführung in das Gebiet handelt, und somit der Leser aufgefordert ist, sich nicht nur ihm neue Methoden anzueignen, sondern einen möglicherweise ungewohnten Begriffsapparat zu verinnerlichen. Aus einem eingeführten Begriff oder einer eingeführten Methode wird jeweils durch deren Anwendung auf spezielle Probleme unmittelbarer Nutzen zu ziehen versucht, was bedeutet, daß die Abhandlung nicht in einen abstrakten (Einführungs-) Teil und einen konkreten (Anwendungs-) Teil zerfällt, sondern eher stufenweise diese beiden abwechseln läßt. Die Gliederung spiegelt das wider, sowohl in den römisch numerierten Teilen als Ganzes, als auch innerhalb derer in den einzelnen Kapiteln.

So werden in Teil II zunächst Konsequenzen des Endlichkeitssatzes behandelt (nebst einigen grundlegenden Sprechweisen bezüglich Axiomatisierungen und mengentheoretischem Handwerkszeug), bevor in Teil III zentrale modelltheoretische Begriffe und Methoden eingeführt werden. Es ließe sich sagen, daß es in Teil III vor allem um die für die Modelltheorie grundlegende Kategorie der Modelle einer Theorie geht, deren Morphismen die elementaren Abbildungen sind - wir werden allerdings keinen weiteren Bezug auf Kategorientheorie nehmen. Der zentrale Begriff von Teil IV ist schließlich der des Typs.

Was die Gliederung darüber hinaus widerspiegelt, ist die historische Entwicklung der Modelltheorie. Ausnahmen bilden dabei nur das grundlegende Cantorsche ordnungs- bzw. mengentheoretische Instrumentarium (§§7.3 bis 7.6) und der Beweis des Endlichkeitssatzes in §4.3, den wir hier nicht, wie allgemein üblich, aus dem Gödelschen Vollständigkeitssatz der Logik erster Stufe ableiten, sondern mittels der viel später entwickelten Ultraproduktmethode gewinnen. Das erlaubt uns, den gesamten, hier nicht benötigten Ableitungskalkül zu vermeiden und ausschließlich semantisch zu argumentieren*. Ansonsten ergibt sich folgendes chronologische Bild: Teil I behandelt Grundlagen, die in den 20er und 30er Jahren entwickelt wurden. Dies sind im einzelnen der Strukturbegriff (Kapitel 1) und die entsprechenden Sprachen erster Stufe (Kapitel 2) sowie deren Verknüpfung durch den Tarskischen Wahrheitsbegriff (Kapitel 3). Teil II behandelt den fundamentalen Endlichkeitssatz (Kapitel 4) und erste modelltheoretische Resultate der 30er und 40er Jahre, die im wesentlichen mittels des Endlichkeitssatzes erzielt wurden - wenn auch die aus sprachlichen und weltpolitischen Gründen international

---

*) Ich danke Herrn Thomas Wilke für die Anregung, den Ableitungskalkül aus einer solchen Vorlesung über Modelltheorie konsequent zu verbannen.

erst später beachteten tieferliegenden gruppentheoretischen Ergebnisse von Malcev (Kapitel 6) bereits die von A. Robinson systematisch benutzte Diagrammethode und die in der Entscheidbarkeitstheorie von Tarski, Mostowski und Robinson in den 50er Jahren entwickelte und heute in der Stabilitätstheorie zentrale Methode der Interpretationen vorwegnehmen. Es wird in diesem Teil ferner erklärt, warum der Endlichkeitssatz auch Kompaktheitssatz heißt (§5.7). Teil III ist dann dem Aufbau des in den 50er Jahren entstandenen Begriffsapparates und damit zusammenhängenden Ergebnissen über Beziehungen zwischen Modellen gewidmet. Daraus ergeben sich algebraische Anwendungen wie der Hilbertsche Nullstellensatz als Konsequenz der von Robinson nachgewiesenen Modellvollständigkeit der Theorie der algebraisch abgeschlossenen Körper und ein Satz von Chevalley über konstruktible Mengen als Folgerung aus der Quantorenelimination von Tarski und Robinson für eben diese Theorie (§9.5, vgl. auch §9.6). Allgemein modelltheoretische Anwendungen betreffen z.B. diverse Erhaltungssätze (§§6.1 und 10.2-3). Teil IV orientiert sich schließlich an der Entwicklung der 60er Jahre, als der Typenbegriff eine entscheidende Bereicherung und Verfeinerung der Theorie ermöglichte. Die ersten drei Kapitel (11 bis 13) führen mehr oder weniger direkt zum Satz von Vaught, daß eine abzählbare Theorie nicht genau zwei abzählbare Modelle haben kann. Obwohl der Inhalt dieser Behauptung exotisch erscheinen mag, ranken sich durch dessen Beweis grundlegende modelltheoretische Methoden wie die der saturierten und atomaren Modelle, Vermeidung von Typen etc. (Wie so oft in der Mathematik ist der Beweis nützlicher als das Resultat selbst.) Im letzten Kapitel wird der Stoff durch eine ausführliche Untersuchung der Modellklasse der vollständigen Theorie der abelschen Gruppe der ganzen Zahlen illustriert. En passant werden einige stabilitätstheoretische Begriffe eingeführt und eine Verbindung zur einschlägigen neueren Literatur hergestellt. In einem separaten Anhang werden Literaturhinweise allgemeinerer Natur gegeben.

Einige weitere historische Angaben finden sich im Text. Dem diesbezüglich interessierten Leser seien die außerordentlich aufschlußreichen Bemerkungen an den Kapitelenden von Wilfrid Hodges' Buch *Model Theory* ans Herz gelegt.

Übungsaufgaben sind über den Text verstreut, meist aber am Ende eines jeden Paragraphen zu finden. Sie sind durch ein Ü gekennzeichnet.

Die logische Abhängigkeit der einzelnen Paragraphen ist der oben beschriebenen stufenweisen Darstellung entsprechend weitestgehend linear, wobei die mit einem * gekennzeichneten Abschnitte ohne Verlust für das weitere Verständnis übersprungen werden können. Die beiden letzten Kapitel sind mehr oder weniger unabhängig lesbar. Sicher könnten auch die körpertheoretischen Anwendungen ausgelassen werden, was allerdings meinen Intentionen zuwider liefe, ist doch die Theorie der (algebraisch abgeschlossenen) Körper wesentliches Vorbild für die Herausbildung der modelltheoretischen Klassifikationstheorie von Morley und Shelah, die ein Kernstück der heutigen Modelltheorie bildet.

- 'S wird schließlich nichts
gesagt, was nicht bereits gesagt wär, früher mal.
Drum ist's nur billig, ihr versteht und ihr verzeiht,
wenn die Modernen tun, was Ältre oft getan.
Gebt acht und seid schön stille, paßt mir ja fein auf,
damit ihr durchblickt ...

P. Terentius Afer (2. Jh. n. Chr.)
Eunuchus (Prolog)

Bezeichnungen

Folgende Symbole und Schreibweisen werden ohne gesonderte Einführung benutzt.

$X \subseteq Y$, $Y \supseteq X$	X ist Teilmenge von Y, Y umfaßt X
$X \subset Y$, $Y \supset X$	X ist echte Teilmenge von Y, Y umfaßt X echt
$\mathcal{P}(Y)$	Potenzmenge von Y, d.h. $\{X : X \subseteq Y\}$
$X \Subset Y$	X ist endliche Teilmenge von Y
$X \cup Y$	Vereinigung von X und Y
$X \dot{\cup} Y$	disjunkte Vereinigung von X und Y, formal $X \dot{\cup} Y = (X \times \{0\}) \cup (Y \times \{1\})$
$X \cap Y$	Durchschnitt von X und Y
$X \setminus Y$	Differenz der Mengen X und Y
$X \times Y$	kartesisches Produkt von X und Y, d.h. $\{(x,y) : x \in X \text{ und } y \in Y\}$
$\lvert X \rvert$	Mächtigkeit von X
$\emptyset$	leere Menge
${}^{Y}X$ oder auch X^{Y}	Menge der Abbildungen von Y nach X
$(a_i : i \in I)$	eine durch I indizierte Familie, also die Funktion aus ${}^{I}\{a_i : i \in I\}$ mit $i \mapsto a_i$ (ist I wohlgeordnet, spricht man von einer Folge)
$(a_0,\ldots,a_{n-1})$	n-Tupel, d.h. Folge der Länge n
$\bar{a}$	Tupel, d.h. endliche Folge
X^n	Menge aller n-Tupel von Elementen aus X
$l(\bar{a})$	Länge des Tupels $\bar{a}$, also n, wenn $\bar{a} \in X^n$
$\bar{a}{}^\wedge\bar{b}$	Konkatenation der Tupel $\bar{a}$ und $\bar{b}$, also $(a_0,\ldots,a_{n-1},b_0,\ldots,b_{m-1})$, falls $\bar{a} = (a_0,\ldots,a_{n-1})$ und $\bar{b} = (b_0,\ldots,b_{m-1})$
$f\,g$	Hintereinanderausführung der Abbildungen f und g, d.h. $(f\,g)(x) = f(g(x))$
$\mathrm{dom}\, f$	Definitionsbereich von f
$f \restriction X$	Einschränkung von f auf eine Menge $X \subseteq \mathrm{dom}\, f$

$f[X]$	Bild einer Menge $X \subseteq \mathrm{dom}\, f$ unter f
$f[\bar{a}]$	$(f(a_0),\ldots,f(a_{n-1}))$, wenn $\bar{a} = (a_0,\ldots,a_{n-1})$ und $a_i \in \mathrm{dom}\, f \quad (i < n)$
id_X	identische Abbildung auf einer Menge X (einfach nur id, falls der Kontext klar ist)
$\mathbb{N}, \mathbb{Z}, \mathbb{Q}, \mathbb{R}, \mathbb{C}$	Mengen der natürlichen (einschließlich 0), ganzen, rationalen, reellen und komplexen Zahlen
$\mathbb{P}$	Menge der Primzahlen
$\mathcal{R}[x_1,\ldots,x_n]$	Ring aller Polynome in den Unbekannten $x_1,\ldots,x_n$ mit Koeffizienten aus dem Ring $\mathcal{R}$
$\mathcal{H} \triangleleft \mathcal{G}$	die Gruppe $\mathcal{H}$ ist Normalteiler der Gruppe $\mathcal{G}$

I. Grundlagen

1. Strukturen

Betrachten wir zunächst einige Beispiele. Wir können die Menge $\mathbb{Z}$ der ganzen Zahlen als additive Gruppe, multiplikative Halbgruppe oder als Ring auffassen, was dadurch geschieht, daß wir gewisse neutrale Elemente und Operationen spezifizieren. In den obigen drei Fällen wären das $(0;+)$, $(1;\cdot)$ bzw. $(0,1;+,\cdot)$. Gegebenenfalls kann die Umkehroperation $-$ hinzugefügt werden oder auch die Ordnungsrelation $<$. Es hängt von dieser Wahl ab, mit welcher Struktur auf $\mathbb{Z}$ wir es zu tun haben. Eine solche Auswahl geschieht durch die Vorgabe einer Signatur.

1.1. Signaturen

Unter einer **Signatur** σ verstehen wir ein Quadrupel $(\mathcal{C},\mathcal{F},\mathcal{R},\sigma')$ bestehend aus einer Menge $\mathcal{C}$ von **Individuenkonstanten**, einer Menge $\mathcal{F}$ von **Funktionskonstanten**, einer Menge $\mathcal{R}$ von **Relationskonstanten** und einer **Signaturfunktion** $\sigma' : \mathcal{F} \cup \mathcal{R} \to \mathbb{N}$. Die Mengen $\mathcal{C}$, $\mathcal{F}$ und $\mathcal{R}$ seien stets paarweise disjunkt. Die Elemente von $\mathcal{C} \cup \mathcal{F} \cup \mathcal{R}$ heißen **nichtlogische Konstanten**. Oftmals identifizieren wir eine Signatur mit der Menge ihrer nichtlogischen Konstanten. So heißt die Mächtigkeit der Menge $\mathcal{C} \cup \mathcal{F} \cup \mathcal{R}$ auch **Mächtigkeit** der Signatur σ, in Zeichen $|\sigma|$. Einstellige Relationskonstanten heißen auch **Prädikate**. Eine Signatur mit $\mathcal{C} = \varnothing$ heißt **konstantenlos**. Eine Signatur mit $\mathcal{C} \cup \mathcal{F} = \varnothing$ heißt **rein relational**.

Die Signaturfunktion ordnet jeder nichtlogischen Konstanten aus $\mathcal{F} \cup \mathcal{R}$ ihre Stellenzahl zu, d.h. $f \in \mathcal{F}$ ist ein $\sigma'(f)$-stelliges Funktionssymbol, $R \in \mathcal{R}$ ist ein $\sigma'(R)$-stelliges Relationssymbol. Da man jede Individuenkonstante $c \in \mathcal{C}$ auch als (konstante)

Funktion mit dem einzigen Wert c ansehen kann, können wir c als 0-stellige Funktion auffassen und die Signaturfunktion auf alle nichtlogischen Konstanten ausdehnen, indem wir $\sigma'(c) = 0$ für alle $c \in \mathcal{C}$ setzen.

Bei Angabe einer Signatur werden zumeist die nichtlogischen Konstanten explizit angegeben. Hierbei werden $\mathcal{C}$, $\mathcal{F}$ und $\mathcal{R}$ jeweils durch ein Semikolon getrennt. Wir schreiben z.B.
$\sigma =_{\text{def}} (0,1;+,\cdot;<)$ mit $\sigma'(+) = \sigma'(\cdot) = \sigma'(<) = 2$ und definieren damit eine Signatur mit den Individuenkonstanten 0 und 1, den zweistelligen Funktionskonstanten $+$ und $\cdot$ und der zweistelligen Relationskonstante $<$. Die Signaturfunktion wird oftmals auch weggelassen, sofern die Zeichengebung eine Stellenzahl nahelegt.

1.2. Strukturen

Sei eine Signatur σ gegeben.
Für jede Menge M können wir eine "Bedeutung" von σ in M festlegen, indem wir Elemente, Funktionen bzw. Relationen in bzw. auf M wählen, die durch die entsprechenden nichtlogischen Konstanten aus σ bezeichnet werden sollen. Jede solche "Lesart" der nichtlogischen Konstanten einer Signatur in einer gegebenen Menge bestimmt eine sogenannte Struktur dieser Signatur, die also damit für jede Individuen-, Relations- und Funktionskonstante genau eine Interpretation bereithält, die den Vorgaben der Signatur (bzgl. Stellenzahl und Art) entspricht.

Sei $\sigma = (\mathcal{C},\mathcal{F},\mathcal{R},\sigma')$ eine Signatur.
Eine σ-**Struktur** $\mathcal{M}$ ist ein Quadrupel $(\mathrm{M},\mathcal{C}^{\mathcal{M}},\mathcal{F}^{\mathcal{M}},\mathcal{R}^{\mathcal{M}})$ bestehend aus einer beliebigen Menge M (der **Trägermenge** oder dem **Universum** von $\mathcal{M}$, deren Elemente auch **Individuen** (von $\mathcal{M}$) genannt werden) und die Familien $\mathcal{C}^{\mathcal{M}} = (c^{\mathcal{M}} : c \in \mathcal{C})$,

$\mathcal{F}^{\mathcal{M}} = (f^{\mathcal{M}} : f \in \mathcal{F})$ und $\mathcal{R}^{\mathcal{M}} = (R^{\mathcal{M}} : R \in \mathcal{R})$, wobei $c^{\mathcal{M}} \in$ M für alle $c \in \mathcal{C}$, $f^{\mathcal{M}}$ eine $\sigma'(f)$-stellige Funktion von M nach M für alle $f \in \mathcal{F}$ und $R^{\mathcal{M}}$ eine $\sigma'(R)$-stellige Relation auf M (also eine Teilmenge von $\mathrm{M}^{\sigma'(R)}$) für alle $R \in \mathcal{R}$ ist. Die **Mächtigkeit** $|\mathcal{M}|$ einer σ-Struktur $\mathcal{M}$ ist die Mächtigkeit $|\mathrm{M}|$ ihrer Trägermenge M. Ist P eine nichtlogische Konstante von σ, so heißt $P^{\mathcal{M}}$ auch die **Interpretation** von P in $\mathcal{M}$.

Leere σ-Strukturen gibt es also genau dann, wenn $\mathcal{C}$ leer ist, d.h., wenn σ konstantenlos ist.

Für eine konstantenlose Signatur σ bezeichne $\varnothing_\sigma$ die leere σ-Struktur.

Die Schreibweise einer σ-Struktur orientiert sich an der Schreibweise der Signatur, d.h. es gelten auch hierfür die unter §1.1 angegebenen Vereinbarungen. Ist ferner $R \in \mathcal{R}$ ein n-stelliges Relationssymbol und $(a_0,\dots,a_{n-1}) \in R^{\mathcal{M}}$, so schreiben wir auch $R^{\mathcal{M}}(a_0,\dots,a_{n-1})$ oder (mit Bezug auf die später zu definierende Modellbeziehung) $\mathcal{M} \models R(a_0,\dots,a_{n-1})$. Analog schreiben wir bei Funktionen $f^{\mathcal{M}}(a_0,\dots,a_{n-1}) = b$ oder $\mathcal{M} \models f(a_0,\dots,a_{n-1}) = b$.
Für n-Tupel $(a_0,\dots,a_{n-1})$ verwenden wir auch die Kurzschreibweise $\bar{a}$. Die Schreibweise $f(\bar{a})$ bzw. $R(\bar{a})$ beinhaltet dann die *unausgesprochene Voraussetzung*, daß die Stellenzahl von f bzw. R der Tupellänge von $\bar{a}$ entspricht.

Beispiel: Betrachte $\sigma = (0,1;+,\cdot;<)$ mit $\sigma'(+) = \sigma'(\cdot) = \sigma'(<) = 2$. Wir können jeden angeordneten Ring $\mathcal{R}$ (vgl. §5.5) als σ-Struktur $(\mathrm{R};0^{\mathcal{R}},1^{\mathcal{R}};+^{\mathcal{R}},\cdot^{\mathcal{R}};<^{\mathcal{R}})$ auffassen, wobei die nichtlogischen Konstanten aus σ durch die entsprechenden Relationen, Funktionen (Operationen) bzw. Konstanten interpretiert werden. So gilt z.B. $\mathcal{R} \models 0 < 1$, bzw. gleichbedeutend $0^{\mathcal{R}} <^{\mathcal{R}} 1^{\mathcal{R}}$.

Ü1. Finde eine geeignete Signatur für die Beschreibung von Vektorräumen über einem fixierten Körper $\mathcal{K}$.

1.3. Homomorphismen

Von grundlegender Bedeutung für Vergleiche verschiedener Strukturen derselben Signatur sind Abbildungen, die bestimmte Merkmale erhalten.

> $\mathcal{M}$ und $\mathcal{N}$ seien σ-Strukturen.
> Ein **Homomorphismus** von $\mathcal{M}$ nach $\mathcal{N}$ ist eine Abbildung $\mathrm{h}: \mathrm{M} \to \mathrm{N}$ mit
> (i) $\mathrm{h}(c^{\mathcal{M}}) = c^{\mathcal{N}}$ für alle $c \in \mathfrak{C}$,
> (ii) $f^{\mathcal{N}}(\mathrm{h}(a_0),\ldots,\mathrm{h}(a_{n-1})) = \mathrm{h}(f^{\mathcal{M}}(a_0,\ldots,a_{n-1}))$
> für alle $n \in \mathbb{N}$, alle $a_0,\ldots,a_{n-1} \in \mathrm{M}$ und $f \in \mathfrak{F}$ mit $\sigma'(f) = n$,
> (iii) $R^{\mathcal{M}}(a_0,\ldots,a_{n-1}) \Rightarrow R^{\mathcal{N}}(\mathrm{h}(a_0),\ldots,\mathrm{h}(a_{n-1}))$
> für alle $n \in \mathbb{N}$, alle $a_0,\ldots,a_{n-1} \in \mathrm{M}$ und $R \in \mathfrak{R}$ mit $\sigma'(R) = n$.
> Wir schreiben kurz $\mathrm{h}: \mathcal{M} \to \mathcal{N}$.
> Ein Homomorphismus $\mathrm{h}: \mathcal{M} \to \mathcal{N}$ heißt **stark**, falls es für alle $n \in \mathbb{N}$, $R \in \mathfrak{R}$ mit $\sigma'(R) = n$ und $b_0,\ldots,b_{n-1} \in \mathrm{h}[\mathrm{M}]$ mit $R^{\mathcal{N}}(b_0,\ldots,b_{n-1})$ Elemente $a_0,\ldots,a_{n-1} \in \mathrm{M}$ mit $\mathrm{h}(a_i) = b_i$ $(i < n)$ gibt, so daß $R^{\mathcal{M}}(a_0,\ldots,a_{n-1})$.
> $\mathcal{N}$ ist ein (**stark**) **homomorphes Bild** von $\mathcal{M}$, falls es einen surjektiven (starken) Homomorphismus von $\mathcal{M}$ auf $\mathcal{N}$ gibt.

Der Unterschied zwischen den Schreibweisen $\mathrm{g}: \mathrm{M} \to \mathrm{N}$ und $\mathrm{h}: \mathcal{M} \to \mathcal{N}$ besteht also darin, daß g lediglich eine Abbildung der Universen (als Mengen) ist, während h ein Homomorphismus der *Strukturen* ist.

Unter Beachtung der Schreibweise
$\mathrm{h}[(a_0,\ldots,a_{n-1})] = (\mathrm{h}(a_0),\ldots,\mathrm{h}(a_{n-1}))$, vgl. die Bezeichnungsliste am Anfang, kann man übrigens für (ii) und (iii) kurz schreiben:

(ii') $f^{\mathcal{N}}(\mathrm{h}[\bar{a}]) = \mathrm{h}(f^{\mathcal{M}}(\bar{a}))$ für alle $f \in \mathcal{F}$ und $\bar{a} \in \mathrm{M}^{\sigma'(f)}$,

(iii') $R^{\mathcal{M}}(\bar{a}) \Rightarrow R^{\mathcal{N}}(\mathrm{h}[\bar{a}])$ für alle $R \in \mathcal{R}$ und $\bar{a} \in \mathrm{M}^{\sigma'(R)}$.

Ein **Monomorphismus** von $\mathcal{M}$ nach $\mathcal{N}$ ist ein injektiver starker Homomorphismus, d.h. ein injektiver Homomorphismus, für den auch die umgekehrte Implikation aus (iii) gilt. Wir schreiben kurz h: $\mathcal{M} \hookrightarrow \mathcal{N}$.
Ein **Isomorphismus** von $\mathcal{M}$ auf $\mathcal{N}$ (oder auch zwischen $\mathcal{M}$ und $\mathcal{N}$) ist ein surjektiver Monomorphismus von $\mathcal{M}$ auf $\mathcal{N}$. Wir schreiben kurz h: $\mathcal{M} \cong \mathcal{N}$. Falls h eine Menge $\mathrm{X} \subseteq \mathrm{M} \cap \mathrm{N}$ punktweise festhält (d.h., wenn h die Abbildung id_{X} fortsetzt), so schreiben wir h: $\mathcal{M} \cong_{\mathrm{X}} \mathcal{N}$ und sprechen von einem **Isomorphismus über** X oder kurz X-**Isomorphismus**.
$\mathcal{M}$ und $\mathcal{N}$ heißen **isomorph** (über X), bzw. $\mathcal{N}$ heißt **isomorphes Bild** von $\mathcal{M}$ (über X), falls es einen Isomorphismus zwischen $\mathcal{M}$ und $\mathcal{N}$ (über X) gibt. Wir schreiben kurz $\mathcal{M} \cong \mathcal{N}$ (bzw. $\mathcal{M} \cong_{\mathrm{X}} \mathcal{N}$).
Ein **Isomorphietyp** von σ-Strukturen ist eine Äquivalenzklasse von σ-Strukturen bzgl. $\cong$.

Bemerkung: Daß $\cong$ in der Tat eine Äquivalenzrelation ist, ist leicht einzusehen.

Isomorphe Strukturen sind natürlich gleichmächtig.

Warnung: Ein bijektiver Homomorphismus ist im allgemeinen kein Isomorphismus!

Beispiel: Wir betrachten zwei gleichmächtige Mengen M und N als Strukturen $\mathcal{M}$ und $\mathcal{N}$ einer Signatur σ, die nur aus einem einstelligen Relationssymbol R besteht, indem wir $R^{\mathcal{M}} = \emptyset$ und $R^{\mathcal{N}} = \mathrm{N}$ setzen. Da $\mathcal{M}$ und $\mathcal{N}$ gleiche Mächtigkeit haben, existiert eine Bijektion h: $\mathrm{M} \to \mathrm{N}$. Offenbar ist h ein Homomorphismus, der nicht stark ist. Folglich ist h auch kein Isomorphismus.

Bemerkung: Wenn aber $\mathcal{R} = \emptyset$, so ist jeder bijektive Homomorphismus bereits ein Isomorphismus, da dann jeder Homomorphismus stark ist.

Für Homomorphismen und Isomorphismen können wir nun einfache Eigenschaften formulieren, die sich unmittelbar aus der Definition ergeben.

Lemma 1.3.1 $\mathcal{M}$ und $\mathcal{N}$ seien σ-Strukturen und $h: M \to N$ bijektiv.
Dann gilt $h: \mathcal{M} \to \mathcal{N}$ und $h^{-1}: \mathcal{N} \to \mathcal{M}$ gdw. $h: \mathcal{M} \cong \mathcal{N}$ und $h^{-1}: \mathcal{N} \cong \mathcal{M}$.

Beweis
$\Rightarrow$: Mit der Homomorphiebedingung (iii) für h^{-1} ist h Isomorphismus und umgekehrt.
$\Leftarrow$: Isomorphismen sind insbesondere auch Homomorphismen. ■

Noch allgemeiner läßt sich sagen:

Bemerkung: $\mathcal{M}$ und $\mathcal{N}$ seien σ-Strukturen.
Dann ist $h: \mathcal{M} \to \mathcal{N}$ ein Isomorphismus gdw. es ein $h': \mathcal{N} \to \mathcal{M}$ gibt mit $h\,h' = id_N$ und $h'\,h = id_M$.

Ein **Endomorphismus** von $\mathcal{M}$ ist ein Homomorphismus von $\mathcal{M}$ nach $\mathcal{M}$. Die Endomorphismen einer Struktur $\mathcal{M}$ bilden bezüglich der Nacheinanderausführung eine Halbgruppe mit neutralem Element id_M.
Ein **Automorphismus** von $\mathcal{M}$ ist ein Isomorphismus von $\mathcal{M}$ auf sich selbst. Ist $X \subseteq M$, so heißt ein X-Isomorphismus von $\mathcal{M}$ auf sich selbst **Automorphismus über** X oder kurz X-Automorphimus.
Die Automorphismen einer Struktur $\mathcal{M}$ bilden bzgl. der Nacheinanderausführung eine Gruppe, die sogenannte **Automorphismengruppe** von $\mathcal{M}$, die wir mit Aut $\mathcal{M}$ bezeichnen.

Für $X \subseteq M$ bezeichne $\mathrm{Aut}_X\,\mathcal{M}$ die Untergruppe von $\mathrm{Aut}\,\mathcal{M}$ der X-Automorphismen.
Ein Monomorphismus $h\colon \mathcal{M} \hookrightarrow \mathcal{N}$ wird auch (**isomorphe**) **Einbettung** von $\mathcal{M}$ in $\mathcal{N}$ genannt (vgl. Ende von §1.4 weiter unten). Ist dabei $h \restriction X = \mathrm{id}_X$ für $X \subseteq M$, so sprechen wir von einer **Einbettung über** X oder X-**Einbettung**, in Zeichen $h\colon \mathcal{M} \hookrightarrow_X \mathcal{N}$.
$\mathcal{M}$ heißt (**isomorph**) **einbettbar** (über X) in $\mathcal{N}$, falls es eine Einbettung (über X) von $\mathcal{M}$ in $\mathcal{N}$ gibt. Wir schreiben kurz $\mathcal{M} \hookrightarrow \mathcal{N}$ (bzw. $\mathcal{M} \hookrightarrow_X \mathcal{N}$).

Also ist jeder Automorphismus ein surjektiver und injektiver Endomorphismus, und die Umkehrung gilt auch hier im allgemeinen nicht (Übungsaufgabe!).

Wie aus der Gruppentheorie oder anderen algebraischen Theorien bekannt läßt sich jedes stark homomorphe Bild einer Struktur $\mathcal{M}$ als Faktorstruktur von $\mathcal{M}$ bezüglich einer sogenannten Kongruenzrelation auf $\mathcal{M}$ darstellen. Die Beziehung zwischen den Isomorphietypen stark homomorpher Bilder und denen solcher Faktorstrukturen ist eineindeutig. Diese Theorie ist zu finden in §2.4 von Malcevs Buch *Algebraic Systems*.

Ü1. Für $X \subseteq M$ bezeichne $\mathrm{Aut}_{\{X\}}\mathcal{M}$ die Menge $\{ h \in \mathrm{Aut}\,\mathcal{M} : h[X] = X \}$. Zeige, daß $\mathrm{Aut}_X\mathcal{M}$ ein Normalteiler der Gruppe $\mathrm{Aut}_{\{X\}}\mathcal{M}$ ist! Was passiert, wenn statt $h[X] = X$ lediglich $h[X] \subseteq X$ gefordert wird?

Ü2. Finde eine Struktur mit einem bijektiven Endomorphismus, der kein Automorphismus ist.

1.4. Restriktionen auf Teilmengen

Um auf einer Teilmenge einer Struktur wieder eine Struktur gleicher Signatur definieren zu können, die mit der Ausgangsstruktur verträglich ist, muß zunächst das Wohlverhalten dieser Teilmenge gegenüber Funktionen und Konstanten gewährleistet werden:

> Sei $\mathcal{M} = (\mathrm{M}, \mathfrak{C}^{\mathcal{M}}, \mathfrak{F}^{\mathcal{M}}, \mathfrak{R}^{\mathcal{M}})$ eine σ-Struktur und N eine Teilmenge von M mit $\mathfrak{C}^{\mathcal{M}} \subseteq \mathrm{N}$ und $\mathfrak{F}^{\mathcal{M}}[\mathrm{N}] \subseteq \mathrm{N}$ (d.h. $f^{\mathcal{M}}(\bar{a}) \in \mathrm{N}$ für alle $f \in \mathfrak{F}$ und alle $\sigma'(f)$-Tupel $\bar{a}$ aus N). N heißt dann auch **abgeschlossen bzgl. der nichtlogischen Konstanten in $\mathcal{M}$**.
> Dann erhalten wir eine σ-Struktur $\mathcal{N}$, deren Universum gerade N ist, durch die Festlegungen
> $c^{\mathcal{N}} =_{\mathrm{def}} c^{\mathcal{M}}$, $f^{\mathcal{N}}(\bar{a}) =_{\mathrm{def}} f^{\mathcal{M}}(\bar{a})$, $R^{\mathcal{N}}(\bar{b})$, falls $R^{\mathcal{M}}(\bar{b})$,
> für alle $c \in \mathfrak{C}$, $f \in \mathfrak{F}$ und $\sigma'(f)$-Tupel $\bar{a}$ aus N sowie alle $R \in \mathfrak{R}$ und $\sigma'(R)$-Tupel $\bar{b}$ aus N.

Bemerkung: Falls die Signatur von $\mathcal{M}$ rein relational ist, d.h., $\mathfrak{C} = \mathfrak{F} = \emptyset$, so gibt es auf *jeder* Teilmenge $\mathrm{N} \subseteq \mathrm{M}$ eine derartige eindeutig bestimmte Struktur $\mathcal{N}$. Falls die Signatur von $\mathcal{M}$ konstantenlos ist, d.h., $\mathfrak{C} = \emptyset$, so gibt es eine leere Unterstruktur von $\mathcal{M}$.

Für diese Beziehung von $\mathcal{M}$ und $\mathcal{N}$ zueinander führen wir folgende Begriffe ein.

> $\mathcal{N}$ heißt **Restriktion** (**Einschränkung**, **Relativierung**) von $\mathcal{M}$ auf N, in Zeichen $\mathcal{M} \restriction \mathrm{N}$.
> $\mathcal{N}$ ist **Unterstruktur** (**Substruktur, Teilstruktur**) von $\mathcal{M}$, falls $\mathrm{N} \subseteq \mathrm{M}$ und $\mathcal{N}$ Restriktion von $\mathcal{M}$ auf N ist. Wir schreiben kurz $\mathcal{N} \subseteq \mathcal{M}$.

$\mathcal{M}$ ist **Oberstruktur (Extension, Erweiterung, Erweiterungsstruktur**) von $\mathcal{N}$, falls $\mathcal{N}$ Unterstruktur von $\mathcal{M}$ ist. Wir schreiben kurz $\mathcal{M} \supseteq \mathcal{N}$.

Bemerkung: Das Bild h[M] eines jeden Homomorphismus h: $\mathcal{M} \to \mathcal{N}$ von σ-Strukturen ist abgeschlossen bezüglich der nichtlogischen Konstanten in $\mathcal{N}$ und somit auf kanonische Weise Trägermenge einer Unterstruktur von $\mathcal{N}$, also auch σ-Struktur und als solche homomorphes Bild von $\mathcal{M}$.

Die eben beschriebene Struktur auf h[M] bezeichnen wir mit h($\mathcal{M}$).

Der Homomorphismus h ist ein Monomorphismus gdw. er Isomorphismus zwischen $\mathcal{M}$ und h($\mathcal{M}$) ist.

Ü1. Beschreibe den Unterschied zwischen Substrukturen von $\mathbb{Z}$ je nachdem, ob $\mathbb{Z}$ als Struktur in (0;+) oder in (0;+,−) aufgefaßt wird!

1.5. Reduktionen auf Teilsignaturen

Eine andere Art "Verkleinerung" von Strukturen entsteht, wenn wir einfach gewisse nichtlogische Konstanten streichen. Dabei wird eine Struktur zu einer Struktur einer kleineren Signatur, indem die Interpretationen der nicht mehr vorkommenden Konstanten "vergessen" werden. Dies erfolgt in kanonischer Weise. Für den umgekehrten Vorgang der Signaturerweiterung müssen bisher nicht vorkommenden Konstanten Interpretationen zugeordnet werden (was natürlich nicht mehr eindeutig zu sein braucht).

Seien σ_0 und σ_1 Signaturen mit $\sigma_0 \subseteq \sigma_1$ (d.h. mit $\mathcal{C}_0 \subseteq \mathcal{C}_1$, $\mathcal{F}_0 \subseteq \mathcal{F}_1$, $\mathcal{R}_0 \subseteq \mathcal{R}_1$ und $\sigma_0' = \sigma_1' \restriction \mathrm{dom}\, \sigma_0'$).
Dann ist jede σ_1-Struktur $\mathcal{M}$ kanonisch auch eine σ_0-Struktur. Genauer, $\mathcal{M} \restriction \sigma_0 =_{\mathrm{def}} (\mathrm{M}, \mathcal{C}_0^{\mathcal{M}}, \mathcal{F}_0^{\mathcal{M}}, \mathcal{R}_0^{\mathcal{M}})$ heißt das **Redukt** von $\mathcal{M}$ auf σ_0 oder einfach **σ_0-Redukt** von $\mathcal{M}$ (wobei $\mathcal{C}_0^{\mathcal{M}} = (c^{\mathcal{M}} : c \in \mathcal{C}_0)$ und entsprechend für $\mathcal{F}_0^{\mathcal{M}}$ und $\mathcal{R}_0^{\mathcal{M}}$).
Ist $\mathcal{N}$ eine σ_0-Struktur und $\mathcal{M}$ eine σ_1-Struktur, dann heißt $\mathcal{M}$ eine **Expansion** von $\mathcal{N}$ auf σ_1, falls $\mathcal{N}$ Redukt von $\mathcal{M}$ auf σ_0 ist.

Folgendes Schema veranschaulicht noch einmal die eingeführten Begriffe:

Restriktion $\leftrightarrow$ Extension	Übergang zwischen Universen
Reduktion $\leftrightarrow$ Expansion	Übergang zwischen Signaturen

Ü1. Finde zu gegebener Signatur σ eine Signatur $\sigma' \supseteq \sigma$, so daß alle σ-Strukturen $\mathcal{M}$ und $\mathcal{N}$ mit $\mathcal{N} \subseteq \mathcal{M}$ Expansionen $\mathcal{M}'$ bzw. $\mathcal{N}'$ auf σ' besitzen, derart, daß $\mathcal{N}' \subseteq \mathcal{M}'$ und $\mathrm{Aut}\, \mathcal{M}' = \mathrm{Aut}_{\{N\}} \mathcal{M}$ (vgl. Bezeichnung aus Ü1.3.1).

1.6. Produkte

Sei I eine nichtleere Menge und sei $\{ \mathcal{M}_i : i \in I \}$ eine Familie von σ-Strukturen.

Wir definieren das **direkte** (oder auch **kartesische**) **Produkt** $\mathcal{M} =_{\mathrm{def}} \prod_{i \in I} \mathcal{M}_i$ dieser Familie als σ-Struktur durch folgende koordinatenweise Festlegung.

Das Universum M von $\mathcal{M}$ ist die Menge aller Abbildungen $a\colon I \to \bigcup_{i \in I} M_i$ mit der Eigenschaft, daß $a(i) \in M_i$ für alle $i \in I$.

Wir schreiben a auch oft in der Form $(a(\mathrm{i}) : \mathrm{i} \in \mathrm{I})$.
Für $c \in \mathfrak{C}$ sei $c^{\mathcal{M}}$ das $a \in \mathrm{M}$, für das $a(\mathrm{i}) = c^{\mathcal{M}_\mathrm{i}}$ für alle $\mathrm{i} \in \mathrm{I}$.
Für eine n-stellige Funktionskonstante $f \in \mathfrak{F}$ und $\bar{a} = (a_0,\dots,a_{n-1})$ aus M sei $f^{\mathcal{M}}(\bar{a})$ das $b \in \mathrm{M}$, für das $b(\mathrm{i}) = f^{\mathcal{M}_\mathrm{i}}(a_0(\mathrm{i}),\dots,a_{n-1}(\mathrm{i}))$ für alle $\mathrm{i} \in \mathrm{I}$.
Für eine n-stellige Relationskonstante $R \in \mathfrak{R}$ und $\bar{a} = (a_0,\dots,a_{n-1})$ aus M setze $R^{\mathcal{M}}(\bar{a})$, falls für alle $\mathrm{i} \in \mathrm{I}$ gilt $R^{\mathcal{M}_\mathrm{i}}(a_0(\mathrm{i}),\dots,a_{n-1}(\mathrm{i}))$.

Statt $\prod_{i<n} \mathcal{M}_\mathrm{i}$ schreiben wir auch $\mathcal{M}_0 \times \dots \times \mathcal{M}_{n-1}$.
Für $\mathrm{i} \in \mathrm{I}$ heißt $\mathcal{M}_\mathrm{i}$ auch der **i-te (direkte) Faktor** des direkten Produktes $\mathcal{M}$.

Ist $\mathcal{M}_\mathrm{i} = \mathcal{N}$ für alle $\mathrm{i} \in \mathrm{I}$, so heißt $\prod_{i\in I} \mathcal{M}_\mathrm{i}$ auch die **I-te Potenz** von $\mathcal{N}$, bezeichnet mit $\mathcal{N}^\mathrm{I}$.

Bemerkung: Das Auswahlaxiom der Mengenlehre garantiert, daß $\prod_{i\in I} \mathcal{M}_\mathrm{i} \neq \emptyset$, falls kein $\mathrm{M_i}$ leer ist. (Ist I endlich, so ist dafür das Auswahlaxiom nicht erforderlich.)

Im Zusammenhang mit direkten Produkten sind folgende kanonischen Homomorphismen wichtig.

Sei I eine nichtleere Menge und für jedes $\mathrm{i} \in \mathrm{I}$ sei $\mathcal{M}_\mathrm{i}$ eine σ-Struktur.

Für $\mathrm{j} \in \mathrm{I}$ heißt die Abbildung $\mathrm{p_j} : \prod_{i\in I} \mathrm{M_i} \to \mathrm{M_j}$ mit $\mathrm{p_j}(a) = a(\mathrm{j})$ die **Projektion auf den j-ten Faktor**.

Bemerkung: Jede solche Projektion $\mathrm{p_j}$ ist ein Homomorphismus von $\mathcal{M} = \prod_{i\in I} \mathcal{M}_\mathrm{i}$ nach $\mathcal{M}_\mathrm{j}$, der surjektiv ist, falls $\mathcal{M} \neq \emptyset$.

Ü1. Zeige, daß $\mathcal{M} = \prod_{i \in I} \mathcal{M}_i$ überabzählbar ist, sobald kein $\mathcal{M}_i$ leer ist und für unendlich viele $i \in I$ die Struktur $\mathcal{M}_i$ mindestens zwei Elemente besitzt.

Ü2. Finde eine Einbettung $e: \mathcal{M} \hookrightarrow \mathcal{M}^I$ mit $p_i\, e = id_M$ für alle $i \in I$.

2. Sprachen

Zu jeder Signatur $\sigma = (\mathcal{C},\mathcal{F},\mathcal{R},\sigma')$ (eine solche sei für den Rest des Kapitels als gegeben angesehen) bauen wir hier eine elementare Sprache $L = L(\sigma)$ aus den Variablen und den nichtlogischen Konstanten (Individuen-, Relations- und Funktionskonstanten) aus σ mittels logischer Konstanten (Junktoren und Operatoren) auf. Was wir hier einfach als Sprache bezeichnen, heißt in der Logik auch **Objektsprache** im Gegensatz zu der **Metasprache**, in der dieses Buch geschrieben ist und in der wir üblicherweise argumentieren.

2.1. Alphabete

> Das **Alphabet** der Sprache $L(\sigma)$ ist die Menge derjenigen Zeichen, die in Zeichenreihen der Sprache auftreten dürfen, als da sind:
> **Logische Konstanten**: die Junktoren $\neg$ ("nicht") für die Negation, $\wedge$ ("und") für die Konjunktion, der Existenzquantor $\exists$ ("es gibt ein") und das Gleichheitszeichen $=$;
> abzählbar unendlich viele **Variablen** (s.u.);
> die **nichtlogischen Konstanten** der Signatur σ;
> **Klammersymbole** (und).

(Alphabete können sich also nur in den nichtlogischen Konstanten unterscheiden.)

Die Festlegung der logischen Konstanten mag willkürlich erscheinen, da vertraute Zeichen fehlen, aber die späteren Ausführungen werden zeigen, daß diese Wahl ausreichend ist.

Obwohl das Alphabet eine fixierte Menge von Variablen enthält, brauchen wir deren Namen nicht zu kennen. Wir bezeichnen Variablen mit x_0, x_1, x_2, ... oder auch x, y, z . Diese Zeichen sind also gewissermaßen (Meta-) Variablen für Variablen des Alphabets und gehören selbst nicht zum Alphabet.

2.2. Terme

Die **Terme** einer gegebenen Signatur σ (oder σ-**Terme**) werden induktiv wie folgt definiert.

(i) Alle Variablen sind Terme.

(ii) Alle Individuenkonstanten sind Terme.

(iii) Sind $t_0,\ldots,t_{n-1}$ Terme und $f \in \mathcal{F}$ mit $\sigma'(f) = n$, so ist auch $f(t_0,\ldots,t_{n-1})$ Term.

(iv) t ist Term, falls er in endlich vielen Schritten aus (i)-(iii) konstruierbar ist.

Paradigmatisches Beispiel von Termen in einer Sprache mit zwei zweistelligen Funktionen $+$ und $\cdot$ sind Polynome, z.B. $(z\cdot(x\cdot(x\cdot y))+(x\cdot x))+(x\cdot x)$.

Terme werden sich später als diejenigen Zeichenreihen erweisen, deren Interpretation in Strukturen *Individuen* sind.

2.3. Formeln

Formeln einer gegebenen Signatur σ (oder σ-**Formeln**) werden wie folgt induktiv definiert.

(i) Wenn t_1,t_2 Terme sind, so ist $t_1 = t_2$ Formel.

(ii) Wenn $t_0,\ldots,t_{n-1}$ Terme sind und $R \in \mathcal{R}$ mit $\sigma'(R) = n$, so ist $R(t_0,\ldots,t_{n-1})$ Formel.

Die Formeln aus (i) und (ii) heißen auch **atomare Formeln**, insbesondere heißen die Formeln aus (ii) **prädikative Formeln**. Die Klasse der atomaren Formeln wird mit **at** bezeichnet.

(iii) Sind φ, ψ Formeln und ist x Variable,
so sind auch $\neg\varphi$, $(\varphi \wedge \psi)$, $\exists x\, \varphi$ Formeln.

Atomare Formeln und deren Negationen werden auch als **Literale** bezeichnet.

(iv) φ ist Formel, falls sie in endlichen vielen Schritten aus (i)-(iii) konstruierbar ist.

Instruktives Beispiel einer Formel in L(0;+,·) sind Polynomgleichungen, z.B. $(z\cdot(x\cdot(x\cdot y)))+y=0$.

Formeln werden sich als diejenigen Ausdrücke unserer Sprache erweisen, die nach Angabe einer geeigneten Interpretation in einer Struktur eines *Wahrheitswertes* fähig sind.

Formeln und Terme der Signatur σ bilden zusammen die **Ausdrücke** von $L(\sigma)$. Formal definieren wir $L(\sigma)$ als Menge aller σ-Formeln. Alle signaturabhängigen Begriffsbildungen aus Kapitel 1 (wie **Redukte**, **konstantenlose** Signaturen, **rein relationale** Signaturen, etc.) übertragen sich damit auf Sprachen.

Wir schreiben auch $\sigma = \sigma(L)$ statt $L = L(\sigma)$, da die Beziehung zwischen einer Signatur und ihrer Sprache eindeutig durch die nichtlogischen Konstanten festgelegt ist. Im Folgenden wird aufgrund dieser Eindeutigkeit oftmals nicht zwischen einer Signatur und der dazugehörigen Sprache unterschieden und insbesondere das eine oder das andere als (mit)gegeben vorausgesetzt sowie füreinander verwandt.

Für eine konstantenlose Sprache L bezeichne $\varnothing_L$ die leere L-Struktur (vgl. §1.2).

Durch die induktiven Definitionen wird erreicht, daß die Sprache nur endliche Ausdrücke enthält und daher in endlich vielen Schritten effektiv überprüfbar ist, ob eine Zeichenreihe Formel bzw. Term einer Sprache gegebener Signatur ist.

2.4. Abkürzungen

Wir verwenden allgemein übliche Abkürzungen und Schreibweisen für Formeln, wodurch u.a. die nullstelligen Junktoren $\top$ (**verum**) und $\bot$ (**falsum**), die zweistelligen Junktoren $\vee$ (**oder**) für die Disjunktion, $\rightarrow$ (**wenn, so**) für die Subjunktion und $\leftrightarrow$ (**genau dann, wenn**) für die Äquijunktion, die mehrstelligen Junktoren $\bigwedge$ und $\bigvee$ und der Allquantor $\forall$ (**für alle**) eingeführt werden.

Sind φ und ψ Formeln und $n > 0$, so schreiben wir

$t_1 \neq t_2$ für $\neg\, t_1 = t_2$,

$\bot$ für $\exists x\, x \neq x$,

$\top$ für $\neg\bot$,

$(\varphi \vee \psi)$ für $\neg(\neg\varphi \wedge \neg\psi)$,

$(\varphi \rightarrow \psi)$ für $(\neg\varphi \vee \psi)$,

$(\varphi \leftrightarrow \psi)$ für $(\varphi \rightarrow \psi) \wedge (\psi \rightarrow \varphi)$,

$\forall x\, \varphi$ für $\neg\exists x\, \neg\varphi$,

$\exists x_0 \ldots x_{n-1}\, \varphi$ (und auch $\exists \bar{x}\, \varphi$, falls $\bar{x} = (x_0, \ldots, x_{n-1})$)
für $\exists x_0 \ldots \exists x_{n-1}\, \varphi$,

$\bigwedge_{i<n} \varphi_i$ für $((\ldots(\varphi_0 \wedge \varphi_1) \wedge \ldots) \wedge \varphi_{n-1})$ und

$\bigvee_{i<n} \varphi_i$ für $((\ldots(\varphi_0 \vee \varphi_1) \vee \ldots) \vee \varphi_{n-1})$,
falls $\varphi_0, \ldots, \varphi_{n-1}$ Formeln sind,

$\exists^{\geq n} x\, \varphi$ für $\exists x_0 \ldots x_{n-1} \left(\bigwedge_{i<j<n} x_i \neq x_j \wedge \bigwedge_{i<n} \varphi(x_i)\right)$,

$\exists^{\leq n} x\, \varphi$ für $\neg\exists^{\geq n+1} x\, \varphi$,

$\exists^{=n} x\, \varphi$ für $\exists^{\geq n} x\, \varphi \wedge \exists^{\leq n} x\, \varphi$.

Gelegentlich schreiben wir auch $\exists^{>n}$ für $\exists^{\geq n+1}$ (und analog $\exists^{<n}$) und $\exists!$ für $\exists^{=1}$.
Klammern innerhalb der Formeln dienen der eindeutigen Lesbarkeit. Um einen "Klammerwald" vermeiden zu können, verabreden wir, daß $\neg$ stärker bindet als $\wedge$ und $\vee$ und diese wiederum stärker binden als $\rightarrow$ und $\leftrightarrow$, und daher entsprechende Klammern weggelassen werden können. Außenklammern um freistehende Formeln können ebenfalls entfallen. Andererseits können Klammern gesetzt werden, um bessere Lesbarkeit zu erreichen.

Die Definition vertrauter Junktoren und Quantoren aus den gegebenen bietet den Vorteil, daß bei einem Beweis für beliebige Formeln durch Induktion über den Formelaufbau nur $\neg$, $\wedge$ und $\exists$ betrachtet werden müssen, da alle weiteren darauf zurückgeführt werden. Wir benutzen die anderen Junktoren und Quantoren aber sehr wohl zu folgender syntaktischer Klassifizierung von Formeln.

Sei Σ eine Formelmenge. Eine **Boolesche Kombination** von Formeln aus Σ ist eine Formel, die aus Formeln aus Σ mittels $\wedge$ und $\neg$ zusammengesetzt ist. (Offenbar kann man dabei auch $\vee$, $\rightarrow$ und $\leftrightarrow$ zum Aufbau zulassen.) Eine **positive Boolesche Kombination** von Formeln aus Σ ist eine Formel, die aus Formeln aus Σ nur mittels $\wedge$ und $\vee$ zusammengesetzt ist. Der **Boolesche Abschluß** von Σ ist die Menge aller Booleschen Kombinationen von Formeln aus Σ.
Eine **positive** Formel ist eine Formel, die aus atomaren Formeln mittels $\wedge$, $\vee$, $\exists$ und $\forall$ aufgebaut ist. Die Klasse aller positiven Formeln (beliebiger Signatur) wird mit **+** bezeichnet.

Eine **negative** Formel ist eine negierte positive Formel. Die Klasse aller negativen Formeln (beliebiger Signatur) wird mit - bezeichnet.
Eine Formel heiße **quantorenfrei**, falls sie keine Quantoren enthält, wobei wir aus technischen Gründen $\top$ und $\bot$ auch als quantorenfrei betrachten*. Die Klasse aller quantorenfreien Formeln (beliebiger Signatur) wird mit **qf** bezeichnet.

Also ist **qf** die Klasse aller Booleschen Kombinationen von atomaren Formeln (beliebiger Signatur). Die Klasse der positiven Formeln aus **qf** ist gleich der aller positiven Booleschen Kombinationen von atomaren Formeln.

2.5. Freie und gebundene Variablen

Ein wesentlicher Bestandteil unserer formalen Sprache sind die "Platzhalter" für Individuen, die Variablen. Sie ermöglichen es, wie in der Mathematik üblich, Beziehungen zwischen Individuen allgemein zu formulieren, ohne konkrete Elemente angeben zu müssen. Dabei ist zwischen dem Vorkommen einer Variablen als Platzhalter innerhalb einer Formel oder als Operatorvariable für einen Quantor zu unterscheiden:

In der Formel $\exists x\, \varphi$ ist die Teilformel φ der Wirkungsbereich oder **Skopus** des Quantors. Das Vorkommen von x nach dem Quantor ist das Vorkommen von x als **Operatorvariable**. Dieses Vorkommen und jedes Vorkommen von x im Skopus des Quantors ist ein **gebundenes Vorkommen** dieser Variablen. Ein Variablenvorkommen, das nicht gebunden ist, ist ein **freies Vorkommen** dieser Variablen. Eine **freie Varia-**

*) Dies spielt nur im Falle quantorenfreier *Aussagen* in konstantenlosen Sprachen eine Rolle, wie wir in Bemerkung (3), §3.3 sehen werden.

ble in einer Formel ist eine, die in der Formel ein freies Vorkommen hat.

Beispiel: Alle Vorkommen von x in der Formel $\forall x\,(x = y \vee \exists y\,(x \neq y))$ sind gebunden, während von den Vorkommen von y das erste frei und die anderen beiden gebunden sind. Die Variable y ist somit die einzige freie Variable in dieser Formel.

Eine besondere Rolle spielen die Ausdrücke ohne freie Variablen:

Ein Term t heißt **konstanter Term**, falls t keine Variablen enthält.
Eine Formel φ heißt **Aussage** (oder auch **Satz**), falls φ keine freien Variablen enthält.

Bemerkungen

(1) (i) Jede Individuenkonstante ist ein konstanter Term.
(ii) Sind $t_0,\ldots,t_{n-1}$ konstante Terme und $f \in \mathcal{F}$ mit $\sigma'(f) = n$, so ist auch $f(t_0,\ldots,t_{n-1})$ ein konstanter Term.
(iii) Offenbar ist t ein konstanter Term gdw. er sich in endlich vielen Schritten aus (i) und (ii) konstruieren läßt.

(2) Atomare Aussagen, d.h. atomare Formeln, die Aussagen sind, sind entweder Gleichungen von konstanten Termen oder prädikative Aussagen der Form $R(t_0,\ldots,t_{n-1})$, wobei die t_i konstante Terme sind.

(3) Konstantenlose Sprachen besitzen also keine konstanten Terme und somit auch keine atomaren *Aussagen*. Einzige quantorenfreie Aussagen sind in diesem Fall also $\top$ und $\bot$ und deren Boolesche Kombinationen.

Wir teilen die Formeln einer Sprache wie folgt ein.

Ist $\bar{x}$ ein Tupel von Variablen, so bezeichne $L_{\bar{x}}$ die Menge derjenigen Formeln, deren freie Variablen unter den Einträgen von $\bar{x}$ vorkommen.
L_n sei die Gesamtheit aller Formeln, die genau n freie Variablen besitzen. Für $\bigcup_{k \leq n} L_k$ schreiben wir kurz $L_{\leq n}$.

L_0 ist also die Menge der L-Aussagen und $L = \bigcup_{n \in \mathbb{N}} L_n$. Ferner ist $L_{\bar{x}}$ die Menge aller L-Formeln, deren freie Variablen unter denen aus $\bar{x}$ sind, während $L_{l(\bar{x})}$ von den Formeln aus $L_{\bar{x}}$ nur diejenigen enthält, in denen *alle* Einträge aus $\bar{x}$ frei vorkommen ($L_{l(\bar{x})}$ enthält aber auch alle anderen L-Formeln mit genau $l(\bar{x})$ freien Variablen). Wenn z.B. $\bar{x} = (x_0, \ldots, x_7)$, so ist zwar $x_0 = x_1$ in $L_{\bar{x}} \subseteq L_{\leq 8}$, nicht aber $x_7 = x_{27}$, während für beliebige Variablen x und y die Formel $x = y$ zwar in L_2, nicht aber in L_8 ist. Dieser notationelle Unterschied wird sich inhaltlich allerdings als unwesentlich herausstellen, da sich stets sog. redundante Variablen hinzufügen lassen wie wir in §3.2 weiter unten sehen werden.

$|L|$ wird als die **Mächtigkeit** der Sprache L bezeichnet.

Wir werden in §7.6 sehen, daß
$|L| = |L_n| = |L_0| = \max\{\aleph_0, |\sigma|\} = \max\{\aleph_0, |\mathcal{C} \cup \mathcal{F} \cup \mathcal{R}|\}$.

Eine Sprache ist also genau dann abzählbar unendlich, wenn die Menge der nichtlogischen Konstanten abzählbar (endlich oder unendlich) ist.

Ü1. Gesucht ist eine induktive Definition (entsprechend dem Formelaufbau) der Menge der freien Variablen einer Formel.

2.6. Substitutionen

Eine wichtige syntaktische Operation ist die der Substitution von Variablen durch Terme. In der Sprache L(+,·) erhält man z.B. aus dem Term (Polynom) $x+z$ durch Einsetzung des Terms $z{\cdot}z$ für x wie üblich den Term $(z{\cdot}z)+z$; ebenso verfährt man bei Polynomgleichungen. Ein wenig aufpassen muß man nur bei Formeln mit gebundenen Variablen; z.B. würde in der Formel $\exists z\,(x+z=0)$ durch Einsetzung des obigen Terms $z{\cdot}z$ für x die Variable z dieses Terms unter den Skopus von $\exists z$ geraten. So etwas nennt man **Variablenkollision**. Durch sogenannte **gebundene Umbenennung** kann man das natürlich umgehen: Im obigen Beispiel ersetze man zunächst z etwa durch y, woraus $\exists y\,(x+y=0)$ hervorgeht, und substituiere erst dann. Die resultierende Formel wäre dann $\exists y\,((z{\cdot}z)+y=0)$.

Der Leser wird anhand des Beispiels verstehen, wie die gebundene Umbenennung im allgemeinen vorgenommen werden kann (wobei das Resultat natürlich nicht eindeutig ist!). Wir definieren daher etwas lax:

Seien $x_0,\dots,x_{n-1}$ paarweise *verschiedene* Variablen und $t_0,\dots,t_{n-1}$ beliebige L-Terme.
Eine **Substitution der x_i durch t_i** ($i < n$) in einem beliebigen L-Term t besteht darin, daß in t simultan alle Vorkommen der Variable x_i durch t_i ersetzt werden (für alle $i < n$).
Der so erhaltene (eindeutig bestimmte) Term wird mit $t_{x_0\dots x_{n-1}}(t_0,\dots,t_{n-1})$ bezeichnet. Sind alle in t vorkommenden Variablen unter $x_0,\dots,x_{n-1}$, so schreiben wir stattdessen auch einfach $t(t_0,\dots,t_{n-1})$. Dabei wird implizit ein Index $(x_0,\dots,x_{n-1})$ als gegeben vorausgesetzt, und *wir verabreden, daß dieser für gegebenes t stets derselbe ist.*

Eine **Substitution der x_i durch t_i** (i < n) in einer beliebigen L-Formel φ besteht darin, daß in φ simultan alle *freien* Vorkommen von x_i durch t_i ersetzt (i < n) und ggf. vorher gebundene Umbenennungen vorgenommen werden, so daß keine Variablenkollision stattfindet (d.h. keine der in einem t_i vorkommenden Variablen unter den Skopus eines Quantors in φ gerät). Ignorierend, daß der Prozeß der gebundenen Umbenennung nicht eindeutig ist, bezeichnen wir "die" so entstehende Formel mit $\varphi_{x_0 \ldots x_{n-1}}(t_0,\ldots,t_{n-1})$. Kommen alle freien Variablen von φ unter $x_0,\ldots,x_{n-1}$ vor, so schreiben wir stattdessen auch einfach $\varphi(t_0,\ldots,t_{n-1})$, wobei wie bei Termen implizit ein Index $\bar{x}$ als gegeben vorausgesetzt wird; *dabei verabreden wir, daß in diesem Fall dieser Index für gegebenes φ stets derselbe ist.*

Es sei nochmals darauf hingewiesen, daß für diese Schreibweise verbindlich ist, daß die x_i paarweise verschieden sind. (Diese Verabredung bezieht sich jedoch nur auf den Index $\bar{x}$: Es können z.B. in $\varphi_{\bar{x}}(\bar{y})$ sehr wohl alle Einträge von $\bar{y}$ die gleichen sein.)

Die Substitutionsschreibweise kann auch dazu dienen, gewisse Variablen einer Formel *an*zuzeigen: Es ist doch $\varphi_{\bar{x}}(\bar{x})$ nichts anderes als φ selbst, und wir dürfen $\varphi(\bar{x})$ statt $\varphi_{\bar{x}}(\bar{x})$ genau dann schreiben, wenn *alle* freien Variablen aus φ in $\bar{x}$ vorkommen. Also besagt die Schreibweise $\varphi(\bar{x})$ für φ gerade, daß alle freien Variablen von φ in $\bar{x}$ vorkommen (aber natürlich nicht, daß in $\bar{x}$ nicht auch noch andere vorkommen können, sei es gebundene Variablen aus φ oder solche, die in φ überhaupt nicht vorkommen).

Wir können dann für zwei Terme t_1 und t_2 (oder zwei Formeln ψ_1 und ψ_2) ein gemeinsames Variablentupel $\bar{x}$ wählen (das wir

nur "lang" genug nehmen müssen), so daß $t_1 = t_1(\bar{x})$ und $t_2 = t_2(\bar{x})$ (bzw. $\psi_1 = \psi_1(\bar{x})$ und $\psi_2 = \psi_2(\bar{x})$), selbst wenn die *wirklich* in t_1 und t_2 (bzw. ψ_1 und ψ_2) vorkommenden Variablen sehr verschieden sind. Das erleichtert die Schreibweise von allgemeinen Termgleichungen bzw. Konjunktionen, wenn Variablen angegeben werden sollen.
Ferner läßt sich für eine Formel φ von der Form $\exists x\, \theta$ aus L_n ein n-Tupel $\bar{x}$ von (paarweise und von x verschiedenen!) Variablen $x_0,\ldots,x_{n-1}$ finden derart, daß $\varphi = \varphi(\bar{x})$ und die freien Variablen von θ unter $x_0,\ldots,x_{n-1},x$ vorkommen und wir also $\varphi = \varphi(\bar{x}) = \exists x\, \theta(\bar{x},x)$ schreiben können.

Ü1. Was bedeutet die Schreibweise $\varphi(y,x)$ für gegebenes $\varphi(x,y) \in L_2$? [Hinweis: Vgl. die Verabredung am Ende der Substitutionsdefinition.]

2.7. Die Sprache der reinen Identität

Die kleinstmögliche zu betrachtende Sprache ist die Sprache der reinen Identität $L_=$, in der keine Individuen-, Relations- oder Funktionskonstanten vorkommen, d.h. $L_= = L(\sigma_=)$, wobei $\sigma_=$ die Signatur mit $\mathfrak{C} = \mathfrak{F} = \mathfrak{R} = \emptyset$ sei.
Die einzigen Terme dieser Sprache sind Variablen. Atomare Formeln sind von der Form $x = y$ mit beliebigen Variablen x, y. Die Sprache $L_=$ ist daher abzählbar unendlich. Die $L_=$-Strukturen sind einfach Mengen ("reine Mengen"), in denen außer Gleichheit und Verschiedenheit von Elementen keine weitere "Struktur" durch nichtlogische Konstanten geben ist.

3. Semantik

Grundlage modelltheoretischer Analyse ist die Bedeutung (auch Interpretation) von Ausdrücken einer formalen Sprache in Strukturen dieser Sprache, wie sie von Tarski eingeführt wurde.

[A. Tarski, *Der Wahrheitsbegriff in den formalisierten Sprachen*, Studia Philosoph. 1, Warschau **1935**, 261-405]

Für die einfachsten Bestandteile, nämlich die "nichtverschachtelten" Terme und die "nichtverschachtelten" Formeln, steckt das bereits im Strukturbegriff. (Wir werden später den Begriff *nichtverschachtelt* präzisieren, cf. §6.4). Wir dehnen nun diese Bedeutungen auf beliebige Terme und Formeln entsprechend ihrem induktiven Aufbau aus.

3.1. Konstantenerweiterungen, Gültigkeit und Erfüllbarkeit

Da bei Quantifizierung unter Umständen freie Variablen gebunden werden, verringert sich bei Konstruktion einer Formel aus atomaren Teilformeln gemäß des induktiven Formelaufbaus im allgemeinen die Gesamtzahl der freien Variablen. So ist es zumeist nicht möglich, etwas induktiv über Aussagen zu beweisen (oder zu definieren), ohne dabei Formeln mit beliebig vielen freien Variablen zu betrachten. Insbesondere trifft das auf den Gültigkeitsbegriff zu. Ein Kunstgriff, der sich auch für andere Zwecke noch als sehr nützlich erweisen wird, schafft da Abhilfe. Man geht nämlich zunächst zu *Aussagen* in einer gewissen erweiterten Sprache über:

Sei für den Rest dieses Paragraphen L eine Sprache der Signatur $\sigma = (\mathcal{C},\mathcal{F},\mathcal{R},\sigma')$.

Eine Menge von **neuen Individuenkonstanten** für L ist eine Menge C, deren Elemente unter den Zeichen von L nicht vorkommen. Die **Erweiterung** von L **um die neuen Konstanten** C, oder kurz die **Konstantenerweiterung von** L **durch** C, in Zeichen L(C), ist die (eindeutig bestimmte) Sprache der Signatur $(\mathfrak{C} \cup C, \mathfrak{F}, \mathfrak{R}, \sigma')$.
Ist A Teilmenge einer L-Struktur $\mathcal{M}$, so wählen wir für jedes $a \in A$ eine *neue* Konstante, die mit $\underline{a}$ bezeichnet wird, und setzen $\underline{A} = \{ \underline{a} : a \in A \}$. Dann ist die **Erweiterung von** L **um neue Konstanten** für $A \subseteq M$, oder kurz die **Konstantenerweiterung von** L **durch** $A \subseteq M$, die Konstantenerweiterung $L(\underline{A})$.
Für eine beliebige L-Struktur $\mathcal{N}$ und eine Abbildung f: $A \to N$ bezeichne $(\mathcal{N}, f[A])$ diejenige $L(\underline{A})$-Struktur, in der für alle $a \in A$ die Individuenkonstante $\underline{a}$ durch $f(a)$ interpretiert wird. Die $L(\underline{A})$-Struktur, die aus $\mathcal{M}$ im Fall $f = id_A$ für $A \subseteq M$ auf diese Weise hervorgeht, wird mit $(\mathcal{M}, A)$ bezeichnet. Wir unterlassen zuweilen die Unterstreichungen, wenn keine Verwechslungen auftreten können.
Statt $L(\underline{A})_n$ schreiben wir $L_n(\underline{A})$ oder auch etwas lax $L_n(A)$; ebenso für $L_{\bar{x}}(A)$.
In Verallgemeinerung der Bezeichnung L(A) benutzen wir für eine beliebige Formelklasse Δ und eine Menge A von in Δ nicht vorkommenden Konstanten die Bezeichnung $\Delta(A)$ für die Klasse aller Formeln, die aus Formeln aus Δ mittels Substitution gewisser Variablen durch Konstanten aus A hervorgehen.

Übrigens gilt $(\mathbf{+} \cap L)(C) = \mathbf{+} \cap L(C)$ und $(\mathbf{qf} \cap L)(C) = \mathbf{qf} \cap L(C)$ für die Klasse **+** der positiven Formeln und die der quantorenfreien Formeln **qf** (analog für die in §3.3 einzuführenden Formelklassen $\forall$, $\exists$, $\forall\exists$, etc.).

Wir definieren nun den Wert eines L($\underline{M}$)-Terms in ($\mathcal{M}$,M) .

Ist $\mathcal{M}$ eine L-Struktur und t ein konstanter Term in L($\underline{M}$), so sei der **Wert** von t in $\mathcal{M}^* =_{\text{def}} (\mathcal{M},\text{M})$, in Zeichen $t^{\mathcal{M}^*}$, wie folgt definiert.

(i) Ist t die Konstante $c \in \mathfrak{C}$, so $t^{\mathcal{M}^*} = c^{\mathcal{M}}$.

(ii) Ist t die Konstante $\underline{a}$ für ein $a \in \text{M}$, so $t^{\mathcal{M}^*} = a$.

(iii) Ist t der Term $f(t_0,\dots,t_{n-1})$ für ein $n \in \mathbb{N}$, $f \in \mathfrak{F}$ mit $\sigma'(f) = n$ und konstante L($\underline{M}$)-Terme $t_0,\dots,t_{n-1}$, so $t^{\mathcal{M}^*} = f^{\mathcal{M}}(t_0^{\mathcal{M}^*},\dots,t_{n-1}^{\mathcal{M}^*})$.

Diese Bewertung ist also eine Funktion der Menge der konstanten L($\underline{M}$)-Terme nach M . Die Bewertung der L($\underline{M}$)-Aussagen in $\mathcal{M}^*$ kommt hingegen einer Funktion von $L_0(\underline{M})$ nach {wahr, falsch} gleich. Die Gültigkeit (Wahrheit) definieren wir folgendermaßen (wobei wir in der Konstantenerweiterung $\mathcal{M}^*$ von $\mathcal{M}$ tatsächlich induktiv über *Aussagen* vorgehen können).

Ist $\mathcal{M}$ eine L-Struktur, so wird die **Gültigkeit** von L($\underline{M}$)-Aussagen φ in $\mathcal{M}^* =_{\text{def}} (\mathcal{M},\text{M})$, in Zeichen $\mathcal{M}^* \models \varphi$, wie folgt induktiv definiert. (Für $\mathcal{M}^* \models \varphi$ sagen wir auch, φ **gilt** in $\mathcal{M}^*$ oder φ ist **wahr** in $\mathcal{M}^*$.)
Seien $R \in \mathfrak{R}$ mit $\sigma'(R) = n$, $t_0,\dots,t_{n-1}$ konstante L($\underline{M}$)-Terme, ψ, ψ_1, $\psi_2 \in L_0(\underline{M})$ und $\theta \in L_{\leq 1}(\underline{M})$.
Es gelte

(i) $\mathcal{M}^* \models t_1 = t_2$, falls $t_1^{\mathcal{M}^*} = t_2^{\mathcal{M}^*}$,

(ii) $\mathcal{M}^* \models R(t_0,\dots,t_{n-1})$, falls $R^{\mathcal{M}}(t_0^{\mathcal{M}^*},\dots,t_{n-1}^{\mathcal{M}^*})$,

(iii) $\mathcal{M}^* \models \neg\psi$, falls $\mathcal{M}^* \not\models \psi$, d.h. falls *nicht* $\mathcal{M}^* \models \psi$,

(iv) $\mathcal{M}^* \models \psi_1 \wedge \psi_2$, falls $\mathcal{M}^* \models \psi_1$ *und* $\mathcal{M}^* \models \psi_2$,

(v) $\mathcal{M}^* \models \exists x\, \theta$, falls es ein $a \in \text{M}$ *gibt* mit $\mathcal{M}^* \models \theta_x(\underline{a})$.

Unser ursprüngliches Interesse galt der Gültigkeit von L-Aussagen in L-Strukturen. Wir definieren allgemeiner für L-Formeln:

Sei $\mathcal{M}$ eine L-Struktur und $\bar{a} = (a_0,\ldots,a_{n-1})$ ein n-Tupel aus M (n kann dabei sehrwohl 0 sein, also $\bar{a}$ leer).
Ist $t = t(x_0,\ldots,x_{n-1})$ ein L-Term, so sei der Wert von t an der Stelle $\bar{a}$ in $\mathcal{M}$, in Zeichen $t^{\mathcal{M}}(\bar{a})$, das Element $t_{\bar{x}}(\underline{\bar{a}})^{\mathcal{M}^*}$, wobei $\mathcal{M}^*$ wie gehabt und $t_{\bar{x}}(\underline{\bar{a}})$ der (konstante) L($\underline{\text{M}}$)-Term $t_{x_0 \ldots x_{n-1}}(\underline{a}_0,\ldots,\underline{a}_{n-1})$ ist.
Ist $\varphi = \varphi(x_0,\ldots,x_{n-1})$ eine L-Formel, so **erfülle** das Tupel $\bar{a} = (a_0,\ldots,a_{n-1})$ die Formel φ in $\mathcal{M}$,
in Zeichen $\mathcal{M} \models \varphi(a_0,\ldots,a_{n-1})$ oder $\mathcal{M} \models \varphi(\bar{a})$, falls $\mathcal{M}^* \models \varphi_{x_0 \ldots x_{n-1}}(\underline{a}_0,\ldots,\underline{a}_{n-1})$; für letzteres schreiben wir auch $\mathcal{M}^* \models \varphi_{\bar{x}}(\underline{\bar{a}})$.
Wir dehnen diese Schreibweise wie folgt auf beliebige Mengen $\{ \varphi_i(\bar{x}) : i \in I \}$ von L-Formeln in den gleichen freien Variablen $\bar{x}$ aus. Wir schreiben $\Phi(\bar{x})$ für eine solche Menge und setzen $\mathcal{M} \models \Phi(\bar{a})$, falls $\mathcal{M} \models \varphi_i(\bar{a})$ für alle $i \in I$.
Eine L-Formel φ heißt **erfüllbar in** $\mathcal{M}$, falls ein Tupel entsprechender Länge aus M diese Formel in $\mathcal{M}$ erfüllt. Die Formel φ heißt **gültig** (oder **wahr**) **in** $\mathcal{M}$, wir sagen auch, φ **gilt in** $\mathcal{M}$ und schreiben $\mathcal{M} \models \varphi$, falls *jedes* Tupel entsprechender Länge aus M diese Formel in $\mathcal{M}$ erfüllt. Allgemeiner heißt eine L-Formel φ **erfüllbar**, falls sie in einer nichtleeren L-Struktur erfüllbar ist, und **allgemeingültig** (oder einfach **logisch wahr**), in Zeichen $\models \varphi$, falls sie in *jeder* nichtleeren L-Struktur gilt.
Eine unerfüllbare Formel heißt auch **kontradiktorisch**.

Aussagen sind also genau dann erfüllbar in einer nichtleeren Struktur $\mathcal{M}$, wenn sie in $\mathcal{M}$ gültig sind.

Bemerkung (Koinzidenzlemma für Erfüllbarkeit)
Die Definition der Substitution (§2.6) zeigt, daß es bei der Erfüllung einer Formel $\varphi = \varphi(x_0,...,x_{n-1})$ durch ein Tupel $\bar{a} = (a_0,...,a_{n-1})$ in einer Struktur nur auf die Stellen i ankommt, für die x_i in φ frei vorkommt. D.h., sind $\bar{x} = (x_0,...,x_{n-1})$ und $\bar{y} = (y_0,...,y_{m-1})$ Tupel von Variablen, die jeweils die freien Variablen der Formel φ enthalten, und sind $\bar{a} = (a_0,...,a_{n-1})$ und $\bar{b} = (b_0,...,b_{m-1})$ Tupel von Elementen aus M mit $a_i = b_j$ für alle $i < n$ und $j < m$, für die x_i und y_j die gleiche in φ frei vorkommende Variable bezeichnet, so haben wir
$\mathcal{M} \models \varphi_{\bar{x}}(\bar{a})$ gdw. $\mathcal{M} \models \varphi_{\bar{y}}(\bar{b})$.

Eine weitere Koinzidenz von Bewertungen ist in dem folgenden Lemma ausgedrückt. Es ist wirklich trivial, aber wir wollen daran ein (für alle) Mal demonstrieren, wie ein vollständiger Induktionsbeweis über den Term- und Formelaufbau auszusehen hat. In Zukunft werden wir die genaue Ausführung solcher kanonischer Induktionsbeweise unterlassen und ggfs. lediglich die weniger trivialen Schritte andeuten.

Lemma 3.1.1 (Koinzidenz bei Spracherweiterung)
Seien $L \subseteq L'$ Sprachen und $\mathcal{N}$ eine L'-Struktur.
Dann gilt für jede L-Formel $\varphi = \varphi(\bar{x})$ und jedes Tupel $\bar{a}$ (entsprechender Länge) aus N, daß
$\mathcal{N} \models \varphi(\bar{a})$ gdw. $\mathcal{N} \restriction L \models \varphi(\bar{a})$.

Beweis
Sei $\sigma(L) = (\mathfrak{C},\mathfrak{F},\mathfrak{R},\sigma')$.
Zunächst zeigen wir für L-Terme $t = t(\bar{x})$, daß
(*) $t^{\mathcal{N}}(\bar{a}) = t^{\mathcal{N} \restriction L}(\bar{a})$.
(i) Ist $t(\bar{x})$ die Variable x_i, so
$t^{\mathcal{N}}(\bar{a}) = \underline{a}_i^{\mathcal{N}*} = a_i = \underline{a}_i^{(\mathcal{N} \restriction L)*} = t^{\mathcal{N} \restriction L}(\bar{a})$.
(Hierbei steht * wieder für die entsprechende Konstantenerweiterung.)

(ii) Ist $t(\bar{x})$ die Individuenkonstante c (aus L), so
$t^{\mathcal{N}}(\bar{a}) = c^{\mathcal{N}} = t^{\mathcal{N}\upharpoonright L}(\bar{a})$.

(iii) $t_0,\ldots,t_{n-1}$ seien L-Terme, für die die Behauptung bereits gilt (Induktionsvoraussetzung), und sei $f \in \mathcal{F}$ mit $\sigma'(f) = n$. Wir müssen zeigen, daß die Behauptung für $t = f(t_0,\ldots,t_{n-1})$ gilt. Wir haben $t_i^{\mathcal{N}}(\bar{a}) = t_i^{\mathcal{N}\upharpoonright L}(\bar{a})$ für $i < n$ nach Induktionsvoraussetzung, aber auch $f^{\mathcal{N}} = f^{\mathcal{N}\upharpoonright L}$ (Reduktdefinition), folglich auch $t^{\mathcal{N}}(\bar{a}) = t^{\mathcal{N}\upharpoonright L}(\bar{a})$.

Der Induktionsbeweis für (*) ist damit vollständig.

Nun zeigen wir die Behauptung des Lemmas induktiv über den Formelaufbau.

(i) Ist φ eine (L-)Termgleichung, so folgt die Behauptung direkt aus (*).

(ii) Ist φ eine prädikative L-Formel, so folgt die Behauptung aus (*) und daraus, daß $R^{\mathcal{N}} = R^{\mathcal{N}\upharpoonright L}$ für alle $R \in \mathcal{R}$ (Reduktdefinition).

(iii) ψ, ψ_1, ψ_2 und θ seien L-Formeln, für die die Behauptung erfüllt ist (Induktionsvoraussetzung). Wir müssen zeigen, daß auch φ von der Form $\neg\psi$, $\psi_1 \wedge \psi_2$ und $\exists x\, \theta$ die Behauptung erfüllt.

Wenn $\varphi = \varphi(\bar{x}) = \neg\psi$, so $\psi = \psi(\bar{x})$ und somit
$\mathcal{N} \vDash \varphi(\bar{a})$ gdw. $\mathcal{N} \nvDash \psi(\bar{a})$ gdw. $\mathcal{N}\upharpoonright L \nvDash \psi(\bar{a})$ gdw. $\mathcal{N}\upharpoonright L \vDash \varphi(\bar{a})$.

Wenn $\varphi = \varphi(\bar{x}) = \psi_1 \wedge \psi_2$, so auch $\psi_1 = \psi_1(\bar{x})$ und $\psi_2 = \psi_2(\bar{x})$ und somit
$\mathcal{N} \vDash \varphi(\bar{a})$ gdw. $\mathcal{N} \vDash \psi_1(\bar{a})$ und $\mathcal{N} \vDash \psi_2(\bar{a})$ gdw.
$\mathcal{N}\upharpoonright L \vDash \psi_1(\bar{a})$ und $\mathcal{N}\upharpoonright L \vDash \psi_2(\bar{a})$ gdw. $\mathcal{N}\upharpoonright L \vDash \varphi(\bar{a})$.

Ist $\varphi = \varphi(\bar{x})$ von der Form $\exists x\, \theta$, so $\theta = \theta(\bar{x},x)$ und somit
$\mathcal{N} \vDash \varphi(\bar{a})$ gdw. $\mathcal{N} \vDash \theta(\bar{a},a)$ für ein $a \in N$ gdw.
$\mathcal{N}\upharpoonright L \vDash \theta(\bar{a},a)$ für ein $a \in N$ gdw. $\mathcal{N}\upharpoonright L \vDash \varphi(\bar{a})$.

Der Induktionsbeweis ist damit abgeschlossen. ■

Bemerkung (über die Identität): Man kann sich fragen, warum die Gleichheitsrelation = nicht stets zu der Menge der Relationskonstanten $\mathcal{R}$ gehört. Dann wäre doch z.B. die Definition von Homomorphismus und Monomorphismus viel eleganter, da die Eigenschaft, Abbildung zu sein, bereits durch

(iii) $a = b \Rightarrow \mathrm{h}(a) = \mathrm{h}(b)$

und die Eigenschaft der Injektivität durch deren Umkehrung ohne Zusatz "Abbildung" oder "injektiv" in die Definition eingeschlossen wäre. Der Nachteil wäre allerdings, daß z.B. zwei gleichmächtige Mengen nicht mehr als $L_=$-Strukturen isomorph sein müßten, es käme nämlich noch auf die Art der durch die Interpretation der Relation = in dieser Menge gegebenen Identifikationen von Elementen an. Wir wollen aber im Gegenteil, daß die Gleichheit in jeder Struktur wirklich die Identität (von Individuen) bedeutet, und betrachten deshalb aus gutem Grund = als *logisches* (d.h. nicht verschieden interpretierbares) Zeichen. (Es sei aber darauf hingewiesen, daß es in der Literatur auch Betrachtungen über Logiken ohne dieses logische Zeichen, d.h. Logiken ohne Identität, gibt).

Ü1. Zeige, daß folgende Sachverhalte für alle Aussagen φ und ψ und Strukturen $\mathcal{M}$ gelten:
$\mathcal{M} \models \varphi \vee \psi$ gdw. ($\mathcal{M} \models \varphi$ *oder* $\mathcal{M} \models \psi$),
$\mathcal{M} \models \varphi \rightarrow \psi$ gdw. (*falls* $\mathcal{M} \models \varphi$, *so* $\mathcal{M} \models \psi$),
$\mathcal{M} \models \varphi \leftrightarrow \psi$ gdw. ($\mathcal{M} \models \varphi$ *gdw.* $\mathcal{M} \models \psi$),
$\mathcal{M} \models \forall x\, \varphi$ gdw. (*für alle* $a \in \mathrm{M}$ gilt $\mathcal{M} \models \varphi(a)$).

Ü2. Finde für eine gegebene natürliche Zahl n eine $L_=$-Aussage, die genau dann in einer L-Struktur gilt, wenn diese die Mächtigkeit n hat.

Ü3. Sei $\varphi = \varphi(x)$ eine L-Formel und $t = t(\vec{x})$ ein L-Term, $\mathcal{M}$ eine L-Struktur und $\vec{a}$ ein Tupel entsprechender Länge aus M .
Beweise das sogenannte Substitutionslemma, das besagt, daß $\vec{a}$ die Formel $\varphi(t(\vec{x}))$ genau dann (in $\mathcal{M}$) erfüllt, wenn $t^{\mathcal{M}}(\vec{a})$ die Formel $\varphi(x)$ erfüllt. Genauer, bezeichnet ψ die Formel $\varphi_x(t)$ (dann ist $\psi = \psi(\vec{x})$), so gilt $\mathcal{M} \models \varphi_x(t^{\mathcal{M}}(\vec{a}))$ gdw. $\mathcal{M} \models \psi(\vec{a})$.

3.2. Definierbare Mengen und Relationen

Jede L-Formel mit n freien Variablen definiert eine n-stellige Relation in jeder L-Struktur. In der Modelltheorie geht es weniger um die Formeln selbst, als vielmehr um die durch sie definierten Relationen. Daher ist der syntaktische Aufbau einer Formel auch nur von Interesse, insofern er Einfluß auf die dadurch definierte Relation hat. Zwei Formeln, die in allen Strukturen dieselbe Relation definieren, sind modelltheoretisch gleich.

Wir legen folgenden Sprachgebrauch fest.

Sei $\mathcal{M}$ eine L-Struktur.
Für $\psi \in L_n$ $(n > 0)$ bezeichne $\psi(\mathcal{M})$ die **durch** ψ **in** $\mathcal{M}$ **definierte Menge** $\{\bar{a} \in M^n : \mathcal{M} \models \psi(\bar{a})\}$ (manchmal auch **Lösungsmenge** von ψ in $\mathcal{M}$ genannt). Eine Teilmenge $A \subseteq M^n$ heißt **definierbar** (in $\mathcal{M}$), falls sie durch ein $\psi \in L_n$ definiert wird. Eine n-stellige Relation auf M heißt **definierbar** (in $\mathcal{M}$), falls sie als Teilmenge von M^n in $\mathcal{M}$ definierbar ist.
Ist $\psi(\bar{x},\bar{y}) \in L_{n+m}$ (wobei $\bar{x}$ ein n-Tupel und $\bar{y}$ ein m-Tupel von Variablen ist) und $\bar{c}$ ein m-Tupel aus M, so heißt $\psi(\bar{x},\bar{c})$ **Belegung** von $\psi(\bar{x},\bar{y})$. Mit $\psi(\mathcal{M},\bar{c})$ wird die durch die Belegung $\psi(\bar{x},\bar{c})$ in $\mathcal{M}$ **definierte Menge** $\{\bar{a} \in M^n : \mathcal{M} \models \psi(\bar{a},\bar{c})\}$ bezeichnet.
Dabei wird $\bar{c}$ auch **Parameter** dieser Menge genannt. Ferner heißt eine Teilmenge $A \subseteq M^n$ **parametrisch definierbar** (in $\mathcal{M}$), falls es eine Formel ψ wie oben und ein m-Tupel $\bar{c}$ aus M gibt, so daß $\psi(\bar{x},\bar{c})$ die Menge A in $\mathcal{M}$ definiert.
Die durch $\psi \in L_0(M)$ in $\mathcal{M}$ **definierte Menge**, in Zeichen $\psi(\mathcal{M})$, wird als ganz M festgesetzt, falls $\mathcal{M} \models \psi$, und $\varnothing$ andernfalls.

Ist nun $n \leq m$, so läßt sich L_n in L_m durch Hinzunahme sogenannter **redundanter** Variablen einbetten:
Jeder Formel $\varphi = \varphi(x_0,...x_{n-1}) \in L_n$ ordnen wir die folgende Formel $\varphi' \in L_m$ zu: $\varphi \wedge x_n = x_n \wedge ... \wedge x_{m-1} = x_{m-1}$. Für die durch φ definierte Relation erhalten wir $\varphi'(\mathcal{M}) = \varphi(\mathcal{M}) \times M^{m-n}$.
Wenn wir ausgehend von einem $\varphi = \varphi(x_0,...x_{n-1}) \in L_n$ schreiben $\varphi = \varphi(x_0,...x_{m-1})$ (für ein $m \geq n$), so nehmen wir oftmals an, daß redundante Variablen hinzugefügt sind (und also $\varphi \in L_m$). Das führt nicht zu Problemen, da beide Formeln im Sinne des nächsten Abschnitts logisch äquivalent sind. Werden Tupel in Formeln eingesetzt, seien sie stets von entsprechender Länge. *Überhaupt nehmen wir an - in jeder Notation -, daß die Längen vorkommender Tupel immer die korrekten sind (notfalls durch stillschweigende Hinzufügung redundanter Variablen).*

Ü1. Eine gegebene Menge M sei als $L_=$-Struktur $\mathcal{M}$ aufgefaßt. Beschreibe alle durch atomare $L_=$-Formeln in $\mathcal{M}$ definierten Mengen.

Die nächste Übung zusammen mit Ü3.4.3 weiter unten zeigt, daß es für viele Zwecke genügt, rein relationale Sprachen zu betrachten.

Ü2. Gegeben sei eine Sprache L der Signatur $\sigma = (\mathcal{C},\mathcal{F},\mathcal{R},\sigma')$. Für alle $c \in \mathcal{C}$ wähle eine neue einstellige Relationskonstante P_c und für alle $f \in \mathcal{F}$ mit $\sigma'(f) = n$ eine neue n+1-stellige Relationskonstante R_f.
Sei $\mathcal{R}^* = \mathcal{R} \cup \{P_c : c \in \mathcal{C}\} \cup \{R_f : f \in \mathcal{F}\}$ und L^* die Sprache mit den nichtlogischen Konstanten $\mathcal{R}^*$. Für eine L-Struktur $\mathcal{M}$ sei $\mathcal{M}^*$ die L^*-Struktur mit demselben Träger M, für die
$R^{\mathcal{M}} = R^{\mathcal{M}^*}$ für alle $R \in \mathcal{R}$,
$\mathcal{M}^* \models P_c(d)$ gdw. $c^{\mathcal{M}} = d$ für alle $c \in \mathcal{C}$ und
$\mathcal{M}^* \models R_f(\bar{a},b)$ gdw. $f^{\mathcal{M}}(\bar{a}) = b$ für alle $f \in \mathcal{F}$.
Zeige, daß $\mathcal{M}$ und $\mathcal{M}^*$ dieselben definierbaren Mengen haben.

3.3. Modelle und Folgerungen

Wir haben bereits definiert, was ein Modell einer Aussage ist. Nun erweitern wir das auf Mengen von Aussagen.

Sei Σ eine Menge von L-Aussagen.
Eine nichtleere* L-Struktur $\mathcal{M}$ ist **Modell von** Σ, in Zeichen $\mathcal{M} \models \Sigma$, falls jede Aussage aus Σ in $\mathcal{M}$ gilt. Die Klasse der Modelle von Σ, in Zeichen $\mathrm{Mod}\,\Sigma$ oder auch $\mathrm{Mod}_L\,\Sigma$, heißt **Modellklasse von** Σ.
Eine L-Aussage φ **folgt (logisch)** aus Σ, in Zeichen $\Sigma \models_L \varphi$ oder einfach $\Sigma \models \varphi$, falls jede nichtleere L-Struktur, die Modell von Σ ist, auch Modell von φ ist (wir sagen kurz, wenn jedes Modell von Σ auch Modell von φ ist)**. Die Aussage φ heißt dann auch **Folgerung** aus Σ. Für $\{\psi\} \models \varphi$ schreiben wir $\psi \models \varphi$.
Mit $\Sigma^{\models}$ bezeichnen wir die Menge aller Folgerungen aus Σ, d.h. $\Sigma^{\models} = \{\varphi \in L_0 : \Sigma \models \varphi\}$. Diese Menge heißt **deduktiver Abschluß** von Σ (in L). Eine Aussagenmenge Σ heißt **deduktiv abgeschlossen**, falls $\Sigma^{\models} = \Sigma$.
Zwei L-Aussagenmengen Σ_0 und Σ_1 heißen **äquivalent modulo** einer L-Aussagenmenge Σ (oder **Σ-äquivalent**), falls $\Sigma \cup \Sigma_0$ und $\Sigma \cup \Sigma_1$ den gleichen deduktiven Abschluß in L haben. Für $\emptyset$-äquivalent sagen wir auch **(logisch) äquivalent**.

[A. Tarski, *Über einige fundamentale Begriffe der Mathematik*, C.R. Séances Soc. Sci. Lettres Varsovie Cl. III 23, **1930**, 22-29]

Aufgrund des Koinzidenzlemmas 3.1.1 besteht die Folgerung $\Sigma \models \varphi$ tatsächlich genau dann, wenn $\Sigma \models_L \varphi$ für die *kleinste* Sprache L, die Σ und φ enthält, weshalb es gerechtfertigt ist, den Index L wegzulassen.

---

*) Zur Rolle leerer Strukturen siehe §3.6 am Ende des Kapitels.

**) Das Zeichen $\models$ hat also zwei verschiedene Bedeutungen, die der Modellbeziehung und die der Folgerung, die aber jeweils daraus ersichtlich sind, ob vor ihm eine Struktur oder eine Aussagenmenge steht.

Offenbar ist $\mathrm{Mod}_L\varnothing$ die Klasse aller nichtleeren L-Strukturen, und natürlich sind Σ_0 und Σ_1 äquivalent modulo Σ gdw. $\Sigma \cup \Sigma_0$ und $\Sigma \cup \Sigma_1$ logisch äquivalent sind.
Es ist leicht einzusehen, daß $(\Sigma^{\models})^{\models} = \Sigma^{\models}$. Somit ist der deduktive Abschluß von Σ deduktiv abgeschlossen.

Wir überzeugen uns, daß wir, ohne Verwechslungen heraufzubeschwören, statt $\varnothing \models \varphi$ auch $\models \varphi$ schreiben können:

Lemma 3.3.1 Eine L-Aussage φ folgt logisch aus der leeren Formelmenge gdw. φ allgemeingültig ist (d.h. der deduktive Abschluß $\varnothing^{\models}$ von $\varnothing$ ist genau die Menge aller allgemeingültigen L-Aussagen).

Beweis
Es gilt $\varnothing \models \varphi$ gdw. für alle nichtleeren L-Strukturen $\mathcal{M}$ aus $\mathcal{M} \models \varnothing$ folgt $\mathcal{M} \models \varphi$ gdw. $\mathcal{M} \models \varphi$ für alle nichtleeren L-Strukturen $\mathcal{M}$ (denn jede nichtleere L-Struktur ist Modell der leeren Formelmenge) gdw. $\models \varphi$. ■

Sei $\Sigma \subseteq L_0$, $\bar{x}$ ein n-Tupel von Variablen ($n > 0$), $\Phi(\bar{x}) \subseteq L_{\bar{x}}$ und $\Psi(\bar{x}) \subseteq L_{\bar{x}}$.
$\Phi(\bar{x})$ und $\Psi(\bar{x})$ heißen **äquivalent** in einer L-Struktur $\mathcal{M}$ oder $\mathcal{M}$-**äquivalent**, in Zeichen $\Phi \sim_{\mathcal{M}} \Psi$, falls für alle $\bar{a} \in M^n$ gilt $\mathcal{M} \models \Phi(\bar{a})$ gdw. $\mathcal{M} \models \Psi(\bar{a})$. Sie heißen **äquivalent** modulo Σ oder Σ-**äquivalent**, in Zeichen $\Phi \sim_{\Sigma} \Psi$, falls sie $\mathcal{M}$-äquivalent sind für alle nichtleeren L-Strukturen $\mathcal{M} \models \Sigma$.
Zwei L-Formeln $\varphi(\bar{x})$ und $\psi(\bar{x})$ heißen **äquivalent** in $\mathcal{M}$ bzw. modulo Σ oder $\mathcal{M}$- bzw. Σ-**äquivalent**, in Zeichen $\varphi \sim_{\mathcal{M}} \psi$ bzw. $\varphi \sim_{\Sigma} \psi$, falls es die Mengen $\{\varphi\}$ und $\{\psi\}$ sind. Zwei L-Terme $t(\bar{x})$ und $s(\bar{x})$ heißen $\mathcal{M}$- bzw. Σ-**äquivalent**, falls es die Formeln $y = t(\bar{x})$ und $y = s(\bar{x})$ sind.
Für $\varnothing$-äquivalent sagen wir wieder (**logisch**) **äquivalent** und schreiben $\sim$ statt $\sim_{\varnothing}$.

Wie beim Koinzidenzsatz kommt es in dieser Definition nur auf die Einträge von $\bar{a}$ an, die für eine freie Variable aus Φ oder Ψ eingesetzt werden, und somit hängt die Definition nicht von n ab.

Natürlich sind $\varphi(\bar{x})$ und $\psi(\bar{x})$ genau dann Σ-äquivalent, wenn $\Sigma \cup \{\varphi\}$ und $\Sigma \cup \{\psi\}$ logisch äquivalent sind (gdw. $\Sigma \models \forall \bar{x} (\varphi \leftrightarrow \psi)$). Wenn diese Formeln die gleiche Anzahl freier Variablen haben, so sind sie dann und nur dann $\mathcal{M}$-äquivalent, wenn sie in $\mathcal{M}$ dieselbe Menge definieren. Ansonsten sind sie $\mathcal{M}$-äquivalent gdw. dies nach Hinzunahme entsprechender redundanter Variablen gilt.

Nun lassen sich die bekannten Regeln der Aussagen- und Prädikatenlogik als Äquivalenzen schreiben und leicht verifizieren, wie z.B.
$\neg(\varphi \wedge \psi) \sim \neg \varphi \vee \neg\psi$ oder $(\exists x\, \varphi \wedge \exists x\, \psi) \sim (\exists xy\, (\varphi \wedge \psi_x(y))$,
falls y in φ und ψ nicht frei vorkommt.

Aufstellung und Beweis solcher Äquivalenzen in dem Umfang, daß folgende Bemerkung evident wird, seien dem Leser überlassen.

Bemerkungen

(1) (Satz über disjunktive Normalformen) Sei Σ eine Formelmenge.
Jede Boolesche Kombination φ von Formeln aus Σ ist logisch äquivalent zu einer Formel (in denselben freien Variablen) der Form $\bigvee_{i<n} \bigwedge_{j<m} \varphi_{ij}$, einer sogenannten **disjunktiven Normalform** von φ , wobei die φ_{ij} entweder selbst aus Σ oder Negationen von Formeln aus Σ sind.

(2) Jede quantorenfreie Formel ist logisch äquivalent zu $\top$, $\bot$ oder einer Formel der Form $\bigvee_{i<n} \bigwedge_{j<m} \varphi_{ij}$, wobei die φ_{ij} atomar

oder Negationen atomarer Formeln sind. Wenn wir verlangen wollen, daß dieselben freien Variablen vorkommen, so müssen wir dabei im Fall von quantorenfreien *Aussagen* in konstantenlosen Sprachen eben auch $\top$ und $\bot$ zulassen (vgl. nächste Bemerkung).

(3) Die Formeln $x = x$ bzw. $x \neq x$ sind logisch äquivalent zu den Aussagen $\top$ bzw. $\bot$. Gibt es ein $c \in \mathbf{C}$, so sind $\top$ bzw. $\bot$ logisch äquivalent zu $c = c$ bzw. $c \neq c$, weshalb wir in diesem Fall auch ohne $\top$ und $\bot$ auskommen (vgl. vorige Bemerkung).

(4) (Satz über pränexe Normalformen) Jede Formel ψ ist logisch äquivalent zu einer Formel (in denselben freien Variablen) der Form $Q_0 x_0 \ldots Q_{n-1} x_{n-1}\, \varphi$, einer sogenannten **pränexen Normalform** von ψ, wobei die Q_i Quantoren sind (also $\exists$ oder $\forall$) und φ quantorenfreie Formel von der Form wie in (2) ist.

Diese Normalformen sind natürlich nicht eindeutig bestimmt.

Ist eine Formel ψ in pränexer Normalform $Q_0 x_0 \ldots Q_{n-1} x_{n-1}\, \varphi$ gegeben, so heißt φ die (**quantorenfreie**) **Matrix** und $Q_0 x_0 \ldots Q_{n-1} x_{n-1}$ das **Präfix** von ψ.
Kommt in der obigen Formel ψ nur der Quantor $\exists$ (nur der Quantor $\forall$) vor, so heißt sie **existentiell** oder **$\exists$-Formel** [sprich: e-Formel] (**universell** oder **$\forall$-Formel** [sprich: a-Formel]). Die entsprechenden Formelklassen werden mit $\exists$ bzw. $\forall$ bezeichnet. Entsprechend bezeichnen wir mit $\forall\exists$ die Klasse der Formeln der Form $\forall \bar{x}\, \varphi$, wobei $\varphi \in \exists$, und mit $\exists\forall$ die derjenigen der Form $\exists \bar{x}\, \varphi$, wobei $\varphi \in \forall$, usw.

Bemerkung

(5) Jede positive Formel ist logisch äquivalent zu einer Formel in pränexer Normalform, deren Matrix positive Boolesche Kombination atomarer Formeln ist.

Ein **Widerspruch** (oder **Kontradiktion**) in L ist eine L-Aussage der Form $\varphi \wedge \neg\varphi$. Eine Menge von L-Aussagen heißt **widerspruchsvoll** oder **widerspruchsfrei** je nachdem, ob ein Widerspruch (in L) aus ihr logisch folgt oder nicht. Für widerspruchsfrei bzw. widerspruchsvoll sagt man oftmals **konsistent** bzw. **inkonsistent**.

Bemerkung

(6) Jeder Widerspruch ist kontradiktorisch und zu $\perp$ logisch äquivalent. Jede allgemeingültige Formel ist zu $\top$ logisch äquivalent.

Da in keiner Struktur ein Widerspruch gilt, kann eine widerspruchsvolle Menge kein Modell haben. Hat umgekehrt eine Menge Σ von L-Aussagen kein Modell, so folgt per definitionem *jede* L-Aussage logisch aus Σ, insbesondere beliebige Widersprüche. Wir halten fest:

Bemerkung

(7) Eine Menge von Aussagen hat genau dann ein Modell, wenn sie widerspruchsfrei ist.

Im Zusammenhang mit den vorher eingeführten Erweiterungen durch neue Konstanten ist das folgende Lemma von Nutzen.

Lemma 3.3.2 (über neue Konstanten) Sei $\Sigma \subseteq L_0$, $\varphi \in L_n$ und $\vec{c}$ ein n-Tupel von Individuenkonstanten, die nicht aus L sind. Dann folgt aus $\Sigma \models_{L(\vec{c})} \varphi(\vec{c})$ bereits $\Sigma \models_L \forall\vec{x}\, \varphi(\vec{x})$.

Beweis

Sei eine L-Struktur $\mathcal{M}$ gegeben, die Modell von Σ ist. Wir müssen zeigen, daß $\mathcal{M} \models \varphi(\bar{a})$ für alle n-Tupel $\bar{a}$ aus M . Die L-Struktur $\mathcal{M}$ wird zu einer $L(\bar{c})$-Struktur $\mathcal{M}^*$, wenn wir $\bar{c}^{\mathcal{M}^*} = \bar{a}$ setzen, d.h., wenn $\mathcal{M}^* = (\mathcal{M}, \bar{a})$. Da $\mathcal{M} \models \Sigma$, so auch $\mathcal{M}^* \models \Sigma$ (vgl. Lemma 3.1.1). Nach Voraussetzung gilt dann $\mathcal{M}^* \models \varphi(\bar{c})$, also auch $\mathcal{M} \models \varphi(\bar{a})$. ■

Bemerkung

(8) Im oftmals vorkommenden Spezialfall, wo $\varphi(\bar{x})$ von der Form $\psi(\bar{x}) \rightarrow \theta$ ist mit $\theta \in L_0$, erhalten wir aus $\Sigma \models_{L(\bar{c})} \varphi(\bar{c})$ dann bereits $\Sigma \models_L \exists \bar{x}\, \psi(\bar{x}) \rightarrow \theta$, denn dann sind die Aussagen $\forall \bar{x}\, (\psi(\bar{x}) \rightarrow \theta)$ und $\exists \bar{x}\, \psi(\bar{x}) \rightarrow \theta$ logisch äquivalent.

Ü1. Zeige, daß endliche Konjunktionen bzw. Disjunktionen von existentiellen Formeln (universellen Formeln) logisch äquivalent zu existentiellen (universellen) Formeln sind.

Ü2. Beweise die Sätze über Normalformen (siehe obige Bemerkungen). [Beweise (4) induktiv über die Komplexität von ψ , wobei lediglich der Konjunktionsschritt einen kleinen Variablenumbenennungstrick erfordert.]

Ü3. Sei Σ eine L-Aussagenmenge und $\Phi(\bar{x})$ und $\Psi(\bar{x})$ L-Formelmengen in den freien Variablen $\bar{x} = (x_0, \ldots x_{n-1})$.
Dann sind Φ und Ψ äquivalent modulo Σ gdw. für eine (jede) Erweiterung $L(\bar{c})$ um ein n-Tupel neuer Konstanten $\bar{c}$ gilt, daß die $L(\bar{c})$-Aussagenmengen $\Phi(\bar{c})$ und $\Psi(\bar{c})$ äquivalent modulo Σ sind.

Ü4. Zeige, daß Hinzufügung redundanter Variablen logische Äquivalenz erhält.
[Verifiziere $\varphi \sim (\varphi \wedge y = y)$ für beliebige Formeln φ und Variablen y.]

3.4. Theorien und axiomatisierbare Klassen

Eine **L-Theorie** (oder **Theorie in** L) ist eine widerspruchsfreie und deduktiv abgeschlossene Menge von L-Aussagen.

Die **Mächtigkeit** $|T|$ einer L-Theorie ist definiert als die Mächtigkeit von L.

Da eine Theorie T als deduktiv abgeschlossene Menge alle allgemeingültigen L-Aussagen, insbesondere $\exists x\,(x=x)$ enthält, folgt aus $\mathcal{M} \models T$ stets, daß $\mathcal{M}$ nicht leer, also Modell ist.

Aus dem, was wir oben über widerspruchsvolle Mengen gesagt haben, folgern wir:

Bemerkungen

(1) L_0 ist die einzige deduktiv abgeschlossene und widerspruchsvolle Menge von L-Aussagen.

(2) Seien T und T' Theorien in L.
$T' \subseteq T$ gdw. für alle L-Strukturen $\mathcal{M}$ gilt
$\mathcal{M} \models T \;\Rightarrow\; \mathcal{M} \models T'$.
(Dies folgt direkt aus der Definition von $\models$ und daraus, daß $\varphi \in T$ gdw. $T \models \varphi$.)

Zentrales Anliegen der Modelltheorie ist, die Modellklassen gegebener Theorien möglichst genau zu beschreiben, d.h. die Beziehungen zwischen den Modellen einer Theorie einerseits und die definierbaren Mengen jedes einzelnen Modells andererseits.

Ist $\mathcal{K}$ eine Klasse von L-Strukturen, so ist die **L-Theorie von** $\mathcal{K}$, oder kurz die **Theorie von** $\mathcal{K}$, die Menge $Th(\mathcal{K})$ (oder auch $Th_L(\mathcal{K})$) derjenigen L-Aussagen, die in allen Strukturen aus $\mathcal{K}$ gelten, also
$Th(\mathcal{K}) = \{\varphi \in L_0 : \mathcal{M} \models \varphi \text{ für alle } \mathcal{M} \in \mathcal{K}\}$.
Wir schreiben $Th(\mathcal{M})$ statt $Th(\{\mathcal{M}\})$ und nennen diese Menge die **(L-)Theorie von** $\mathcal{M}$.
Für eine Theorie T bezeichne T^{∞} die Theorie der Klasse aller unendlichen Modelle von T.

In den pathologischen Fällen $\mathcal{K} = \varnothing$, in dem $\mathrm{Th}(\mathcal{K}) = L_0$, und (L konstantenlos ist und) $\varnothing_L \in \mathcal{K}$, in dem $\exists x\,(x = x) \notin \mathrm{Th}(\mathcal{K})$ (s. §3.6 weiter unten), ist $\mathrm{Th}(\mathcal{K})$ gar keine *Theorie* im Sinne der Definition. Daß es sich bei den gerade eingeführten Aussagenmengen in allen anderen Fällen aber tatsächlich um Theorien handelt (und das sie insbesondere alle allgemeingültigen L-Aussagen enthalten), ist leicht einzusehen. Umgekehrt ist jede Theorie von dieser Form:

Lemma 3.4.1 Eine widerspruchsfreie Aussagenmenge T ist eine Theorie gdw. $T = \mathrm{Th}(\mathrm{Mod}\ T)$.

Beweis
$T \subseteq \mathrm{Th}(\mathrm{Mod}\ T)$ gilt offenbar für jede Aussagenmenge T. Sei nun außerdem T deduktiv abgeschlossen und $\varphi \in \mathrm{Th}(\mathrm{Mod}\ T)$. Da dann φ in jedem Modell von T gilt, folgt φ aus T und ist somit in T enthalten. ■

Einfachstes Beispiel einer Theorie ist die $L_=$-Theorie aller Mengen (als $L_=$-Strukturen), die wir mit $T_=$ bezeichnen.

$T_=$ heißt auch **Theorie der reinen Identität**.

Natürlich ist $T_=$ die Menge aller allgemeingültigen $L_=$-Aussagen.

Ist T eine L-Theorie und Δ eine Klasse beliebiger Formeln, so heißt $T_\Delta =_{\mathrm{def}} (T \cap \Delta)^{\models}$ auch **Δ-Teil** von T. Wir schreiben $\mathrm{Th}_\Delta(\mathcal{K})$ für $\mathrm{Th}(\mathcal{K})_\Delta$ und nennen dies die **Δ-Theorie** von $\mathcal{K}$.

Dadurch sind Bezeichnungen wie $T_{\mathbf{qf}}$, T_+, T_-, $T_\forall$, $T_\exists$, $T_{\forall\exists}$, etc. definiert.

Abschließend führen wir noch einen weiteren wichtigen Grundbegriff ein.

Eine Klasse $\mathcal{K}$ nichtleerer L-Strukturen heißt **axiomatisierbar** oder auch **elementar** (in L), falls es ein $\Sigma \subseteq L_0$ gibt mit $\mathcal{K} = \mathrm{Mod}_L \Sigma$. Wir sagen dann auch, daß Σ die Klasse $\mathcal{K}$ (oder auch die Theorie $\mathrm{Th}(\mathcal{K})$) **axiomatisiert**. Besteht Σ aus einer einzelnen Aussage φ, d.h. $\Sigma = \{\varphi\}$, so lassen wir die Mengenklammern um $\{\varphi\}$ weg. Eine Klasse bzw. eine Theorie heißt **endlich axiomatisierbar** (in L), falls sie durch eine einzelne Aussage (oder gleichbedeutend durch endlich viele) axiomatisiert werden kann.
Sei Δ eine beliebige Formelklasse.
Eine L-Theorie heiße **Δ-axiomatisierbar** (oder kurz **Δ-Theorie**), falls sie durch ein $\Sigma \subseteq \Delta \cap L_0$ axiomatisiert ist.
$\forall$-Theorien [sprich: a-Theorien] heißen auch **universell axiomatisierbar**, $\exists$-Theorien [sprich: e-Theorien] auch **existentiell axiomatisierbar**, **+**-Theorien heißen **positiv**.

Bemerkungen

(3) Offenbar axiomatisiert Σ die Theorie T gdw. Σ und T (logisch) äquivalent sind, d.h., wenn $\Sigma^{\models} = T$.

(4) Die Theorie T ist Δ-Theorie gdw. $T \subseteq T_\Delta$ (gdw. $T = T_\Delta$).

Beispiel: T^∞ ist axiomatisiert durch $T \cup \{\, \exists^{\geq n} x\, (x = x) : n \in \mathbb{N} \,\}$.

Lemma 3.4.2 Eine Klasse $\mathcal{K}$ nichtleerer L-Strukturen ist genau dann axiomatisierbar, wenn $\mathcal{K} = \mathrm{Mod}\ \mathrm{Th}(\mathcal{K})$.

Beweis

Ist $\mathcal{K}$ von genannter Form, so ist $\mathcal{K}$ natürlich durch $\mathrm{Th}(\mathcal{K})$ axiomatisiert. Sei nun umgekehrt $\mathcal{K}$ axiomatisiert durch ein $\Sigma \subseteq L_0$. Die Inklusion "$\subseteq$" der genannten Gleichung trifft für beliebige Klassen $\mathcal{K}$ zu. Da nun aber $\mathcal{K} = \mathrm{Mod}\ \Sigma$, ist natürlich Σ in $\mathrm{Th}(\mathcal{K})$ enthalten und somit $\mathrm{Mod}\ \mathrm{Th}(\mathcal{K}) \subseteq \mathrm{Mod}\ \Sigma = \mathcal{K}$, also gilt auch die umgekehrte Inklusion. ∎

Wir werden eine ganze Anzahl konkreter Axiomatisierungen in Kapitel 5 kennenlernen.

Ü1. Ist $\mathcal{M}$ isomorph zu einer Struktur aus einer elementaren Klasse $\mathfrak{K}$, so ist $\mathcal{M}$ selbst in $\mathfrak{K}$. [Beweise induktiv über den Formelaufbau, daß isomorphe L-Strukturen dieselbe L-Theorie besitzen!]

Ü2. Axiomatisiere die Klasse aller Vektorräume über einem Körper $\mathcal{K}$ (in der Sprache aus Ü.1.2.1).

Ü3. In den Bezeichnungen von Ü3.2.2:
Sei $\Sigma = \{ \exists^{=1} x\, P_c(x) : c \in \mathfrak{C} \} \cup \{ \forall \bar{x}\, \exists^{=1} y\, R_f(\bar{x}, y) : f \in \mathfrak{F} \} \subseteq L_0^*$.
Zeige, daß $\text{Mod}\, \Sigma = \{\mathcal{M}^* : \mathcal{M}$ ist L-Struktur$\}$!

3.5. Vollständige Theorien

Betrachten wir nun maximal widerspruchsfreie Aussagenmengen. Solche Mengen sind natürlich deduktiv abgeschlossen und daher insbesondere Theorien. Es handelt sich aber bei diesen um ganz besondere Theorien, nämlich - wie auch leicht einzusehen ist - um maximale Theorien (d.h., wenn wir von L-Theorien sprechen, um Theorien, die in keiner echt größeren L-Theorie enthalten sind). Das bringt uns zu folgendem Begriff.

Eine L-Theorie T heißt **vollständig**, falls sie jede L-Aussage oder deren Negation enthält, d.h. falls (entweder) $\varphi \in T$ oder $\neg\varphi \in T$ für alle $\varphi \in L_0$.

Lemma 3.5.1 Folgende Eigenschaften sind äquivalent für jede L-Theorie T.

(i) T ist vollständig.

(ii) T ist maximale L-Theorie.

(iii) T ist maximale widerspruchsfreie Menge von L-Aussagen.

(iv) $T = \text{Th}(\mathcal{M})$ für alle $\mathcal{M} \models T$.

(v) $T = \text{Th}(\mathcal{M})$ für ein $\mathcal{M} \models T$.

Beweis

Ist T vollständig, so muß jede Ausage φ, die zusammen mit T widerspruchsfrei ist, bereits in T liegen. Also ist T auch maximale Theorie. Ebenso ergibt sich die Implikation (ii)$\Rightarrow$(iii), deren Umkehrung wir bereits erwähnt hatten. Ist nun $\mathcal{M}$ ein Modell von T, so haben wir $T \subseteq Th(\mathcal{M})$. Wenn T außerdem maximal ist, so muß hier Gleichheit bestehen, was die Implikation von (iii) nach (iv) beweist. Bleibt die von (v) nach (i), wofür nur zu bemerken ist, daß für alle $\varphi \in L_0$ entweder φ oder $\neg\varphi$ in $\mathcal{M}$ gilt. ■

Da jede widerspruchsfreie Menge ein Modell besitzt, läßt sich daraus die folgende Schlußfolgerung ziehen.

Korollar 3.5.2 Jede widerspruchsfreie Menge von L-Aussagen ist in einer vollständigen L-Theorie enthalten. ■

Dieser Satz stammt von Lindenbaum (einem Kollegen Tarskis, der von den Nazis umgebracht wurde), wurde aber von ihm selbst nicht publiziert. Vgl. [A. Tarski, *Über einige fundamentale Begriffe der Mathematik*, C.R. Séances Soc. Sci. Lettres Varsovie Cl. III 23, **1930**, 22-29]

Ist eine L-Theorie T in einer vollständigen L-Theorie T' enthalten, so heißt T' **Vervollständigung** von T (in L).

Nicht jede Theorie ist vollständig, z.B. ist nach Lemma 3.3.1 die Menge aller allgemeingültigen L-Aussagen eine Theorie (dies ist genau die Theorie der Klasse *aller* nichtleeren L-Strukturen, wie leicht einzusehen ist). Nun gibt es L-Strukturen jeder beliebigen endlichen Mächtigkeit, ja, auf jeder nichtleeren Menge M kann eine L-Struktur $\mathcal{M}$ definiert werden, indem z.B. allen Termen ein und derselbe Wert zugewiesen und die Bedeutung der anderen nichtlogischen Konstanten in $\mathcal{M}$ ganz beliebig festgelegt wird. Sei ferner φ_n die Aussage $\exists^{=n}x\,(x = x)$, die besagt, daß es genau n Elemente gibt. Wie gesagt ist $\varnothing^{\models} \cup \{\varphi_n\}$ widerspruchsfrei für alle $n > 0$, und da $\varphi_n \wedge \varphi_m$ für $n \neq m$ widerspruchsvoll ist, kann keine der Ausagen φ_n allgemeingültig, d.h. in $\emptyset^{\models}$, sein, und auch nicht deren Negationen. Also ist $\emptyset^{\models}$ ein, wenn auch recht triviales, Beispiel einer unvollständigen Theorie.

Weniger triviale Beispiele finden sich leicht (z.B. die Theorie aller Gruppen), wie wir im übernächsten Kapitel sehen werden.

Ein überaus nichttriviales Beispiel einer unvollständigen Theorie ist die folgende wichtige Theorie, die **Peano-Arithmetik** PA.

Beispiel: Die Axiome der Peano-Arithmetik in der Sprache L der Signatur $(0,1;+,\cdot)$ sind

(P1) $\forall x\,(x+1 \neq 0)$,

(P2) $\forall x\,(x \neq 0 \rightarrow \exists y\,(x = y+1))$,

(P3) $\forall xy\,(x+1 = y+1 \rightarrow x = y)$,

(P4) $\forall x\,(x+0 = x)$,

(P5) $\forall xy\,(x+(y+1) = (x+y)+1)$,

(P6) $\forall x\,(x \cdot 0 = 0)$,

(P7) $\forall xy\,(x \cdot (y+1) = (x \cdot y)+x)$ und

für alle $\varphi \in L_1$ das Axiom

(Pφ) $(\varphi(0) \wedge \forall x\,(\varphi(x) \rightarrow \varphi(x+1))) \rightarrow \forall x\,\varphi(x)$.

Sei PA der deduktive Abschluß von

$\{(P1),(P2),(P3),(P4),(P5),(P6)\} \cup \{\, (P\varphi) : \varphi \in L_1 \}$.

Diese Theorie ist widerspruchsfrei, denn $(\mathbb{N};0,1;+,\cdot)$ ist ein Modell, das sog. **Standardmodell** von PA.

Der Erste Gödelsche Unvollständigkeitssatz besagt, daß es in $(\mathbb{N};0,1;+,\cdot)$ wahre Aussagen ψ der Zahlentheorie gibt mit $PA \not\models \psi$. Da $(\mathbb{N};0,1;+,\cdot)$ selbst Modell von PA ist, gilt natürlich auch $PA \not\models \neg\psi$. PA ist also unvollständig und somit echte Teiltheorie der L-Theorie $Th(\mathbb{N};0,1;+,\cdot)$, die auch **wahre** oder **volle Zahlentheorie (erster Stufe)** genannt wird. Dieser Satz ist nicht Gegenstand der hier betrachteten Modelltheorie, und es sei diesbezüglich auf Standardwerke der Logik verwiesen.

Ü1. Eine L-Theorie T ist vollständig gdw. aus $\varphi \vee \psi \in T$ folgt $\varphi \in T$ oder $\psi \in T$.

3.6. Leere Strukturen in konstantenlosen Sprachen

Wie das vorige Kapitel beschließen wir auch dieses mit einer Randbemerkung über ein triviales Thema. Wir hatten in §1.2 erwähnt, daß es eine leere σ-Struktur $\varnothing_\sigma$ (oder leere L-Struktur $\varnothing_L$) dann und nur dann gibt, wenn σ (oder $L = L(\sigma)$) konstantenlos ist. Fixieren wir eine solche Sprache L. Zwar ist eine L-*Aussage* - wie üblich - in $\varnothing_L$ erfüllbar genau dann, wenn sie in $\varnothing_L$ gilt (da es ein leeres Tupel, d.h., ein 0-Tupel in ∅ "gibt"), aber da es keine Tupel positiver Länge in ∅ gibt, ist *keine* Formel mit freien Variablen in $\varnothing_L$ erfüllbar, während *alle* solchen Formeln in $\varnothing_L$ gültig sind. Aus demselben Grund ist für *jedes* $\varphi \in L$ die Formel $\forall x\, \varphi$ gültig in $\varnothing_L$ und $\exists x\, \varphi$ nicht, während *alle* L-Formeln $\varnothing_L$-äquivalent sind, obwohl einige in $\varnothing_L$ gelten (u.a. auch verum) und einige nicht (u.a. auch falsum nicht).

Das ist wohl der historische Grund dafür, daß meistens in der Modelltheorie überhaupt keine leeren Strukturen zugelassen werden und die Aussage $\exists x\,(x = x)$ zu einem logischen Axiom wurde, was aber zu unschönen Singularitäten (wie in der Definition der erzeugten Unterstruktur, wo man die leere Erzeugendenmenge unnatürlicherweise ausschließen müßte, vgl. §6.3) und sogar zu Inkorrektheiten in einigen Formulierungen (s. Beispiel nach Satz 9.2.2) führen kann. Wir lassen leere Strukturen sehr wohl zu, jedoch - aus traditionellen Gründen - keine leeren *Modelle* (vgl. die Definition in §3.3), die somit stets auch Modelle des Axioms $\exists x\,(x = x)$ sind. In der Gültigkeitsdefinition (§3.1) sind leere Strukturen nicht ausgeschlossen, weshalb Ausdrücke wie $\varnothing_L \vDash \varphi$, ja selbst $Th(\varnothing_L)$ vorkommen können (wenn auch letzteres keine Theorie in unserem Sinne ist, Übungsaufgabe!). All das ist - so oder so - kein wirkliches Problem, und Hodges sagt zurecht: *In practice these points never matter* (p.42, Hodges (1993)).

Ü1. Beweise, daß $Th(\emptyset_L)$ nicht widerspruchsfrei ist. [Zeige, daß der deduktive Abschluß alle L-Aussagen enthält. Betrachte dazu $\forall x\,(x \neq x)$.]

Ü2. Bestimme die Menge $Th(\emptyset_L)$ genau! [Finde einen Algorithmus zur Herstellung einer Normalform, der auch bzgl. der leeren Struktur äquivalent umformt.]

II. Anfänge der Modelltheorie

Nach dem Endlichkeitssatz (Kapitel 4) nebst unmittelbarer Folgerungen und einer Liste von Axiomatisierungsbeispielen (Kapitel 5) behandeln wir hier die historisch wohl erste nichttriviale Anwendung der Modelltheorie in der klassischen Mathematik, nämlich Malcevs lokale Sätze der Gruppentheorie aus den frühen 40er Jahren (Kapitel 6). Anschließend wird die Ordnungstheorie, soweit sie für uns von Interesse ist, dargestellt (Kapitel 7).

Als Generalvoraussetzung sei eine Sprache $L = L(\sigma)$ *gegeben.*

4. Der Endlichkeitssatz

Wir zeigen hier den fundamentalen Satz, daß eine Menge von Aussagen ein Modell besitzt, falls alle endlichen Teilmengen ein Modell besitzen.

4.1. Filter und reduzierte Produkte

Betrachten wir zunächst ein Beispiel. Seien $\mathcal{G}_i$ $(i \in \mathbb{N})$ abelsche Gruppen in der Signatur $(0;+,-)$ (vergleiche hierzu auch §5.2) und $\mathcal{G}$ die abelsche Gruppe $\prod_{i \in \mathbb{N}} \mathcal{G}_i$. Der **Träger** supp a eines Elementes a von $\mathcal{G}$ sei die Menge $\{ i \in \mathbb{N} : a(i) \neq 0 \}$. Es ist leicht einzusehen, daß die Menge $\{a \in G : \text{supp}\, a \text{ ist endlich}\}$ das neutrale Element $0^{\mathcal{G}}$ enthält und abgeschlossen ist bzgl. Addition und Inversenbildung, also auf kanonische Weise zu einer Unterstruktur, d.h. Untergruppe, von $\mathcal{G}$ wird, die man gewöhnlich als **direkte Summe** der $\mathcal{G}_i$ bezeichnet, in Zeichen $\bigoplus_{i \in \mathbb{N}} \mathcal{G}_i$.

Die Faktorgruppe $\prod_{i \in \mathbb{N}} \mathcal{G}_i / \bigoplus_{i \in \mathbb{N}} \mathcal{G}_i$ ist in vielen Fällen ein algebraisch interessantes Objekt. Uns interessiert sie, weil sie einen

Prototyp für die hier darzustellende allgemeine Konstruktion bildet. Betrachten wir sie daher etwas genauer.

Zwei Elemente $a = (a_i : i \in \mathbb{N}) + \bigoplus_{i \in \mathbb{N}} \mathcal{G}_i$ und $b = (b_i : i \in \mathbb{N}) + \bigoplus_{i \in \mathbb{N}} \mathcal{G}_i$ dieser Faktorgruppe sind genau dann gleich, wenn $\operatorname{supp}(a_i - b_i : i \in \mathbb{N}) = \{ i \in \mathbb{N} : a_i \neq b_i \}$ endlich ist, oder anders gesprochen, wenn $a_i = b_i$ für fast alle $i \in \mathbb{N}$. Wir bezeichnen eine Teilmenge von $\mathbb{N}$ als **koendlich**, falls deren Komplement in $\mathbb{N}$ endlich ist, und nennen die Menge aller koendlichen Teilmengen von $\mathbb{N}$ den **Fréchet-Filter** auf $\mathbb{N}$. In diesen Bezeichnungen sind die beiden Elemente a und b genau dann gleich, wenn die Menge $\{ i \in \mathbb{N} : a_i = b_i \}$ im Fréchet-Filter liegt. Das führt uns zu folgender Verallgemeinerung.

Gegeben sei ein direktes Produkt $\mathcal{M} = \prod_{i \in I} \mathcal{M}_i$ beliebiger nichtleerer L-Strukturen über einer nichtleeren Menge I. Wir wollen Faktorstrukturen von $\mathcal{M}$ betrachten, die wir dadurch erhalten, daß wir gewisse Elemente identifizieren. Das Maß für diese Identifikation wird durch bestimmte Teilmengen der Potenzmenge von I gegeben, die Filter, die wie folgt definiert werden.

Sei I eine nichtleere Menge und $\mathcal{P}(I)$ ihre Potenzmenge.
Eine nichtleere Teilmenge F von $\mathcal{P}(I)$ heißt **Filter auf I**, falls folgende Bedingungen erfüllt sind:

(i) $\emptyset \notin F$.

(ii) Wenn $A, B \in F$, so $A \cap B \in F$.

(iii) Wenn $A \in F$ und $A \subseteq B \subseteq I$, so $B \in F$.

Da $F \neq \emptyset$, so folgt $I \in F$ aus (iii).

Ist I eine unendliche Menge, so bilden die koendlichen Teilmengen von I einen Filter auf I. Ist $I = \mathbb{N}$, so heißt dieser Filter, wie oben erwähnt, **Fréchet-Filter**.

Für jedes nichtleere $B \subseteq I$ ist $F(B) =_{def} \{A \subseteq I : B \subseteq A\}$ ein Filter auf I, der sogenannte von B erzeugte **Hauptfilter**. Ist $b \in I$, so schreiben wir $F(b)$ statt $F(\{b\})$.

Wir kommen nun zu besagter Faktorisierung. Hierfür seien im Folgenden I, $\mathcal{M}_i$ $(i \in I)$ und $\mathcal{M} = \prod_{i \in I} \mathcal{M}_i$ wie gehabt, insbesondere ist $\mathcal{M}$ nicht leer.

Ist $\varphi \in L_n$ und $\bar{a}$ ein n-Tupel aus M, so heißt
$\|\varphi(\bar{a})\| =_{def} \{ i \in I : \mathcal{M}_i \models \varphi(\bar{a}(i)) \}$
die **Boolesche Ausdehnung** von $\varphi(\bar{a})$; dabei ist $\bar{a}(i)$ eine Kurzschreibweise für $(a_0(i),\ldots,a_{n-1}(i))$, wenn $\bar{a} = (a_0,\ldots,a_{n-1})$ und $a_j = (a_j(i) : i \in I)$ mit $a_j(i) \in M_i$.

Bemerkungen: Seien $\varphi,\psi \in L_n$ und sei $\bar{a}$ ein n-Tupel aus M.

(1) $\|\varphi(\bar{a}) \wedge \psi(\bar{a})\| = \|\varphi(\bar{a})\| \cap \|\psi(\bar{a})\|$,

(2) $\|\varphi(\bar{a}) \vee \psi(\bar{a})\| = \|\varphi(\bar{a})\| \cup \|\psi(\bar{a})\|$,

(3) $\|\neg\varphi(\bar{a})\| = I \setminus \|\varphi(\bar{a})\|$ und

(4) Für alle (n−1)-Tupel $\bar{a}$ aus M und alle $b \in M$ gilt $\|\varphi(b,\bar{a})\| \subseteq \|\exists x\, \varphi(x,\bar{a})\|$ und es gibt stets ein $b \in M$ mit $\|\varphi(b,\bar{a})\| = \|\exists x\, \varphi(x,\bar{a})\|$.

Beweis

(1),(2),(3) und die eine Hälfte von (4) ergeben sich unmittelbar aus der Definition. Für die andere Hälfte wählen wir b aus M folgendermaßen.

Für jedes $i \in \|\exists x\, \varphi(x,\bar{a})\|$ gibt es ein c_i aus M_i mit $\mathcal{M}_i \models \varphi(c_i,\bar{a}(i))$, und wir setzen $b(i) = c_i$. Für jedes $j \in I \setminus \|\exists x\, \varphi(x,\bar{a})\|$ sei $b(j)$ beliebig aus M_j.

Nach Konstruktion von b ergibt sich $\|\exists x\, \varphi(x,\bar{a})\| \subseteq \|\varphi(b,\bar{a})\|$. ■

Jedem Filter auf der Menge I läßt sich eine Relation $\sim$ auf M zuordnen, indem wir $a \sim b$ setzen, falls $\|a = b\| \in$ F. Wie leicht einzusehen ist, ist diese Relation eine Äquivalenzrelation auf M. Für $a \in$ M bezeichne a/F die Äquivalenzklasse von a bzgl. $\sim$. Falls $\bar{a} = (a_0,\ldots,a_{n-1})$, so schreiben wir für $(a_0/F,\ldots,a_{n-1}/F)$ auch kurz $\bar{a}/F$.

Wir definieren das **reduzierte Produkt** $\mathcal{M}/F$ (oder $\prod_{i\in I} \mathcal{M}_i/F$) der (nichtleeren) $\mathcal{M}_i$ bzgl. des Filters F (auf I) als L-Struktur durch folgende Festlegung.

Das Universum von $\mathcal{M}/F$ ist die Menge M/F aller Äquivalenzklassen a/F mit $a \in$ M.

Für $c \in \mathfrak{C}$ setze $c^{\mathcal{M}/F} = (c^{\mathcal{M}_i} : i \in I)/F$ (also $c^{\mathcal{M}/F} = c^{\mathcal{M}}/F$).

Für n-stellige Funktionskonstanten $f \in \mathfrak{F}$ und $\bar{a} = (a_0,\ldots,a_{n-1})$ aus M sei $f^{\mathcal{M}/F}(\bar{a}/F) = (f^{\mathcal{M}_i}(a_0(i),\ldots,a_{n-1}(i)) : i \in I)/F$ (also $f^{\mathcal{M}/F}(\bar{a}/F) = f^{\mathcal{M}}(\bar{a})/F$).

Für n-stellige Relationskonstanten $R \in \mathfrak{R}$ und $\bar{a}$ aus M setze $R^{\mathcal{M}/F}(\bar{a}/F)$, falls $\|R(\bar{a})\| \in$ F.

Sind alle $\mathcal{M}_i$ gleich einem $\mathcal{N}$, so sprechen wir von $\prod_{i\in I} \mathcal{M}_i/F$ als **reduzierter Potenz** von $\mathcal{N}$ bzgl. F, in Zeichen $\mathcal{N}^I/F$.

Wie sich leicht nachweisen läßt, sind die Definitionen von Funktionen und Relationen in dieser Weise korrekt und insbesondere repräsentantenunabhängig (Übungsaufgabe!).

Beispiel: Die eingangs erwähnte Faktorgruppe $\prod_{i\in\mathbb{N}} \mathcal{G}_i \,/ \bigoplus_{i\in\mathbb{N}} \mathcal{G}_i$ ist reduziertes Produkt der $\mathcal{G}_i$ bzgl. des Fréchet-Filters.

Ü1. Zeige, daß eine Struktur in jede ihrer reduzierten Potenzen einbettbar ist.

Ü2. Zeige, daß jede reduzierte Potenz von $\mathcal{N}$ bzgl. eines Hauptfilters isomorph zu einer Potenz von $\mathcal{N}$ ist. Genauer, wenn F = F(B), so $\mathcal{N}^I/F \cong \mathcal{N}^B$.

4.2. Ultrafilter und Ultraprodukte

In reduzierten Produkten über speziellen Filtern, den sogenannten Ultrafiltern, lassen sich, wie wir gleich sehen werden, nützliche Aussagen über die Erfüllbarkeit von Formeln machen.

Sei I eine nichtleere Menge und F ein Filter auf I.
F heißt **Ultrafilter auf I**, falls gilt:
Für alle $A \subseteq I$ ist (entweder) $A \in F$ oder $I \setminus A \in F$.
Ein Ultrafilter, der gleichzeitig Hauptfilter ist, heißt **Hauptultrafilter**.
Reduzierte Produkte bzgl. Ultrafilter heißen **Ultraprodukte**, reduzierte Potenzen bzgl. Ultrafilter heißen **Ultrapotenzen**.

Beispiele: Hat I mindestens zwei Elemente, so ist $\{I\}$ ein Filter, der kein Ultrafilter ist. Ebenso der von $\{a,b\}$ erzeugte Filter für $a \neq b$ aus I. Ein weiteres Beispiel ist der Fréchet-Filter. Die von Einermengen erzeugten Hauptfilter sind gerade die Hauptultrafilter (Übungsaufgabe!).

Der folgende Satz wird oft als Fundamentalsatz über Ultraprodukte bezeichnet.

Satz 4.2.1 (Łoś [sprich ungefähr wie das englische wash])
Seien I eine nichtleere Menge, $\mathcal{M}_i$ $(i \in I)$ nichtleere L-Strukturen, $\mathcal{M} = \prod_{i \in I} \mathcal{M}_i$ deren direktes Produkt und U ein Ultrafilter auf I.
Dann gilt
$\mathcal{M}/U \models \varphi(\bar{a}/U)$ gdw. $\|\varphi(\bar{a})\| \in U$
für jede Formel $\varphi \in L_n$ und jedes n-Tupel $\bar{a}$ aus M.

[J. Łoś, *Quelques remarques, théorèmes et problèmes sur les classes définissables d'algèbres*, in: Mathematical interpretation of formal systems, ed. L.E.J. Brouwer et al., Amsterdam **1955**, 98-113]

Beweis durch Induktion über den Formelaufbau von φ.

Induktiv über den Termaufbau läßt sich zunächst leicht zeigen, daß für einen beliebigen Term $t(\bar{x})$ mit n freien Variablen und jedes n-Tupel $\bar{a}$ aus M gilt

$t^{\mathcal{M}/U}(\bar{a}/U) = (t^{\mathcal{M}_i}(\bar{a}(i)) : i \in I)/U$ (also $t^{\mathcal{M}/U}(\bar{a}/U) = t^{\mathcal{M}}(\bar{a})/U$).

Daraus ersieht man unschwer, daß eine Termgleichung in $\mathcal{M}/U$ gilt gdw. ihre Boolesche Ausdehnung in U liegt, ebenso für prädikative Formeln. Somit ist die Behauptung für atomare φ bewiesen.

Seien nun ψ, ψ_1, ψ_2 und θ Formeln, für die die Behauptung des Satzes gilt (Induktionsvoraussetzung). Wir müssen zeigen, daß sie auch für $\neg\psi$, $\psi_1 \wedge \psi_2$ und $\exists x\, \theta(x)$ gilt.

(i) $\mathcal{M}/U \models \neg\psi(\bar{a}/U)$ gdw. $\mathcal{M}/U \not\models \psi(\bar{a}/U)$ gdw. $\|\psi(\bar{a})\| \notin U$ gdw. $I \setminus \|\psi(\bar{a})\| \in U$ (wegen der Ultrafiltereigenschaft). Es ist aber $I \setminus \|\psi(\bar{a})\| = \|\neg\psi(\bar{a})\|$, vgl. Bemerkung (3) aus §4.1 .

(ii) $\mathcal{M}/U \models \psi_1(\bar{a}/U) \wedge \psi_2(\bar{a}/U)$ gdw. $\mathcal{M}/U \models \psi_1(\bar{a}/U)$ und $\mathcal{M}/U \models \psi_2(\bar{a}/U)$. Also folgt die eine Richtung der Behauptung (unter Berücksichtigung von Bemerkung (1) aus §4.1) aus der Durchschnittseigenschaft (ii) und die andere aus der Erweiterungseigenschaft (iii) der Filter.

(iii) $\mathcal{M}/U \models \exists x\, \theta(x,\bar{a}/U)$ gdw. $\mathcal{M}/U \models \theta(b,\bar{a}/U)$ für ein $b \in M/U$ gdw. $\mathcal{M}/U \models \theta(b/U,\bar{a}/U)$ für ein $b \in M$ gdw. $\|\theta(b,\bar{a})\| \in U$ für ein $b \in M$. Letzteres ist aber nach Bemerkung (4) aus dem vorigen Paragraphen äquivalent zu $\|\exists x\, \theta(x,\bar{a})\| \in U$. ■

Eine **positiv primitive** Formel ist eine Formel der Form $\exists\bar{x}\,\varphi$, wobei φ eine endliche Konjunktion atomarer Formeln ist.

Ü1. Zeige, daß in beliebigen reduzierten Produkten der Satz von Łoś für positiv primitive φ gilt. Warum gilt dies nicht für beliebige positive existentielle Formeln?

Ü2. Beweise: Die Hauptultrafilter auf I sind gerade die durch Einermengen erzeugten Hauptfilter. Jede Ultrapotenz von $\mathcal{N}$ bezüglich eines Hauptultrafilters ist isomorph zu $\mathcal{N}$. [Vgl. Ü4.1.2!]

4.3. Der Endlichkeitssatz

Wie bereits bemerkt ist nicht jeder Filter ein Ultrafilter. Jeder Filter läßt sich allerdings zu einem Ultrafilter erweitern. Wir werden eine etwas allgemeinere Aussage beweisen. Dazu definieren wir:

> Sei I eine nichtleere Menge und F eine Teilmenge von $\mathcal{P}(I)$. F hat die **endliche Durchschnittseigenschaft**, falls $F \neq \emptyset$ und $\bigcap_{i<n} A_i \neq \emptyset$ für alle $A_0,\ldots,A_{n-1} \in F$.

Bemerkung: F hat die endliche Durchschnittseigenschaft gdw. die Menge F' aller endlichen Durchschnitte von Mengen aus F die Filteraxiome (i) und (ii) erfüllt.

Lemma 4.3.1 Sei I eine nichtleere Menge und F eine Teilmenge von $\mathcal{P}(I)$ mit der endlichen Durchschnittseigenschaft.
Dann gibt es einen Ultrafilter U auf I mit $F \subseteq U$.

[A. Tarski, *Une contribution à la théorie de la mesure*, Fund. Math. 15, **1930**, 42-50]

Beweis

Sei F' wie in der obigen Bemerkung und $U \subseteq \mathcal{P}(I)$ eine maximale Erweiterung von F' mit der endlichen Durchschnittseigenschaft. Ein solches U gibt es aufgrund des Zornschen Lemmas. Wir zeigen, daß U ein Ultrafilter auf I ist.
Betrachte den von U erzeugten Filter $F(U) = \{ A \subseteq I : B \subseteq A$ für ein $B \in U \}$. F(U) ist eine U umfassende Menge nichtleerer Teilmengen von I mit der endlichen Durchschnittseigenschaft. Aufgrund der Maximalität von U gilt also $U = F(U)$, weshalb U ein Filter auf I ist. Für die Ultrafiltereigenschaft sei $A \subseteq I$ mit $A \notin U$. Zu zeigen ist $B =_{def} I \setminus A \in U$. Betrachte die Menge $U \cup \{ C \cap B : C \in U \}$, die offensichtlich durchschnittsabgeschlossen ist, d.h. Filteraxiom (ii) erfüllt. Wäre $C \cap B = \emptyset$ für ein

$C \in U$, so wäre $C \subseteq A = I \setminus B$, was aber $A \notin U$ widerspräche. Also hat $U \cup \{C \cap B : C \in U\}$ die endliche Durchschnittseigenschaft, weshalb aufgrund der Maximalität von U die Menge $\{C \cap B : C \in U\}$ in U enthalten ist. Wegen $I \in U$ gilt dann insbesondere $I \setminus A = B = I \cap B \in U$. Also ist U ein Ultrafilter auf I. ■

Nun kommen wir zum fundamentalen Satz der Modelltheorie.

Satz 4.3.2 (Endlichkeitssatz) Eine Menge Σ von L-Aussagen besitzt genau dann ein Modell, wenn jede endliche Teilmenge von Σ ein Modell besitzt.

[K. Gödel, *Die Vollständigkeit der Axiome des logischen Funktionenkalküls*, Monatsh. Math. Phys. 37, **1930**, 349-360] für abzählbare Sprachen;

[A. I. Malcev, *Untersuchungen aus dem Gebiete der mathematischen Logik*, Rec. Math. N.S. 1, **1936**, 323-336] für den allgemeinen Fall (siehe hierzu p.16, Basic Theorem und Fußnote in *Collected Papers*).

Beweis

Die eine Richtung ist trivial, denn mit Σ besitzt auch jede endliche Teilmenge von Σ ein Modell.

Sei also I die Menge aller nichtleeren endlichen Teilmengen von Σ. Nach Voraussetzung gibt es zu jedem $i \in I$ eine nichtleere L-Struktur $\mathcal{M}_i$ mit $\mathcal{M}_i \models i$. Sei $\mathcal{M}$ deren direktes Produkt. Setze $i^* = \{j \in I : i \subseteq j\}$. Offenbar ist $i_0^* \cap i_1^* = (i_0 \cup i_1)^*$, weshalb die Menge $\{i^* : i \in I\}$ die endliche Durchschnittseigenschaft hat und nach Lemma 4.3.1 in einem Ultrafilter U auf I enthalten ist. Wir zeigen, daß $\mathcal{M}/U \models \Sigma$.

Sei dazu $\varphi \in \Sigma$. Dann ist $\{\varphi\} \in I$, und für alle $i \in I$ mit $\varphi \in i$ gilt $\mathcal{M}_i \models \varphi$, d.h. $\{\varphi\}^* = \{i \in I : \varphi \in i\} \subseteq \{i \in I : \mathcal{M}_i \models \varphi\}$. Nach Wahl von U ist $\{\varphi\}^* \in U$, also mit der Filtereigenschaft (iii) auch $\{i \in I : \mathcal{M}_i \models \varphi\} = \|\varphi\| \in U$. Nach dem Satz von Łoś folgt hieraus $\mathcal{M}/U \models \varphi$, also insgesamt $\mathcal{M}/U \models \Sigma$. ■

Dieser Satz wird oft auch als Kompaktheitssatz bezeichnet, und wir werden später sehen, warum.

Üblicherweise wird der Endlichkeitssatz aus dem Gödelschen Vollständigkeitssatz der Logik erster Stufe abgeleitet, der besagt, daß das Bestehen einer logischen Folgerung äquivalent ist zur Existenz eines formalen Beweises im Ableitungskalkül dieser Logik. Der Endlichkeitssatz folgt dann aus dem Vollständigkeitssatz wegen der Finitarität des Ableitungsbegriffes. Unsere Darstellung umgeht den Ableitungsbegriff (der in jedem Standardwerk zur Logik betrachtet wird), da dieser wegen des Vollständigkeitssatzes modelltheoretisch irrelevant ist. Aber wir können die Finitarität des Folgerungsbegriffes nun aus dem Endlichkeitssatz schließen.

Korollar 4.3.3 Der Folgerungsbegriff ist finitär, d.h. jede Aussage, die aus einer Aussagenmenge Σ folgt, folgt bereits aus einer endlichen Teilmenge von Σ. Folglich ist eine Aussagenmenge genau dann widerspruchsfrei, wenn es jede ihrer endlichen Teilmengen ist.

Beweis
Bemerke, daß $\Sigma \models \varphi$ gdw. $\Sigma \cup \{\neg\varphi\}$ kein Modell besitzt. ■

Ü1. Beweise: Wenn eine L-Aussagenmenge Σ eine endlich axiomatisierbare Klasse von L-Strukturen $\mathcal{K}$ axiomatisiert, so axiomatisiert bereits eine endliche Teilmenge von Σ die Klasse $\mathcal{K}$.

Ü2. Zeige, daß eine Klasse $\mathcal{K}$ von L-Strukturen genau dann endlich axiomatisierbar ist, wenn sowohl $\mathcal{K}$ als auch die Klasse aller L-Strukturen, die nicht in $\mathcal{K}$ sind, axiomatisierbar sind. [Hinweis: Sei $\mathcal{K}'$ die Klasse aller L-Strukturen, die nicht in $\mathcal{K}$ sind, und $\mathcal{K} = \mathrm{Mod}\,\Sigma$ und $\mathcal{K}' = \mathrm{Mod}\,\Sigma'$. Betrachte $\Sigma \cup \Sigma'$.]

Ü3. Zeige, daß die Klasse aller unendlichen Mengen (als $L_=$-Strukturen) nicht endlich axiomatisierbar, wohl aber axiomatisierbar ist.

5. Erste Konsequenzen aus dem Endlichkeitssatz

Als erstes leiten wir einen grundlegenden Satz über die Existenz beliebig großer Modelle aus dem Endlichkeitssatz ab. Dann geben wir einfache Anwendungen auf klassische Strukturen, deren Axiomatisierungen wir bei dieser Gelegenheit behandeln. Abschließend wird erklärt, warum der Endlichkeitssatz auch Kompaktheitssatz heißt. Das führt uns zu gewissen topologischen Räumen, den sogenannten Stoneschen Räumen, auf die wir in Teil IV zurückkommen werden.

5.1. Der Satz von Löwenheim-Skolem aufwärts

Satz 5.1.1 (Löwenheim-Skolem aufwärts) Sei $\Sigma \subseteq L_0(\sigma)$. Wenn Σ beliebig große endliche oder ein unendliches Modell besitzt, so besitzt Σ Modelle beliebig großer Mächtigkeit.

[L. Löwenheim, *Über Möglichkeiten im Relativkalkül*, Math. Ann. 76, **1915**, 447-470]

[Th. Skolem, *Logisch-kombinatorische Untersuchungen über die Erfüllbarkeit oder Beweisbarkeit mathematischer Sätze nebst einem Theorem über dichte Mengen*, Skrifter,Videnskabsakademie i Kristiania I. Mat.-Nat. Kl. No. 4, **1920**, 1-36]

Die Grundlagen dieses Satzes stammen von Löwenheim und Skolem, die Formulierung für beliebige Sprachen stammt von A. Tarski, weshalb der Satz auch als Satz von Löwenheim-Skolem-Tarski bezeichnet wird; von Tarski selbst nicht publiziert, siehe aber

[Th. Skolem, *Selected Works in Logic*, ed. J. E. Fenstad, Oslo **1970**, 366, Bem. 3]

Beweis

Sei C eine Menge neuer Konstanten beliebiger Mächtigkeit. Betrachten wir die L(C)-Aussagenmenge

$\Sigma_C =_{def} \Sigma \cup \{ c \neq c' : c,c' \in C \text{ und } c \neq c' \}$.

Da Σ beliebig große endliche Modelle oder ein unendliches Modell besitzt, hat jedes $\Sigma' \Subset \Sigma_C$ ein Modell, denn in einem genügend großen Modell von Σ können wir für die endlich vielen in Σ' vorkommenden c paarweise verschiedene Interpretationen finden. Nach dem Endlichkeitssatz hat Σ_C ein Modell. Dessen L-Redukt ist aber ein Modell von Σ einer Mächtigkeit $\geq |C|$. ■

Da das Standardmodell der Zahlentheorie unendlich ist, folgern wir

Korollar 5.1.2 Die volle Zahlentheorie (erster Stufe), vgl. §3.5, hat Nichtstandard-Modelle, d.h. Modelle, die nicht isomorph sind zu dem der natürlichen Zahlen. ■

[Th. Skolem, *Über die Nicht-Charakterisierbarkeit der Zahlenreihe mittels endlich oder abzählbar unendlich vieler Aussagen mit ausschließlich Zahlenvariablen*, Fund. Math. 23, **1934**, 150-161]

Ü1. Zeige mittels Endlichkeitssatz, daß die Peano-Arithmetik (§3.5) ein Modell besitzt, in dem es von 0 verschiedene Elemente mit unendlich vielen Primteilern gibt.

Ü2. Sei F ein beliebiger Filter auf $\mathbb{N}$, der den Fréchet-Filter enthält, und $\mathcal{N}$ das Standardmodell der Peano-Arithmetik (vgl. §3.5). Gib Elemente der reduzierten Potenz $\mathcal{N}^{\mathbb{N}}/F$ an, die unendlich viele Primteiler besitzen.

5.2. Halbgruppen und Gruppen

Betrachten wir nun Axiomatisierungen einiger bekannter Klassen algebraischer Strukturen.

Wir wählen geeignete Sprachen, um zunächst Halbgruppen, dann Gruppen zu axiomatisieren, d.h. anhand von Aussagen, die in ihnen (und nur in ihnen) gültig sind, zu charakterisieren.

Betrachte die Signatur $(1;\cdot)$, wobei 1 eine Individuenkonstante (für das Einselement) und $\cdot$ eine 2-stellige Funktionskonstante (für die Multiplikation) ist. In der zugehörigen Sprache axiomatisiert die Aussage

(1) $\forall xyz\,((x{\cdot}y){\cdot}z = x{\cdot}(y{\cdot}z))$
die Assoziativität der Multiplikation.
Fügen wir
(2) $\forall x\,(x{\cdot}1 = x \wedge 1{\cdot}x = x)$
hinzu, so erhalten wir das Axiomensystem $\{(1),(2)\}$ der **Halbgruppen mit Eins-** (oder **neutralem**) **Element** (oder auch **Monoide**).

Deren Theorie, d.h. der deduktive Abschluß von $\{(1),(2)\}$, bezeichnen wir mit SG (semi **g**roups).

Wir vereinfachen die Schreibweise von Ausdrücken dieser Sprache, indem wir folgende übliche Abkürzung verabreden.

Ist $n \in \mathbb{N}\backslash\{0\}$, so stehe x^n für den Term $(...(x{\cdot}x){\cdot}...){\cdot}x$ (n-mal). Für den Term $x{\cdot}y$ schreiben wir auch xy.

Um die Inversenbildung zu beschreiben, gehen wir zu einer reichhaltigeren Sprache über. Betrachte die Signatur $(1;\cdot,{}^{-1})$, wobei ${}^{-1}$ zusätzlich zu den obigen Festlegungen eine einstellige Funktionskonstante ist.

In der entsprechenden Sprache kürzen wir den Term $(x^n)^{-1}$ durch x^{-n} ab ($n \in \mathbb{N}\backslash\{0\}$). Für $x{\cdot}(y^{-1})$ schreiben wir auch xy^{-1} oder x/y.

Wir ergänzen unsere Axiome um
(3) $\forall x\,(xx^{-1} = 1 \wedge x^{-1}x = 1)$,
was dann die **Gruppen** axiomatisiert.

Bezeichne TG (**T**heorie der **G**ruppen) deren Theorie, d.h. den deduktiven Abschluß von $\{(1),(2),(3)\}$.

Fügen wir noch die Aussage

(4) $\forall xy\,(xy = yx)$

hinzu, so erhalten wir die Axiome der **abelschen Gruppen**. Üblicherweise werden abelsche Gruppen additiv geschrieben, also als Strukturen der Signatur $(0;+,-)$, wobei wir das Subtraktionszeichen - analog zu $^{-1}$ als einstellige Funktionskonstante auffassen (siehe allerdings die Verabredung vor Satz 5.2.1).

L_Z bezeichne die Sprache der Signatur $(0;+,-)$ und AG die L_Z-Theorie der abelschen Gruppen, d.h. den deduktiven Abschluß der Menge der Aussagen

$(1)^+$ $\forall xyz\,((x+y)+z = x+(y+z))$,

$(2)^+$ $\forall x\,(x+0 = x \wedge 0+x = x)$,

$(3)^+$ $\forall x\,(x+(-x) = 0 \wedge (-x)+x = 0)$,

$(4)^+$ $\forall xy\,(x+y = y+x)$.

Die Theorie der **torsionsfreien** abelschen Gruppen, also die Theorie mit den Axiomen $AG \cup \{\forall x\,(nx = 0 \to x = 0) : 1 < n \in \mathbb{N}\}$, wird mit AG_{tf} bezeichnet.

Analog zur multiplikativen Schreibweise verabreden wir (für additiv geschriebene Halbgruppen) folgende Abkürzung.

Ist $n \in \mathbb{N}\setminus\{0\}$, so stehe nx für den Term $(\ldots(x+x)+\ldots)+x$ (n-mal). Statt $-(nx)$ schreiben wir auch $(-n)x$ und statt $x+(-y)$ einfach $x-y$.

Mit dem Endlichkeitssatz können wir nun z.B. zeigen:

Satz 5.2.1 Sei Σ eine Menge von Aussagen, die die Aussagen (1) und (2) enthält.

Wenn Σ für jedes $n \in \mathbb{N}$ ein Modell hat, das ein Element der **Ordnung** mindestens n enthält (d.h. ein a mit $a^k \neq 1$ für alle positiven Zahlen $k < n$), dann hat Σ ein Modell, das ein Element a von **unendlicher Ordnung** enthält (d.h. ein a mit $a^k \neq 1$ für alle $k \in \mathbb{N}$).

Beweis

Seien $L' =_{def} L(c)$, $\Sigma' =_{def} \Sigma \cup \{ c^n \neq 1 : n \in \mathbb{N} \}$, wobei L die Sprache der Signatur $(1;\cdot,^{-1})$ und c eine neue Konstante sei. Ein Modell von Σ' ist insbesondere auch ein Modell von Σ und die Interpretation von c darin ist das gesuchte Element.

Um zu zeigen, daß Σ' ein Modell besitzt, genügt es nach dem Endlichkeitssatz, dies für jede endliche Teilmenge nachzuweisen. Jede endliche Teilmenge von Σ' ist aber in einer Menge $\Sigma \cup \{ c^k \neq 1 : k < n \}$ für gewisses $n \in \mathbb{N}$ enthalten, und nach Voraussetzung hat jede solche Menge ein Modell, nämlich $\mathcal{M}_n' = (\mathcal{M}_n, a_n)$, wobei $\mathcal{M}_n \models \Sigma$ und $a_n \in M_n$ die Ordnung $\geq n$ hat (und $c^{\mathcal{M}_n'} = a_n$ gesetzt wird).

Also besitzt Σ' ein Modell $\mathcal{M}'$. Dessen L-Redukt ist dann ein Modell von Σ , in dem das Element $a = c^{\mathcal{M}'}$ unendliche Ordnung hat. ■

Die Kongruenzklassen von ganzen Zahlen modulo einer natürlichen Zahl n bilden eine abelsche Gruppe der Mächtigkeit oder - wie man sagt - der **Ordnung** n, die mit $\mathbb{Z}_n$ bezeichnet wird.

$\mathbb{Z}_n$ ist somit die zyklische Gruppe $(\mathbb{Z}/n\mathbb{Z};0;+,-)$, also Bild von $(\mathbb{Z};0;+,-)$ unter dem durch $k \mapsto k+n\mathbb{Z}$ gegebenen Gruppenhomomorphismus.

Ü1. Zeige, daß sich die Klasse der Gruppen auch in der Sprache der Signatur $(1;\cdot)$ axiomatisieren läßt. Welches sind dann die Unterstrukturen einer Gruppe? Wie verhält es sich mit dieser Frage in der Signatur $(1;\cdot,:)$, wo $:$ eine zweistellige Funktionskonstante ist (die so interpretiert werden soll, daß $x : y = x \cdot y^{-1}$)?

Ü2. Beweise, daß jedes reduzierte Produkt von Gruppen eine Faktorgruppe des entsprechenden direkten Produkts ist. [Zeige für eine Menge von Gruppen $\{ \mathcal{G}_i : i \in I \}$ und einen Filter F auf I, daß

$\prod_F \mathcal{G}_i =_{def} \{ g \in \prod_{i \in I} \mathcal{G}_i : I \setminus \text{supp}\, g \in F \}$ eine Untergruppe von $\prod_{i \in I} \mathcal{G}_i$ ist, wobei analog zu §4.1 $\text{supp}\, g = \{ i \in I : g(i) \neq 1 \}$. (Sind die $\mathcal{G}_i$ abelsch und additiv geschrieben und ist F z.B. der Fréchet-Filter auf $\mathbb{N}$, so ist $\prod_F \mathcal{G}_i$ gerade die direkte Summe $\bigoplus_{i \in I} \mathcal{G}_i$.)]

Ü3. Gib ein direktes Produkt von unendlich vielen Gruppen und eine Faktorgruppe dessen an, die kein reduziertes Produkt dieser Gruppen ist.

5.3. Ringe, Schiefkörper und Körper

Um zu Ringen und Körpern zu gelangen, erweitern wir die Axiomatisierung der abelschen Gruppen. Betrachte die Signatur $(0,1;+,-,\cdot)$, wobei 0 und 1 Individuenkonstanten, $-$ eine einstellige Funktionskonstante, und $+$ und $\cdot$ jeweils 2-stellige Funktionskonstanten sind. Dann axiomatisiert
$AG \cup SG \cup \{0 \neq 1\} \cup \{\forall xyz\, (x\cdot(y+z) = (x\cdot y)+(x\cdot z) \wedge (y+z)\cdot x = (y\cdot x)+(z\cdot x))\}$
die Klasse der (assoziativen) **Ringe** (mit 1).

Die **T**heorie der Klasse aller **R**inge werde mit TR bezeichnet. CR bezeichne die Theorie der Klasse aller kommutativen Ringe, d.h. den deduktiven Abschluß von $TR \cup \{(4)\}$.

Die Aussagenmenge $TR \cup \{\forall x\, \exists y\, (x \neq 0 \rightarrow x\cdot y = 1 \wedge y\cdot x = 1)\}$ axiomatisiert die Klasse der **Schiefkörper**. Schiefkörper, die als Ringe kommutativ sind, heißen **Körper**.

Die Theorie der Klasse aller Schiefkörper werde mit SF (**s**kew **f**ields) bezeichnet. TF bezeichne die **T**heorie der Klasse aller Körper (**f**ields), d.h. den deduktiven Abschluß von $SF \cup CR$.

Wie die Axiomatisierung zeigt, wird die multiplikative Inversenbildung nicht in die Signatur aufgenommen, da 0^{-1} nicht definiert ist, eine Funktion der Signatur jedoch total sein muß. Man könnte sich dadurch behelfen, daß man 0^{-1} einen beliebigen (da irrelevanten) Wert gibt, z.B. 0. Wir benutzen aber x^{-1} in der Signatur $(0,1;+,-,\cdot)$ lediglich als Kurzschreibweise:

Ist $\mathcal{K}$ ein Schiefkörper und $0 \neq a \in K$, so schreiben wir a^{-1} für das eindeutig bestimmte b mit $a{\cdot}b = 1 \wedge b{\cdot}a = 1$.

Man beachte, daß wegen unserer Wahl der Signatur eine Unterstruktur eines (Schief-) Körpers nicht selbst (Schief-) Körper, sondern lediglich Unterring sein muß*.

Ein wichtiges Merkmal eines Schiefkörpers ist seine Charakteristik, die wie folgt definiert ist.

Sei $\mathcal{K} \models \mathrm{SF}$. $\mathcal{K}$ hat **Charakteristik p**, falls p die kleinste (Prim-) Zahl ist mit $\mathcal{K} \models \mathrm{p}1 = 0$. $\mathcal{K}$ hat **Charakteristik 0**, falls $\mathcal{K} \models \{\mathrm{p}1 \neq 0 : \mathrm{p} > 0\}$.

Die Charakteristik von $\mathcal{K} \models \mathrm{SF}$ ist also einfach die Ordnung (im Sinne von Satz 5.2.1) von 1 in der additiven Gruppe von $\mathcal{K}$, d.h. in dem $(0;+,-)$-Redukt von $\mathcal{K}$.

Die Klasse der Schiefkörper fixierter Charakteristik ist ebenfalls axiomatisierbar. Dabei kommt man im Falle positiver Charakteristik offenbar mit endlich vielen Axiomen aus, was - wie wir in Kürze sehen werden - für Charakteristik 0 nicht möglich ist.

---

*) Die Abstinenz, die wir uns mit dieser Signatur auferlegen, wird sich später bei der Quantorenelimination für algebraisch abgeschlossene Körper auszahlen, vgl. §9.4. .

Ist q eine Primzahl oder 0, so bezeichne SF_q die Theorie der Klasse aller Schiefkörper der Charakteristik q. Analog für TF_q.

Zur Erinnerung: Jeder Körper der Charakteristik 0 enthält einen zum Körper der rationalen Zahlen $\mathbb{Q}$ isomorphen Unterkörper*. Jeder Körper der Charakteristik p (p Primzahl) enthält einen zu dem Körper $\mathbb{F}_p$ isomorphen Unterkörper. Dabei

sei $\mathbb{F}_p$ der durch Expansion von $\mathbb{Z}_p$ mittels Kongruenzmultiplikation entstehende Körper. Diese Unterkörper heißen **Primkörper** der Charakteristik p und $\mathbb{Q}$ heißt **Primkörper** der Charakteristik 0.

Die Gruppe $\mathbb{Z}_p$ ist also das (0;+,−)-Redukt des Körpers $\mathbb{F}_p$.

Analog zum obigen Satz über die mögliche Ordnung von Gruppenelementen ergibt der Endlichkeitssatz Aussagen über die mögliche Charakteristik.

Satz 5.3.1 Sei L eine Sprache, die die der Signatur (0,1;+,−,·) enthält und Σ eine L-Aussagenmenge mit $SF \subseteq \Sigma^{\models}$.
Hat Σ Modelle beliebig großer Charakteristik, so hat Σ ein Modell der Charakteristik 0.

[A. Robinson, *On the Metamathematics of Algebra*, Studies in Logic and the Foundations of Mathematics, North-Holland, Amsterdam **1951**]

Beweis
Es ist zu zeigen, daß $\Sigma' = \Sigma \cup \{p1 \neq 0 : p > 0\}$ widerspruchsfrei ist. Jede endliche Teilmenge von Σ' ist in einer gewissen Menge

*) Versteht sich die Signatur einer Struktur von selbst, so wird laxerweise oftmals zwischen Struktur und Universum, wie in der Mathematik allgemein üblich, nicht unterschieden.

$\Sigma \cup \{ n1 \neq 0 : n < p \}$ für eine Primzahl p enthalten. Eine solche hat aber nach Voraussetzung ein Modell (nämlich eines der Charakteristik $\geq p$). ■

Hinweis: Beachte, daß die Menge Σ sehr wohl Aussagen einer reichhaltigeren Sprache enthalten kann. Wichtig ist nur, daß es für jede natürliche Zahl n ein Modell von Σ gibt, deren $(0,1;+,-,\cdot)$-Redukt Schiefkörper einer Charakteristik $\geq n$ ist.

Korollar 5.3.2 Sei L wie im obigen Satz und φ eine L-Aussage. Wenn $SF_0 \models_L \varphi$, so gibt es eine Primzahl p_φ derart, daß $SF_p \models_L \varphi$ für alle Primzahlen $p > p_\varphi$.

Beweis

Gäbe es ein solches p_φ nicht, so hätte $\Sigma = SF \cup \{\neg\varphi\}$ Modelle beliebig großer Charakteristik und somit nach Satz 5.3.1 auch ein Modell der Charakteristik 0, was der Voraussetzung widerspräche. ■

Bemerkungen

(1) Korollar 5.3.2 bedeutet:
Ist φ eine $(0,1;+,-,\cdot)$-Aussage, die in allen Schiefkörpern der Charakteristik 0 gilt, so gibt es eine Primzahl p_φ derart, daß φ in allen Schiefkörpern einer Charakteristik $\geq p_\varphi$ gilt. Insbesondere ist SF_0 nicht endlich axiomatisierbar.

(2) Aus Satz 5.3.1 lassen sich analoge Aussagen für jede andere axiomatisierbare Klasse von Schiefkörpern der Charakteristik 0 ableiten, insbesondere sind solche nicht endlich axiomatisierbar.

Warnung: Statt der Aussage φ kann man nicht beliebige unendliche Aussagenmengen Σ zulassen: Betrachte als Gegenbeispiel $\{ p1 \neq 0 : p > 0 \}$!

Abschließend wollen wir einige Beobachtungen über Terme und atomare Formeln der Signatur $(0,1;+,-,\cdot)$ anstellen. Terme in dieser Signatur können zunächst einmal recht kompliziert sein, wie z.B. $x(y+zx)+x(y+zx)+\mathrm{m}yy(z-y)x$, wobei $\mathrm{m} \in \mathbb{Z}$. Nun sind diese bezüglich der Theorie CR der kommutativen Ringe wegen Kommutativität und Distributivität allerdings äquivalent zu sehr viel einfacheren Ausdrücken, nämlich Summen von Monomen, in denen außerdem noch gleiche Variablen zusammengefaßt und - unter den in §5.2 vereinbarten Abkürzungen - als Potenzen geschrieben werden können; d.h., man erhält Polynome mit Koeffizienten aus $\mathbb{Z}$. Obiger Term etwa ist CR-äquivalent zu $2xy+2x^2z+\mathrm{m}xy^2z-\mathrm{m}xy^3$ aus $\mathbb{Z}[x,y,z]$. Natürlich läßt sich dieser Term auch als Polynom in x mit Koeffizienten aus $\mathbb{Z}[y,z]$ auffassen. Da jede Termgleichung vermöge Subtraktion CR-äquivalent zu einer Termgleichung der Form $t=0$ ist, können wir zusammenfassend allgemein konstatieren:

Lemma 5.3.3 Sei L die Sprache der Signatur $(0,1;+,-,\cdot)$.

(1) Jede atomare L-Formel in den Variablen $\bar{x}$ ist CR-äquivalent zu einer Polynomgleichung $t=0$, wobei $t \in \mathbb{Z}[\bar{x}]$. Setzt sich $\bar{x}$ aus den Tupeln $\bar{y}$ und $\bar{z}$ zusammen, so läßt sich t als Polynom in $\bar{z}$ mit Koeffizienten aus $\mathbb{Z}[\bar{y}]$ auffassen, also $t \in (\mathbb{Z}[\bar{y}])[\bar{z}]$.

(2) Sei $\mathcal{A}$ ein kommutativer Ring.
Jede atomare L(A)-Formel in den freien Variablen $\bar{x}$ ist $\mathcal{A}$-äquivalent zu einer Polynomgleichung $t(\bar{x})=0$ mit $t \in \mathcal{A}[\bar{x}]$. ∎

Bemerkung: Atomare L-*Aussagen* sind wegen (1) CR-äquivalent zu (trivialen) Polynomgleichungen der Form $k=0$, wobei k eine ganze Zahl ist.

Ü1. Begründe obige Bemerkung (2).

Ein **Nullteiler** eines Ringes ist ein von 0 verschiedenes Element, dessen Produkt mit einem gewissen von 0 verschiedenen Element 0 ergibt. Ein Ring, der keine Nullteiler enthält, heißt **nullteilerfrei**.

Ü2. Gib ein endliches Axiomensystem für die Klasse der kommutativen nullteilerfreien Ringe (d.h. **Integritätsbereiche**) an.

Ü3. Definiere die Charakteristik eines Ringes und zeige, daß diese im Falle eines nullteilerfreien Ringes Primzahl oder 0 ist. Axiomatisiere die entsprechenden Klassen.

Ü4. Beweise, daß jedes reduzierte Produkt von Ringen ein Faktorring des direkten Produkts dieser Ringe ist. [Vgl. Ü5.2.2 .]

Ü5. Zeige, daß für Schiefkörper auch die Umkehrung von Ü4 gilt (im Gegensatz zu Gruppen, vgl. Ü5.2.3, oder beliebigen Ringen). [Für ein gegebenes echtes Ideal X des direkten Produktes der Schiefkörper $\mathcal{K}_i$ ($i \in I$) zeige, daß $U_X =_{def} \{ I \setminus \mathrm{supp}\, r : r \in X \}$ ein Filter auf I ist.]

5.4. Vektorräume

Vektorräume über einem *fixierten* Schiefkörper $\mathcal{K}$ werden üblicherweise in der Signatur $(0;+,-) \cup \{ f_k : k \in K \}$ formuliert, wobei die f_k einstellige Funktionssymbole (für die Skalarmultiplikation) sind.

Wir betrachten die folgenden Aussagen.

(1) $\{ \forall x\, (f_0(x) = 0 \wedge f_1(x) = x) \}$

(2) $\{ \forall xy\, (f_k(x+y) = f_k(x)+f_k(y) : k \in K \}$

(3) $\{ \forall x\, (f_{k+k'}(x) = f_k(x)+f_{k'}(x) : k,k' \in K \}$

(4) $\{ \forall x\, (f_k(f_{k'}(x)) = f_{k \cdot k'}(x)) : k,k' \in K \}$

Diese axiomatisieren zusammen mit AG die Klasse der (**Links-**) **Vektorräume über** $\mathcal{K}$ (oder auch (**Links-**) $\mathcal{K}$**-Vektorräume**).

Die oben eingeführte Sprache werde mit $L_{\mathcal{K}}$ bezeichnet, und $T_{\mathcal{K}}$ bezeichne die $L_{\mathcal{K}}$-Theorie der Klasse der $\mathcal{K}$-Vektorräume, also den deduktiven Abschluß von $AG \cup \{(1),(2),(3),(4)\}$.

Jeder Vektorraum besitzt bekanntlich eine eindeutig bestimmte Dimension, und zwei Vektorräume über demselben Schiefkörper sind genau dann isomorph, wenn sie die gleiche Dimension besitzen.

Ü1. Wie sollten Rechts-$\mathcal{K}$-Vektorräume axiomatisiert werden ?

Wir betrachten Vektorräume stets in den oben eingeführten körperabhängigen Sprachen. Man könnte aber auch die Körperelemente zum Individuenbereich hinzufügen und diese durch ein Prädikat (als Relationssymbol) aussondern, gewissermaßen also $\mathcal{K}$-Vektorräume $\mathcal{V}$ als Paare $(\mathcal{K},\mathcal{V})$ auffassen (das nennt man auch **zweisortige Struktur**). Allerdings hätte man den Nachteil, daß die entsprechende Theorie auch Modelle $(\mathcal{K}',\mathcal{V}')$ besäße, wo $\mathcal{V}'$ ein Vektorraum über einem *anderen* Körper $\mathcal{K}'$ ist.

Ü2. Gib eine entsprechende Axiomatisierung an!

5.5. Ordnungen und geordnete Strukturen

Ordnungen werden in der Sprache mit einer 2-stelligen Relation $<$ behandelt.
Wir betrachten die folgenden Axiome.

(1) $\forall x \neg x < x$ — Irreflexivität (oder Striktheit)
(2) $\forall xyz\, (x < y \wedge y < z \to x < z)$ — Transitivität
(3) $\forall xy\, (x < y \vee x = y \vee y < x)$ — Linearität
(4) $\forall xy\, (x < y \to \exists z\, (x < z \wedge z < y))$ — Dichte
(5) $\exists xy\, x < y$ — Nichttrivialität

{(1),(2)} axiomatisiert die Klasse der **(partiellen) Ordnungen**, {(1),(2),(3)} die der **linearen Ordnungen** (oder auch **Ketten**), und {(1),(2),(3),(4),(5)} die der (nichttrivialen) **dichten linearen Ordnungen**. Eine **Kette** in einer partiellen Ordnung (X,<) ist einfach eine Teilordnung von X , die selbst bzgl. < linear geordnet ist.

Beachte, daß aus (1) und (2) folgt

(6) $\forall xy\, (x < y \to \neg y < x)$ — Antisymmetrie

Bemerkung: Wegen der Irreflexivität (1) sind Homomorphismen von linearen Ordnungen automatisch Einbettungen.

Wir betrachten folgende Randpunktaxiome.

(−−) $\forall x\, \exists yz\, (y < x \wedge x < z)$

(+−) $\exists x\, \forall y\, (x < y \vee x = y) \wedge \forall x\, \exists y\, x < y$

(−+) $\forall x\, \exists y\, y < x \wedge \exists x\, \forall y\, (y < x \vee x = y)$

(++) $\exists x\, \forall y\, (x < y \vee x = y) \wedge \exists x\, \forall y\, (y < x \vee x = y)$

$L_<$ bezeichne die Sprache der Signatur $(<)$, $T_<$ die $L_<$-Theorie der (partiellen) Ordnungen, LO die der linearen Ordnungen und DLO die der (nichttrivialen) dichten linearen Ordnungen. Der deduktive Abschluß von $\mathrm{DLO} \cup \{(--)\}$ wird mit DLO_{--} bezeichnet. Entsprechend für die anderen Randpunktaxiome.

Als abkürzende Schreibweisen führen wir wie üblich ein
$x > y \Leftrightarrow_{\mathrm{def}} y < x$, $x \leq y \Leftrightarrow_{\mathrm{def}} x < y \vee x = y$ und $x \nless y \Leftrightarrow_{\mathrm{def}} \neg x < y$.

In Kapitel 7 werden wir Ordnungen eingehender betrachten.

Oftmals kann man Strukturen derart anordnen, daß die Operationen in gewissem Sinne mit der Ordnung verträglich sind. Wir betrachten folgende Fälle.

Eine **partiell geordnete Gruppe** ist eine $(1;\cdot,^{-1};<)$-Struktur, deren $(1;\cdot,^{-1})$-Redukt eine Gruppe ist, deren $(<)$-Redukt eine partielle Ordnung ist, und die die Aussage
$\forall xyuv\, (x < y \rightarrow uxv < uyv)$ erfüllt. Die partielle Ordnung $<$ heißt auch eine **partielle Anordnung** der Gruppe. Ist diese partielle Anordnung lineare Ordnung, so sprechen wir von einer **Anordnung** und entsprechend einer **geordneten Gruppe**.
Ein (**partiell**) **geordneter Ring** ist ein Ring, dessen $(0;+,-)$-Redukt (partiell) geordnete abelsche Gruppe ist, und der das folgende zusätzliche Axiom erfüllt:
$\forall xyuv\, (x < y \wedge u > 0 \wedge v > 0 \rightarrow uxv < uyv)$.
Ein (**partiell**) **geordneter** (**Schief-**) **Körper** ist ein (partiell)

geordneter Ring, dessen $(0,1;+,-,\cdot)$-Redukt (Schief-) Körper ist.

Ü1. Zeige, daß jede dichte lineare Ordnung unendlich ist. Was würde passieren, wenn wir das Nichttrivialitätsaxiom (5) fallen ließen?

Ü2. Beweise, daß jede geordnete Gruppe torsionsfrei ist und folglich jeder geordnete Schiefkörper Charakteristik 0 hat.

Ü3. Zeige: Homomorphe Bilder linearer Ordnungen müssen keine (partiellen) Ordnungen (in unserem Sinne) sein. Jedes homomorphe Bild einer linearen Ordnung X jedoch, das selbst Ordnung ist, ist isomorph zu X. [Betrachte die Irreflexivität!]

5.6. Boolesche Algebren

Für Boolesche Algebren benutzen wir die Signatur $(0,1;+,\cdot,\overline{\ })$ mit den Individuenkonstanten 0 und 1 (für das kleinste und das größte Element), den zweistelligen Funktionskonstanten $+$, $\cdot$ (für Supremum und Infimum) und der einstelligen Funktionskonstanten $\overline{\ }$ (für das Komplement). In der entsprechenden Sprache werden **Boolesche Algebren** durch folgende Aussagen axiomatisiert.

(1) $\forall xyz\,(x+(y+z)=(x+y)+z \wedge x\cdot(y\cdot z)=(x\cdot y)\cdot z)$ Assoziativität

(2) $\forall xyz\,(x+y=y+x \wedge x\cdot y=y\cdot x)$ Kommutativität

(3) $\forall x\,(x+x=x \wedge x\cdot x=x)$ Idempotenz

(4) $\forall xyz\,(x+(y\cdot z)=(x+y)\cdot(x+z) \wedge x\cdot(y+z)=(x\cdot y)+(x\cdot z))$ Distributivität

(5) $\forall xy\,(x+(x\cdot y)=x \wedge x\cdot(x+y)=x)$ Adjunktivität

(6) $\forall xy\,(\overline{x+y}=\overline{x}\cdot\overline{y} \wedge \overline{x\cdot y}=\overline{x}+\overline{y})$ DeMorgansche Gesetze

(7) $\forall x\,(x+0=x \wedge x\cdot 0=0 \wedge x+1=1 \wedge x\cdot 1=x \wedge 0\neq 1 \wedge x+\overline{x}=1 \wedge x\cdot\overline{x}=0 \wedge \overline{\overline{x}}=x)$ Gesetze über 0,1 und $\overline{\ }$.

Bezeichne BA die $(0,1;+,\cdot,\overline{\ })$-Theorie aller Booleschen Algebren, d.h. den deduktiven Abschluß von $\{(1),(2),(3),(4),(5),(6),(7)\}$.

Durch die Festlegung

$x \leq y$, falls $x+y=y$, und $x<y$, falls $x \leq y$ und $x \neq y$,

erhalten wir eine (partielle) Ordnung < auf jeder Booleschen Algebra. Es ist offensichtlich, daß 1 das größte und 0 das kleinste Element dieser Ordnung ist. Ebenso läßt sich leicht nachweisen, daß in dieser Ordnung $x+y$ die kleinste obere und $x \cdot y$ die größte untere Schranke der Menge $\{x,y\}$ für beliebige x,y ist.

Beispiel: Sei X eine nichtleere Menge und S eine Teilmenge der Potenzmenge von X, die $\varnothing$ und X enthält und die abgeschlossen ist gegenüber Vereinigung, Durchschnitt und Komplementbildung. Dann heißt $(S;\varnothing,X;\cup,\cap,X\setminus)$ **(Boolesche) Mengenalgebra**. Wie leicht einzusehen ist, ist eine Boolesche Mengenalgebra insbesondere eine Boolesche Algebra. Die oben definierte partielle Ordnung ist dabei einfach die Mengeninklusion. Umgekehrt läßt sich jede Boolesche Algebra als Mengenalgebra darstellen. Dafür definieren wir zunächst in Verallgemeinerung von §§4.1 und 4.2 die Begriffe der Filter und Ultrafilter in einer beliebigen Booleschen Algebra.

Sei $\mathcal{B} \models$ BA eine Boolesche Algebra. Eine nichtleere Menge $F \subseteq B$ heißt **Filter** von $\mathcal{B}$, falls folgende Bedingungen für alle $a,b \in B$ erfüllt sind:

(i) $0 \notin F$

(ii) Sind $a,b \in F$, so auch $a \cdot b \in F$.

(iii) Wenn $a \in F$ und $a \leq b$, so auch $b \in F$.

Wenn $b \neq 0$, so bezeichne $F(b)$ den sog. von b erzeugten **Hauptfilter** $\{a \in B : b \leq a\}$.
Ein Filter F von $\mathcal{B}$ ist ein **Ultrafilter** von $\mathcal{B}$, falls entweder $a \in F$ oder $\overline{a} \in F$ für alle $a \in B$.
Ein Ultrafilter, der gleichzeitig Hauptfilter ist, heißt **Hauptultrafilter**.

Bemerkungen: Sei $\mathcal{B} \models BA$.

(1) Für jeden Filter F von $\mathcal{B}$ gilt $1 \in F$.

(2) Für Mengen $F \subseteq B$ mit der Bedingung (iii) ist die Bedingung (i) gleichbedeutend mit $F \neq B$.

(3) Sei $S(\mathcal{B})$ die Menge aller Ultrafilter von $\mathcal{B}$. Die Mengen

$$\langle a \rangle =_{\text{def}} \{x \in S(\mathcal{B}) : a \in x\} \qquad \text{für } a \in B$$

bilden die Basis eine Topologie auf $S(\mathcal{B})$.

Der dadurch definierte topologische Raum wird wiederum mit $S(\mathcal{B})$ bezeichnet.

Eine Teilmenge eines topologischen Raumes heißt **offen-abgeschlossen** (**clopen**), falls sie gleichzeitig offen und abgeschlossen ist.
Ein **Stonescher Raum** ist ein nichtleerer topologischer Raum, der kompakt (in dem Sinne, daß jede Überdeckung des Raumes mittels offener Teilmengen eine endliche Teilüberdeckung besitzt) und hausdorffsch (in dem Sinne, daß sich je zwei verschiedene Punkte durch zwei disjunkte offene Mengen trennen lassen) ist und eine Basis von offen-abgeschlossenen Mengen besitzt.

Satz 5.6.1 (Stonescher Repräsentationssatz)

(1) Wenn $\mathcal{B} \models \mathrm{BA}$, so ist $\mathrm{S}(\mathcal{B})$ ein Stonescher Raum, der sog. **Stonesche Raum** von $\mathcal{B}$.

(2) Ist S ein Stonescher Raum, dann bilden die offen-abgeschlossenen Teilmengen von S eine Boolesche Mengenalgebra $\mathcal{B}(\mathrm{S})$.

(3) Für jede Boolesche Algebra $\mathcal{B}$ ist die Boolesche Algebra $\mathcal{B}(\mathrm{S}(\mathcal{B}))$ isomorph zu $\mathcal{B}$ (unter der Abbildung $a \mapsto \langle a \rangle$).

(4) Für jeden Stoneschen Raum S ist der Stonesche Raum $\mathrm{S}(\mathcal{B}(\mathrm{S}))$ homöomorph zu S
(unter der Abbildung $x \mapsto \{ a \in \mathcal{B}(\mathrm{S}) : x \in a \}$).

[M. H. Stone, *The representation theorem for Boolean algebra*, Trans. Am. Math. Soc. 40, **1936**, 37-111]

Die Beweise überlassen wir als Übungsaufgabe, vgl. auch §5.7 weiter unten (und die im Literaturanhang F zitierten Werke zur Booleschen Algebra).

Ein **Atom** einer Booleschen Algebra ist ein Element $x \neq 0$, so daß zwischen 0 und x kein weiteres Element liegt, d.h. für alle y mit $0 \leq y \leq x$ gilt entweder $y = 0$ oder $y = x$. Eine Boolesche Algebra heißt **atomar**, wenn zu jedem $x \neq 0$ ein Atom y existiert mit $y \leq x$. Eine Boolesche Algebra heißt **atomlos**, wenn sie keine Atome enthält.

Bemerkung: Es gibt Boolesche Algebren, die weder atomar noch atomlos sind.

Axiome für die atomaren bzw. atomlosen Booleschen Algebren erhalten wir (unter Verwendung der Kurzschreibweise $\leq$) durch Hinzufügung von

$\forall x\,(x \neq 0 \to \exists y\,(y \leq x \wedge y \neq 0 \wedge \forall z\,(z < y \to z = 0)))$ bzw.

$\forall y\,(y \neq 0 \to \exists z\,(0 < z \wedge z < y))$.

Wichtige Beispiele Boolescher Algebren stellen die sogenannten Lindenbaum-Tarski-Algebren prädikatenlogischer Sprachen dar. Zunächst zerlegen wir dazu die Menge L_0 der Aussagen von L in Äquivalenzklassen bzgl. logischer Äquivalenz $\sim$, vgl. §3.3. Hierbei bezeichne $\varphi/\sim$ die Äquivalenzklasse der Aussage φ und $L_0/\sim$ die Menge aller solcher Äquivalenzklassen. Darauf lassen sich dann die Operationen $\wedge$, $\vee$ und $\neg$ repräsentantenweise definieren (Übungsaufgabe!).

> $\mathcal{B}_L = (L_0/\sim; \bot/\sim, \top/\sim; \vee, \wedge, \neg)$ bildet dann eine Boolesche Algebra, die sogenannte **Lindenbaum-Tarski-Algebra** von L.

Das läßt sich wie folgt auf beliebige Formeln erweitern und auf T-Äquivalenz bzgl. einer Theorie T (oder einer beliebigen Aussagenmenge) relativieren:

> Sei T eine L-Theorie (oder lediglich eine beliebige Teilmenge von L_0) und $\bar{x}$ ein n-Tupel von Variablen.
> Für $\varphi, \psi \in L_{\bar{x}}$ schreiben wir $\varphi \leq_T \psi$, falls $T \vDash \forall\bar{x}\,(\varphi \to \psi)$. Dann bildet $(L_{\bar{x}}/\sim_T; \bot/\sim_T, \top/\sim_T; \vee, \wedge, \neg)$ eine Boolesche Algebra, deren Isomorphietyp lediglich von n abhängt und deshalb mit $\mathcal{B}_n(T)$ bezeichnet wird, und deren kanonische partielle Ordnung $\leq_T$ gegeben ist durch $\varphi/\sim_T \leq_T \psi/\sim_T$ gdw. $T \vDash \forall\bar{x}\,(\varphi \to \psi)$.
> $\mathcal{B}_n(T)$ heißt **n-te Lindenbaum-Tarski-Algebra** von T.

Die 0-te Lindenbaum-Tarski-Algebra $\mathcal{B}_0(\varnothing^{\vDash})$ der Menge der allgemeingültigen L-Aussagen ist also dasselbe wie $\mathcal{B}_L$. Die L-Theorien sind (bis auf logische Äquivalenz) gerade die Filter dieser Algebra, während die Ultrafilter die vollständigen Theorien sind.

Beachte, daß nach Ü3.3.4 $\varphi/\sim_T$ jede Formel enthält, die sich von φ nur durch redundante Variablen unterscheidet.

Ü1. Beweise Satz 5.6.1.

Ü2. Zeige, daß $\mathcal{B}_L$ und die $\mathcal{B}_n(T)$ wohldefiniert sind.

Ü3. Beweise: Die Hauptultrafilter einer Booleschen Algebra sind genau die durch Atome erzeugten Hauptfilter, vgl. Ü4.2.2.

5.7. Ein wenig Topologie (oder warum der Endlichkeitssatz auch Kompaktheitssatz heißt)

Die folgenden Betrachtungen dienen u.a. als Vorbereitung auf §9.1 (insbesondere Lemma 9.1.1) und §11.3.

Sei S_L die Menge der vollständigen L-Theorien, also die der Ultrafilter der Lindenbaum-Tarski-Algebra $\mathcal{B}_L$.
Entsprechend Bemerkung (3) vor Satz 5.6.1 setzen wir

$$\langle\varphi\rangle =_{def} \{T \in S_L : \varphi \in T\} \quad \text{für } \varphi \in L_0 .$$

Da $\varphi \wedge \psi \in T$ gdw. $\varphi \in T$ und $\psi \in T$, erhalten wir $\langle\varphi\rangle \cap \langle\psi\rangle = \langle\varphi \wedge \psi\rangle$, weshalb $\{\langle\varphi\rangle : \varphi \in L_0\}$ eine Basis für eine Topologie auf S_L ist. Wir bezeichnen mit S_L auch den entsprechenden topologischen Raum.
S_L besitzt eine Basis von offen-abgeschlossenen Mengen, da $S_L \setminus \langle\varphi\rangle = \langle\neg\varphi\rangle$ offen ist für jedes $\varphi \in L_0$. Ferner ist S_L hausdorffsch, da es für alle $T, T' \in S_L$ mit $T \neq T'$ ein $\varphi \in L_0$ gibt mit $T \in \langle\varphi\rangle$ und $T' \in \langle\neg\varphi\rangle$.

Die offenen Mengen von S_L sind genau die der Form $\bigcup_{\varphi\in\Sigma} \langle\varphi\rangle$ für $\Sigma \subseteq L_0$. Die abgeschlossenen Mengen von S_L sind umgekehrt genau die der Form $\bigcap_{\varphi\in\Sigma} \langle\varphi\rangle = \{T \in S_L : \Sigma \subseteq T\}$ für $\Sigma \subseteq L_0$.
Es ist nicht schwer nachzuweisen, daß die Abbildungsvorschrift $\bigcap_{\varphi\in\Sigma} \langle\varphi\rangle \mapsto \Sigma^{\models}$ eine Bijektion zwischen den nichtleeren (denn $\bigcap_{\varphi\in\Sigma} \langle\varphi\rangle = \emptyset$ gdw. Σ widerspruchsvoll) abgeschlossenen Teilmen-

gen von S_L und den L-Theorien definiert. Somit spiegelt der Raum S_L nicht nur die vollständigen, sondern *alle* L-Theorien wider.

Nun zur Klärung, warum der Endlichkeitssatz auch Kompaktheitssatz heißt. Er läßt sich topologisch wie folgt formulieren und ist tatsächlich dazu äquivalent, wie man leicht zeigen kann (Übungsaufgabe!).

Satz 5.7.1 (Kompaktheitssatz) S_L ist kompakt, d.h. jede offene Überdeckung von S_L besitzt eine endliche Teilüberdeckung.

Beweis

Gegeben sei eine Überdeckung $S_L = \bigcup_{i \in I} U_i$, wobei jeweils $U_i = \bigcup_{\varphi \in \Sigma_i} \langle\varphi\rangle$ für gewisse $\Sigma_i \subseteq L_0$. Sei $\Sigma = \bigcup_{i \in I} \Sigma_i$. Gesucht sind $\varphi_0, \ldots, \varphi_{n-1} \in \Sigma$ mit $S_L = \bigcup_{i<n} \langle\varphi_i\rangle$.

Es gilt $\varnothing = S_L \setminus \bigcup_{i \in I} U_i = S_L \setminus \bigcup_{\varphi \in \Sigma} \langle\varphi\rangle = \bigcap_{\varphi \in \Sigma} S_L \setminus \langle\varphi\rangle = \bigcap_{\varphi \in \Sigma} \langle\neg\varphi\rangle$.

Das bedeutet aber, daß die Aussagenmenge $\{\neg\varphi : \varphi \in \Sigma\}$ keine vollständige Erweiterung, also auch kein Modell besitzt. Dann gibt es nach dem Endlichkeitssatz $\varphi_0, \ldots, \varphi_{n-1} \in \Sigma$, so daß bereits $\{\neg\varphi_0, \ldots, \neg\varphi_{n-1}\}$ kein Modell hat, also auch keine vollständige Erweiterung. Das wiederum bedeutet, daß $\bigcap_{i<n} \langle\neg\varphi_i\rangle = \varnothing$. Folglich gilt $S_L = S_L \setminus \bigcap_{i<n} \langle\neg\varphi_i\rangle = \bigcup_{i<n} S_L \setminus \langle\neg\varphi_i\rangle = \bigcup_{i<n} \langle\varphi_i\rangle$, und somit gibt es $j_i \in I$ $(i < n)$ mit $S_L = \bigcup_{i<n} U_{j_i}$. ■

In der Tat ist S_L der Stonesche Raum der Lindenbaum-Tarski-Algebra $\mathcal{B}_L$, d.h. der wie im vorigen Abschnitt definierte kompakte Hausdorff-Raum mit einer Basis aus offen-abgeschlossenen Mengen (weshalb der Kompaktheitssatz und somit auch der Endlichkeitssatz aus dem Stoneschen Repräsentationssatz folgt, vgl. Ü1 weiter unten). In §11.3 werden auf dieses Thema zurückkommen.

Korollar 5.7.2 Die offen-abgeschlossenen Mengen in S_L sind genau die der Form $\langle\varphi\rangle$ für $\varphi \in L_0$.

Beweis

$\Leftarrow$: klar.

$\Rightarrow$: Es gilt $\emptyset = \langle\varphi\wedge\neg\varphi\rangle$, also ist die leere Menge von der geforderten Form.

Sei nun $\emptyset \neq U = \bigcup_{\varphi\in\Sigma} \langle\varphi\rangle$ (für ein $\Sigma \subseteq L_0$) abgeschlossen. Dann ist U kompakt, also $U = \bigcup_{i<n} \langle\varphi_i\rangle = \langle \bigvee_{i<n} \varphi_i\rangle$ für gewisse φ_i $(i < n)$. Damit ist U von der geforderten Form. ■

Beispiel: Betrachte die Theorie $T_=$ der reinen Identität.
Sei T_n die $L_=$-Theorie, die die Aussage $\exists^{=n}x\,(x = x)$ enthält. Es gibt nur eine solche Theorie, denn sie besitzt bis auf Isomorphie nur ein Modell, nämlich das, was genau n Elemente enthält (vgl. Ü.3.1.2). Die Theorie T_n ist deshalb vollständig. Die Theorie $T_=^\infty$ hat in jeder unendlichen Mächtigkeit bis auf Isomorphie genau ein Modell. Daß sie vollständig ist, werden wir nach Satz 8.5.1 sehen. Dann haben wir $S_{L_=} = \{ T_n : n \in \mathbb{N} \} \cup \{T_=^\infty\}$, wobei die T_n endlich axiomatisierbar und in $S_{L_=}$ isoliert sind.

Ü1. Leite den Endlichkeitssatz aus dem Kompaktheitssatz und letzteren aus dem Stoneschen Repräsentationssatz her.

Ü2. Beweise: Eine vollständige L-Theorie ist endlich axiomatisierbar gdw. sie als Punkt im Raum S_L isoliert ist.

Ü3. Zeige, daß die oben definierte Theorie $T_=^\infty$ nicht endlich axiomatisierbar (also nicht isoliert in $S_{L_=}$) ist.

6. Malcevs Anwendungen in der Gruppentheorie

Nach einigen wenigen Vorbetrachtungen wollen wir uns in diesem Kapitel einer von A.I. Malcev [sprich: Malzew] entwickelten Methode zuwenden, von Eigenschaften endlich erzeugter Untergruppen auf die Eigenschaften einer Gruppe selbst zu schließen.

[А. И. Мальцев, Об одном общем методе получения локальных теорем теории групп, Učenye Zapiski Ivanov. Ped. Inst. 1, **1941**, no.1, 3-9 (engl. Übersetzung: A. I. Malcev, *A General Method for Obtaining Local Theorems in Group Theory*. Collected Papers, Amsterdam **1971**, 15-21)]

Dazu stellen wir zunächst die von Malcev und A. Robinson unabhängig eingeführte fundamentale Methode der Diagramme vor. Weiterhin benötigen wir dann die Technik der auch von Malcev benutzten Interpretationen, die seinerzeit bereits modelltheoretisches Gemeingut gewesen zu sein scheint.

6.1. Diagramme

Lemma 6.1.1 $\mathcal{M}$ und $\mathcal{N}$ seien L-Strukturen.
$\mathcal{M} \subseteq \mathcal{N}$, d.h., $\mathcal{M}$ ist Unterstruktur von $\mathcal{N}$, gdw. $M \subseteq N$ und M abgeschlossen ist bzgl. Funktionsanwendung (in $\mathcal{N}$, vgl. §1.4) und für alle atomaren L-Formeln φ (und damit auch alle quantorenfreien L-Formeln φ) und entsprechende Tupel $\bar{a}$ aus M gilt
(*) $\mathcal{M} \models \varphi(\bar{a})$ gdw. $\mathcal{N} \models \varphi(\bar{a})$.

Beweis
Es ist nach Definition $\mathcal{M} \subseteq \mathcal{N}$ gdw. M abgeschlossen ist bzgl. Funktionsanwendung und $\mathcal{M}$ die Einschränkung von $\mathcal{N}$ auf M ist. Induktiv über den Termaufbau ist dann leicht einzusehen, daß $\mathcal{M} \subseteq \mathcal{N}$ gdw. (*) für alle atomaren Formeln gilt. (Gilt (*) aber für alle atomaren Formeln, so auch für alle quantorenfreien, da sich die Modellbeziehung auf Konjunktionen und Negationen fortsetzt.) ■

Wir führen an dieser Stelle einige für solche Sachverhalte nützliche Bezeichnungsweisen ein.

> Seien $\mathcal{M}$ und $\mathcal{N}$ beliebige L-Strukturen und Δ eine beliebige Formelklasse (nicht notwendigerweise aus L).
> Falls für alle Aussagen $\varphi \in \Delta \cap L_0$ aus $\mathcal{M} \models \varphi$ folgt $\mathcal{N} \models \varphi$ (d.h., falls $Th_\Delta(\mathcal{M}) \subseteq Th_\Delta(\mathcal{N})$), so schreiben wir $\mathcal{M} \Rrightarrow_\Delta \mathcal{N}$ oder gleichbedeutend $\mathcal{N} \Lleftarrow_\Delta \mathcal{M}$. Die Bezeichnung $\mathcal{M} \equiv_\Delta \mathcal{N}$ stehe für $\mathcal{M} \Rrightarrow_\Delta \mathcal{N}$ *und* $\mathcal{N} \Rrightarrow_\Delta \mathcal{M}$. Falls $\Delta \supseteq L_0$, so lassen wir den Index Δ weg.
> f: $\mathcal{M} \xrightarrow{\Delta} \mathcal{N}$ bedeute, daß f: $M \to N$, und daß für alle $\varphi \in \Delta \cap L$ (also auch L-Formeln φ, die keine Aussagen sind) und entsprechende Tupel $\bar{a}$ aus M aus $\mathcal{M} \models \varphi(\bar{a})$ folgt $\mathcal{N} \models \varphi(f[\bar{a}])$.
> Dabei schreiben wir für f: $\mathcal{M} \xrightarrow{L} \mathcal{N}$ aus traditionellen Gründen f: $\mathcal{M} \xrightarrow{\equiv} \mathcal{N}$.
> Falls $\Delta = \{\varphi\}$, so lassen wir die geschwungenen Klammern weg.

Wir haben aus technischen Gründen wieder eine gewisse Redundanz in diese Bezeichnungen eingebaut: Es spielen in der Bezeichnung $\mathcal{M} \Rrightarrow_\Delta \mathcal{N}$ (bzw. f: $\mathcal{M} \xrightarrow{\Delta} \mathcal{N}$) nämlich nur die *Aussagen* (bzw. Formeln) aus Δ eine Rolle, die auch in L sind.

Die Beweise der nachstehenden Bemerkungen zur Illustration dieser Beziehungen überlassen wir als Übungsaufgabe.

Bemerkungen

(1) f: $\mathcal{M} \xrightarrow{\Delta} \mathcal{N}$ gdw. $(\mathcal{M},M) \Rrightarrow_{\Delta(M)} (\mathcal{N},f[M])$.

(2) Wenn $\Delta \subseteq L_0$, so f: $\mathcal{M} \xrightarrow{\Delta} \mathcal{N}$ gdw. $\mathcal{M} \Rrightarrow_\Delta \mathcal{N}$ und f: $M \to N$.

(3) f: $\mathcal{M} \to \mathcal{N}$ gdw. f: $\mathcal{M} \xrightarrow{\mathbf{at}} \mathcal{N}$.

(4) Enthalte $\Delta \subseteq L$ alle atomaren Formeln (also **at**) und alle negierten prädikativen Formeln (also alle $\neg R(\bar{x})$ mit $R \in \mathcal{R}$). Dann folgt aus f: $\mathcal{M} \xrightarrow{\Delta} \mathcal{N}$, daß f starker Homomorphismus ist. (Die Umkehrung gilt nicht.)

(5) f: M $\to$ N ist injektiv gdw. f: $\mathcal{M} \xrightarrow{\Delta} \mathcal{N}$ für $\Delta = \{x \neq y\}$.

(6) Enthält $\Delta \subseteq L_0$ mit jeder Aussage auch deren Negation, so folgt aus $\mathcal{M} \Rrightarrow_\Delta \mathcal{N}$ bereits $\mathcal{M} \equiv_\Delta \mathcal{N}$.

(7) Enthält $\Delta \subseteq L$ mit jeder Formel auch deren Negation, so folgt aus f: $\mathcal{M} \xrightarrow{\Delta} \mathcal{N}$ bereits, daß für alle $\varphi \in \Delta$ und entsprechende Tupel $\bar{a}$ aus M gilt $\mathcal{M} \models \varphi(\bar{a})$ gdw. $\mathcal{N} \models \varphi(f[\bar{a}])$.

Wie (2) zeigt, ist die Abbildung f in der Bezeichnung f: $\mathcal{M} \xrightarrow{\Delta} \mathcal{N}$ redundant, falls Δ lediglich Aussagen enthält.

Falls $x \neq y \in \Delta$, so schreiben wir wegen (5) auch f: $\mathcal{M} \xhookrightarrow{\Delta} \mathcal{N}$.

Hinweis: Die Relation $\equiv$ ist eine Äquivalenzrelation (wie auch allgemeiner $\equiv_\Delta$). Sie wird unter dem Namen *elementare Äquivalenz* in §8.1 und Abbildungen f: $\mathcal{M} \xhookrightarrow{\equiv} \mathcal{N}$ werden unter dem Namen *elementare Abbildungen* in §8.2 ausführlich behandelt.

Sei $\mathcal{M}$ eine L-Struktur. Das **Diagramm** D($\mathcal{M}$) **von** $\mathcal{M}$ sei die Menge aller atomaren und negierten atomaren L(M)-Aussagen, die in $\mathcal{M}$ gelten, d.h. $D(\mathcal{M}) = \{ \varphi(\bar{a}) : \mathcal{M} \models \varphi(\bar{a}) , \varphi \in L$ ist atomar, $\bar{a}$ aus $M \} \cup$ $\{ \neg\varphi(\bar{a}) : \mathcal{M} \models \neg\varphi(\bar{a}) , \varphi \in L$ ist atomar, $\bar{a}$ aus $M \}$.

Das Diagramm von $\mathcal{M}$ ist also die Menge aller in $\mathcal{M}$ gültigen Aussagen aus L(M) , die Literale sind. Das Diagramm einer leeren Struktur ist leer, denn leere Strukturen gibt es nur in konstantenlosen Sprachen, die nach Bemerkung (3) in §2.5 keine atomaren Aussagen besitzen.

Beispiel: Das Diagramm einer Gruppe ist TG-äquivalent zum Caley-Diagramm (d.h. ihre Multiplikationstafel) vereinigt mit allen Negationen von Termgleichungen, die *nicht* in der Gruppe gelten (s.a. die Bemerkung am Ende von §6.4).

Mit dem Begriff des Diagramms besagt Lemma 6.1.1 nun, daß $\mathcal{M} \subseteq \mathcal{N}$ gdw. M abgeschlossen ist bzgl. Funktionsanwendung und $(\mathcal{N}, M) \models D(\mathcal{M})$. Letzteres ist äquivalent zu $id_M: \mathcal{M} \xrightarrow{\mathbf{qf}} \mathcal{N}$ (wobei **qf**, wie in §2.4 verabredet, die Klasse aller quantorenfreien Formeln bezeichnet), und wir haben allgemein:

Lemma 6.1.2 (Diagrammlemma)
$\mathcal{M}$ und $\mathcal{N}$ seien L-Strukturen und $f: M \to N$.

(1) $f: \mathcal{M} \hookrightarrow \mathcal{N}$ (d.h. Monomorphismus) gdw. $f: \mathcal{M} \xrightarrow{\mathbf{qf}} \mathcal{N}$ gdw. $(\mathcal{N}, f[M]) \models D(\mathcal{M})$.
(Insbesondere folgt $f: \mathcal{M} \hookrightarrow \mathcal{N}$ aus $f: \mathcal{M} \xhookrightarrow{\equiv} \mathcal{N}$.)

(2) $\mathcal{M} \hookrightarrow \mathcal{N}$ gdw. es eine L(M)-Expansion von $\mathcal{N}$ gibt, die Modell von $D(\mathcal{M})$ ist.

Beweis
Zu (1): Sei Δ die Menge aller atomaren und negierten atomaren Formeln. Wie im vorigen Lemma gilt $f: \mathcal{M} \hookrightarrow \mathcal{N}$ gdw. $f: \mathcal{M} \xrightarrow{\mathbf{qf}} \mathcal{N}$ gdw. $f: \mathcal{M} \xrightarrow{\Delta} \mathcal{N}$. Letzteres ist aber offenbar gleichbedeutend mit $(\mathcal{N}, f[M]) \models D(\mathcal{M})$.
(2) folgt aus (1), denn ist $\mathcal{N}'$ eine L(M)-Expansion von $\mathcal{N}$ mit $\mathcal{N}' \models D(\mathcal{M})$, so setzen wir $f(a) = \underline{a}^{\mathcal{N}'}$ für alle $a \in M$ und erhalten $f: \mathcal{M} \hookrightarrow \mathcal{N}$. ■

Daraus ergibt sich eine wichtige Eigenschaft isomorpher Strukturen.

Satz 6.1.3 Wenn $f: \mathcal{M} \cong \mathcal{N}$, so $f: \mathcal{M} \xhookrightarrow{\equiv} \mathcal{N}$, insbesondere $\mathcal{M} \equiv \mathcal{N}$.

Beweis
Wir wissen bereits, daß $f: \mathcal{M} \xrightarrow{\mathbf{qf}} \mathcal{N}$, also, daß für alle $\varphi \in \mathbf{qf}$ und für alle entsprechenden Tupel $\bar{a}$ aus M gilt

(*) $\mathcal{M} \models \varphi(\bar{a})$ gdw. $\mathcal{N} \models \varphi(f[\bar{a}])$.

Induktiv über den Aufbau von φ zeigen wir, daß (*) für alle $\varphi \in L$ gilt. Die Induktionsschritte für Konjunktion und Negation sind trivial. Bleibt also nur der letzte Schritt:
Sei φ von der Form $\exists x\ \psi(x,\bar{a})$ für ein $\psi \in L_{n+1}$ und $\bar{a} \in M^n$. Zu zeigen ist, daß aus
$\mathcal{M} \models \psi(b,\bar{a})$ gdw. $\mathcal{N} \models \psi(f(b),f[\bar{a}])$
für alle $b \in M$ folgt, daß
$\mathcal{M} \models \exists x\ \psi(x,\bar{a})$ gdw. $\mathcal{N} \models \exists x\ \psi(x,f[\bar{a}])$.
Nun gilt aber $\mathcal{M} \models \exists x\ \psi(x,\bar{a})$ gdw. es ein $b \in M$ gibt mit $\mathcal{M} \models \psi(b,\bar{a})$, nach Voraussetzung also mit $\mathcal{N} \models \psi(f(b),f[\bar{a}])$. Da f surjektiv ist, ist letzteres gleichbedeutend damit, daß es ein $c \in N$ gibt mit $\mathcal{N} \models \psi(c,f[\bar{a}])$, also auch gleichbedeutend mit $\mathcal{N} \models \exists x\ \psi(x,f[\bar{a}])$.
Damit ist f: $\mathcal{M} \overset{\equiv}{\hookrightarrow} \mathcal{N}$ bewiesen, und $\mathcal{M} \equiv \mathcal{N}$ ergibt sich als Spezialfall für Aussagen. ■

Bemerkung

(8) Daraus ist ersichtlich, daß sich zu jeder Struktur $\mathcal{M}$ eine Struktur $\mathcal{N} \models \mathrm{Th}(\mathcal{M})$ finden läßt, die zu $\mathcal{M}$ disjunkt ist. (Betrachte einfach eine Bijektion f von M auf eine beliebige disjunkte Menge N und definiere darauf die Struktur $\mathcal{N}$ nach den entsprechenden Urbildern; dann gilt f: $\mathcal{M} \cong \mathcal{N}$ und folglich $\mathcal{N} \models \mathrm{Th}(\mathcal{M})$ nach dem obigen Satz.)

(9) Eine andere wichtige Konsequenz ist, daß definierbare Mengen unter Automorphismen invariant bleiben, d.h., wenn $\mathcal{M}$ eine L-Struktur und $f \in \mathrm{Aut}\ \mathcal{M}$, so $f[\psi(\mathcal{M})] = \psi(\mathcal{M})$ für alle (auch mehrstellige) Formeln ψ aus L.

Ü1. Beweise Bemerkungen (1) bis (9).

Ü2. Zeige, daß $\mathrm{Th}_{qf}(\mathcal{M},M) \subseteq D(\mathcal{M})^{\models}$, vgl. Bezeichnungen aus §3.4.

Ü3. Zeige, daß für $\mathcal{M} \subseteq \mathcal{N}$ gilt $\mathrm{Th}_{qf}(\mathcal{M},M) = \mathrm{Th}_{qf}(\mathcal{N},M)$, also auch $\mathrm{Th}_{qf}(\mathcal{N},M) \subseteq D(\mathcal{M})^{\models}$.

Ü4. Notiere (bis auf TF-Äquivalenz) das Diagramm des Körpers mit drei Elementen.

6.2. Einfache Erhaltungssätze

Betrachten wir zunächst folgende einfache Konsequenz aus dem Diagrammlemma 6.1.2 .

Lemma 6.2.1 Wenn f: $\mathcal{M} \hookrightarrow \mathcal{N}$, so $\mathcal{M} \Leftarrow_{\forall} \mathcal{N}$; sogar $(\mathcal{M},M) \Leftarrow_{\forall} (\mathcal{N},f[M])$.

Beweis

Sei $\psi(\bar{x})$ eine beliebige $\forall$-Formel, also ψ von der Form $\forall \bar{y}\, \varphi(\bar{x},\bar{y})$, wobei $\varphi \in$ **qf**. Nach Lemma 6.1.2(1) (und Bemerkung (7) aus vorigem Abschnitt) gilt für alle entsprechenden Tupel $\bar{a}$ und $\bar{b}$ aus M :

$\mathcal{M} \models \varphi(\bar{a},\bar{b})$ gdw. $\mathcal{N} \models \varphi(f[\bar{a}],f[\bar{b}])$.

Insbesondere folgt aus $\mathcal{N} \models \forall \bar{y}\, \varphi(f[\bar{a}],\bar{y})$ auch $\mathcal{M} \models \forall \bar{y}\, \varphi(\bar{a},\bar{y})$, d.h., aus $\mathcal{N} \models \psi(f[\bar{a}])$ folgt $\mathcal{M} \models \psi(\bar{a})$. ■

Sei T eine L-Theorie.
Mod T (oder auch einfach T) heiße **abgeschlossen gegen** (nichtleere) **Unterstrukturen**, falls für alle nichtleeren L-Strukturen $\mathcal{M}$ und $\mathcal{N}$ mit $\mathcal{M} \subseteq \mathcal{N}$ aus $\mathcal{N} \models T$ folgt $\mathcal{M} \models T$.

Bemerkung: Ist T abgeschlossen gegen Unterstrukturen, so auch gegen Einbettungen, d.h., aus $\mathcal{M} \hookrightarrow \mathcal{N} \models T$ und $M \neq \emptyset$ folgt $\mathcal{M} \models T$, denn dann gibt es ein $\mathcal{N}' \subseteq \mathcal{N}$, das isomorph ist zu $\mathcal{M}$, weshalb aus $\mathcal{N}' \models T$ mittels Satz 6.1.3 folgt $\mathcal{M} \models T$.

Aus Lemma 6.2.1 folgt, daß $\forall$-Theorien abgeschlossen gegen Unterstrukturen sind. Wir werden auch die Umkehrung beweisen, wofür wir folgendes Lemma benötigen.

Lemma 6.2.2 Für L-Theorien T und T' sind äquivalent:

(i) Jedes Modell von T ist in ein Modell von T' einbettbar.

(ii) $T'_{\forall} \subseteq T$.

Beweis

(i)$\Rightarrow$(ii) folgt unmittelbar aus dem vorigen Lemma (und Bemerkung (2) aus §3.4).

(ii)$\Rightarrow$(i): Sei $T'_\forall \subseteq T$ und $\mathcal{M} \models T$. Zu zeigen ist die Existenz eines $\mathcal{N} \models T'$ mit $\mathcal{M} \hookrightarrow \mathcal{N}$. Das ist wegen Lemma 6.1.2(2) äquivalent zur Widerspruchsfreiheit von $T' \cup D(\mathcal{M})$. Angenommen, $T' \cup D(\mathcal{M})$ ist nicht widerspruchsfrei. Dann gibt es ein $\varphi(\bar{a}) \in D(\mathcal{M})$ mit $T' \cup \{\varphi(\bar{a})\}$ nicht widerspruchsfrei, also $T' \models \neg\varphi(\bar{a})$. Die entsprechenden Konstanten kommen aber in T' nicht vor, also folgt $T' \models \forall\bar{x}\,\neg\varphi(\bar{x})$, somit auch $\forall\bar{x}\,\neg\varphi(\bar{x}) \in T'$, aus dem Lemma über neue Konstanten (3.3.2). Da $\varphi \in \mathbf{qf}$, so $\forall\bar{x}\,\neg\varphi(\bar{x}) \in \forall$, also $\forall\bar{x}\,\neg\varphi(\bar{x}) \in T'_\forall$. Aus $\mathcal{M} \models T$ und $T'_\forall \subseteq T$ folgt dann $\mathcal{M} \models \forall\bar{x}\,\neg\varphi(\bar{x})$, was nun aber $\varphi(\bar{a}) \in D(\mathcal{M})$ widerspricht. ■

Bemerkung: Der Fall $T = T'_\forall$ zeigt, daß die Modelle des $\forall$-Teils $T'_\forall$ einer Theorie T' (bis auf Isomorphie) *genau* die Unterstrukturen von Modellen von T' sind.

Satz 6.2.3 Für eine L-Theorie T und eine Formelmenge $\Phi(\bar{x}) \subseteq L_n$ sind folgende Bedingungen äquivalent (vgl. Bezeichnungen aus §3.3).

(i) $\Phi(\bar{x})$ ist T-äquivalent zu einer Menge von $\forall$-Formeln aus L in denselben freien Variablen $\bar{x}$.

(ii) Für alle Modelle $\mathcal{M}$ und $\mathcal{N}$ von T und $\bar{a} \in M^n$ gilt: Wenn $\mathcal{M} \subseteq \mathcal{N}$ und $\mathcal{N} \models \Phi(\bar{a})$, so $\mathcal{M} \models \Phi(\bar{a})$.

[J. Łoś, *On extending of models* I, Fund. Math. 42, **1955**, 38-54]

[A. Tarski, *Contributions to the theory of models* I, II, Koninkl. Ned. Akad. Wetensch. Proc. Ser. A 57, **1954**, 572-588]

Beweis

Wegen Ü3.3.3 genügt es zu zeigen, daß (ii) genau dann gilt, wenn $\Phi(\bar{c})$ äquivalent modulo T zu einer Menge von $\forall$-Aussagen aus $L(\bar{c})$ ist (dabei seien $\bar{c}$ neue Konstanten). Sind $\mathcal{M}^*$ und $\mathcal{N}^*$ zwei $L(\bar{c})$-Strukturen mit $\mathcal{M}^* \subseteq \mathcal{N}^*$, so gilt für deren L-Redukte

$\mathcal{M}$ und $\mathcal{N}$, daß $\mathcal{M} \subseteq \mathcal{N}$, und es gibt $\vec{a} \in M^n$ mit $\mathcal{M}^* = (\mathcal{M},\vec{a})$ und $\mathcal{N}^* = (\mathcal{N},\vec{a})$. Umgekehrt folgt aus $\vec{a} \in M^n$ und $\mathcal{M} \subseteq \mathcal{N}$, daß $(\mathcal{M},\vec{a}) \subseteq (\mathcal{N},\vec{a})$ als $L(\vec{c})$-Strukturen. Also ist (ii) dazu äquivalent, daß die $L(\vec{c})$-Aussagenmenge $\Phi(\vec{c})$ erhalten bleibt gegenüber Unterstrukturen, deren L-Redukte selbst Modelle von T sind.
Ist nun $\Phi(\vec{c})$ äquivalent modulo T zu einer Menge von $\forall$-Aussagen, so ergibt sich (ii) aus Lemma 6.2.1 für $L(\vec{c})$.
Bleibe nun für die Umkehrung $\Phi(\vec{c})$ erhalten gegenüber Unterstrukturen, deren L-Redukte selbst Modelle von T sind. Sei $\Psi(\vec{c})$ der $\forall$-Teil von $(T \cup \Phi(\vec{c}))^{\models}$ (in $L(\vec{c})$). Nach obiger Bemerkung sind die Modelle von $\Psi(\vec{c})$ gerade die $L(\vec{c})$-Unterstrukturen von Modellen von $T \cup \Phi(\vec{c})$. Die Modelle von $T \cup \Psi(\vec{c})$ sind somit wegen der Erhaltungsannahme auch Modelle von $T \cup \Phi(\vec{c})$. Folglich sind $T \cup \Phi(\vec{c})$ und $T \cup \Psi(\vec{c})$ äquivalent, d.h., $\Phi(\vec{c})$ und $\Psi(\vec{c})$ sind T-äquivalent. ■

Korollar 6.2.4 Eine L-Formel $\varphi(\vec{x})$ ist modulo einer L-Theorie T zu einer $\forall$-Formel äquivalent gdw. für alle $\mathcal{M} \models T$ und $\mathcal{N} \models T$ aus $\mathcal{M} \subseteq \mathcal{N}$ folgt: Für alle $\vec{a}$ aus M, wenn $\mathcal{N} \models \varphi(\vec{a})$, so $\mathcal{M} \models \varphi(\vec{a})$.

Beweis
Wegen des Endlichkeitssatzes kommen wir in der obigen Bedingung (i) mit endlich vielen $\forall$-Formeln, also auch mit einer einzigen $\forall$-Formel aus, falls $\Phi = \{\varphi\}$, denn eine Konjunktion von $\forall$-Formeln ist wieder $\forall$-Formel. ■

Korollar 6.2.5 (Erhaltungssatz von Łoś-Tarski)
Eine Theorie bleibt genau dann gegen Unterstrukturen erhalten, wenn sie $\forall$-Theorie ist.

Beweis
Setze Φ gleich der besagten Theorie und $T = \varnothing^{\models}$ (also $n = 0$) in Satz 6.2.3. ■

Wir haben somit eine einfache Charakterisierung der Theorien, die gegenüber Unterstrukturen erhalten bleiben. Derartige Aussagen nennt man **Erhaltungssätze**.

Beispiel: In der Signatur (1;·) läßt sich die Gruppentheorie nicht universell axiomatisieren, da "Unterstruktur" in dieser Signatur lediglich "Unterhalbgruppe mit Einselement" bedeutet. Da die ∃-Formeln genau die Negationen der ∀-Formeln sind (und umgekehrt), erhalten wir als Kontraposition von Lemma 6.2.1, daß aus f: $\mathcal{M} \hookrightarrow \mathcal{N}$ folgt f: $\mathcal{M} \xrightarrow{\exists} \mathcal{N}$. Insbesondere folgt $\mathcal{M} \Rrightarrow_\exists \mathcal{N}$ aus $\mathcal{M} \hookrightarrow \mathcal{N}$, d.h., ∃-Aussagen übertragen sich auf Erweiterungen. Auch hier gilt wieder die Umkehrung, wie wir gleich sehen werden.

> Sei T eine L-Theorie.
> Mod T (oder auch einfach T) heiße **abgeschlossen gegen Erweiterungen** (oder **abgeschlossen gegen Einbettungen**), falls für alle L-Strukturen $\mathcal{M}$ und $\mathcal{N}$ mit $\mathcal{M} \hookrightarrow \mathcal{N}$ aus $\mathcal{M} \models T$ folgt $\mathcal{N} \models T$.

Beschränken wir uns auf einzelne Aussagen (bzw. endlich axiomatisierbare Theorien), so erhalten wir aus Korollar 6.2.4 unmittelbar:

Korollar 6.2.6 Eine L-Formel $\varphi(\bar{x})$ ist modulo einer L-Theorie T zu einer ∃-Formel äquivalent gdw. für alle $\mathcal{M} \models T$ und $\mathcal{N} \models T$ aus $\mathcal{M} \subseteq \mathcal{N}$ folgt $\mathcal{M} \xrightarrow{\varphi} \mathcal{N}$, d.h.,
für alle $\bar{a}$ aus M, wenn $\mathcal{M} \models \varphi(\bar{a})$, so $\mathcal{N} \models \varphi(\bar{a})$. ■

Als Spezialfall haben wir:

Korollar 6.2.7 Eine Aussage φ (bzw. eine endlich axiomatisierbare Theorie T) bleibt gegenüber Erweiterungen erhalten gdw. φ äquivalent zu einer ∃-Aussage (bzw. T eine ∃-Theorie) ist. ■

Daß die Richtung "$\Rightarrow$" des Beweises nicht für beliebige Theorien T durchzieht, liegt daran, daß im allgemeinen $\mathcal{M} \nvDash T$ nicht gleichbedeutend ist mit $\mathcal{M} \models \{\neg\varphi : \varphi \in T\}$ (mit anderen Worten, wir können nicht die Negation beliebiger unendlicher Aussagenmengen bilden). Dennoch gilt auch dieser Erhaltungssatz für beliebige Theorien, allerdings müssen wir für seinen Beweis etwas mehr tun.

Lemma 6.2.8 Sei Δ eine Menge von L-Aussagen, die gegenüber $\bigvee$ abgeschlossen ist, d.h. wenn $\varphi_0,\ldots,\varphi_{n-1} \in \Delta$, so auch $\bigvee_{i<n} \varphi_i \in \Delta$. Eine L-Theorie T ist eine Δ-Theorie (d.h., $T \subseteq T_\Delta$) gdw. für alle $\mathcal{M} \models T$ und alle $\mathcal{N} \models Th_\Delta(\mathcal{M})$ gilt $\mathcal{N} \models T$.
Dabei kann man sich auf disjunkte solche $\mathcal{M}$ und $\mathcal{N}$ beschränken.

Bemerkung: Die Behauptung besagt, daß T eine Δ-Theorie ist gdw. $T \subseteq T'_\Delta$ für alle Vervollständigungen T' von T. Folglich gilt das Lemma für vollständige Theorien per definitionem.

Beweis

Die Richtung "$\Rightarrow$" ist trivial. Für die nichttriviale Richtung sei $\mathcal{N} \models T_\Delta$. Zu zeigen ist $\mathcal{N} \models T$ (vgl. Bemerkung (2) in §3.4). Dazu brauchen wir nach Voraussetzung lediglich ein $\mathcal{M} \models T$ mit $\mathcal{N} \models Th_\Delta(\mathcal{M})$. Wir setzen $\neg\Delta = \{\neg\delta : \delta \in \Delta\}$. Ist $T \cup Th_{\neg\Delta}(\mathcal{N})$ widerspruchsfrei, so existiert ein solches $\mathcal{M}$, und wir sind fertig. Bleibt die Widerspruchsfreiheit von $T \cup Th_{\neg\Delta}(\mathcal{N})$ zu zeigen. Seien $\delta_i \in \Delta$ $(i < n)$ und $\mathcal{N} \models \bigwedge_{i<n} \neg\delta_i$. Bezeichne φ die Aussage $\bigvee_{i<n} \delta_i$. Dann gilt $\mathcal{N} \models \neg\varphi$, und nach Voraussetzung ist φ in Δ. Wäre nun $T \cup \{\neg\delta_i : i < n\}$ nicht widerspruchsfrei, so hätten wir $T \models \varphi$, also $\varphi \in T_\Delta$, und somit auch $\mathcal{N} \models \varphi$, Widerspruch.
Also gibt es ein $\mathcal{M} \models T \cup Th_{\neg\Delta}(\mathcal{N})$, das mittels der Bemerkung (8) am Ende von §6.1 disjunkt zu N gewählt werden kann. ■

Jetzt können wir den angekündigten Erhaltungssatz für Einbettungen beweisen.

Satz 6.2.9 (Erhaltungssatz von Łoś)
Eine Theorie bleibt gegenüber Erweiterungen erhalten gdw. sie $\exists$-Theorie ist.

Beweis
Das $\exists$-Theorien unter Einbettungen erhalten bleiben, hatten wir bereits erwähnt. Für die Umkehrung sei T eine Theorie, die gegenüber Erweiterungen erhalten bleibt. Zunächst zeigen wir:
(*) Für alle Strukturen $\mathcal{M}$ und alle Modelle $\mathcal{N} \models \mathrm{Th}_\exists(\mathcal{M})$ ist $\mathrm{Th}(\mathcal{N}) \cup \mathrm{D}(\mathcal{M})$ widerspruchsfrei.
Bew. von (*): Sei $\varphi(\bar{a})$ eine endliche Konjunktion von Aussagen aus $\mathrm{D}(\mathcal{M})$, also $\varphi \in \mathbf{qf}$, $\bar{a}$ aus M und $\mathcal{M} \models \varphi(\bar{a})$. Dann gilt $\mathcal{M} \models \exists \bar{x}\, \varphi(\bar{x})$, also $\exists \bar{x}\, \varphi(\bar{x}) \in \mathrm{Th}_\exists(\mathcal{M})$. Da $\mathcal{N} \models \mathrm{Th}_\exists(\mathcal{M})$, so $\mathcal{N} \models \exists \bar{x}\, \varphi(\bar{x})$. Also existiert ein $\bar{b}$ aus N mit $\mathcal{N} \models \varphi(\bar{b})$. Also haben wir $(\mathcal{N}, \bar{b}) \models \mathrm{Th}(\mathcal{N}) \cup \{\varphi(\bar{a})\}$ und somit nach Endlichkeitssatz auch (*).
Dafür, daß T eine $\exists$-Theorie ist, brauchen wir wegen Lemma 6.2.8 nur zu zeigen, daß $\mathcal{N} \models \mathrm{T}$ für alle $\mathcal{M} \models \mathrm{T}$ und alle $\mathcal{N} \models \mathrm{Th}_\exists(\mathcal{M})$. Seien also $\mathcal{M}$ und $\mathcal{N}$ derart gewählt. Nach (*) hat $\mathrm{Th}(\mathcal{N}) \cup \mathrm{D}(\mathcal{M})$ ein Modell, für dessen L-Redukt $\mathcal{N}'$ gilt $\mathcal{M} \hookrightarrow \mathcal{N}'$ und $\mathcal{N} \equiv \mathcal{N}'$. Aus ersterem folgt $\mathcal{N}' \models \mathrm{T}$ (denn T bleibt gegenüber Erweiterungen erhalten), aus letzterem somit $\mathcal{N} \models \mathrm{T}$. ■

Ü1. Formuliere und beweise den zu Satz 6.2.3 dualen Satz für $\exists$-Formeln (also die Verallgemeinerung von Korollar 6.2.6 für beliebige Formelmengen $\Phi(\bar{x})$).

6.3. Endlich erzeugte (Unter-) Strukturen und lokale Eigenschaften

Wir untersuchen nun gewisse Eigenschaften einer Struktur, die bereits durch die ihrer endlich erzeugten Unterstrukturen festgelegt sind.

Bemerkung: Der Durchschnitt einer beliebigen Menge von Unterstrukturen einer gegebenen Struktur ist wieder eine Unterstruktur (ggf. leer!). (Genauer, der Durchschnitt der Trägermengen einer beliebigen Menge von Unterstrukturen ist abgeschlossen bzgl. der nichtlogischen Konstanten und deshalb selbst Trägermenge einer eindeutig bestimmten Unterstruktur.) Daher können wir folgende Definition vornehmen.

Sei $\mathcal{M}$ eine L-Struktur und $X \subseteq M$.
Die **von X in $\mathcal{M}$ erzeugte Unterstruktur** (oder das **Erzeugnis** von X in $\mathcal{M}$) ist $\mathcal{M}_X =_{def} \bigcap\{ \mathcal{N} \subseteq \mathcal{M} : X \subseteq N\}$.
(Also ist $\mathcal{M}_X$ die kleinste Unterstruktur von $\mathcal{M}$, die X enthält). $\mathcal{M}$ ist von X **erzeugt**, falls $\mathcal{M}_X = \mathcal{M}$.
Eine Unterstruktur von $\mathcal{M}$ heißt **endlich erzeugt**, falls sie durch eine endliche Teilmenge erzeugt wird, d.h. von der Form $\mathcal{M}_X$ für endliches $X \subseteq M$ ist. $\mathcal{M}$ heißt **endlich erzeugt**, falls sie endlich erzeugte Unterstruktur ihrer selbst ist.
Sei P eine Eigenschaft von L-Strukturen. Wir sagen $\mathcal{M}$ **hat lokal** P (oder **ist lokal** P), falls jede endlich erzeugte Unterstruktur von $\mathcal{M}$ die Eigenschaft P hat.
Eine Eigenschaft P von L-Strukturen heißt **elementar**, falls die Klasse aller L-Strukturen mit P elementar ist (d.h., falls es eine Menge Σ von L-Aussagen gibt, deren Modelle gerade die L-Strukturen sind, die die Eigenschaft P haben).

Ü1. Ist $\mathcal{M}$ eine L-Struktur und $X \subseteq M$, so ist das Universum M_X von $\mathcal{M}_X$ die Menge

$\{t^{\mathcal{M}}(\bar{a}) : t$ ist ein L-Term, $\bar{a}$ ein Tupel aus X (entsprechender Länge)$\}$.

Ü2. $\mathcal{M}$ und $\mathcal{N}$ seien L-Strukturen, $X \subseteq M$ und sei $f: X \to N$ derart, daß $(\mathcal{M},X) \equiv_{at} (\mathcal{N},f[X])$.
Setze die Abbildung f, die automatisch injektiv ist, zu einem Isomorphismus $F: \mathcal{M}_X \cong \mathcal{N}_{f[X]}$ fort und zeige, daß $(\mathcal{M},M_X) \equiv_{at} (\mathcal{N},F[M_X])$.

Beispiele lokaler Eigenschaften sind **lokal endlich** (jede endlich erzeugte Unterstruktur ist endlich), **lokal einbettbar in** eine Struktur $\mathcal{N}$ (jede endlich erzeugte Unterstruktur ist einbettbar in $\mathcal{N}$), **lokal einbettbar in eine Struktur aus** der Klasse $\mathcal{K}$ (jede endlich erzeugte Unterstruktur ist einbettbar in ein $\mathcal{N} \in \mathcal{K}$); für letzteres sagen wir kurz **lokal einbettbar in** $\mathcal{K}$.
Wie man leicht einsieht, muß eine Struktur, die lokal P hat, nicht P haben:
Ist $\mathcal{M}$ eine rein relationale Struktur (d.h. $\mathfrak{C} = \mathfrak{F} = \emptyset$), so ist jede durch $X \subseteq M$ erzeugte Struktur einfach die Einschränkung von $\mathcal{M}$ auf X . Also ist $\mathcal{M}$ lokal endlich. $\mathcal{M}$ selbst muß aber natürlich nicht endlich sein.

Ein anderes **Beispiel**: Betrachte in der Sprache $L_<$ die Ordnung der natürlichen Zahlen $\mathcal{N} = (\mathbb{N},<)$. Seien $\mathcal{M}_n$ $(n \in \mathbb{N})$ paarweise disjunkte Ketten der Länge n in $\mathbb{N}$. Sei $\mathcal{M}$ auf $M = \bigcup_{n<\omega} M_n$ dadurch gegeben, daß für $a,b \in \mathbb{N}$ gilt $a < b$ gdw. es ein $n \in \mathbb{N}$ gibt mit $a,b \in M_n$ und $\mathcal{M}_n \models a < b$.
$\mathcal{N}$ ist lokal einbettbar in $\mathcal{M}$, aber $\mathcal{N}$ ist nicht einbettbar in $\mathcal{M}$, da $\mathcal{M}$ keine unendlichen Ketten besitzt. (Allerdings läßt sich $\mathcal{N}$ in Mod Th($\mathcal{M}$) einbetten, denn die $L_<(\mathbb{N})$-Aussagenmenge $Th(\mathcal{M}) \cup \{i<j : i<j , i,j \in \mathbb{N}\}$ ist widerspruchsfrei und jedes ihrer Modelle hat unendliche Ketten.)

Wir werden gleich Eigenschaften kennenlernen, für die es solche Gegenbeispiele nicht gibt, d.h. für die - wie wir sagen - der lokale Satz gilt. Zunächst haben wir

Lemma 6.3.1 (Henkins Kriterium) Sei $\mathcal{K}$ eine axiomatisierbare Klasse von L-Strukturen und $\mathcal{M}$ eine L-Struktur.
Dann ist $\mathcal{M}$ einbettbar in $\mathcal{K}$ (d.h. in ein Element von $\mathcal{K}$) gdw. $\mathcal{M}$ lokal einbettbar ist in $\mathcal{K}$.

[L. Henkin, *Some interconnections between modern algebra and mathematical logic*, Trans. A.M.S. 74, **1953**, 410-427]

Beweis
Für die nichttriviale Richtung betrachte $T \cup D(\mathcal{M})$, wobei $\mathcal{K} = \mathrm{Mod}_L T$. Wenn $\mathcal{N}' \models T \cup D(\mathcal{M})$, so ist das L-Redukt $\mathcal{N}$ von $\mathcal{N}'$ Modell von T, also $\mathcal{N} \in \mathcal{K}$. Außerdem folgt aus $\mathcal{N}' \models D(\mathcal{M})$, daß $\mathcal{M} \hookrightarrow \mathcal{N}$. Also genügt es wegen des Endlichkeitssatzes zu zeigen, daß jede endliche Teilmenge von $T \cup D(\mathcal{M})$ ein Modell besitzt. Jede solche ist wiederum enthalten in einer Menge $T \cup D(\mathcal{M}_0)$ für eine gewisse endlich erzeugte Unterstruktur $\mathcal{M}_0 \subseteq \mathcal{M}$. Da aber nach Voraussetzung eine Einbettung f von $\mathcal{M}_0$ in ein $\mathcal{N}_0 \in \mathcal{K}$ existiert, so hat $T \cup D(\mathcal{M}_0)$ ein Modell, nämlich $(\mathcal{N}_0, f[M_0])$. ■

Ü3. Jede lineare Ordnung kann in eine dichte lineare Ordnung eingebettet werden.

Beispiel: Der bekannte Satz, daß jede abelsche Gruppe in eine dividierbare abelsche Gruppe einbettbar ist, läßt sich leicht aus Henkins Kriterium ableiten:
$AG \cup \{ \forall x \exists y\, (x = ny) : n \in \mathbb{N} \setminus \{0\} \}$ axiomatisiert die **dividierbaren** abelschen Gruppen. Nach Lemma 6.3.1 ist eine abelsche Gruppe in eine dividierbare abelsche Gruppe einbettbar, falls sie es lokal ist. Jede endlich erzeugte abelsche Gruppe ist direkte Summe von endlich vielen zyklischen Gruppen. Da direkte Summen dividierbarer abelscher Gruppen wieder dividierbar sind, bleibt also einzusehen, daß sich jede zyklische Gruppe in eine dividierbare einbetten läßt. Das ist aber bekanntlich der Fall, und zwar sind die endlichen darunter in Prüfergruppen

(vgl. §11.1), die unendlichen (das ist nur $\mathbb{Z}$) in die Gruppe $\mathbb{Q}$ der rationalen Zahlen einbettbar.

> Eine Eigenschaft heißt **erblich**, falls sie sich auf Unterstrukturen überträgt. Wir sagen **erblich elementar** für "erblich und elementar".

Bemerkungen

(1) Da elementare Eigenschaften invariant unter Isomorphismen sind (vgl. Satz 6.1.3), so gilt für eine erblich elementare Eigenschaft P, daß sie sich von jeder Struktur $\mathcal{M}$ sogar auf alle in $\mathcal{M}$ einbettbaren Strukturen überträgt, vgl. die Bemerkung nach Lemma 6.2.1 .

(2) Nach dem Erhaltungssatz von Łoś-Tarski (Korollar 6.2.5) sind die erblich elementaren Eigenschaften gerade die, die sich durch $\forall$-Aussagenmengen ausdrücken lassen.

Beispiele: Betrachte die Sprache der Signatur $(1;\cdot,^{-1})$.

(1) Die Eigenschaft "abelsch", ist erblich elementar (nimm $\Sigma = \{ \forall xy\, (x{\cdot}y = y{\cdot}x) \}$).

(2) Die Eigenschaft **vom Exponenten** k zu sein (d.h., $\forall x\, (x^k = 1)$ zu erfüllen), ist erblich elementar.

(3) Die Eigenschaft "lokal endlich" ist nicht elementar (Übungsaufgabe!), aber erblich.

(4) Die Eigenschaft **periodisch** (d.h., jedes Element hat endliche Ordnung) ist nicht elementar (Übungsaufgabe!), aber erblich.

Für erblich elementare Eigenschaften gilt der lokale Satz.

Satz 6.3.2 Sei P erblich elementare Eigenschaft von L-Strukturen, $\mathcal{M}$ eine L-Struktur.
Dann hat $\mathcal{M}$ die Eigenschaft P gdw. $\mathcal{M}$ lokal P hat.

Beweis

Für die nichttriviale Richtung sei P durch $\Sigma \subseteq L_0$ gegeben. Betrachte $\Sigma' = \Sigma \cup D(\mathcal{M})$. Σ' ist widerspruchsfrei, denn jede endliche Teilmenge von Σ' ist enthalten in $\Sigma \cup D(\mathcal{M}_0)$ für ein gewisses endlich erzeugtes $\mathcal{M}_0$, das nach Voraussetzung Modell von Σ ist, weshalb $(\mathcal{M}_0, M_0) \models \Sigma \cup D(\mathcal{M}_0)$.

Folglich existiert ein Modell $\mathcal{N}'$ von Σ'. Dann hat das L-Redukt $\mathcal{N}$ von $\mathcal{N}'$ die Eigenschaft P, denn mit $\mathcal{N}' \models \Sigma$ gilt auch $\mathcal{N} \models \Sigma$, da $\Sigma \subseteq L$.

Außerdem hat $\mathcal{N}$ eine L(M)-Expansion, nämlich $\mathcal{N}'$, die Modell von $D(\mathcal{M})$ ist. Das bedeutet jedoch nach Lemma 6.1.2(2), daß $\mathcal{M} \hookrightarrow \mathcal{N}$. Wegen der Erblichkeit von P hat dann auch $\mathcal{M}$ die Eigenschaft P. ■

Durch geschickte Spracherweiterung (s. §6.5 weiter unten) konnte Malcev diese Anwendungsmöglichkeit der Modelltheorie auf folgende allgemeinere, nichtelementare Eigenschaften von Gruppen ausdehnen

Seien $\Sigma_1,\ldots,\Sigma_n$ erblich elementare Eigenschaften von Gruppen, also nach obiger Bemerkung (2) oBdA $\forall$-Aussagenmengen der Signatur $(1;\cdot,{}^{-1})$.
Dann **hat** eine Gruppe $\mathcal{G}$ **den Typ** $(\Sigma_1,\ldots,\Sigma_n)$, falls es eine Normalreihe $\mathcal{G} = \mathcal{G}_0 \triangleright \mathcal{G}_1 \triangleright \ldots \triangleright \mathcal{G}_n = \{1\}$ gibt mit $\mathcal{G}_k/\mathcal{G}_{k+1} \models \Sigma_{k+1}$ für alle $k < n$.

Ü4. Beweise, daß die Eigenschaften "lokal endlich" und "periodisch" im allgemeinen nicht elementar sind. [Betrachte z.B. die Prüfergruppe $\mathbb{Z}_{p^\infty}$ (Kapitel 11) und vgl. z.B. Satz 5.2.1]

Ü5. Zeige: Die von der leeren Menge erzeugte Unterstruktur einer L-Struktur ist genau dann leer, wenn L konstantenlos ist.

Auch hier wollen wir den lokalen Satz zeigen, daß eine Gruppe vom Typ $(\Sigma_1,\ldots,\Sigma_n)$ ist gdw. sie es lokal ist. Als Hilfsmittel hierfür benötigen wir

6.4. Das Interpretationslemma

Allgemein sind Interpretationen eine Technik, um Strukturen - im allgemeinen sogar verschiedener Sprachen - ineinander zu kodieren*. Wir begnügen uns hier damit, gewisse Faktorstrukturen von Unterstrukturen einer gegebenen Struktur in dieser zu interpretieren.

> Wir bezeichnen als **nichtverschachtelte Terme** die Terme der Form x_i , c und $f(x_0,...,x_{n-1})$ für $c \in \mathcal{C}$, $f \in \mathcal{F}$.
> **Nichtverschachtelte atomare Formeln** sind nichtverschachtelte Termgleichungen (d.h. Gleichungen mit nichtverschachtelten Termen) und Formeln der Form $R(x_0,...,x_{n-1})$ für $R \in \mathcal{R}$.

Bemerkung: Per Induktion über den Formelaufbau läßt sich leicht zeigen, daß jede Formel logisch äquivalent zu einer Formel ist, die sich mittels $\neg$, $\wedge$, $\exists$ aus nichtverschachtelten atomaren Formeln aufbauen läßt.

Beispiel
$\models f_0(f_1(x_0,x_1),c_0,x_1) = c_1 \leftrightarrow \exists x_2 x_3\, (f_0(x_2,x_3,x_1) = c_1 \wedge f_1(x_0,x_1) = x_2 \wedge c_0 = x_3)$

Folglich bestimmt die Bewertung der nichtverschachtelten atomaren L-Formeln bereits eindeutig eine L-Struktur.

Um Faktorstrukturen von Unterstrukturen einer L-Struktur in dieser kodieren zu können, erweitern wir zunächst die Sprache L um ein Prädikat zur Aussonderung der Unterstruktur und eine zweistellige Relation für die Faktorisierung.

---

*) Dieser Begriff der Interpretation hat nichts mit dem aus Kapitel 3 zu tun, wo die Bedeutung von sprachlichen Ausdrücken in Strukturen gemeint ist.

Es sei P ein neues 1-stelliges Relationssymbol und E ein neues 2-stelliges Relationssymbol. Wir gehen über zur Sprache $L^* =_{def} L \cup \{P,E\}$.

Σ_{PE} sei die Vereinigung folgender L^*-Aussagenmengen.

(1) "E ist Äquivalenzrelation auf P", d.h.

$\forall xyz\, (P(x) \wedge P(y) \wedge P(z) \rightarrow E(x,x) \wedge (E(x,y) \leftrightarrow E(y,x)) \wedge (E(x,y) \wedge E(y,z) \rightarrow E(x,z)))$

(2) "P ist Unterstruktur", d.h.

$\{\, \forall \bar{x}\, (\bigwedge_i P(x_i) \rightarrow P(f(\bar{x})))\, :\, f \in \mathfrak{F} \,\} \cup \{P(c)\, :\, c \in \mathfrak{C}\,\}$

(3) "E ist strikte Kongruenz auf P", d.h.

$\{\, \forall \bar{x}\bar{y}\, (\bigwedge_i (P(x_i) \wedge P(y_i) \wedge E(x_i,y_i)) \rightarrow (\, E(f(\bar{x}),f(\bar{y})) \wedge (R(\bar{x}) \leftrightarrow R(\bar{y}))\,))\ :\ f \in \mathfrak{F},\, R \in \mathfrak{R} \,\}$

Ist $\mathcal{M} \models \Sigma_{PE}$, so kann $P(\mathcal{M})/E$ kanonisch (d.h. über Repräsentanten) zu einer L-Struktur erhoben werden:

Für $a \in P(\mathcal{M})$ definieren wir $a/E = \{\, a' \in P(\mathcal{M})\, :\, E(a,a')\,\}$,
für $A \subseteq P(\mathcal{M})$ setzen wir $A/E = \{\, a/E\, :\, a \in A\,\}$ und
für $\bar{a} = (a_0,\ldots,a_{n-1})$ aus $P(\mathcal{M})$ auch $\bar{a}/E = (a_0/E,\ldots,a_{n-1}/E)$.
Damit wird $\mathcal{M}^* =_{def} P(\mathcal{M})/E$ zur L-Struktur durch folgende Festlegung.
Für $c \in \mathfrak{C}$ setzen wir $c^{\mathcal{M}^*} = c^{\mathcal{M}}/E$.
Ist $\bar{a}$ aus $P(\mathcal{M})$, $f \in \mathfrak{F}$, so sei $f^{\mathcal{M}^*}(\bar{a}/E) = f^{\mathcal{M}}(\bar{a})/E$.
Ist $R \in \mathfrak{R}$, so gelte $\mathcal{M}^* \models R(\bar{a}/E)$ gdw. $\mathcal{M} \models R(\bar{a})$.
Da E strikte Kongruenz (im obigen Sinne) ist, hängt diese Definition nicht von der Wahl der Repräsentanten ab.
$\mathcal{M}^*$ heißt **kanonische Faktorstruktur** von $P(\mathcal{M})$ nach E .
Wir sagen, daß $\mathcal{M}^*$ (und auch jede zu $\mathcal{M}^*$ isomorphe Struktur) in $\mathcal{M}$ **interpretiert** ist.

Beispiel: Sei L die Sprache der Signatur $(1;\cdot,^{-1})$.
Dann besagt (2) modulo TG gerade
$P(1) \wedge \forall x_0x_1\,(P(x_0) \wedge P(x_1) \rightarrow P(x_0^{-1}) \wedge P(x_0x_1))$,
anders ausgedrückt
$P(1) \wedge \forall x_0x_1\,(P(x_0) \wedge P(x_1) \rightarrow P(x_0x_1^{-1}))$,
also die Abgeschlossenheit bzgl. $\cdot$ und $^{-1}$ und damit die Untergruppenbedingung für $P(\mathcal{M})$. (3) besagt modulo TG
$\forall x_0x_1y_0y_1\,(P(x_0) \wedge P(x_1) \wedge P(y_0) \wedge P(y_1) \wedge E(x_0,y_0) \wedge E(x_1,y_1) \rightarrow$
$E(x_0x_1,y_0y_1))$.
Daraus folgt mit (1) und (2)
$\forall xyz\,(P(x) \wedge P(y) \wedge P(z) \wedge E(x,1) \wedge E(y,1) \rightarrow (E(xy^{-1},1) \wedge E(z^{-1}xz,1)))$,
also, daß $1/E = \{\, a \in P(\mathcal{M}) : E(a,1) \,\}$ Normalteiler der Untergruppe $P(\mathcal{M})$ ist, und auch
$\forall xy\,(P(x) \wedge P(y) \rightarrow (E(x,y) \leftrightarrow E(y^{-1}x,1)))$,
d.h., für jedes $b \in P(\mathcal{M})$ ist $b/E = \{\, a \in P(\mathcal{M}) : E(a,b) \,\}$ Nebenklasse von $1/E$. Umgekehrt läßt sich leicht zeigen, daß jede Relation E, für die $1/E$ Normalteiler von $P(\mathcal{M})$ und die b/E Nebenklassen von $1/E$ sind, Kongruenz im Sinne von (3) ist.

Lemma 6.4.1 (Interpretationslemma)
In den obigen Bezeichnungen gibt es eine Abbildung $^*: L \rightarrow L^*$ mit $^*: L_n \rightarrow L_n^*$ für alle $n \in \mathbb{N}$ derart, daß für alle $\mathcal{M} \models \Sigma_{PE}$, alle $n \in \mathbb{N}$, alle $\varphi \in L_n$ und alle n-Tupel $\bar{a}$ aus $P(\mathcal{M})$ gilt
$\mathcal{M}^* \models \varphi(\bar{a}/E)$ gdw. $\mathcal{M} \models \varphi^*(\bar{a})$.
Genauer, $^*: L \rightarrow L^*$ ist die folgende Abbildung.
Wenn t_1 und t_2 nichtverschachtelte Terme sind,
so $(t_1 = t_2)^* = E(t_1,t_2)$;
wenn $R \in \mathfrak{R}$, so $(R(x_0,\ldots,x_{n-1}))^* = R(x_0,\ldots,x_{n-1})$;
wenn $\psi,\psi_1,\psi_2,\theta \in L$,
so $(\neg\psi)^* = \neg\psi^*$, $(\psi_1 \wedge \psi_2)^* = \psi_1^* \wedge \psi_2^*$ und $(\exists x\,\theta)^* = \exists x\,(P(x) \wedge \theta^*)$.

Beweis induktiv über den Formelaufbau, wobei wir nur von nichtverschachtelten atomaren Formeln ausgehen. Es gilt
$\mathcal{M}^* \models f(\bar{a}/E) = g(\bar{a}/E)$ gdw. $\mathcal{M}^* \models f(\bar{a})/E = g(\bar{a})/E$ gdw.

$\mathcal{M} \models \mathrm{E}(f(\bar{a}),g(\bar{a}))$ gdw. $\mathcal{M} \models (f(\bar{a}) = g(\bar{a}))^*$.
Analog für Relationen und Konstanten.
Die Induktionsschritte für $\neg$, $\wedge$ sind trivial.
Sei also $\varphi(\bar{x})$ die Formel $\exists y\, \theta(\bar{x},y)$, wobei die Behauptung für θ gelte, d.h. für alle $\mathcal{M} \models \Sigma_{\mathrm{PE}}$, für alle $\bar{a}$ aus $\mathrm{P}(\mathcal{M})$ und für alle $b \in \mathrm{P}(\mathcal{M})$ gelte $\mathcal{M}^* \models \theta(\bar{a}/\mathrm{E}, b/\mathrm{E})$ gdw. $\mathcal{M} \models \theta^*(\bar{a},b)$.
Dann gilt $\mathcal{M}^* \models \varphi(\bar{a}/\mathrm{E})$ gdw.
ein $b' = b/\mathrm{E} \in \mathrm{M}^*$ existiert mit $\mathcal{M}^* \models \theta(\bar{a}/\mathrm{E}, b/\mathrm{E})$ gdw.
ein $b \in \mathrm{P}(\mathcal{M})$ existiert mit $\mathcal{M} \models \theta^*(\bar{a},b)$ gdw.
$\mathcal{M} \models \exists x\,(\mathrm{P}(x) \wedge \theta^*(\bar{a},x))$ gdw. $\mathcal{M} \models \varphi^*(\bar{a})$. ■

Durch n-fache Anwendung ergibt sich unmittelbar

Korollar 6.4.2 (n-faches Interpretationslemma)
Sind $\mathrm{P_i}$, $\mathrm{E_i}$ $(\mathrm{i} < \mathrm{n})$ wie vorher P, E, L_i^* wie vorher L^* und $\mathcal{M}_\mathrm{i}^*$ definiert wie vorher $\mathcal{M}^*$ für $\mathrm{P} = \mathrm{P_i}$, $\mathrm{E} = \mathrm{E_i}$, so gibt es Abbildungen $^*_\mathrm{i}\colon \mathrm{L} \to \mathrm{L}_\mathrm{i}^*$ mit $^*_\mathrm{i}\colon \mathrm{L_m} \to (\mathrm{L}_\mathrm{i}^*)_\mathrm{m}$ für alle $\mathrm{m} \in \mathbb{N}$, so daß für alle $\mathcal{M} \models \bigcup_{\mathrm{i}<\mathrm{n}} \Sigma_{\mathrm{P_iE_i}}$, alle $\mathrm{m} \in \mathbb{N}$, alle m-Tupel $\bar{a}$ aus $\mathrm{P_i}(\mathcal{M})$ und alle Formeln $\varphi \in \mathrm{L_m}$ gilt
$\mathcal{M}_\mathrm{i}^* \models \varphi(\bar{a}/\mathrm{E_i})$ gdw. $\mathcal{M} \models \varphi_\mathrm{i}^*(\bar{a})$. ■

Bemerkung: Wie in der Bemerkung am Anfang dieses Abschnitts ist leicht einzusehen, daß das Diagramm einer Struktur logisch äquivalent ist zur Teilmenge aller in dieser geltenden *nichtverschachtelten* atomaren Aussagen und Negationen von solchen. Ist $\mathcal{A}$ eine endliche Struktur in einer endlichen Signatur σ , so gibt es offenbar nur endlich viele nichtverschachtelte atomare L(A)-Aussagen (wobei $\mathrm{L} = \mathrm{L}(\sigma)$). Also ist in diesem Fall $\mathrm{D}(\mathcal{A})$ endlich axiomatisierbar (d.h. bereits im deduktiven Abschluß einer endlichen Teilmenge).

Ü1. Gib formale Induktionsbeweise für die beiden Bemerkungen über nichtverschachtelte Formeln an.

Ü2. Interpretiere die zyklische Gruppe mit fünf Elementen in $(\mathbb{Z};0;+,-)$.

Ü3. Sei T eine L-Theorie, P ein neues Prädikat, und L' die Sprache, die aus L durch Hinzufügung von P entsteht.
Finde eine L'-Theorie T' derart, daß die Modelle von T' gerade die L'-Strukturen $\mathcal{M}'$ von folgender Form sind: Das L-Redukt $\mathcal{M}$ von $\mathcal{M}'$ ist Modell von T , $P(\mathcal{M}')$ ist abgeschlossen bzgl. nichtlogischer Konstanten aus L , und die somit gegebene L-Unterstruktur von $\mathcal{M}$ mit Trägermenge $P(\mathcal{M}')$ ist Modell von T.

6.5.* Malcevs lokale Sätze

In diesem Abschnitt sei L die Sprache der Signatur $(1;\cdot,^{-1})$.

Als erstes wenden wir das Interpretationslemma an, um die Eigenschaft einer Gruppe, vom Typ $(\Sigma_1,\dots,\Sigma_n)$ zu sein, in einer geeigneten Expansion dieser Gruppe elementar auszudrücken. Wir haben bereits gesehen, daß im Falle einer Gruppe $\mathcal{G}$ die Formel $P'(x) \Leftrightarrow_{def} P(x) \wedge E(x,1)$ den Normalteiler 1/E von $P(\mathcal{G})$ in $\mathcal{G}$ definiert und $P(\mathcal{G})/E$ isomorph ist zu der Faktorgruppe $P(\mathcal{G})/P'(\mathcal{G})$. Haben wir umgekehrt einen durch eine Formel $P'(x)$ in $\mathcal{G}$ definierten Normalteiler $P'(\mathcal{G})$ von $P(\mathcal{G})$, so definiert die Festlegung $E(x,y) \Leftrightarrow_{def} P'(xy^{-1})$ eine Äquivalenz-, ja sogar Kongruenzrelation derart, daß $P(\mathcal{G})/P'(\mathcal{G}) \cong P(\mathcal{G})/E$. Für zwei neue Prädikatensymbole P und P' , die wir zu L hinzufügen, sei $\Sigma_{PP'}$ die Menge, die aus Σ_{PE} hervorgeht, wenn jede Teilformel der Form $E(u,v)$ durch $P'(uv^{-1})$ ersetzt wird.
Dann haben wir für jede Gruppe $\mathcal{G}$, daß $(\mathcal{G},P,P') \models \Sigma_{PP'}$ gdw. $P'(\mathcal{G}) \lhd P(\mathcal{G})$.

Das können wir wiederum n-fach durchführen.
Gegeben seien neue Prädikate $P_0,\dots,P_n$. Sei $L' = L \cup \{P_0,\dots,P_n\}$ und

$$\Gamma = \bigcup_{i<n} \Sigma_{P_iP_{i+1}} \cup \{\, \forall x\, P_0(x) \wedge \forall x\, (P_n(x) \to x = 1)\,\} .$$

Dann gilt

$$(\mathcal{G},P_0,\dots,P_n) \models \Gamma \quad \text{gdw.} \quad \mathcal{G} = P_0(\mathcal{G}) \rhd P_1(\mathcal{G}) \rhd \dots \rhd P_n(\mathcal{G}) = \{1\} .$$

Lemma 6.5.1 Seien $\Sigma_1,\dots,\Sigma_n$ elementare Eigenschaften.
Dann hat $\mathcal{G}$ den Typ $(\Sigma_1,\dots,\Sigma_n)$ gdw. $\mathcal{G}$ eine L'-Expansion $\mathcal{G}'$ besitzt, die Modell von $\Sigma' =_{def} \Gamma \cup (\Sigma_1)_0^* \cup \dots \cup (\Sigma_n)_{n-1}^*$ ist, wobei $(\Sigma_{i+1})_i^* =_{def} \{ \varphi_i^* : \varphi \in \Sigma_{i+1} \}$ (und $_i^*$ die Abbildungen aus Korollar 6.4.2 sind) für alle $i < n$.

Beweis

$\Leftarrow$: Ist $\mathcal{G}' = (\mathcal{G}, P_0,\dots,P_n) \vDash \Sigma'$, so bilden die $\mathcal{G}_i =_{def} P_i(\mathcal{G})$ eine Normalreihe mit $\mathcal{G}' \vDash (\Sigma_{i+1})_i^*$, also nach n-fachem Interpretationslemma $\mathcal{G}_i/\mathcal{G}_{i+1} \vDash \Sigma_{i+1}$, d.h. $\mathcal{G}$ hat den Typ $(\Sigma_1,\dots,\Sigma_n)$.
$\Rightarrow$: Ist $\mathcal{G}_0 \rhd \mathcal{G}_1 \rhd \dots \rhd \mathcal{G}_n$ von der geforderten Art, so wird $\mathcal{G}$ zur L'-Struktur $\mathcal{G}'$, indem man $P_i(\mathcal{G}') = \mathcal{G}_i$ setzt. ■

Man sagt auch, vom Typ $(\Sigma_1,\dots,\Sigma_n)$ zu sein, ist **pseudoelementar**, d.h. in einer Erweiterungssprache gibt es eine axiomatisierbare Klasse, deren L-Redukte genau die Gruppen vom Typ $(\Sigma_1,\dots,\Sigma_n)$ sind. (Mehr über diesen Begriff findet sich z.B. in Hodges' *Model Theory*.)

Nun kommen wir zu Malcevs lokalem Satz.

Satz 6.5.2 Seien $\Sigma_1,\dots,\Sigma_n$ erblich elementare Eigenschaften.
(1) Vom Typ $(\Sigma_1,\dots,\Sigma_n)$ zu sein ist erblich.
(2) Eine Gruppe $\mathcal{G}$ hat den Typ $(\Sigma_1,\dots,\Sigma_n)$ gdw. $\mathcal{G}$ diesen Typ lokal hat.

Beweis

Zu (1): Habe $\mathcal{G}$ den Typ $(\Sigma_1,\dots,\Sigma_n)$, d.h. es existiert eine Normalreihe $\mathcal{G} = \mathcal{G}_0 \rhd \dots \rhd \mathcal{G}_n = \{1\}$ mit $\mathcal{G}_i/\mathcal{G}_{i+1} \vDash \Sigma_{i+1}$ (für $i < n$). Wir zeigen, daß jede Untergruppe $\mathcal{H}$ von $\mathcal{G}$ auch den Typ $(\Sigma_1,\dots,\Sigma_n)$ hat. Setze $\mathcal{H}_i = \mathcal{G}_i \cap \mathcal{H}$. Dann gilt $\mathcal{H} = \mathcal{H}_0 \rhd \dots \rhd \mathcal{H}_n = \{1\}$, denn ist $h' \in \mathcal{H}_{i+1}$ und $h \in \mathcal{H}_i$, so $h^{-1}h'h \in \mathcal{H} \cap \mathcal{G}_{i+1} = \mathcal{H}_{i+1}$ (d.h. $\mathcal{H}_{i+1} \lhd \mathcal{H}_i$).
Es bleibt zu zeigen, daß $\mathcal{H}_i/\mathcal{H}_{i+1} \vDash \Sigma_{i+1}$. Dazu wiederum genügt wegen der Erblichkeit der Nachweis, daß $\mathcal{H}_i/\mathcal{H}_{i+1} \hookrightarrow \mathcal{G}_i/\mathcal{G}_{i+1}$. Die durch $h\mathcal{H}_{i+1} \mapsto h\mathcal{G}_{i+1}$ gegebene Abbildung von $\mathcal{H}_i/\mathcal{H}_{i+1}$ nach

$\mathcal{G}_i/\mathcal{G}_{i+1}$ ist aber eine Einbettung, denn für $h \in \mathcal{H}_i$ gilt $h \in \mathcal{H}_{i+1}$ gdw. $h \in \mathcal{H} \cap \mathcal{G}_{i+1}$ gdw. $h \in \mathcal{G}_{i+1}$.
Zu (2):
$\Rightarrow$ ist Spezialfall von (1).
$\Leftarrow$: Habe $\mathcal{G}$ lokal den Typ $(\Sigma_1,\dots,\Sigma_n)$, d.h. jede endlich erzeugte Untergruppe $\mathcal{G}_0 \subseteq \mathcal{G}$ hat den Typ $(\Sigma_1,\dots,\Sigma_n)$. Also besitzt jedes solche $\mathcal{G}_0$ nach Lemma 6.5.1 eine L'-Expansion $\mathcal{G}_0' \models \Sigma'$.
Um zu zeigen, daß $\mathcal{G}$ selbst auch den Typ $(\Sigma_1,\dots,\Sigma_n)$ hat, brauchen wir nur eine L'-Expansion $\mathcal{G}'$ von $\mathcal{G}$ zu finden mit $\mathcal{G}' \models \Sigma'$. Dazu betrachten wir die Formelmenge $\mathrm{TG} \cup \mathrm{D}(\mathcal{G}) \cup \Sigma'$ und zeigen als erstes, daß sie widerspruchsfrei ist.
Nach dem Endlichkeitssatz genügt es dafür zu zeigen, daß jede endliche Teilmenge widerspruchsfrei ist. Jede solche ist in einem $\Delta = \mathrm{TG} \cup \Delta' \cup \Sigma'$ für ein gewisses endliches $\Delta' \subseteq \mathrm{D}(\mathcal{G})$ enthalten. Ist nun $\mathcal{G}_0$ die durch die (endlich vielen) neuen Konstanten $\underline{a}$ aus Δ' erzeugte Untergruppe von $\mathcal{G}$, so ist sicherlich $\Delta \subseteq \mathrm{TG} \cup \mathrm{D}(\mathcal{G}_0) \cup \Sigma'$. Da $\mathcal{G}_0$ eine endlich erzeugte Untergruppe von $\mathcal{G}$ ist, gibt es nach Voraussetzung eine L'-Expansion $\mathcal{G}_0' \models \Sigma'$ von $\mathcal{G}_0$. Dann ist $\mathcal{G}_0'$ Modell von $\mathrm{TG} \cup \mathrm{D}(\mathcal{G}_0) \cup \Sigma'$, folglich auch von Δ.
Damit ist $\mathrm{TG} \cup \mathrm{D}(\mathcal{G}) \cup \Sigma'$ widerspruchsfrei und hat ein Modell. Dessen $\mathrm{L_G}$-Redukt $\mathcal{H}$ ist nach Lemma 6.5.1 Gruppe vom Typ $(\Sigma_1,\dots,\Sigma_n)$.
Ferner ist $(\mathcal{H},\mathrm{G}) \models \mathrm{D}(\mathcal{G})$, also $\mathcal{G} \hookrightarrow \mathcal{H}$. Wegen (1) (und Bemerkung (1) vor Satz 6.3.2) ist $\mathcal{G}$ vom Typ $(\Sigma_1,\dots,\Sigma_n)$. ■

Die Anwendungsmöglichkeiten dieses Satzes sind zahlreich. Wir bieten nur zwei Beispiele und verweisen für weitere auf die angegebene Literatur.

Eine Gruppe heißt **auflösbar von der Stufe $\le$ n**, wenn sie vom Typ $(\Sigma_1,\dots,\Sigma_n)$ mit den (erblich elementaren) Eigenschaften $\Sigma_1 = \dots = \Sigma_n = \{\ \forall xy\ (x\cdot y = y\cdot x)\ \}$ ist.

Der gerade bewiesene lokale Satz ergibt unmittelbar

Korollar 6.5.3 (Černikov) Eine Gruppe ist auflösbar von der Stufe $\leq$ n gdw. sie lokal auflösbar von der Stufe $\leq$ n ist. ■

Betrachte die erblich elementaren Eigenschaften
$\Sigma_1 = \{ \exists^{\leq n} x\ (x = x) \}$ und $\Sigma_2 = \{ \forall xy\ (x \cdot y = y \cdot x) \}$.
Dann ist eine Gruppe $\mathcal{G}$ vom Typ (Σ_1, Σ_2) gdw. sie einen abelschen Normalteiler A vom Index $\leq$ n (d.h. mit $|\mathcal{G}/A| \leq n$) hat.

Eine Gruppe heißt **fast abelsch**, falls es einen abelschen Normalteiler von endlichem Index in $\mathcal{G}$ gibt.

Korollar 6.5.4 Eine Gruppe $\mathcal{G}$ ist fast abelsch gdw. es ein $n \in \mathbb{N}$ gibt, so daß jede endlich erzeugte Untergruppe von $\mathcal{G}$ einen abelschen Normalteiler vom Index $\leq$ n hat.

Beweis
Ist $\mathcal{G}$ fast abelsch, so existiert ein abelscher Normalteiler $\mathcal{H} \triangleleft \mathcal{G}$ von endlichem Index. Sei $n = |\mathcal{G}/\mathcal{H}|$. Dann ist $\mathcal{G}$ vom Typ (Σ_1, Σ_2) . Malcevs lokaler Satz ergibt dann die Behauptung. ■

Ü1. Sei $\mathcal{G}$ eine periodische Gruppe von m × m-Matrizen über dem Körper $\mathbb{C}$ der komplexen Zahlen. Zeige den sogenannten zweiten Satz von Schur, daß $\mathcal{G}$ fast abelsch ist. [Benutze den sogenannten ersten Satz von Schur, der besagt, daß $\mathcal{G}$ lokal endlich ist, und den Satz von Jordan, der besagt, daß endliche Gruppen von m × m-Matrizen über $\mathbb{C}$ einen Normalteiler haben, dessen Index lediglich von m abhängt.]

7. Einiges aus der Ordnungstheorie

Wenden wir uns nun einigen grundlegenden ordnungstheoretischen Themen zu. Als erstes modifizieren wir die aus dem vorigen Kapitel bekannte Diagrammethode.

7.1. Positive Diagramme

Das **positive Diagramm** $D_+(\mathcal{M})$ einer L-Struktur $\mathcal{M}$ ist die Menge aller in $(\mathcal{M},M)$ gültigen atomaren L(M)-Aussagen.

Bemerkung: $D(\mathcal{M}) = D_+(\mathcal{M}) \cup \{\neg\varphi(\bar{a}) : \varphi \in L$ ist atomar, $\bar{a}$ aus M und $\varphi(\bar{a}) \notin D_+(\mathcal{M})\}$. Wie in der Bemerkung am Ende von §6.4 genügt es, nichtverschachtelte Formeln φ zu betrachten.

Beispiel: Das positive Diagramm einer Gruppe ist (bis auf TG-Äquivalenz) ihr Caley-Diagramm (ihre Multiplikationstafel).

Als Analogon zu Lemma 6.1.2 haben wir:

Lemma 7.1.1 (Lemma über positive Diagramme)
$\mathcal{M}$ und $\mathcal{N}$ seien L-Strukturen.

(1) Für $h: M \to N$ gilt
$h: \mathcal{M} \to \mathcal{N}$ gdw. $h: \mathcal{M} \xrightarrow{at} \mathcal{N}$ gdw. $(\mathcal{N}, h[M]) \models D_+(\mathcal{M})$.

(2) Es existiert ein Homomorphismus $\mathcal{M} \to \mathcal{N}$ gdw. $\mathcal{N}$ eine Expansion besitzt, die Modell von $D_+(\mathcal{M})$ ist.

Beweis
Zu (1): Die erste Äquivalenz ist Bemerkung (3) nach Lemma 6.1.1. Die zweite ist offensichtlich.
(2) ergibt sich aus (1) wie in Lemma 6.1.2. ■

Ü1. Zeige $D_+(\mathcal{M}) \models$ **qf** $\cap$ **+** $\cap$ $Th(\mathcal{M}, M)$ (beachte die Bezeichnungen aus §2.4).

7.2.* Der Satz von Marczewski-Szpilrajn

Als einfache Anwendung haben wir den

Satz 7.2.1 Jede partielle Ordnung auf einer Menge A kann zu einer linearen Ordnung auf A fortgesetzt werden.

[E. Szpilrajn, *Sur l'extension de l'ordre partiel*, Fund. Math. 16, **1930**, 386-389] (Der Autor hat später unter dem Namen E. Marczewski publiziert.)

Beweis

Sei $\mathcal{A} = (A, \prec)$ eine partielle Ordnung (als $L_<$-Struktur).
Ist $(B, \{ b_a : a \in A \}, <)$ ein Modell von
$\Sigma = D_+(\mathcal{A}) \cup LO \cup \{ \underline{a} \neq \underline{b} : a,b \in A\ ,\ a \neq b \}$
und $\mathcal{B}$ dessen $L_<$-Redukt, so definiert die Vorschrift $h(a) = b_a$ nach Lemma 7.1.1 einen Homomorphismus $h: \mathcal{A} \to \mathcal{B}$, der verschiedenen Argumenten verschiedene Werte zuordnet, also Einbettung ist. Insbesondere respektiert h die Ordnung, d.h.
(*) $\quad a \prec b \ \Rightarrow\ h(a) < h(b)$.
Mit $\mathcal{B}$ ist auch $h(\mathcal{A}) \subseteq \mathcal{B}$ eine lineare Ordnung. Für $a,b \in A$ setzen wir $a < b$, falls $h(a) < h(b)$. (Da h eine Bijektion ist zwischen A und h[A] , ist dies wohldefiniert.) Dann erhalten wir eine lineare Ordnung < auf A, die wegen (*) die partielle Ordnung $\prec$ fortsetzt.
Bleibt also zu zeigen, daß jede endliche Teilmenge Σ_0 von Σ widerspruchsfrei ist.
Sind $a_0,\dots,a_{n-1}$ die in Σ_0 vorkommenden neuen Konstanten, so $\Sigma_0 \subseteq D_+(\{a_0,\dots,a_{n-1}\}, \prec) \cup LO \cup \{ a_i \neq a_j : i < j < n \}$. Wenn sich nun $\prec$ auf $\{a_0,\dots,a_{n-1}\}$ zu einer linearen Ordnung fortsetzen läßt, so haben wir auch ein Modell von Σ_0 . Damit haben wir den Satz auf endliche Ordnungen reduziert und es bleibt zu zeigen:

Lemma 7.2.2 Jede endliche partielle Ordnung läßt sich zu einer linearen Ordnung fortsetzen.

Beweis induktiv über die Anzahl der Elemente n .

Die Fälle $n = 0,1,2$ sind trivial.
Sei nun $(\{a_0,...,a_n\}, \prec)$ eine partielle Ordnung und die Behauptung für n vorausgesetzt. Da auch $(\{a_0,...,a_{n-1}\}, \prec)$ eine partielle Ordnung ist, können wir diese also zu einer linearen Ordnung $<$ fortsetzen. Sei π eine Permutation von $\{0,...,n-1\}$ derart, daß $a_{\pi(0)} < a_{\pi(1)} < ... < a_{\pi(n-1)}$.
Betrachte nun $A^- =_{def} \{ a_i : a_i \prec a_n \}$ und $A^+ =_{def} \{ a_i : a_n \prec a_i \}$. Wegen der Transitivität von $\prec$ gilt $a_i \prec a_j$, also auch $a_i < a_j$, für alle $i,j < n$ mit $a_i \in A^-$ und $a_j \in A^+$. Also gibt es ein $k \leq n$ mit $A^- \subseteq \{ a_{\pi(i)} : i < k \}$ und $A^+ \subseteq \{ a_{\pi(i)} : k \leq i < n \}$. Wir brauchen nun nur noch $a_{\pi(k-1)} < a_n$ und $a_n < a_{\pi(k)}$ zu setzen. ■

Eine partiell geordnete Gruppe $(\mathcal{G},<)$ **läßt sich anordnen**, falls sich $<$ zu einer Anordnung von $\mathcal{G}$ fortsetzen läßt (im Sinne von §5.5). $\mathcal{G}$ **läßt sich anordnen**, falls es überhaupt eine Anordnung von $\mathcal{G}$ gibt. $\mathcal{G}$ **läßt sich frei anordnen**, falls sich $(\mathcal{G},<)$ für jede partielle Anordnung $<$ anordnen läßt.

Ü1. Zu zeigen sind die folgenden lokalen Sätze:
- (a) Eine partiell geordnete Gruppe $(\mathcal{G},<)$ läßt sich anordnen gdw. sich $(\mathcal{G}_0,<)$ für jede endlich erzeugte Untergruppe $\mathcal{G}_0$ von $\mathcal{G}$ anordnen läßt.
- (b) $\mathcal{G}$ läßt sich anordnen gdw. $\mathcal{G}$ sich lokal anordnen läßt.
- (c) $\mathcal{G}$ läßt sich frei anordnen gdw. $\mathcal{G}$ sich lokal frei anordnen läßt.

Ü2. Eine abelsche Gruppe läßt sich genau dann anordnen, wenn sie torsionsfrei ist. [Benutze Ü1(b) und die Bemerkung über endlich erzeugte abelsche Gruppen im Beispiel nach Lemma 6.3.1.]

7.3. Der Satz von Cantor

Ein sehr wichtiger Satz über dichte lineare Ordnungen wurde schon Ende des 19. Jahrhunderts von Georg Cantor entdeckt.

Satz 7.3.1 Alle abzählbaren unberandeten dichten linearen Ordnungen sind isomorph.

[G. Cantor, *Beiträge zur Begründung der transfiniten Mengenlehre* I, Math. Ann. 46, **1895**, 481-512]

Beweis durch das "Hin-und-Her-Verfahren".
Zunächst sei noch einmal daran erinnert, daß jede dichte lineare Ordnung unendlich ist, vgl. Ü5.5.1 .
Seien $\mathcal{A} = (\{a_i : i \in \mathbb{N}\};<)$ und $\mathcal{B} = (\{b_i : i \in \mathbb{N}\};<)$ zwei unberandete dichte lineare Ordnungen - wir nehmen in beiden Fällen das gleiche Zeichen < (eine Verwechslung ist ausgeschlossen).
Sukzessive bilden wir nun Folgen
$\{a_i' : i \in \mathbb{N}\} \subseteq A$ und $\{b_i' : i \in \mathbb{N}\} \subseteq B$ derart, daß für alle $i \in \mathbb{N}$ gilt
(*) $a_i' < a_j'$ gdw. $b_i' < b_j'$
(damit wird f: $a_i' \mapsto b_i'$ ein Ordnungsmonomorphismus).
Außerdem soll $\{a_i' : i \in \mathbb{N}\} = A$ und $\{b_i' : i \in \mathbb{N}\} = B$ gelten (d.h. alles wird ausgeschöpft), was dann f: $\mathcal{A} \cong \mathcal{B}$ ergibt.
Das geschieht wie folgt.
Seien für $i < n$ bereits $a_i' \in A$ und $b_i' \in B$ gefunden, so daß (*) gilt.
Ist n gerade, so sei a_n' dasjenige a_j mit kleinstem Index j , das nicht in $\{a_0', \ldots, a_{n-1}'\}$ liegt. Wegen der Dichte von < und, da es keine Randpunkte gibt, existiert ein $b_n' \in B$ derart, daß gilt:
(**) $(\{a_0', \ldots, a_n'\}, <) \cong (\{b_0', \ldots, b_n'\}, <)$.
Ist n ungerade, wählen wir umgekehrt b_n' als dasjenige b_j mit kleinstem Index j , das nicht in $\{b_0', \ldots, b_{n-1}'\}$ liegt. Wieder gibt es ein $a_n' \in A$ derart, daß (**) gilt.
In beiden Fällen impliziert (**) natürlich (*), und da wir abwechselnd aus A und B wählen, erhalten wir schließlich eine überall definierte und surjektive Abbildung f: $A \to B$, die wegen (*) Ordnungsisomorphismus ist. ■

Cantor selbst benutzte übrigens nicht, wie oftmals fälschlicherweise behauptet, die Beweismethode des Hin-und-Her (er ging nur "hin"), die wohl in

[E. V. Huntington, *The continuum as a type of order: an exposition of the modern theory*, Annals of Math. 6, **1904/05**, §45]

erstmals auftauchte. Später wurde sie in ihren Verallgemeinerungen zu einer grundlegenden Methode der Modelltheorie (s. Beweis von Satz 12.1.1(2) weiter unten).

Ü1. Finde die vier Isomorphietypen abzählbarer dichter linearer Ordnungen.

7.4. Wohlordnungen

Die folgenden drei Paragraphen liefern (größtenteils nachträglich) das Handwerkszeug, das uns in der metasprachlichen Mengenlehre (die nicht klar umrissen vorausgesetzt ist) zur Verfügung stehen soll*. Wir berufen uns zwar im allgemeinen auf eine naive Mengenlehre, um aber den Beweis- und Konstruktionsverfahren der transfiniten Induktion eine gewisse Begründung zu geben, kommen wir nicht umhin, mengentheoretisch etwas präziser zu formulieren. Wir werden dabei allerdings immer noch recht naiv bleiben - eine mengentheoretisch saubere Abhandlung würde den Rahmen dieses Buches sprengen - und verweisen auf die im Anhang erwähnte mengentheoretische Literatur.

Man betrachtet dabei üblicherweise die Gesamtheit aller *reinen* Mengen, d.h. solcher Mengen, deren Elemente auch wieder Mengen sind, die man sich dann als eine überaus große Struktur V in der Signatur mit einem einzigen zweistelligen Relationssymbol $\in$ vorstellen kann, das gewissen Axiomen, den sogenannten Zermelo-Fraenkelschen Axiomen ZF und, üblicherweise, auch dem Auswahlaxiom AC (**a**xiom of **c**hoice) genügt (zusammen spricht man von den Axiomen ZFC). Die Individuen von V werden **Mengen** genannt, und die Axiome ZFC regeln, welche

*) Wer mit dem entsprechenden mengentheoretischen Material mehr oder minder vertraut ist, kann unmittelbar zu Teil III übergehen.

"Zusammenfassungen" von Individuen von V oder Mengen von solchen selbst wieder Individuen von V, also Mengen sind. Allgemein bezeichnet man "Zusammenfassungen" solcher Individuen als **Klassen**. Einige Klassen sind dann also Mengen, wobei nicht alle Klassen Mengen sein können. V selbst ist eine solche **eigentliche** oder auch **echte** Klasse (ebenso wie z.B. Isomorphietypen nichtleerer Strukturen). Die zugrundeliegende intuitive Idee dabei ist, daß Mengen "kleine" Klassen sind.

Um unsere Modelltheorie im Rahmen einer solchen Mengenlehre abhandeln zu können, wurde in den Strukturbegriff von §1.2 eingeschlossen, daß die Individuen einer Struktur zusammen eine Menge bilden. $(V, \in)$ ist in diesem Sinne also gar keine Struktur. Man kann aber den Strukturbegriff auf beliebige Klassen ausdehnen. Auf diese Weise erhält man gewissermaßen "große Strukturen", u.a. auch $(V, \in)$. Um einiges des bisher Behandelten benutzen zu können, lassen wir in den folgenden drei Paragraphen auch große Strukturen zu. Z.B. verstehen wir hier unter einer partiellen Ordnung einfach eine *Klasse* mit einer darauf definierten zweistelligen Relation, die irreflexiv und transitiv ist.

Ein **Anfangsstück** einer linearen Ordnung $(X,<)$ ist eine Teilklasse von X, die mit jedem $a \in X$ auch alle $b \in X$ enthält, die kleiner sind als a. Ein **Abschnitt** von $(X,<)$ ist eine Klasse der Form $\{x \in X : x<a\}$ für gewisses $a \in X$, die wir auch kurz mit X_a bezeichnen. Eine lineare Ordnung $(X,<)$ genügt der **Abschnittsbedingung**, falls jeder Abschnitt von $(X,<)$ eine Menge ist.

Jeder Abschnitt ist natürlich Anfangsstück.

Eine **Wohlordnung** ist eine der Abschnittsbedingung genügende partielle Ordnung, in der jede nichtleere Teilklasse ein kleinstes Element besitzt. Eine Wohlordnung, deren Träger eine Menge ist, nennen wir einfach **wohlgeordnete Menge**.

Beachte, daß jede Wohlordnung lineare Ordnung ist (betrachte zweielementige Teilklassen!) und daß Mengen stets die Abschnittsbedingung erfüllen, da Teilklassen von Mengen nach dem sog. Aussonderungsaxiom der Mengenlehre wieder Mengen sind.

Erinnerung: Ordnungen sind hier strikt, d.h. irreflexiv. Folglich gilt für einen Homomorphismus f zwischen linearen Ordnungen automatisch

$a < b$ gdw. $f(a) < f(b)$

für alle Elemente a, b aus dem Definitionsbereich von f, d.h., jeder Homomorphismus von linearen Ordnungen ist bereits Monomorphismus.

Beispiele

(1) Jede endliche lineare Ordnung ist wohlgeordnete Menge.

(2) Die Ordnung der natürlichen Zahlen (d.h. die übliche Ordnung auf $\mathbb{N}$) ist wohlgeordnete Menge.

Bemerkungen

(1) Jede Teilordnung einer Wohlordnung ist Wohlordnung.

(2) Eine lineare Ordnung mit der Abschnittsbedingung ist genau dann Wohlordnung, wenn sie keine unendliche absteigende Kette $a_0 > a_1 > a_2 > \ldots > a_n > \ldots$ enthält. Man sagt auch, daß die Ordnung **fundiert** ist.

(3) Die leere Menge ist Anfangsstück jeder linearen und damit auch jeder Wohlordnung.

(4) Ein Anfangsstück einer Wohlordnung (X,<) ist entweder ein Abschnitt oder X selbst.

(5) Jede Wohlordnung ist (ordnungs-)isomorph zu der durch Inklusion geordneten Klasse ihrer Abschnitte.

Beweis

Zu (4): Sei I ein Anfangsstück von X, das verschieden von X ist, und sei a das kleinste Element aus $X \setminus I$. Dann gilt für $b \in X$: Wenn $b < a$, so $b \notin X \setminus I$, da a kleinstes Element von $X \setminus I$ ist, also $b \in I$. Wenn $b = a$ oder $b > a$, so $b \notin I$ (sonst wäre $a \in I$). Folglich $I = \{x \in X : x < a\} = X_a$.

Für (5) betrachte die Abbildung $a \mapsto X_a$. ■

Lemma 7.4.1

(1) Sei f ein Homomorphismus einer Wohlordnung $(X,<)$ in sich selbst.
Dann gilt $f(x) \geq x$ für alle $x \in X$.

(2) Keine Wohlordnung ist isomorph zu einem ihrer Abschnitte.

Beweis

Zu (1): Iterierte Anwendung von f auf die Ungleichung $x > f(x)$ ergäbe $x > f(x) > f^2(x) > \ldots > f^n(x) > \ldots$, was der Fundiertheit von $(X,<)$ widerspräche.

(2) folgt aus (1). ■

In Wohlordnungen gilt das folgende wichtige

Induktionsprinzip: Sei $(X,<)$ eine Wohlordnung und P eine Eigenschaft von Elementen von X.
Wenn für alle $a \in X$ die Bedingung
(α) hat jedes $b < a$ in X die Eigenschaft P, so auch a
gilt, so haben alle Elemente aus X die Eigenschaft P.

Beweis

Gilt die Behauptung nicht, so gibt es ein kleinstes $a \in X$, das nicht die Eigenschaft P hat. Dann gilt auch (α) nicht. ■

Abschließend leiten wir ein ebenso wichtiges Konstruktionsprinzip für Funktionen auf Wohlordnungen her, das sog. Rekursionsprinzip. Anwendungen des Rekursionsprinzips werden auch **Definition durch transfinite Induktion** genannt und sehen üblicherweise so aus:

Wir haben eine Wohlordnung $(X,<)$, eine Klasse W und eine Rekursionsvorschrift F gegeben, nach der wir eine Funktion $f: X \to W$ sukzessive definieren wollen. Diese Rekursionsvorschrift gibt an, wie ein bereits konstruiertes $f_a: X_a \to W$ auf $a \in X$ fortgesetzt werden soll. Wir definieren dann f als die Vereinigung der f_a. Die Rekursionsvorschrift F muß also eine Funktion sein, die jeder Funktion von einem Abschnitt X_a (von X) nach W einen Funktionswert $f(a) \in W$ von a zuordnet, d.h., ist $f_a: X_a \to W$ bereits konstruiert, so setzen wir $f(a) = F(f_a)$.

Daß eine solche Argumentation korrekt ist, besagt gerade das

Rekursionsprinzip: Sei $(X,<)$ eine Wohlordnung und W eine beliebige Klasse. Für jedes $a \in X$ bezeichne $\mathcal{F}_a$ die Klasse aller Funktionen vom Anfangsstück X_a nach W.

Für jede Funktion $F: \bigcup_{a \in X} \mathcal{F}_a \to W$ gibt es eine eindeutig bestimmte Funktion $f: X \to W$, die die Rekursionsbedingung $f(a) = F(f \restriction X_a)$ für alle $a \in X$ erfüllt.

Beweis

Sei $\mathcal{F}$ die Klasse $\bigcup_{a \in X} \{ g \in \mathcal{F}_a : g(b) = F(g \restriction X_b) \text{ für alle } b < a \}$. Wir behaupten,

(*) für alle $a \in X$ enthält $\mathcal{F} \cap \mathcal{F}_a$ höchstens eine Funktion; mehr noch, für alle $g,h \in \mathcal{F}$ gilt $g \subseteq h$ oder $h \subseteq g$ (wir identifizieren hier, wie üblich, Funktionen mit ihren Graphen).

Dazu sei $g \in \mathcal{F} \cap \mathcal{F}_a$ und $h \in \mathcal{F} \cap \mathcal{F}_c$ mit $a \leq c$. Wir zeigen, daß dann $g = h \restriction X_a$ (also $g \subseteq h$). Wäre das nicht der Fall, gäbe es ein kleinstes $b < a$ in X mit $g(b) \neq h(b)$. Folglich wäre $g \restriction X_b = h \restriction X_b$ und somit nach Wahl von $\mathcal{F}$ auch $g(b) = F(g \restriction X_b) = F(h \restriction X_b) = h(b)$. Dieser Widerspruch beweist (*).

Damit bildet $\mathcal{J}$ bzgl. Inklusion eine Kette. Deren Vereinigung $\bigcup\mathcal{J}$ ist dann eine Funktion f', deren Definitionsbereich entweder ganz X oder ein Abschnitt von X ist.
Im ersteren Falle sind wir fertig, da die Funktion f' in jedem Fall natürlich auf ihrem Definitionsbereich der Rekursionsbedingung genügt. Nehmen wir daher an, dom f' ist gleich dem Abschnitt X_a für gewisses $a \in X$. Dann ist f' in $\mathcal{J} \cap \mathcal{J}_a$. Bezeichne f die Funktion $f' \cup \{(a,F(f'))\}$ (d.h., wir setzen $f{\restriction}X_a = f'$ und $f(a) = F(f')$). Diese erfüllt die Rekursionsbedingung natürlich auf ganz dom $f = X_a \cup \{a\}$. Gäbe es nun ein $b > a$ in X, so wäre $f \in \mathcal{J}_b \cap \mathcal{J}$ für das kleinste solche b, folglich $f \subseteq f'$ und somit $a \in$ dom f' im Widerspruch zur Annahme. Also ist a das größte Element von X und deshalb dom $f = X_a \cup \{a\} = X$.
In jedem Fall hat $f: X \to W$ die geforderten Eigenschaften.
Die Eindeutigkeit von f zeigt man schließlich genau wie unter (*). ■

Im nächsten Paragraphen werden wir diese Prinzipien für Ordinalzahlen umformulieren.

Bemerkung: Das Auswahlaxiom der Mengenlehre ist äquivalent zum Wohlordnungssatz, der besagt, daß sich jede Menge wohlordnen läßt. Eine weitere äquivalente Aussage ist das sogenannte Zornsche Lemma:
Wenn jede Kette in einer partiell geordneten Menge X eine obere Schranke besitzt, so ist jedes Element aus X kleiner oder gleich einem maximalen Element von X (d.h. einem Element, über dem kein größeres liegt).

Wir setzen diese Äquivalenzen als bekannt voraus. Sie können in der genannten mengentheoretischen Literatur nachgeschlagen werden.

Ü1. Für Ordnungen $\mathcal{X}$ und $\mathcal{Y}$ definiert man deren Summe $\mathcal{X}+\mathcal{Y}$ als disjunkte Vereinigung von X und Y mit $x < y$ für alle $x \in X$ und $y \in Y$ (und < auf X und Y wie gehabt). Zeige, daß die Summe zweier Wohlordnungen wieder Wohlordnung ist.

Ü2. Zeige, daß die Klasse der wohlgeordneten Mengen in $L_<$ nicht axiomatisierbar ist. [Vgl. Ü7.5.3 weiter unten.]

7.5. Ordinalzahlen und transfinite Induktion

Wir betrachten nun Mengen, auf denen die Elementbeziehung $\in$ eine partielle Ordnung ist. Insbesondere ist $\in$ dann eine transitive Relation. Wir benötigen noch einen anderen Transitivitätsbegriff:

> Eine Klasse X heißt **transitiv**, falls für alle $x \in y \in X$ gilt $x \in X$.

Bemerkung

(1) Für eine Klasse X sind folgende Bedingungen äquivalent.
 (i) X ist transitiv.
 (ii) Aus $x \in X$ folgt $x \subseteq X$.
 (iii) Aus $Y \subseteq X$ folgt $\bigcup Y \subseteq X$.

Beweis

(i)$\Leftrightarrow$(ii) ist klar.
(iii) bedeutet, daß für alle $y \in Y$ gilt $y \subseteq X$, falls nur $Y \subseteq X$. Das folgt aber unmittelbar aus (ii).
Umgekehrt ist (ii) Spezialfall von (iii) für $Y = \{x\}$. ■

Trivialerweise ist X bzgl. $\in$ das größte Element in $X \cup \{X\}$ (denn $x \in X$ für alle $x \in X$). Der Übergang von X zu $X \cup \{X\}$ spielt im folgenden eine besondere Rolle.

Lemma 7.5.1 Sei X eine transitive Menge, auf der die Elementbeziehung $\in$ eine partielle (bzw. Wohl-) Ordnung ist.

Dann ist auch $X \cup \{X\}$ eine transitive Menge, auf der die Elementbeziehung $\in$ eine partielle (bzw. Wohl-) Ordnung ist.

Beweis

Da jedes Element einer transitiven Menge X Teilmenge von X ist, gilt dasselbe auch für die Menge $X \cup \{X\}$, weshalb diese transitiv ist.

Ist nun $\in$ irreflexiv auf X, so gilt $X \notin X$ (denn sonst widerspräche $X \in X \in X$ der Irreflexivität von $\in$ auf X), weshalb $\in$ auch irreflexiv auf $X \cup \{X\}$ ist.

Sei nun $\in$ außerdem transitiv auf X. Wir zeigen, daß es auch auf $X \cup \{X\}$ transitiv ist. Seien also $x,y,z \in X \cup \{X\}$ mit $x \in y \in z$. Sind x,y,z aus X, so folgt $x \in z$ aus der Transitivität von $\in$ auf X. Aus $X \notin X$ und der Transitivität von X ersieht man leicht, daß andernfalls $x \in y \in z = X$, folglich auch $x \in z$. ■

Eine **Ordinalzahl** ist eine transitive *Menge*, auf der die Elementbeziehung $\in$ eine Wohlordnung (insbesondere irreflexiv) ist. Bezeichne **On** die Klasse aller Ordinalzahlen.

(*Ordinal-* (also Ordnungs-) zahl deshalb, weil sie gerade die Ordnungstypen der wohlgeordneten Mengen repräsentieren, s. Satz 7.5.6 weiter unten.)

Bemerkungen

(2) Es gibt keine unendliche absteigende Kette von Ordinalzahlen $\alpha_0 \ni \alpha_1 \ni \alpha_2 \ni \ldots$ (vgl. Bemerkung (2) in §7.4).

(3) Durchschnitte von Ordinalzahlen sind Ordinalzahlen.

(4) Aus dem vorigen Lemma folgt, daß mit α auch $\alpha \cup \{\alpha\}$ Ordinalzahl ist (denn $\alpha \cup \{\alpha\}$ ist nach den Axiomen der Mengenlehre auch wieder eine Menge).

(5) Jede transitive Teilmenge einer Ordinalzahl ist Ordinalzahl.

(6) Jedes Element einer Ordinalzahl ist Ordinalzahl.

(7) Die Vereinigung einer Klasse (bzw. Menge) transitiver Mengen ist transitive Klasse (bzw. Menge).

Beweis

Zu (6): Sei $\alpha \in \mathrm{On}$ und $z \in \alpha$, also auch $z \subseteq \alpha$. Wegen (5) brauchen wir nur zu zeigen, daß z transitive Menge ist. Dazu sei $x \in y \in z$. Wegen der Transitivität von α gilt $x \in y \in \alpha$ und somit $x \in \alpha$. Folglich $x,y,z \in \alpha$, und die Transitivität von $\in$ auf α ergibt $x \in z$ wie gewünscht.

Zu (7): Sei jedes $x \in \mathrm{X}$ transitiv. Wir zeigen, daß $\bigcup \mathrm{X}$ transitiv ist. Sei dazu $y \in \bigcup \mathrm{X}$, also $y \in x \in \mathrm{X}$. Dann gilt $y \subseteq x$, also auch $y \subseteq \bigcup \mathrm{X}$.

Ist nun X eine Menge, deren sämtliche Elemente auch Mengen sind, so ist $\bigcup \mathrm{X}$ nach dem Vereinigungsmengenaxiom ebenfalls Menge. ∎

In Kürze werden wir sehen, daß sowohl Vereinigungen beliebiger Ordinalzahlmengen als auch transitive Ordinalzahlmengen selbst wieder Ordinalzahlen sind.

Einfachstes Beispiel einer Ordinalzahl ist die leere Menge $\emptyset$. Aus ihr erhalten wir mittels (4) unendlich viele weitere Ordinalzahlen:

Ist α eine Ordinalzahl, so schreiben wir $\alpha+1$ für die Ordinalzahl $\alpha \cup \{\alpha\}$, und außerdem
0 für $\emptyset$,
1 für 0+1 $(= \{\emptyset\})$,
2 für 1+1 $(= \{\emptyset,\{\emptyset\}\})$,
3 für 2+1 $(= \{\emptyset,\{\emptyset\},\{\emptyset,\{\emptyset\}\}\})$,
etc., und
ω für $\{0,1,2,3,\ldots\}$.
(Wir werden in Lemma 7.5.3(4) sehen, daß $\omega \in \mathrm{On}$.)

Weiterhin schreiben wir
$\alpha+2$ für $(\alpha+1)+1$,
$\alpha+3$ für $(\alpha+2)+1$,
etc.

Wir werden von nun an natürliche Zahlen als Elemente von ω, also als Ordinalzahl verstehen (und $\mathbb{N}$ mit ω identifizieren).

Lemma 7.5.2 Seien $\alpha, \beta \in \mathrm{On}$.
(1) $\alpha \in \beta$ gdw. $\alpha \subset \beta$.
(2) Es gilt entweder $\alpha \in \beta$, $\alpha = \beta$ oder $\beta \in \alpha$ (d.h., $(\mathrm{On}, \in)$ ist lineare Ordnung).

Beweis
Zu (1):
$\Rightarrow$: Sei $\alpha \in \beta$. Aus der Transitivität von β folgt $\alpha \subseteq \beta$. Wegen der Irreflexivität von $\in$ auf α ist außerdem $\alpha \neq \beta$.
$\Leftarrow$: Gilt $\alpha \subset \beta$, so ist $\beta \setminus \alpha$ nichtleere Teilmenge von β, hat also ein $\in$-kleinstes Element $\gamma \in \beta \setminus \alpha$. Wir zeigen, daß $\alpha = \gamma$ (und folglich $\alpha \in \beta$).
Wenn $\delta \in \gamma$, so ist wegen der Transitivität von β auch $\delta \in \beta$ und wegen der Minimalität von γ auch $\delta \in \alpha$. Also gilt $\gamma \subseteq \alpha$.
Um zu zeigen, daß auch $\alpha \subseteq \gamma$, sei $\delta \in \alpha$ ($\subseteq \beta$). Da $\in$ die Menge β linear ordnet, sind δ und γ vergleichbar unter $\in$. Also gilt $\gamma \in \delta$, $\gamma = \delta$ oder $\delta \in \gamma$. In den ersten beiden Fällen erhielten wir $\gamma \in \alpha$ aus $\delta \in \alpha$ (und der Transitivität von α), was der Wahl von γ widerspräche. Also muß $\delta \in \gamma$ sein, wie gewünscht.
Zu (2): Aus (1) folgt $\alpha \cap \beta = \beta$ oder $\alpha \cap \beta \in \beta$, denn $\alpha \cap \beta \subseteq \beta$. Analog haben wir $\alpha \cap \beta = \alpha$ oder $\alpha \cap \beta \in \alpha$. Daraus ergeben sich vier Fälle: $\alpha = \beta$, $\beta \in \alpha$, $\alpha \in \beta$ oder $\alpha \cap \beta \in \beta$ *und* $\alpha \cap \beta \in \alpha$. Der letztere Fall kann aber nicht eintreten, da $\alpha \cap \beta \in \alpha$ und $\alpha \cap \beta \in \alpha \cap \beta$ der Irreflexivität von $\in$ auf $\alpha \in \mathrm{On}$ widerspricht.

Irreflexivität und Antisymmetrie von $\in$ auf On garantieren schließlich, daß keine der Fälle gleichzeitig eintreten können.

■

> Für Ordinalzahlen α und β schreiben wir $\alpha < \beta$ statt $\alpha \in \beta$ (was dasselbe ist wie $\alpha \subset \beta$) und $\alpha \leq \beta$ für "$\alpha < \beta$ oder $\alpha = \beta$" (was dasselbe ist wie $\alpha \subseteq \beta$).

(On,<) ist also eine lineare Ordnung. Mit anderen Worten, die Ordinalzahlen bilden bzgl. < (was gleichbedeutend mit $\in$ und $\subset$ ist) eine Kette, die keine unendliche absteigende Kette enthält. Im nächsten Lemma werden wir sehen, daß (On,<) sogar Wohlordnung ist.

Da aus $\alpha < \beta$ (d.h. $\alpha \in \beta$ und $\alpha \subseteq \beta$) folgt $\alpha \cup \{\alpha\} \subseteq \beta$, d.h. $\alpha + 1 \leq \beta$, so ist $\alpha + 1$ direkter Nachfolger von α. Beginnend mit 0, was natürlich die kleinste Ordinalzahl ist, denn $\varnothing$ ist in jeder Menge enthalten, erhalten wir somit eine aufsteigende Kette
$0 < 1 < 2 < 3 < \ldots < \omega < \omega+1 < \omega+2 < \ldots$,
und diese bildet dann ein Anfangsstück der Kette (On,<) aller Ordinalzahlen. Es ist leicht einzusehen, daß alle oben vorkommenden Ordinalzahlen gleich der Menge ihrer Abschnitte sind. Wir haben allgemeiner

Lemma 7.5.3

(1) Eine Ordinalzahl ist genau die Menge ihrer Abschnitte bzgl. der Ordnung <, und es gilt $\alpha_\beta = \mathrm{On}_\beta = \beta$ für jeden Abschnitt α_β ($\beta \in \alpha$) von $\alpha \in \mathrm{On}$.

(2) (On,<) ist Wohlordnung.

(3) Jede transitive Teilmenge von On ist Ordinalzahl.

(4) Die Vereinigung einer Teilmenge von On ist Ordinalzahl.

Beweis

Zu (1): Sei α eine Ordinalzahl und $\beta \in \alpha$.

Dann $\alpha_\beta = \{\gamma \in \alpha : \gamma < \beta\} = \{\gamma \in \alpha : \gamma \in \beta\} = \alpha \cap \beta = \beta$
(denn $\beta \subseteq \alpha$).
Ferner $\mathrm{On}_\beta = \{\gamma \in \mathrm{On} : \gamma < \beta\} = \{\gamma \in \mathrm{On} : \gamma \in \beta\} = \beta$
(denn jedes Element von β ist Ordinalzahl).
Zu (2): Wegen (1) genügt $(\mathrm{On},<)$ der Abschnittsbedingung. Da es keine unendliche absteigende Kette von Ordinalzahlen gibt, ist On nach Bemerkung (2) aus §7.4 durch $<$ wohlgeordnet.
(3) folgt nun unmittelbar aus der Definition der Ordinalzahlen und (4) mittels obiger Bemerkung (7). ■

$(\mathrm{On},<)$ ist also Wohlordnung und On ist transitiv, denn jedes $\beta \in \mathrm{On}$ ist selbst Menge von Ordinalzahlen, also gilt $\beta \subseteq \mathrm{On}$. Dennoch ist On keine Ordinalzahl, denn sonst wäre $\mathrm{On} \in \mathrm{On}$ und somit $\in$ nicht irreflexiv auf den Ordinalzahlen. Wo steckt also der Fehler? Kurz gesagt: nirgendwo. On ist lediglich eine Klasse, keine Menge. Ordinalzahlen sind jedoch Mengen. Das Nicht-Menge-Sein ist also das einzige, was On davon abhält, Ordinalzahl zu sein[*].

Wegen der Wohlordnung von On erhalten wir die folgenden Spezialfälle von Induktions- und Rekursionsprinzip.

Transfinite Induktion: Sei $X \in \mathrm{On}$ oder $X = \mathrm{On}$ und P eine Eigenschaft von Ordinalzahlen.
Es gelte
(α) hat jedes $\beta < \alpha$ die Eigenschaft P, so auch α
für alle $\alpha \in X$.
Dann haben alle $\alpha \in X$ die Eigenschaft P. ■

Transfinite Rekursion: Sei $X \in \mathrm{On}$ oder $X = \mathrm{On}$ und W eine beliebige Klasse. Sei ferner F eine Funktion, die jeder Funktion von einem $\alpha \in X$ nach W einen Wert aus W zuordnet.

---

*) Die Annahme, On sei eine Menge,wurde als Antinomie von Burali-Forti bekannt.

Dann gibt es eine eindeutig bestimmte Funktion $f: X \to W$ mit $f(\alpha) = F(f \upharpoonright \alpha)$ für alle $\alpha \in X$. ■

Durch folgende Einteilung der Ordinalzahlen erhält man zwei wesentlich verschiedene Induktionsschritte.

Eine Ordinalzahl heißt **Limeszahl**, wenn sie Vereinigung aller kleineren Ordinalzahlen ist. Sonst heißt sie **Nachfolgerzahl**.

Lemma 7.5.4

(1) $\alpha \in On$ ist Nachfolgerzahl gdw. $\alpha = \beta + 1$ für ein gewisses $\beta \in On$.

(2) 0 ist (die kleinste) Limeszahl.

(3) ω ist die nächstgrößere (und kleinste unendliche) Limeszahl.

Beweis

Zu (1): Ist $\alpha = \beta \cup \{\beta\}$, so $\bigcup_{\gamma < \alpha} \gamma = \bigcup_{\gamma \in \alpha} \gamma = \beta \cup \bigcup_{\gamma \in \beta} \gamma = \beta \neq \alpha$, also ist $\alpha = \beta + 1$ Nachfolgerzahl.

Ist nun umgekehrt α Nachfolgerzahl, also $\alpha \neq \bigcup_{\gamma < \alpha} \gamma$, so wähle $\beta \in \alpha \setminus \bigcup_{\gamma < \alpha} \gamma$. Dann haben wir $\gamma < \alpha \Rightarrow \beta \notin \gamma$, also $\beta \not< \gamma$. Also gilt $\beta \geq \gamma$, wenn $\gamma < \alpha$. Folglich ist β das größte Element von α. Dann gilt für das Anfangsstück $\alpha_\beta = \{\gamma \in \alpha : \gamma < \beta\}$, daß $\alpha = \alpha_\beta \cup \{\beta\} = \beta \cup \{\beta\} = \beta + 1$.

Zu (2): Bedenke, $0 = \emptyset$.

Zu (3): $\omega = \mathbb{N} = \{0\} \cup \{n+1 : n \in \mathbb{N}\}$. ■

Die **transfinite Induktion** kann nun wie folgt umformuliert werden.

Sei $X \in On$ oder $X = On$ und P eine Eigenschaft von Ordinalzahlen.

Gelte für alle $\alpha \in X$
(α+1) hat α die Eigenschaft P, so auch $\alpha+1$
und für alle Limeszahlen $\delta \in X$
(δ) haben alle $\beta < \delta$ die Eigenschaft P, so auch δ.
Dann haben alle Ordinalzahlen aus X die Eigenschaft P.

Man kann (δ) auch getrennt für unendliche Limeszahlen δ und für $\delta = 0$ formulieren. Der letztere Schritt wird dann als Induktionsanfang bezeichnet, d.h.
(0) 0 hat die Eigenschaft P.

Abschließend wollen wir zeigen, daß in jedem Isomorphietyp von wohlgeordneten Mengen (auch **Wohlordnungstyp** genannt) genau eine Ordinalzahl (als durch $\in$ geordnete Menge) enthalten ist. Das erlaubt dann die Anwendung der transfiniten Induktion auf beliebige Mengen: Nach dem Wohlordnungssatz kann jede Menge wohlgeordnet werden und ist als solche wegen des noch zu beweisenden Satzes ordnungsisomorph zu einer Ordinalzahl. Das bedeutet nichts anderes, als daß jede Menge X mit Elementen einer Ordinalzahl α indiziert werden kann: $X = \{ x_\beta : \beta < \alpha \}$. Nun kann man Aussagen über alle Elemente aus X mittels transfiniter Induktion über $\beta < \alpha$ beweisen.
Wir wissen bereits, daß isomorphe Ordinalzahlen gleich sind, jeder Wohlordnungstyp also höchstens eine Ordinalzahl enthalten kann, denn je zwei verschiedene Ordinalzahlen sind vergleichbar, also eine nach Lemma 7.5.3(1) Abschnitt der anderen, was nach Lemma 7.4.1(2) ergibt, daß sie nicht isomorph sein können. Es bleibt daher zu zeigen, daß jeder solche Wohlordnungstyp tatsächlich eine Ordinalzahl enthält. Wir benötigen einen Hilfssatz.

Lemma 7.5.5 Sei $(X,<)$ eine Wohlordnung und $f: X \to On$ derart, daß für alle $a \in X$ die Ordnung $(X_a,<)$ isomorph ist zu der Ordinalzahl $f(a)$.

Dann ist f ein Ordnungsisomorphismus von $(X,<)$ auf ein Anfangsstück von $(On,<)$. Dabei ist $f[X] = On$ gdw. X keine Menge ist.

Beweis

Der Abbildung f ist eine Einbettung von $(X,<)$ in $(On,<)$, da $c < b$ gdw. $X_c \subset X_b$ gdw. $f(c)$ isomorph zu (d.h. gleich) einem Abschnitt von $f(b)$ ist.

Wir behaupten, $f[X]$ ist Anfangsstück von $(On,<)$. Das ist trivialerweise der Fall, wenn $f[X] = On$. Anderenfalls gibt es ein kleinstes Element β in $On \setminus f[X]$. Wir zeigen, daß $\beta = f[X]$ (und somit $(X,<)$ isomorph zu β ist). Wegen der minimalen Wahl von β gilt $\beta \subseteq f[X]$. Gäbe es ein $\alpha > \beta$ in $f[X]$, so auch ein $a \in X$ mit $f(a) = \alpha$. Der Isomorphismus $\alpha \cong (X_a,<)$ würde dann auch ein $b \in X_a$ mit $\beta \cong (X_b,<)$ liefern (denn β ist Abschnitt von α). Dann wäre aber $\beta \cong f(b)$, also auch $\beta = f(b)$, im Widerspruch zur Wahl von β.

Also ist in jedem Fall $f[X]$ Anfangsstück von $(On,<)$.

Nach dem mengentheoretischen Ersetzungsaxiom gilt für eine Bijektion f, daß $f[X]$ genau dann Menge ist, wenn X Menge ist. Da die Klasse On selbst keine Menge, jeder ihrer Abschnitte aber eine solche ist, folgt auch die zweite Behauptung. ■

Satz 7.5.6 Jede wohlgeordnete Menge ist zu genau einer Ordinalzahl isomorph. Jede Wohlordnung, die keine Menge ist, ist zu $(On,<)$ isomorph.

Beweis

Als erstes zeigen wir, daß jede wohlgeordnete Menge $(X,<)$ isomorph ist zu einem echten Anfangsstück von $(On,<)$, d.h. zu einer Ordinalzahl. Wäre das nicht der Fall, so gäbe es nach Lemma 7.5.5 ein kleinstes Element a aus X, so daß X_a nicht isomorph zu einer Ordinalzahl ist. Dann wäre aber jeder Abschnitt von X_a isomorph zu einer Ordinalzahl, was wiederum Lemma 7.5.5 widerspräche.

Jeder Abschnitt einer Wohlordnung ist also zu genau einer Ordinalzahl isomorph. Ist nun (X,<) eine beliebige Wohlordnung, so können wir jedem $a \in X$ eine (eindeutig bestimmte) Ordinalzahl $f(a) \cong X_a$ zuordnen. Die so erhaltene Funktion $f: X \to On$ genügt dem obigen Lemma, woraus die Behauptungen folgen. ■

Korollar 7.5.7 Für je zwei Wohlordnungen $\mathcal{X}$ und $\mathcal{Y}$ gilt, daß $\mathcal{X}$ in $\mathcal{Y}$ oder $\mathcal{Y}$ in $\mathcal{X}$ (als Anfangsstück) einbettbar ist. ■

Cantor, der die Ordinalzahlen eingeführt hat, definierte diese einfach als Wohlordnungstypen (deren Existenz er mengentheoretisch nicht weiter begründete), während von Neumann den hier gewählten, zwar etwas künstlichen, aber eleganten Weg der Ordinalzahlen als wohlbestimmte Mengen initiiert hat. Der eben bewiesene Satz zeigt, daß diese beiden Ordinalzahlklassen (erstere mit der zwischen ihnen bestehenden Relation der Einbettbarkeit) isomorph und in diesem Sinne Cantors und von Neumanns Definitionen äquivalent sind.

[G. Cantor, *Beiträge zur Begründung der transfiniten Mengenlehre* II, Math. Ann. 49, **1897**, 207-246]

[J. v. Neumann, *Zur Einführung der transfiniten Zahlen*, Acta Litt. Scient. Univ. Szeged., Sectio scient. math. 1, **1923**, 199-208]

Zur Geschichte dieses Begriffes siehe auch

[H. Bachmann, *Transfinite Zahlen*, Ergebnisse der Mathematik und ihrer Grenzgebiete 1, Springer, Berlin **1955**].

Ü1. Sind α und β Ordinalzahlen, so ist deren Summe $\alpha+\beta$ die eindeutig bestimmte Ordinalzahl, die als Ordnung isomorph ist zu der Summe der Ordnungen α und β (im Sinne von Ü7.4.1).

(a) Zeige, daß auf ω diese Addition mit der der üblichen Arithmetik übereinstimmt.

(b) Zeige, daß der Nachfolger von α auch in diesem Sinne gleich der Summe von α und 1 ist.

(c) Zeige, daß für unendliche $\alpha \in On$ gilt $1+\alpha = \alpha$ (und folglich die Addition von Ordinalzahlen nicht kommutativ ist).

Ü2. Sei X eine Teilmenge von On. Zeige, daß $\bigcup X$ Supremum von X in (On,<) ist. [Benutze Lemma 7.5.3(4)!]

Ü3. Zeige, daß die vollständige $L_<$-Theorie einer jeden unendlichen Ordinalzahl ein nichtfundiertes Modell hat, also ein Modell, das nicht wohlgeordnet ist. [Vgl. Ü7.4.2.]

7.6. Kardinalzahlen

Eine **Kardinalzahl** ist eine Ordinalzahl, die nicht gleichmächtig ist zu einer kleineren Ordinalzahl.

Wenn wir die Äquivalenzrelation der **Gleichmächtigkeit** (also die der Existenz einer Bijektion) auf den Ordinalzahlen betrachten, so sind die Kardinalzahlen also jeweils die kleinsten Ordinalzahlen in jeder Äquivalenzklasse (und werden daher auch als **Anfangszahlen** bezeichnet).

Beispiele: Da endliche Ordinalzahlen per definitionem Kardinalzahlen sind, sind 0, 1, 2 und alle weiteren $n \in \mathbb{N}$ Kardinalzahlen. Die Ordinalzahl ω ist auch Kardinalzahl. Die Zahl $\omega+1$ ist jedoch keine Kardinalzahl, denn $\omega+1$ und ω sind gleichmächtig.

Nach dem Wohlordnungssatz (siehe Bemerkung am Ende von §7.4) gibt es auf jeder Menge A eine Ordnung $<$, die $(A,<)$ zu einer Wohlordnung und somit isomorph zu einer Ordinalzahl macht. Die kleinste darunter vorkommende Ordinalzahl ist die **Mächtigkeit von A** und wird mit $|A|$ bezeichnet. Offenbar ist die Ordinalzahl $|A|$ eine Kardinalzahl. Sie wird auch als die **Kardinalzahl** der Menge A bezeichnet.

Als Teilklasse der Ordinalzahlen bilden die Kardinalzahlen ebenfalls eine Klasse, die wohlgeordnet ist bzgl. der Ordnung der Ordinalzahlen (ebenso ist jede Kardinalzahl gleich der Menge aller Ordinalzahlen von kleinerer Mächtigkeit und jede Menge von Kardinalzahlen ist als Wohlordnung isomorph zu einer Ordinalzahl).

> Bezeichne **Cn** die Klasse der Kardinalzahlen und Cn^∞ die Teilklasse aller unendlichen Kardinalzahlen.

Die Klasse Cn^∞ ist selbst wohlgeordnet. Da diese in On nicht beschränkt ist, muß es sich nach Satz 7.5.6 um eine echte Klasse handeln, weshalb sie isomorph zu (On,<) ist. Dieser Isomorphismus versieht jede unendliche Kardinalzahl mit einem eindeutig bestimmten Ordinalzahlindex und zu jedem solchen gehört eine eindeutig bestimmte Kardinalzahl. Da sich die Arithmetik der (unendlichen) Kardinalzahlen wesentlich von der der Ordinalzahlen unterscheidet (letzteres soll jedoch hier nicht Gegenstand sein), hat Cantor den unendlichen Kardinalzahlen neue Bezeichnungen gegeben. Dafür wird seitdem der erste Buchstabe des hebräischen Alphabets $\aleph$ [sprich: Aleph] benutzt. So bezeichnet $\aleph_0$ die erste unendliche Kardinalzahl, also die Ordinalzahl ω.

> Allgemein bezeichnet $\aleph_\alpha$ mit $\alpha \in \mathrm{On}$ diejenige Kardinalzahl, die in der Wohlordnung der unendlichen Kardinalzahlen den Ordinalzahlindex α hat.

Wir erhalten somit eine Indizierung der unendlichen Kardinalzahlen mit Ordinalzahlen, wobei $\aleph_\alpha \leq \aleph_\beta$ gdw. $\alpha \leq \beta$ ($\alpha, \beta \in \mathrm{On}$). Die Prinzipien der transfiniten Induktion und Rekursion lassen sich somit ohne weiteres nicht nur auf Cn, sondern auch auf Cn^∞ übertragen. Offenbar ist $\aleph_n$ für $n < \omega$ die $n+1$-te unendliche Kardinalzahl. $\aleph_{\alpha+1}$ ist der unmittelbare Nachfolger von $\aleph_\alpha$ (als Kardinalzahl).

> Der unmittelbare Nachfolger einer Kardinalzahl κ wird mit κ^+ bezeichnet.

Obwohl natürlich *jede* unendliche Kardinalzahl eine Limes*ordinal*zahl ist, ist es sinnvoll, bei $\aleph_{\alpha+1}$ mit $\alpha \in \mathrm{On}$ von einer **Nachfolgerkardinalzahl** zu sprechen. Eine **Limeskardinalzahl** ist eine Kardinalzahl der Form $\aleph_\delta$, wo δ eine Limesordinalzahl ist. Für Mächtigkeitsbetrachtungen ist ein wenig Kardinalzahlarithmetik von großem Nutzen. Wir definieren als erstes die Grundrechenarten der Addition, Multiplikation und Exponentiation auf Cn .

> Seien $\kappa,\lambda \in \mathrm{Cn}$.
> $\kappa+\lambda =_{\mathrm{def}} |\kappa \dot\cup \lambda|$, $\kappa\cdot\lambda =_{\mathrm{def}} |\kappa\times\lambda|$ und $\kappa^\lambda =_{\mathrm{def}} |{}^\lambda\kappa|$.

Offenbar stimmen diese Operationen auf ω mit den üblichen (für natürliche Zahlen) überein. Allgemeiner lassen sich durch direkte Überprüfung der Definitionen (mittels entsprechender Bijektionen) folgende Eigenschaften herleiten (Übungsaufgabe!).

Bemerkungen: Seien κ, λ, $\mu \in \mathrm{Cn}$.

(1) $(\mathrm{Cn};0;+)$ ist kommutative Halbgruppe mit neutralem Element 0 (vgl. §5.2).

(2) Wenn $\kappa \le \lambda$, so $\kappa+\mu \le \lambda+\mu$.

(3) $(\mathrm{Cn};1;\cdot)$ ist kommutative Halbgruppe mit neutralem Element 1.

(4) $\kappa\cdot(\lambda+\mu) = \kappa\cdot\lambda+\kappa\cdot\mu$.

(5) Wenn $\kappa \le \lambda$, so $\kappa\cdot\mu \le \lambda\cdot\mu$.

(6) $0\cdot\kappa = \kappa\cdot 0 = 0$.

(7) $\kappa^{\lambda+\mu} = \kappa^\lambda\cdot\kappa^\mu$.

(8) $\kappa^{\lambda\cdot\mu} = (\kappa^\lambda)^\mu$.

(9) $(\kappa\cdot\lambda)^\mu = \kappa^\mu\cdot\lambda^\mu$.

(10) Wenn $\kappa \le \lambda$ und $\mu > 0$, so $\mu^\kappa \le \mu^\lambda$ und $\kappa^\mu \le \lambda^\mu$.

(11) $\kappa^0 = 1$, insbesondere $0^0 = 1$.

(12) $\kappa^1 = \kappa$.

(13) Wenn $\kappa \ne 0$, so $0^\kappa = 0$.

(14) Wenn $\kappa \geq 2$, so $\kappa+\kappa \leq \kappa\cdot\kappa$.

Dies sind im wesentlichen die Gesetze der Kardinalzahlarithmetik, die (ebenso wie deren Begründung) auf ganz Cn so aussehen wie auf ω. Wir kommen nun zu denen, die sich im Unendlichen völlig von denen auf ω unterscheiden. Diese folgen alle mehr oder minder direkt aus dem folgenden

Satz 7.6.1 (Hessenberg) $\lambda\cdot\lambda = \lambda$ für alle $\lambda \in \mathrm{Cn}^\infty$.

Beweis

Induktiv über $\lambda \in \mathrm{Cn}^\infty$.
Zunächst ordnen wir die Ordinalzahlpaare aus $\lambda \times \lambda$ durch folgende Festlegung.
$(\alpha,\beta) \prec (\gamma,\delta)$, falls
entweder $\max\{\alpha,\beta\} < \max\{\gamma,\delta\}$
oder aber $\max\{\alpha,\beta\} = \max\{\gamma,\delta\}$ und entweder $\alpha < \gamma$
oder $\alpha = \gamma$ und $\beta < \delta$.
Offenbar ist $(\lambda \times \lambda, \prec)$ eine strikte lineare Ordnung. Im Fall $\lambda = \aleph_0 = \omega$ ergibt diese gerade die bekannte von Cantor zum Beweis der Abzählbarkeit von $\mathbb{Q}$ gefundene Aufzählung von $\omega \times \omega$. Das beweist auch den Induktionsanfang $\aleph_0\cdot\aleph_0 = \aleph_0$.
Sei nun $\lambda \in \mathrm{Cn}^\infty$ beliebig und als Induktionsvoraussetzung angenommen, daß $\kappa\cdot\kappa = \kappa$ für alle unendlichen Kardinalzahlen $\kappa < \lambda$. Wir werden daraus ableiten, daß auch $\lambda\cdot\lambda = \lambda$ (was dann mit dem transfiniten Induktionsprinzip für Cn^∞ die Behauptung nach sich zieht).
Sei $(\gamma,\delta) \in \lambda \times \lambda$ und $\varepsilon = \max\{\gamma,\delta\}+1$. Da λ als unendliche Kardinalzahl Limesordinalzahl ist, gilt $\varepsilon \in \lambda$ und
$(\gamma,\delta) \prec (\varepsilon,\varepsilon) \in \lambda \times \lambda$. Mehr noch, der gesamte durch (γ,δ) gegebene Abschnitt $(\lambda \times \lambda)_{(\gamma,\delta)}$ ist in $\varepsilon \times \varepsilon$ enthalten und hat deshalb eine Mächtigkeit $\leq |\varepsilon \times \varepsilon| = |\varepsilon|\cdot|\varepsilon|$. Nach Induktionsvoraussetzung ist letzteres aber gleich $|\varepsilon|$, also kleiner als λ. Jeder Abschnitt von $\lambda \times \lambda$ hat folglich eine Mächtigkeit $< \lambda$. Gelänge

uns nun der Nachweis, daß $(\lambda \times \lambda, \prec)$ eine Wohlordnung ist, so erhielten wir daraus, daß die zu dieser (dann nach Satz 7.5.6 existierende) isomorphe Ordinalzahl nicht größer als λ sein kann (denn sonst besäße sie einen Abschnitt der Mächtigkeit λ), insbesondere, daß $\lambda \cdot \lambda = |\lambda \times \lambda| \leq |\lambda| = \lambda$. Andererseits haben wir aber wegen Bemerkung (5) weiter oben $\lambda \leq \lambda \cdot \lambda$, weshalb es tatsächlich zu zeigen genügt, daß $\prec$ eine Wohlordnung auf $\lambda \times \lambda$ definiert.
Aus den Axiomen der Mengenlehre folgt, daß $\lambda \times \lambda$ eine Menge ist. Sei nun $\emptyset \neq X \subseteq \lambda \times \lambda$. Wähle die kleinste Ordinalzahl η in $\{\max\{\alpha,\beta\} : (\alpha,\beta) \in X\}$ und dann die kleinste Ordinalzahl γ in $Y =_{def} \{\alpha \in On : \text{es gibt ein } \beta \text{ mit } (\alpha,\beta) \in X \text{ und } \max\{\alpha,\beta\} = \eta\}$. Ist nun δ die kleinste Ordinalzahl, so daß $(\gamma,\delta) \in X$, so ist offenbar (γ,δ) kleinstes Element in X. ■

Korollar 7.6.2 Ist eine der Kardinalzahlen κ und λ unendlich, so gilt $\kappa+\lambda = \kappa \cdot \lambda = \max\{\kappa,\lambda\}$.

Beweis
Sei oBdA $\kappa \leq \lambda$ und λ unendlich. Dann gilt natürlich $\max\{\kappa,\lambda\} = \lambda \leq \kappa+\lambda \leq \lambda+\lambda$. Letzteres ist nach Bemerkung (14) aber nicht größer als die Zahl $\lambda \cdot \lambda$, die nach dem Satz von Hessenberg gleich λ, also gleich $\max\{\kappa,\lambda\}$ ist. ■

Korollar 7.6.3 Wenn $\lambda \in Cn^\infty$ und $0 < n < \omega$, so $\lambda+n = \lambda \cdot n = \lambda^n = \lambda$. ■

Als nächstes bestimmen wir die Mächtigkeiten von *Potenz*mengen (und erläutern damit deren Bezeichnung).

Lemma 7.6.4
(1) $|\mathcal{P}(X)| = 2^{|X|}$ für jede Menge X.
(2) Sei $\kappa \in Cn$ und $\lambda \in Cn^\infty$.
Wenn $2 \leq \kappa \leq \lambda$, so $\kappa^\lambda = 2^\lambda$.

Beweis

Zu (1): Jede Teilmenge von X entspricht eindeutig einer charakteristischen Funktion auf X, also einer Funktion aus ${}^{X}\{0,1\}$, d.h., einer Funktion aus ${}^{X}2$.

Zu (2): Aus $2 \leq \kappa \leq \lambda \leq |\mathcal{P}(\lambda)| \leq 2^{\lambda}$ folgt mit Bemerkung (10) auch $2^{\lambda} \leq \kappa^{\lambda} \leq (2^{\lambda})^{\lambda}$. Nach Bemerkung (8) und dem Satz von Hessenberg gilt aber $(2^{\lambda})^{\lambda} = 2^{\lambda \cdot \lambda} = 2^{\lambda}$. ■

Im Fall endlicher Mengen X ist offensichtlich, daß $|\mathcal{P}(X)| > |X|$ (denn $2^{n} > n$ für alle $n < \omega$). Cantor gelang es, dies durch ein elegantes sog. Diagonalisierungsargument auf unendliche Mengen zu übertragen - ein Argument, das nach ihm in vielerlei Varianten in der Logik immer wieder auftauchte.

Satz 7.6.5 (Cantor) $2^{\kappa} > \kappa$ für alle Kardinalzahlen κ.

Beweis

Wir zeigen $|\mathcal{P}(X)| > |X|$.

Betrachtung der Einermengen ergibt $|\mathcal{P}(X)| \geq |X|$. Bestände hier Gleichheit, so gäbe es eine surjektive Funktion f von X auf $\mathcal{P}(X)$. Betrachte die Menge $Y =_{\mathrm{def}} \{x \in X : x \notin f(x)\}$. Wegen der Surjektivität von f gäbe es ein $y \in X$ mit $f(y) = Y$. Dann gälte für alle $x \in X$, daß $x \in f(y)$ gdw. $x \notin f(x)$, was im Falle $x = y$ einen Widerspruch ergäbe. ■

Bemerkung: Nach Definition gilt $|\mathbb{N}| = \aleph_0$. Wegen des Satzes von Hessenberg haben wir $|\mathbb{Q}| = |\mathbb{N} \times \mathbb{N}| = \aleph_0 \cdot \aleph_0 = \aleph_0$ und nach Korollar 7.6.2 auch $|\mathbb{Z}| = |\mathbb{N} \setminus \{0\} \cup \mathbb{N}| = \aleph_0 + \aleph_0 = \aleph_0$. Aus Lemma 7.6.4(2) folgt, daß das **Kontinuum** $\mathbb{R}$ die Mächtigkeit $|\mathbb{R}| = |{}^{\mathbb{N}}\mathbb{Z}| = \aleph_0{}^{\aleph_0} = 2^{\aleph_0}$ besitzt. Daraus folgt schließlich wieder mit dem Satz von Hessenberg $|\mathbb{C}| = |\mathbb{R} \times \mathbb{R}| = 2^{\aleph_0} \cdot 2^{\aleph_0} = 2^{\aleph_0}$.

Aus dem Satz von Cantor folgt $2^{\aleph_0} \geq \aleph_1$, und Cantor äußerte 1878 (in anderer Form) die später als **Kontinuumhypothese** (continuum **h**ypothesis) und auch als 1. Hilbertsches Problem bekannt gewordene Vermutung

(CH) $2^{\aleph_0} = \aleph_1$.

Cantor, der fest von der Richtigkeit seiner Vermutung überzeugt war, gelang es nicht, sie zu beweisen - nicht zufällig, wie sich, wenn auch erst sehr viel später, zeigte. Denn obwohl es Kurt Gödel 1938 gelang, ein Modell der Mengenlehre ZFC anzugeben, in dem sogar die sog. **verallgemeinerte Kontinuumhypothese** (**g**eneralized **c**ontinuum **h**ypothesis) gilt, d.h. die Aussage

(GCH) $2^{\aleph_\alpha} = \aleph_{\alpha+1}$ für alle $\alpha \in \mathrm{On}$,

fand Paul Cohen 1963 ein Modell von ZFC, in dem (CH) nicht gilt. (CH) und (GCH) sind also - wie man sagt - **unabhängig** von ZFC, und somit ist ZFC eine unvollständige Theorie.

Abschließend bestimmen wir die Mächtigkeiten von Sprachen. Dazu ist folgende Abschätzung von Nutzen.

Lemma 7.6.6 Seien κ und λ beliebige Kardinalzahlen und $|X_i| \le \lambda$ für alle $i < \kappa$.
Dann gilt $|\bigcup_{i<\kappa} X_i| \le \kappa \cdot \lambda$.

Beweis

Aus $|X_i| \le \lambda = |\{i\} \times \lambda|$ folgt
$|\bigcup_{i<\kappa} X_i| \le |\bigcup_{i<\kappa} (\{i\} \times \lambda)| = |\kappa \times \lambda| = \kappa \cdot \lambda$ (und der Klammerzusatz ist trivial). ■

Für eine Menge X und eine Kardinalzahl λ bezeichne ${}^{<\lambda}X$ die Vereinigung der Mengen ${}^{\mu}X$, wobei μ über alle Kardinalzahlen $< \lambda$ läuft. Statt ${}^{<\aleph_0}X$ wird auch ${}^{<\omega}X$ geschrieben. Ist κ eine Kardinalzahl, so bezeichne $\kappa^{<\lambda}$ die Mächtigkeit der Menge ${}^{<\lambda}\kappa$.

Besonders interessiert uns der Fall $\lambda = \aleph_0$: Die Menge ${}^{<\omega}X$ besteht gerade aus allen endlichen Folgen von Elementen - also aus allen Tupeln - aus X . Deren Mächtigkeit berechnet sich für unendliche X wie folgt.

Satz 7.6.7 Für unendliche Kardinalzahlen κ gilt $\kappa^{<\aleph_0} = \kappa$.

Beweis
Nach Korollar 7.6.3 gilt $|{}^n\kappa| = \kappa^n = \kappa$ und daher mit vorigem Lemma $\kappa^{<\aleph_0} = |\bigcup_{n<\omega} {}^n\kappa| = \aleph_0 \cdot \kappa$, was nach Korollar 7.6.2 gleich κ ist. ■

Die Menge aller endlichen Folgen von Elementen einer unendlichen Menge ist also zu dieser gleichmächtig. Das liefert uns folgende wichtigen Mächtigkeiten.

Korollar 7.6.8 Sei L eine Sprache einer Signatur σ .

(1) $|L| = |L_n| = |L_0| = \max\{\aleph_0, |\sigma|\} = |\sigma| + \aleph_0$ (wobei $|\sigma|$ die Mächtigkeit der Menge der nichtlogischen Konstanten von σ bezeichnet, vgl. §1.1).
(2) Ist C eine beliebige Menge neuer Konstanten, so $|L(C)| = |L| + |C|$.

Beweis
Zu (1): Jede L-Formel ist eine endliche Zeichenreihe im Alphabet von L . Dieses besteht aus endlich vielen logischen Konstanten, abzählbar unendlich vielen Variablen, zwei Klammersymbolen und $|\sigma|$ nichtlogischen Konstanten, hat also insgesamt die Mächtigkeit $\kappa =_{\text{def}} \max\{\aleph_0, |\sigma|\}$. Nach vorigem Satz gibt es genau κ solcher endlicher Zeichenreihen, weshalb $|L_0| \leq |L_n| \leq |L| \leq \kappa$. Mit $\aleph_0$ Variablen und $|\sigma|$ nichtlogischen Konstanten lassen sich schließlich leicht $\max\{\aleph_0, |\sigma|\}$ verschiedene L-Aussagen angeben, weshalb auch $\kappa \leq |L_0|$.
(2) folgt aus (1), wenn man beachtet, daß die Signatur von L(C) die Mächtigkeit $|\sigma| + |C|$ hat. ■

Auch die Kardinalzahlen wurden von Cantor eingeführt - allerdings als abstrakte Mächtigkeiten. Und es war wiederum von Neumann, der sie zu konkreten Objekten des Mengenuniversums, nämlich zu Ordinalzahlen machte.

[G. Cantor, *Beiträge zur Begründung der transfiniten Mengenlehre* I, Math. Ann. 46, **1895**, 481-512]

[J. v. Neumann, *Die Axiomatisierung der Mengenlehre,* Math. Zeitschrift 27, **1928**, 669-752]

Ü1. Beweise obige Bemerkungen. [Für (8) bemerke, daß jede Funktion aus $(\kappa^\lambda)^\mu$ eindeutig durch eine aus $\kappa^{\lambda\times\mu}$ bestimmt ist, und umgekehrt. Für (11) und (13) beachte, daß zwar $\varnothing = \varnothing \times X$ in ${}^{\varnothing}X$ liegt, ${}^{X}\varnothing$ aber leer ist, falls $X \neq \varnothing$.]

Ü2. Zeige, daß ein Vektorraum der Dimension $\lambda > 0$ über einem Schiefkörper $\mathcal{K}$ die Mächtigkeit $\max\{|\mathcal{K}|, \lambda\}$ hat. [Jeder Vektor hat endlichen Träger (vgl. §4.1). Schätze erst die Anzahl der endlichen Träger und dann für jeden solchen die Anzahl der Vektoren mit diesem Träger ab und wende Lemma 7.6.6 an!]

Ü3. Jede Menge von Kardinalzahlen besitzt ein Supremum in Cn. [Zeige unter Benutzung von Ü7.5.2, daß für eine Teilmenge X von On das Supremum von $\{\aleph_\alpha : \alpha \in X\}$ in Cn gerade $\aleph_{\bigcup X}$ ist!]

Eine Kardinalzahl λ heißt **regulär**, falls sie nicht Vereinigung von weniger als λ Kardinalzahlen ist, die sämtlich kleiner als λ sind, d.h., wenn für keine $\kappa < \lambda$ und $\kappa_i < \lambda$ $(i < \kappa)$ gilt $\bigcup_{i<\kappa} \kappa_i = \lambda$.

Ü4. Zeige, daß sowohl $\aleph_0$ als auch $\aleph_1$ (ja sogar alle Nachfolgerkardinalzahlen) regulär sind.

III. Grundlegende Eigenschaften von Theorien

Bei dem bisher Dargestellten drehte es sich darum, durch mehr oder weniger geschickte Anwendung des Endlichkeitssatzes Modelle gewisser spezieller Theorien zu finden. Bei der Formulierung dieser Theorien kamen uns ggf. die Diagramm- und die Interpretationsmethode zur Hilfe, um zu sichern, daß sie tatsächlich ausdrückten, was gefordert war.

In diesem Teil nun kommen wir zu allgemeinen Eigenschaften von Theorien und grundlegenden Methoden, deren Modellklassen zu untersuchen. Fundamentaler Begriff ist hierbei der der elementaren Abbildung zwischen Strukturen gleicher Signatur. Der gesamte dritte Teil kann als Darstellung von Eigenschaften dieses Begriffs angesehen werden.

Als Generalvoraussetzung sei wiederum eine Signatur σ *und die dazugehörige Sprache* $L = L(\sigma)$ *gegeben.*

8. Elementare Abbildungen

8.1. Elementare Äquivalenz

Bevor wir zu elementaren Abbildungen kommen, betrachten wir etwas näher eine einfachere Beziehung zwischen Strukturen gleicher Signatur, die uns bereits begegnete.

Zwei L-Strukturen $\mathcal{M}$ und $\mathcal{N}$ heißen **elementar äquivalent**, falls $\mathcal{M} \equiv \mathcal{N}$ (vgl. §6.1).

$\mathcal{M}$ und $\mathcal{N}$ sind also genau dann elementar äquivalent, wenn $\mathrm{Th}(\mathcal{M}) = \mathrm{Th}(\mathcal{N})$.

Satz 6.1.3 besagt u.a., daß isomorphe Strukturen elementar äquivalent sind. Die Beziehung der elementaren Äquivalenz ist für unendliche Strukturen aber echt schwächer als die der Isomorphie:

Satz 8.1.1 Für eine L-Struktur $\mathcal{M}$ sind folgende Bedingungen äquivalent.

(i) Für alle $\mathcal{N} \equiv \mathcal{M}$ gilt $\mathcal{N} \cong \mathcal{M}$.

(ii) $\mathcal{M}$ ist endlich.

Beweis

Der Isomorphietyp einer jeden Struktur ist durch ihr Diagramm eindeutig beschrieben. Ist $\mathcal{M}$ nun eine endliche Struktur mit dem Universum $M = \{a_0,\ldots,a_{n-1}\}$ in einer Sprache endlicher Signatur, so ist das Diagramm von $\mathcal{M}$ nach der Bemerkung am Ende von §6.4 endlich - und somit auch durch eine einzige Aussage $\varphi(a_0,\ldots,a_{n-1})$ - axiomatisiert. Dann ist $\mathcal{M}$ bis auf Isomorphie das einzige Modell der Aussage $\exists\bar{x}\,\varphi(\bar{x})$, und es folgt (i). Ist die Signatur von $\mathcal{M}$ hingegen unendlich, so muß das Diagramm nicht mehr endlich axiomatisierbar sein (im einfachsten Fall könnte es unendlich viele Individuenkonstanten geben, die z.B. in $\mathcal{M}$ alle gleich interpretiert sind). Wir bilden dann für jede endliche Teilmenge Δ von $D(\mathcal{M})$ die Konjunktion $\varphi_\Delta(a_0,\ldots,a_{n-1})$ aller Aussagen aus Δ und stellen fest, daß $\mathcal{M}$ bis auf Isomorphie das einzige Modell von $\{\, \exists\bar{x}\,\varphi_\Delta(\bar{x}) : \Delta \Subset D(\mathcal{M}) \,\}$ ist, und es folgt (i) auch in diesem Fall.

Sind nun beide Strukturen unendlich, so haben deren Theorien nach dem Satz von Löwenheim-Skolem aufwärts (5.1.1) beliebig große Modelle (die natürlich immer noch elementar äquivalent sind). Wählen wir diese verschieden mächtig, so können sie trivialerweise nicht isomorph sein. ■

Wie wir als nächstes sehen, besteht ein enger Zusammenhang zwischen Vollständigkeit und elementarer Äquivalenz.

Satz 8.1.2 Eine Theorie T ist vollständig gdw. alle ihre Modelle elementar äquivalent sind.

Beweis

Offensichtlich folgt aus $\mathcal{M} \models T$, daß $T \subseteq Th(\mathcal{M})$. Ist T vollständig, so gilt deshalb $T = Th(\mathcal{M})$, also auch $Th(\mathcal{M}) = Th(\mathcal{N})$, d.h. $\mathcal{M} \equiv \mathcal{N}$, für alle $\mathcal{M}, \mathcal{N} \models T$.

Ist nun T nicht vollständig, so gilt $T \subset Th(\mathcal{M})$ für ein beliebiges $\mathcal{M} \models T$, also gibt es ein $\varphi \in Th(\mathcal{M}) \setminus T$. Da dann $T \not\models \varphi$, so hat auch $T \cup \{\neg\varphi\}$ ein Modell $\mathcal{N}$. $\mathcal{M}$ und $\mathcal{N}$ sind somit zwei Modelle von T, die nicht elementar äquivalent sind. ■

Korollar 8.1.3 Eine vollständige Theorie hat genau dann endliche Modelle wenn sie bis auf Isomorphie überhaupt nur ein Modell hat.

Beweis

Hat eine vollständige Theorie T ein Modell der Mächtigkeit $n < \omega$, so $\exists^{=n} x\, (x = x) \in T$, und somit hat jedes weitere Modell ebenfalls die Mächtigkeit n. Da T vollständig ist, sind alle Modelle von T elementar äquivalent, für endliche Strukturen ist aber $\equiv$ gleich $\cong$. Hat umgekehrt T nur ein Modell, so kann T nach Löwenheim-Skolem keine unendlichen Modelle besitzen■

Ü1. Zeige, daß $T^{\infty}_{=}$ (aus §3.4) vollständig ist. [Satz 6.1.3 und Löwenheim-Skolem.]

Ü2. Zeige, daß jede zur Gruppe Q der rationalen Zahlen elementar äquivalente Struktur (der Signatur (0;+,−)) direkte Summe von Kopien von Q (also Vektorraum über Q) ist.

8.2. Elementare Abbildungen

Zu einer stärkeren Beziehung zwischen Strukturen kommen wir, wenn wir - wie bereits in §6.1 - in der Übertragbarkeitsbedingung statt Aussagen beliebige Formeln zulassen.

$\mathcal{M}$ und $\mathcal{N}$ seien L-Strukturen.
Eine Abbildung f: M → N heißt **elementare Abbildung** von $\mathcal{M}$ nach $\mathcal{N}$, falls f: $\mathcal{M} \overset{\equiv}{\hookrightarrow} \mathcal{N}$ (vgl. §6.1).
$\mathcal{M}$ ist **elementar einbettbar** in $\mathcal{N}$, in Zeichen $\mathcal{M} \overset{\equiv}{\hookrightarrow} \mathcal{N}$, falls es ein f: $\mathcal{M} \overset{\equiv}{\hookrightarrow} \mathcal{N}$ gibt.

Bemerkungen

(1) Aus $\mathcal{M} \overset{\equiv}{\hookrightarrow} \mathcal{N}$ folgt $\mathcal{M} \equiv \mathcal{N}$.

(2) Während elementare Äquivalenz schwächer ist als Isomorphie, ist jede elementare Abbildung stets auch isomorphe Einbettung (vgl. Lemma 6.1.2(1)). Deshalb nennen wir elementare Abbildungen auch **elementare Einbettungen**, und die Schreibweise $\mathcal{M} \overset{\equiv}{\hookrightarrow} \mathcal{N}$ ist gerechtfertigt.

(3) Die Umkehrung gilt im allgemeinen nicht, es sei denn, es handelt sich um surjektive Einbettungen, denn

(4) Satz 6.1.3 besagt, daß jeder Isomorphismus f: $\mathcal{M} \cong \mathcal{N}$ eine elementare Abbildung ist.

Analog zum Diagrammlemma 6.1.2 und zum Lemma 7.1.1 über positive Diagramme können wir elementare Abbildungen bzw. deren Existenz durch gewisse vollständige Theorien beschreiben.

Lemma 8.2.1 (über elementare Diagramme)
$\mathcal{M}$ und $\mathcal{N}$ seien L-Strukturen.

(1) Eine Abbildung f: M → N ist elementar
gdw. $(\mathcal{M},M) \equiv (\mathcal{N},f[M])$
gdw. $(\mathcal{N},f[M]) \models Th(\mathcal{M},M)$.

(2) $\mathcal{M} \overset{\equiv}{\hookrightarrow} \mathcal{N}$ gdw. $\mathcal{N}$ eine Expansion besitzt, die Modell von $Th(\mathcal{M},M)$ ist.

Wegen dieser Analogie heißt $Th(\mathcal{M},M)$ auch **elementares Diagramm** von $\mathcal{M}$.

Beweis

Zu (1): f: $\mathcal{M} \overset{\equiv}{\hookrightarrow} \mathcal{N}$ bedeutet dasselbe wie f: $\mathcal{M} \overset{L}{\rightarrow} \mathcal{N}$, also auch dasselbe wie $(\mathcal{M},M) \equiv (\mathcal{N},f[M])$. Wegen der Vollständigkeit von $Th(\mathcal{M},M)$ ist das aber äquivalent zu $(\mathcal{N},f[M]) \models Th(\mathcal{M},M)$.

(2) folgt aus (1) wie in 6.1.2 oder 7.1.1. ■

Es ist praktisch, sich bei diesen Betrachtungen der aus der Algebra bekannten Diagrammschreibweise zu bedienen:

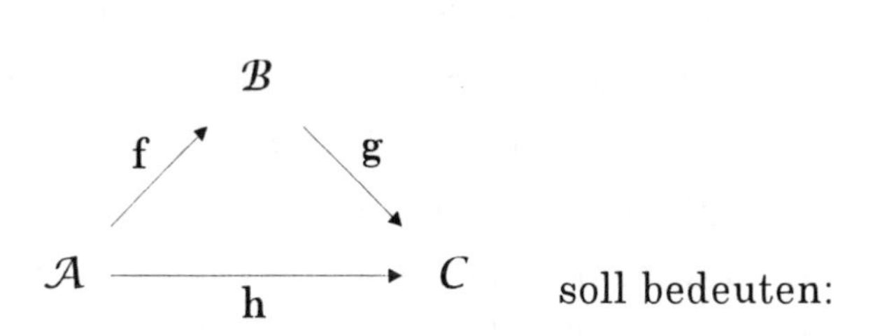

$\mathcal{A}$, $\mathcal{B}$, $\mathcal{C}$ sind Strukturen derselben Signatur, f: $\mathcal{A} \to \mathcal{B}$, g: $\mathcal{B} \to \mathcal{C}$, h: $\mathcal{A} \to \mathcal{C}$ und $g\,f = h$, d.h. $g(f(a)) = h(a)$ für alle $a \in A$. (Man sagt, das Diagramm **kommutiert**).
Analog für kompliziertere Diagramme und auch elementare Abbildungen, wobei dann ggf. zusätzlich ein "≡" an die Pfeile gesetzt wird.

Lemma 8.2.2 Es gelte

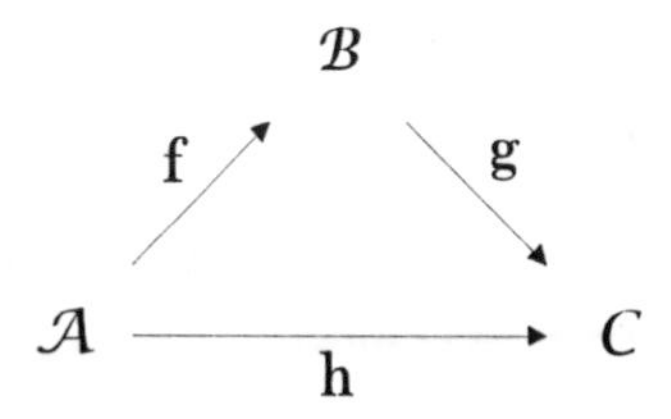

(1) Sind f und g elementar, so auch h.
(2) Sind g und h elementar, so auch f.
(3) g muß nicht elementar sein, wenn f und h es sind.

Beweis

f ist elementar gdw. $(\mathcal{A},A) \equiv (\mathcal{B},f[A])$, entsprechend für g und h . Wegen der Transitivität von $\equiv$ und $(\mathcal{C},g[f[A]]) = (\mathcal{C},h[A])$ ergibt sich (1).

Zu (2): Da mit $(\mathcal{B},B) \equiv (\mathcal{C},g[B])$ und $X \subseteq B$ auch $(\mathcal{B},X) \equiv (\mathcal{C},g[X])$ gilt, so haben wir $(\mathcal{A},A) \equiv (\mathcal{C},h[A]) = (\mathcal{C},g[f[A]]) \equiv (\mathcal{B},f[A])$.

Zu (3): Wir konstruieren ein Gegenbeispiel. Sei $\mathcal{A}$ eine unendliche L-Struktur. Th$(\mathcal{A},A)$ hat nach Löwenheim-Skolem aufwärts ein Modell $\mathcal{B}^*$ von echt größerer Mächtigkeit als $\mathcal{A}$. Ist $\mathcal{B}$ das L-Redukt von $\mathcal{B}^*$, so erhalten wir nach Lemma 8.2.1 dadurch ein $f: \mathcal{A} \overset{\equiv}{\hookrightarrow} \mathcal{B}$. Setzen wir $\mathcal{C} = \mathcal{A}$ und $h = id_A$, so haben wir auch $h: \mathcal{A} \overset{\equiv}{\hookrightarrow} \mathcal{C}$. Aus Mächtigkeitsgründen kann nicht $\mathcal{B} \overset{\equiv}{\hookrightarrow} \mathcal{C}$ gelten (denn elementare Abbildungen sind injektiv). Um (3) zu beweisen, muß man nur noch ein $g: \mathcal{B} \to \mathcal{C}$ finden mit $g f = h$. Dafür sei $L = L_=$. Dann ist jede Abbildung Homomorphismus und folglich können wir g definieren durch $g(b) = a$, falls $f(a) = b$, und $g(b) = c$ für ein beliebiges $c \in A$ sonst. Dann kommutiert das Diagramm. ■

Ü1. Relativiere Lemma 8.2.1 auf beliebige $\Delta \subseteq L$, d.h. auf $f: \mathcal{M} \overset{\Delta}{\to} \mathcal{N}$. [Definiere auf geeignete Weise das "Δ-Diagramm" von $\mathcal{M}$.]

Ü2. Gegeben sei eine Struktur $\mathcal{M}$ und ein Ultrafilter U auf einer nichtleeren Menge I . Zeige, daß die kanonische Einbettung aus Ü 4.1.1 von $\mathcal{M}$ in deren Ultrapotenz $\mathcal{M}^I/U$ elementar ist.

8.3. Elementare Unterstrukturen und Erweiterungen

Wir betrachten nun den Spezialfall, daß identische Abbildungen elementar sind.

$\mathcal{M}$ und $\mathcal{N}$ seien L-Strukturen und Δ eine beliebige Formelklasse.

$\mathcal{M} \preceq_\Delta \mathcal{N}$ (oder auch $\mathcal{N} \succeq_\Delta \mathcal{M}$) bedeute, daß $M \subseteq N$ und daß für alle $\varphi \in \Delta \cap L$ und alle entsprechenden (u.U. leere) Tupel $\bar{a}$ aus M gilt: Wenn $\mathcal{N} \models \varphi(\bar{a})$, so $\mathcal{M} \models \varphi(\bar{a})$.
Enthält Δ ganz L, so schreiben wir $\mathcal{M} \preceq \mathcal{N}$ bzw. $\mathcal{N} \succeq \mathcal{M}$ und sagen, $\mathcal{M}$ ist **elementare Unterstruktur** (auch **elementares Untermodell**) von $\mathcal{N}$ bzw. $\mathcal{N}$ **elementare Erweiterung** von $\mathcal{M}$.

[A. Tarski, R. Vaught, *Arithmetical extensions of relational systems*, Compositio Math. 13, **1957**, 81-102]

Trivialerweise gilt stets $\mathcal{M} \preceq \mathcal{M}$, und $\mathcal{M} \preceq_\Delta \mathcal{N}$ ist offenbar gleichbedeutend mit $(\mathcal{N},M) \Rrightarrow_{\Delta(M)} (\mathcal{M},M)$ (vgl. die Bezeichnungen vom Anfang von §6.1 und §3.1).

Ist Γ die Klasse aller Negationen von Formeln aus Δ, so ist $\mathcal{M} \preceq_\Delta \mathcal{N}$ gleichbedeutend damit, daß $M \subseteq N$ und $id_M\colon \mathcal{M} \xrightarrow{\Gamma} \mathcal{N}$. Insbesondere ist $\mathcal{M} \preceq \mathcal{N}$ gleichbedeutend mit $M \subseteq N$ und $id_M\colon \mathcal{M} \overset{\equiv}{\hookrightarrow} \mathcal{N}$. Ferner ist $\mathcal{M} \preceq \mathcal{N}$ gleichbedeutend damit, daß $M \subseteq N$ und für alle $n \in \mathbb{N}$ und $\varphi \in L_n$ gilt $\varphi(\mathcal{N}) \cap M^n = \varphi(\mathcal{M})$, d.h., daß die definierbaren Mengen in $\mathcal{M}$ gerade die Schnitte der definierbaren Mengen von $\mathcal{N}$ mit M sind. Für parametrisch definierbare Mengen erhält man daraus im Falle, daß die Parameter aus M sind:
Für alle $\varphi \in L_{n+m}$ und $\bar{c} \in M^m$ gilt $\varphi(\mathcal{N},\bar{c}) \cap M^n = \varphi(\mathcal{M},\bar{c})$.

Da jede elementare Einbettung isomorphe Einbettung ist, ist jede elementare Unterstruktur auch Unterstruktur, was den Namen rechtfertigt.

Bemerkungen: Für beliebige L-Strukturen $\mathcal{A}$, $\mathcal{B}$, $\mathcal{C}$ gelten folgende Eigenschaften.

(1) $\mathcal{A} \preceq \mathcal{B}$ gdw. $A \subseteq B$ und $(\mathcal{A},A) \equiv (\mathcal{B},A)$ (Spezialfall von Lemma 8.2.1(1)).

(2) f: $\mathcal{A} \overset{\equiv}{\hookrightarrow} \mathcal{B}$ gdw. es ein $\mathcal{A}' \preceq \mathcal{B}$ gibt mit f: $\mathcal{A} \cong \mathcal{A}'$.
(3) Wenn $\mathcal{A} \preceq \mathcal{B}$, so $\mathcal{A} \equiv \mathcal{B}$.
(4) $\mathcal{A} \preceq \mathcal{A}$.
(5) Wenn $\mathcal{A} \preceq \mathcal{B} \preceq \mathcal{C}$, so $\mathcal{A} \preceq \mathcal{C}$ (Spezialfall von Lemma 8.2.2(1)).
(6) Wenn $\mathcal{A} \subseteq \mathcal{B} \preceq \mathcal{C}$ und $\mathcal{A} \preceq \mathcal{C}$, so $\mathcal{A} \preceq \mathcal{B}$ (Spezialfall von Lemma 8.2.2(2)).

Durch folgenden einfachen Trick kann die Beziehung der (elementaren) Einbettbarkeit bis auf Isomorphie auf die Existenz einer (elementaren) Erweiterung reduziert werden, was aus technischen Gründen oftmals sehr nützlich ist.

Lemma 8.3.1 (Isomorphe Korrektur)
$\mathcal{M}$ und $\mathcal{N}$ seien L-Strukturen.
(1) Wenn $\mathcal{M} \hookrightarrow \mathcal{N}$, so existiert ein $\mathcal{N}' \cong \mathcal{N}$ mit $\mathcal{M} \subseteq \mathcal{N}'$.
(2) Wenn $\mathcal{M} \overset{\equiv}{\hookrightarrow} \mathcal{N}$, so existiert ein $\mathcal{N}' \cong \mathcal{N}$ mit $\mathcal{M} \preceq \mathcal{N}'$.

Beweis
Zu (1): Die offensichtliche Modifikation des Beweises von (2) überlassen wir den Lesern.
Zu (2): OBdA gelte $M \cap N = \emptyset$. Für gegebenes f: $\mathcal{M} \overset{\equiv}{\hookrightarrow} \mathcal{N}$ konstruieren wir ein g: $\mathcal{N} \cong \mathcal{N}'$. Für $c \in N$ setzen wir $g(c) = c$, falls $c \in N \setminus f[M]$, und $g(c) = f^{-1}(c)$, falls $c \in f[M]$. g ist Bijektion von N auf $N' =_{def} (N \setminus f[M]) \cup M$. Wir interpretieren die nichtlogischen Konstanten in N' als die g-Bilder derer in N und erhalten somit eine L-Struktur $\mathcal{N}'$ mit g: $\mathcal{N} \cong \mathcal{N}'$. Dann ist g f identische Abbildung von M nach N' und wegen Lemma 8.2.2(1) ist diese Abbildung elementar, d.h. $\mathcal{M} \preceq \mathcal{N}'$. ∎

Der folgende Satz zeigt, daß beim induktiven Nachweis der Eigenschaft, elementare Unterstruktur zu sein, alle Induktionsschritte bis auf den mit dem Existenzquantor trivial sind.

Satz 8.3.2 (Tarski-Vaught-Test) $\mathcal{M}$ und $\mathcal{N}$ seien L-Strukturen. $\mathcal{M} \preceq \mathcal{N}$ gdw. $\mathcal{M} \subseteq \mathcal{N}$ und folgende Bedingung erfüllt ist:

(TV) Für alle $n < \omega$, alle $\varphi \in L_{n+1}$ und alle n-Tupel $\bar{a}$ aus M, wenn $\mathcal{N} \models \exists x\, \varphi(x,\bar{a})$, so existiert ein $b \in M$ mit $\mathcal{N} \models \varphi(b,\bar{a})$.

Beweis

Für die nichttriviale Richtung zeigen wir induktiv über die Komplexität von $\psi \in L$

(*) $\mathcal{M} \models \psi(\bar{a})$ gdw. $\mathcal{N} \models \psi(\bar{a})$

für alle entsprechenden Tupel $\bar{a}$ aus M.

Wegen $\mathcal{M} \subseteq \mathcal{N}$ gilt (*) für alle atomaren Formeln ψ. Daraus ergibt sich (*) induktiv für beliebiges quantorenfreies ψ. Bleibt (*) für $\psi(\bar{a})$ von der Form $\exists x\, \varphi(x,\bar{a})$ zu betrachten. Nun gilt $\mathcal{M} \models \exists x\, \varphi(x,\bar{a})$ gdw. es ein $b \in M$ gibt mit $\mathcal{M} \models \varphi(b,\bar{a})$, d.h. nach Induktionsvoraussetzung, gdw. es ein $b \in M$ gibt mit $\mathcal{N} \models \varphi(b,\bar{a})$, was nach (TV) gleichbedeutend ist mit $\mathcal{N} \models \exists x\, \varphi(x,\bar{a})$. ∎

Der Tarski-Vaught-Test besagt, daß $\mathcal{M} \preceq \mathcal{N}$ gdw. $\mathcal{M} \subseteq \mathcal{N}$ und für alle $n < \omega$, alle Formeln $\psi(x,\bar{x}) \in L_{n+1}$ und alle n-Tupel $\bar{a}$ aus M gilt: Wenn $\psi(\mathcal{N},\bar{a}) \neq \emptyset$, so $M \cap \psi(\mathcal{N},\bar{a}) \neq \emptyset$.

Korollar 8.3.3 (Tarski-Vaught-Test)

Sei $\mathcal{N}$ eine L-Struktur und $M \subseteq N$ derart, daß die Bedingung (TV) erfüllt ist.

Dann ist M abgeschlossen bezüglich der nichtlogischen Konstanten und die Restriktion $\mathcal{M}$ von $\mathcal{N}$ auf M ist elementare Unterstruktur von $\mathcal{N}$.

Beweis

Wir brauchen nur besagte Abgeschlossenheit nachzuweisen. Betrachte dafür (TV) für die Formeln $x = c$ ($c \in \mathfrak{C}$) und $x = f(\bar{a})$ ($f \in \mathfrak{F}$ und $\bar{a}$ aus M). ∎

Folgende hinreichende (aber nach Ü4 weiter unten nicht notwendige) Bedingung dafür, daß eine Unterstruktur elementar ist, folgt direkt aus dem TV-Test.

Korollar 8.3.4 $\mathcal{M}$ und $\mathcal{N}$ seien L-Strukturen mit $\mathcal{M} \subseteq \mathcal{N}$. Wenn es für alle endlichen Mengen $A \Subset M$ und jedes $c \in N$ ein $f \in \mathrm{Aut}_A\mathcal{N} = \{ f \in \mathrm{Aut}\,\mathcal{N} : f \restriction A = \mathrm{id}_A \}$ gibt mit $f(c) \in M$, so $\mathcal{M} \preceq \mathcal{N}$.

Beweis
Sei $n < \omega$, $\varphi \in L_{n+1}$ und $\bar{a}$ ein n-Tupel aus M mit $\mathcal{N} \models \exists x\, \varphi(x,\bar{a})$. Zu zeigen ist, daß es ein $b \in M$ gibt mit $\mathcal{N} \models \varphi(b,\bar{a})$.
Aus $\mathcal{N} \models \exists x\, \varphi(x,\bar{a})$ erhalten wir ein $c \in N$ mit $\mathcal{N} \models \varphi(c,\bar{a})$. Wähle nun $f \in \mathrm{Aut}_{\bar{a}}\mathcal{N}$ mit $f(c) \in M$. Da f elementare Abbildung ist, folgt $\mathcal{N} \models \varphi(f(c),f[\bar{a}])$ aus $\mathcal{N} \models \varphi(c,\bar{a})$, d.h. $\mathcal{N} \models \varphi(f(c),\bar{a})$. ■

Wenden wir dies auf zwei Beispiele an.

Satz 8.3.5
(1) Jede unendliche Teilmenge $\mathcal{M}$ einer Menge $\mathcal{N}$ ist (als $L_=$-Struktur) elementare Unterstruktur.
(2) Bezeichne η die Ordnung der rationalen und ρ die der reellen Zahlen (als $L_<$-Strukturen).
Dann gilt $\eta \preceq \rho$.

Beweis
Zu (1): Seien $\mathcal{M}$ und $\mathcal{N}$ unendliche Mengen und M Teilmenge von N. Sei $A \Subset M$, $c \in N$. Gesucht ist ein Automorphismus von $\mathcal{N}$ (also einfach eine Bijektion von $\mathcal{N}$ auf sich), der A punktweise fest läßt und c auf ein $d \in M$ abbildet. Es gelte oBdA $c \notin A$ (sonst setze $d = c$ und $f = \mathrm{id}_N$).
Da $\mathcal{M}$ unendlich und A endlich ist, gibt es ein $d \in M \setminus A$. Wir setzen $f \restriction N \setminus \{c,d\} = \mathrm{id}_{N \setminus \{c,d\}}$, $f(d) = c$ und $f(c) = d$. Mit Korollar 8.3.4 ergibt sich dann die Behauptung.
Zu (2): Sei $A \Subset \mathbb{Q}$ und $c \in \mathbb{R}$. Gesucht ist ein $d \in \mathbb{Q}$ und ein Ordnungsautomorphismus von ρ, der c auf d abbildet und A festläßt. Wie in (1) gelte oBdA $c \notin A$. Die Menge $A \cup \{c\}$ zerlegt $\mathbb{R}$ in endlich viele paarweise disjunkte linksseitig halboffene Intervalle. Betrachten wir diejenigen benachbarten Intervalle dar-

unter, die c als gemeinsamen Randpunkt haben, also $(a,c]$ und $(c,b]$ für gewisse $a,b \in A$. Sei $d \in \mathbb{Q} \cap (a,b]$ beliebig gewählt. Dann gibt es einen Ordnungsautomorphismus von $(a,b]$ (d.h. eine ordnungsrespektierende Bjektion von $(a,b]$ auf sich), der c auf d abbildet, (nämlich z.B. $f(x) = a+(x-a)\frac{d-a}{c-a}$ für $x \in (a,c]$ und $f(x) = b-(b-x)\frac{b-d}{b-c}$ für $x \in (c,b]$). Die Fortsetzung dieser Bijektion durch die Identität auf $\mathbb{R}\backslash(a,b]$ ergibt die gesuchte Bijektion, woraus nach Korollar 8.3.4 die Behauptung folgt. ■

Nachdem wir gesehen haben, wie man testen kann, ob gewisse Abbildungen elementar sind, werden wir im folgenden Abschnitt verschiedene elementare Abbildungen "konstruieren".

Ü1. Zeige, daß eine elementare Unterstruktur $\mathcal{H}$ einer abelschen Gruppe $\mathcal{G}$ **rein** in dieser ist, d.h., wenn $h \in H$ das n-Fache eines Elementes aus $\mathcal{G}$ ist, so ist h auch n-Faches eines Elementes aus $\mathcal{H}$. [Vgl. §14.1 weiter unten.]

Ü2. Zeige, daß Einbettungen zwischen unendlichdimensionalen Vektorräumen (in der Sprache aus §5.4) elementar sind.

Ü3. Sei T eine L-Theorie, P ein neues Prädikat, und L' die Sprache, die aus L durch Hinzufügung von P entsteht.
Finde eine L'-Theorie T' derart, daß die Modelle von T' gerade die L'-Strukturen $\mathcal{M}'$ von folgender Form sind: Das L-Redukt $\mathcal{M}$ von $\mathcal{M}'$ ist Modell von T, die Menge $P(\mathcal{M}')$ ist abgeschlossen bzgl. nichtlogischer Konstanten aus L, und die somit gegebene L-Unterstruktur von $\mathcal{M}$ mit Trägermenge $P(\mathcal{M}')$ ist elementare Unterstruktur von $\mathcal{M}$. [Vergleiche Ü6.4.3.]

Ü4. Zeige anhand der Ordnung ω der natürlichen Zahlen, daß das Kriterium aus Korollar 8.3.4 nicht notwendig ist. [Beweise, daß jeder Automorphismus einer elementaren Erweiterung von ω die Menge ω punktweise fixiert!]

8.4. Existenz elementarer Unterstrukturen und Erweiterungen

Als erstes konstruieren wir möglichst kleine elementare Unterstrukturen. (Beachte, daß nach Satz 8.1.1 endliche Strukturen nur sich selbst als elementare Unterstruktur oder elementare Erweiterung haben.)

Satz 8.4.1 (Löwenheim-Skolem abwärts für $\preceq$)
Jede unendliche L-Struktur $\mathcal{M}$ besitzt elementare Unterstrukturen einer Mächtigkeit $\leq |L|$.
Mehr noch, jede Teilmenge A von M ist in einer elementaren Unterstruktur von $\mathcal{M}$ einer Mächtigkeit $\leq |L|+|A|$ enthalten (und somit besitzt $\mathcal{M}$ elementare Unterstrukturen jeder Mächtigkeit κ mit $|L| \leq \kappa \leq |M|$).

Beweis
Die erste Behauptung folgt natürlich aus der zweiten für $A = \emptyset$.
Außerdem sind beide Behauptungen redundant für $|M| \leq |L|$, denn $\mathcal{M} \preceq \mathcal{M}$.
Sei also $A \subseteq M$ und $|M| > |L|$, und setze $\kappa = |L|+|A|$.
Für $i < \omega$ wählen wir sukzessive Mengen $A_i \subseteq M$ der Mächtigkeit κ derart, daß $A \subseteq A_0 \subseteq A_1 \subseteq \ldots \subseteq A_i \subseteq \ldots$ und so, daß für alle $i < \omega$ gilt:
(*) Wenn $\varphi \in L_1(A_i)$ und $\mathcal{M} \models \exists x\, \varphi$, so gibt es ein $a \in A_{i+1}$ mit $\mathcal{M} \models \varphi(a)$.
Die Wahl der A_i geschieht wie folgt. Wir beginnen mit einer beliebigen Teilmenge A_0 von M der Mächtigkeit κ , die A enthält. Ist A_i bereits gewählt, so nehmen wir für jedes $\varphi(x)$ aus $L(A_i)$ mit $\mathcal{M} \models \exists x\, \varphi(x)$ ein beliebiges $b_\varphi \in M$ mit $\mathcal{M} \models \varphi(b_\varphi)$ zu A_i hinzu und nennen die so erhaltene Menge A_{i+1} .
Da $|L(A_i)| = |L|+|A_i| = \kappa$ (Korollar 7.6.8), werden höchstens κ viele b_φ hinzugenommen, d.h. $\kappa = |A_i| \leq |A_{i+1}| \leq \kappa + |A_i| = \kappa$.

Wir setzen $N = \bigcup_{i<\omega} A_i$. N hat natürlich auch die Mächtigkeit κ. Wegen (*) ist N abgeschlossen bzgl. Funktionsanwendung und enthält alle Individuenkonstanten aus L, d.h., wir können N kanonisch als L-Struktur, nämlich als Unterstruktur $\mathcal{N} \subseteq \mathcal{M}$ auffassen. Bleibt $\mathcal{N} \preceq \mathcal{M}$ zu zeigen. Dies erfolgt mit dem TV-Test.

Sei also $n < \omega$, $\varphi \in L_{n+1}$ und $\bar{a}$ ein n-Tupel aus N derart, daß $\mathcal{M} \models \exists x\, \varphi(x,\bar{a})$. Gesucht ist ein $b \in N$ mit $\mathcal{M} \models \varphi(b,\bar{a})$. Nun ist $\bar{a}$ aber bereits in einem A_k enthalten ($k < \omega$), denn $N = \bigcup_{i<\omega} A_i$. Da dann $\varphi(x,\bar{a}) \in L_1(A_k)$, so gibt es wegen (*) ein $b \in A_{k+1} \subseteq N$ mit $\mathcal{M} \models \varphi(b,\bar{a})$. ■

Korollar 8.4.2 (Löwenheim-Skolem)

Jede L-Theorie hat ein Modell einer Mächtigkeit $\leq |L|$.

Jede L-Theorie mit einem unendlichen Modell hat ein Modell in jeder Mächtigkeit $\geq |L|$.

[L. Löwenheim, *Über Möglichkeiten im Relativkalkül*, Math. Ann. 76, **1915**, 447-470]

[Th. Skolem, *Logisch-kombinatorische Untersuchungen über die Erfüllbarkeit oder Beweisbarkeit mathematischer Sätze nebst einem Theorem über dichte Mengen*, Skrifter, Videnskabsakademie i Kristiania I. Mat.-Nat. Kl. No. 4, **1920**, 1-36]

Beweis

Sei $\mathcal{M}$ ein Modell der L-Theorie T. Jedes endliche Modell von T hat eine Mächtigkeit $< |L|$. Hat T nun unendliche Modelle, so gibt es nach Löwenheim-Skolem aufwärts für jedes $\kappa \geq |L|$ ein Modell $\mathcal{M}$ von T einer Mächtigkeit $\geq \kappa$. Satz 8.4.1 liefert dann eine elementare Unterstruktur von $\mathcal{M}$ der Mächtigkeit κ, die natürlich auch Modell von T ist. ■

Das Skolemsche Paradoxon

Sei $L_\in$ die Sprache in der Signatur, die lediglich eine zweistellige Relation $\in$ enthält. In $L_\in$ kann man (wie in §7.4 erwähnt) die Mengenlehre formalisieren. Ein übliches Axiomensystem ist ZFC (Zermelo-Fraenkel mit Auswahlaxiom). Ist ZFC widerspruchsfrei (was nicht bewiesen ist, aber allgemein angenommen wird), so hat ZFC abzählbare Modelle. Nach Satz 7.6.5 (von Cantor), hat aber die Menge aller Teilmengen einer Menge A eine Mächtigkeit $> |A|$. Also existieren auch überabzählbare Mengen in dem abzählbaren Modell. Es stellt sich das Problem, diese Überabzählbarkeit mit der Abzählbarkeit des Modells zu vereinbaren. (Für Skolem war dies ein Grund, an der Rechtmäßigkeit der axiomatischen Mengenlehre zu zweifeln.) Die Lösung dieses scheinbaren Widerspruchs liegt darin, daß Überabzählbarkeit innerhalb eines Modells nicht gleichzusetzen ist mit der metatheoretischen Überabzählbarkeit, sondern mit der Nichtexistenz von Bijektionen mit der Menge der natürlichen Zahlen *in diesem Modell*. Die Überabzählbarkeit in einem Modell bedeutet daher lediglich, daß solche Bijektionen *in diesem* nicht existieren, und steht damit in keinem Widerspruch zu der Mächtigkeit des Modells. Im Gegenteil, ist das Modell "klein", so liegt nahe, daß es "weniger" Bijektionen gibt.

[Th. Skolem, *Einige Bemerkungen zur axiomatischen Begründung der Mengenlehre*, Proc. 5th Scand. Math. Congress, Helsinki **1922**, 217-232]

Wenden wir den Satz von Löwenheim-Skolem aufwärts auf elementare Diagramme an, so bekommen wir beliebig große elementare Erweiterungen. Durch nachfolgende Anwendung des "Abwärts"-Satzes 8.4.1 können wir die Mächtigkeit sogar genau vorschreiben und erhalten den

Satz 8.4.3 (Löwenheim-Skolem aufwärts für $\preceq$)
Sei $\mathcal{M}$ eine unendliche L-Struktur und $\kappa \geq |L| + |M|$.
Dann hat $\mathcal{M}$ eine elementare Erweiterung der Mächtigkeit κ.

Beweis

Die L(M)-Theorie Th($\mathcal{M}$,M) hat nach Korollar 8.4.2 ein Modell $\mathcal{N}^*$ der Mächtigkeit κ, denn $|L(M)| \leq |L| + |M| \leq \kappa$. Sei $\mathcal{N}$ das L-Redukt von $\mathcal{N}^*$. Dann folgt mit Lemma 8.2.1(2), daß $\mathcal{M} \overset{\equiv}{\hookrightarrow} \mathcal{N}$. Mittels isomorpher Korrektur (Lemma 8.3.1) finden wir ein $\mathcal{N}' \cong \mathcal{N}$ mit $\mathcal{N}' \succeq \mathcal{M}$. ■

Wir können diesen Satz noch verschärfen.

Satz 8.4.4 Sei $\mathcal{K}$ eine beliebige Menge von elementar äquivalenten L-Strukturen.
Für jede Kardinalzahl $\kappa \geq |\mathcal{K}| + |L| + \sup_{\mathcal{M} \in \mathcal{K}}(|\mathcal{M}|)$ existiert eine L-Struktur $\mathcal{N}$ der Mächtigkeit κ mit $\mathcal{M} \overset{\equiv}{\hookrightarrow} \mathcal{N}$ für alle $\mathcal{M} \in \mathcal{K}$.
Für jedes vorgegebene $\mathcal{M}_0 \in \mathcal{K}$ kann dabei $\mathcal{N}$ so gewählt werden, daß $\mathcal{M}_0 \preceq \mathcal{N}$.

Beweis

Der Zusatz ergibt sich aus der Behauptung durch Anwendung isomorpher Korrektur (Lemma 8.3.1).
Betrachte $T = \bigcup \{\mathrm{Th}(\mathcal{M},M) : \mathcal{M} \in \mathcal{K}\}$, wobei oBdA für $\mathcal{M},\mathcal{M}' \in \mathcal{K}$ mit $\mathcal{M} \neq \mathcal{M}'$ die Mengen der neuen Konstanten $\{\underline{a} : a \in M\}$ und $\{\underline{a}' : a' \in M'\}$ disjunkt gewählt seien (was man ggf. durch Umbenennung erreichen kann). Wie im Beweis von Satz 8.4.3 genügt es zu zeigen, daß T widerspruchsfrei ist. Sei also Δ endliche Teilmenge von T. Da die einzelnen Diagramme vollständig, insbesondere abgeschlossen bzgl. endlicher Konjunktionen sind, ist oBdA $\Delta = \{\varphi_i : i < n\}$ mit $\varphi_i \in \mathrm{Th}(\mathcal{M}_i,M_i)$ für gewisse $\mathcal{M}_i \in \mathcal{K}$ $(i < n)$ derart, daß $\mathcal{M}_i \neq \mathcal{M}_j$ für alle $i < j < n$. Dann gibt es für alle $i < n$ eine Zahl $m_i < \omega$, eine Formel $\varphi_i' \in L_{m_i}$ und ein m_i-Tupel $\bar{a}_i$ aus M_i, so daß φ_i von der Form $\varphi_i'(\bar{a}_i)$ ist. Wegen der disjunkten Wahl der Konstanten sind die $\bar{a}_i$ (als Mengen) paarweise disjunkt, und somit können wir auch die Variablentupel $\bar{x}_i$ als disjunkt ansehen. Dann gilt aber

$\models \exists\bar{x}_0 \ldots \bar{x}_{n-1} \bigwedge_{i<n} \varphi_i^!(\bar{x}_i) \leftrightarrow \bigwedge_{i<n} \exists\bar{x}_i\, \varphi_i^!(\bar{x}_i)$,

folglich ist jedes Modell der rechtsstehenden Konjunktion bereits ein Modell von Δ. Für alle $i < n$ gilt $\varphi_i \in Th(\mathcal{M}_i, M_i)$, also erst recht $\mathcal{M}_i \models \exists\bar{x}_i\, \varphi_i^!(\bar{x}_i)$. Letzteres ist aber eine L-Aussage, die wegen $\mathcal{M}_0 \equiv \mathcal{M}_i$ auch in $\mathcal{M}_0$ gilt. Somit ist $\mathcal{M}_0$ Modell von Δ und damit T widerspruchsfrei, was, wie eingangs bemerkt, die zu zeigende Behauptung nach sich zieht. ■

Korollar 8.4.5 Für jede *Menge* $\mathcal{K}$ von Modellen einer vollständigen Theorie T gibt es ein Modell von T, in das jedes Modell aus $\mathcal{K}$ elementar eingebettet werden kann. Insbesondere gibt es für beliebige $\mathcal{M}_0, \mathcal{M}_1 \models T$ ein $\mathcal{N} \models T$ mit $\mathcal{M}_0 \overset{\equiv}{\hookrightarrow} \mathcal{N}$ und $\mathcal{M}_1 \overset{\equiv}{\hookrightarrow} \mathcal{N}$, wobei sogar $\mathcal{M}_0 \preceq \mathcal{N}$ gewählt werden kann.

Beweis

Nach Satz 8.1.2 sind alle Modelle einer vollständigen Theorie elementar äquivalent, also können wir Satz 8.4.4 anwenden, denn wenn $\mathcal{K}$ eine *Menge* von Strukturen ist, so besitzt $\{ |M| : \mathcal{M} \in \mathcal{K} \}$ nach Ü7.6.3 ein Supremum in Cn. ■

Ü1. Sei $\mathcal{M}$ eine L-Struktur und $\varphi \in L_n$ ($n > 0$) mit $\varphi(\mathcal{M})$ unendlich. Dann gibt es für jedes $\kappa \in$ Cn mit $\kappa \geq |L|$ eine L-Struktur $\mathcal{N} \equiv \mathcal{M}$ der Mächtigkeit κ mit $|\varphi(\mathcal{N})| = \kappa$.

Ü2. Sei $\mathcal{K}$ ein Schiefkörper.
Zeige, daß die Theorie $T_{\mathcal{K}}^{\infty}$ (der unendlichen $\mathcal{K}$-Vektorräume, vgl. §5.4) vollständig ist. Mehr noch, jede Einbettung unendlicher Vektorräume über demselben Körper ist elementar. [Benutze Löwenheim-Skolem (Korollar 8.4.2), Lemma 8.2.2(2) und die Eigenschaft, daß der Isomorphietyp eines Vektorraums durch dessen Dimension (und somit in höheren Mächtigkeiten durch dessen Mächtigkeit, vgl. Ü7.6.2) bestimmt ist.]

Ü3. Begründe, daß Ultrapotenzen (nebst isomorpher Korrektur) eine weitere Möglichkeit darstellen, elementare Erweiterungen zu konstruieren.

8.5. Kategorizität und Primmodelle

Eine Theorie heiße **kategorisch in einer** gegebenen **Mächtigkeit** $\lambda \in \mathrm{Cn}$ (oder auch λ-**kategorisch**), falls sie bis auf Isomorphie genau ein Modell der Mächtigkeit λ hat.
Eine L-Theorie heiße **kategorisch**, falls sie in einer gewissen Mächtigkeit $\geq |L|$ kategorisch ist.
Eine L-Theorie heiße **total kategorisch**, falls sie unendliche Modelle besitzt und in jeder Mächtigkeit bis auf Isomorphie höchstens ein Modell hat.

Eine L-Theorie ist also nach Löwenheim-Skolem (Korollar 8.4.2) total kategorisch gdw. sie in allen $\lambda \geq |L|$ kategorisch und in allen $\lambda < |L|$, in denen sie überhaupt ein Modell besitzt, auch kategorisch ist. Insbesondere ist eine total kategorische Theorie kategorisch.

Satz 8.5.1 (Łoś-Vaught-Test) Eine kategorische Theorie ist vollständig gdw. sie nur unendliche Modelle besitzt.

[J. Łoś, *On the categoricity in power of elementary deductive systems and some related problems*, Colloq. Math. 3, **1954**, 58-62]

[R. Vaught, *Applications of the Löwenheim-Skolem-Tarski theorem to problems of completeness and decidability*, Koninkl. Ned. Akad. Wettensch. Proc. Ser. A 57, **1954**, 467-472]

Beweis

Eine vollständige kategorische Theorie kann nach Satz 8.1.2 keine endlichen Modelle besitzen, da sie nach Definition unendliche Modelle hat und solche nicht elementar äquivalent zu endlichen sein können (siehe Satz 8.1.1).
Für die andere Richtung sei T eine λ-kategorische L-Theorie mit $\lambda \geq |L|$, die nur unendliche Modelle besitzt, und $\mathcal{M}, \mathcal{N} \models T$. Wegen Satz 8.1.2 genügt es, $\mathcal{M} \equiv \mathcal{N}$ zu zeigen. Wähle mittels Löwenheim-Skolem (Korollar 8.4.2) Strukturen $\mathcal{M}' \equiv \mathcal{M}$, $\mathcal{N}' \equiv \mathcal{N}$

mit $|\mathcal{M}'| = |\mathcal{N}'| = \lambda$. Wegen der λ-Kategorizität von T sind $\mathcal{M}'$ und $\mathcal{N}'$ isomorph, also nach Satz 6.1.3 $\mathcal{M}' \equiv \mathcal{N}'$. Daraus folgt $\mathcal{M} \equiv \mathcal{N}$. ∎

Beispiele

(1) Die Theorie der reinen Identität $T_=$ ist total kategorisch (und besitzt natürlich auch in jeder von 0 verschiedenen endlichen Mächtigkeit bis auf Isomorphie genau ein Modell). $T_=^\infty$ ist auch total kategorisch, also vollständig.

(2) Die Theorie DLO_{--} ist nach dem Satz von Cantor $\aleph_0$-kategorisch, also vollständig, denn sie besitzt nur unendliche Modelle.

Łoś (1954, s.o.) hat vermutet, daß eine Theorie in einer abzählbaren Sprache, die kategorisch in einer überabzählbaren Mächtigkeit ist, auch in allen anderen überabzählbaren Mächtigkeiten kategorisch ist. Morley zeigte 1963, daß dies tatsächlich der Fall ist. Also gibt es für abzählbare vollständige Theorien nur folgende drei Fälle an Kategorizität: abzählbar kategorisch ($\aleph_0$-kategorisch), aber nicht überabzählbar kategorisch; überabzählbar kategorisch (λ-kategorisch für alle $\lambda > \aleph_0$), aber nicht abzählbar kategorisch; und total kategorisch (kategorisch in allen unendlichen Mächtigkeiten).

[M. Morley, *Categoricity in power*, Trans. Am. Math. Soc. 114, **1965**, 514-538]

Den Beweis des Satzes von Morley bringen wir hier nicht, sondern verweisen dazu auf die im Literaturverzeichnis angegebenen Quellen. Er ist umfangreich und tiefliegend und schuf (und benutzt also), was später Grundlage und Ausgangspunkt für die Stabilitäts- (oder Klassifikations-) Theorie von Shelah wurde, die gegenwärtig einen Hauptstrang modelltheoretischer Forschung bildet, siehe auch Kapitel 14.

In §5.3 haben wir erwähnt, daß jeder Körper einen Primkörper enthält, der lediglich von der Charakteristik abhängt. Das führt uns zu folgender Definition.

> Sei $\mathcal{K}$ eine Klasse von L-Strukturen. Eine L-Struktur $\mathcal{M}$ heißt **Primstruktur für** $\mathcal{K}$, falls $\mathcal{M} \hookrightarrow \mathcal{N}$ für alle $\mathcal{N} \in \mathcal{K}$.
> Sei T eine L-Theorie. Eine L-Struktur $\mathcal{M}$ heißt **algebraisches Primmodell** von T, falls $\mathcal{M} \models$ T und Primstruktur für Mod T ist.
> Eine L-Struktur $\mathcal{M}$ heißt **elementares Primmodell** von T, falls $\mathcal{M} \models$ T und $\mathcal{M} \overset{\equiv}{\hookrightarrow} \mathcal{N}$ für alle $\mathcal{N} \models$ T.

Beispiele

(1) Der Körper $\mathbb{Q}$ ist Primstruktur (Primkörper) für die Klasse der Körper der Charakteristik 0. Der Körper $\mathbb{F}_p$ ist Primstruktur (Primkörper) für die der Charakteristik p.

(2) Der Körper $\mathbb{Q}$ ist algebraisches Primmodell von TF_0. Entsprechend ist $\mathbb{F}_p$ algebraisches Primmodell von TF_p.

(3) Jede abzählbar unendliche Menge ist nach Satz 8.3.5(1) elementares Primmodell von $T_=^\infty$. Jede endliche Menge ist Primstruktur für die Modellklasse von $T_=^\infty$. Und, etwas pathologischer, die leere Menge ist algebraische Primstruktur von Mod $T_=$, denn $L_=$ enthält keine Konstanten. Da die leere Menge kein Modell ist, ist "die" einelementige Menge als $L_=$-Struktur algebraisches Primmodell von $T_=$.

(4) Das Standardmodell $\mathbb{N}$ der Peano-Arithmetik ist elementares Primmodell der vollen Zahlentheorie Th($\mathbb{N}$), s. Ü13.2.3 weiter unten und vgl. §3.5.

(5) Ist L eine konstantenlose Sprache, so ist die leere L-Struktur Primstruktur für jede Klasse von L-Strukturen.

Bemerkungen

(1) Primmodelle haben eine Mächtigkeit $\leq |L|$.

(2) Jedes elementare Primmodell ist algebraisches Primmodell.

(3) Eine Theorie mit elementarem Primmodell ist vollständig.

(4) Jede abzählbare $\aleph_0$-kategorische Theorie, die nur unendliche Modelle hat, besitzt ein elementares Primmodell, nämlich "das" abzählbar unendliche Modell.

(5) Die Ordnung der rationalen Zahlen η ist Primmodell von DLO_{--}.

Beweis

Zu (3): Sei $\mathcal{M}_0$ elementares Primmodell einer Theorie T und seien $\mathcal{N}_1, \mathcal{N}_2 \models T$. Dann gilt $\mathcal{N}_1 \succeq \mathcal{M}_0 \preceq \mathcal{N}_2$ und somit $\mathcal{N}_1 \equiv \mathcal{N}_2$.
Zu (4): Nach Löwenheim-Skolem besitzt jedes Modell eine abzählbare elementare Unterstruktur, die wegen der Kategorizität bis auf Isomorphie eindeutig bestimmt ist.
(5) folgt aus (4). ■

[A. Robinson, *Complete Theories*, Studies in Logic and the Foundations of Mathematics, North-Holland, Amsterdam **1956**]

Zum Abschluß sei bemerkt, daß es auch Theorien ohne Primmodelle gibt (siehe §14.3).

Ü1. Zeige, daß auch DLO_{-+}, DLO_{+-} und DLO_{++} vollständig sind. [s.a. Ü7.3.1]

Ü2. Beweise für einen Schiefkörper $\mathcal{K}$:
Die Theorie $T_{\mathcal{K}}$ (der $\mathcal{K}$-Vektorräume vgl. Ü7.6.2) ist in allen $\kappa > |\mathcal{K}| + \aleph_0$ kategorisch.
Ist $\mathcal{K}$ unendlich, so ist $T_{\mathcal{K}}$ nicht $|\mathcal{K}|$-kategorisch.
Ist $\mathcal{K}$ endlich, so ist $T_{\mathcal{K}}$ total kategorisch. In welchen endlichen Mächtigkeiten hat $T_{\mathcal{K}}$ dann überhaupt Modelle?

Ü3. Zeige:
Die Theorie der abelschen Gruppe Q ist κ-kategorisch gdw. κ überabzählbar ist (vgl. Ü8.1.2).
Die Theorie der unendlichen abelschen Gruppen von Primzahlexponenten p (d.h., derjenigen unendlichen abelschen Gruppen, die die Aussage $\forall x\,(px = 0)$ erfüllen) ist total kategorisch.
Beide Theorien sind vollständig.

9. Elimination

In den Erhaltungssätzen aus §6.2 fanden wir Bedingungen dafür, daß *gewisse* Formelmengen (modulo einer Theorie oder logisch) äquivalent zu solchen einer bestimmten Form, im dortigen Fall $\forall$ oder $\exists$, sind. In diesem Kapitel untersuchen wir, was es bedeutet, daß *alle* Formeln modulo einer Theorie äquivalent sind zu solchen einer bestimmten Form, sich also gewissermaßen durch letztere eliminieren lassen.

9.1. Elimination allgemein

Sei Δ eine Klasse von Formeln.
Eine Theorie T erlaube (oder habe) **Elimination bis auf Formeln aus** Δ (oder kurz Δ-**Elimination**), falls jede Formel $\varphi \in L_n$ modulo T äquivalent ist zu einer Formel $\psi \in \Delta \cap L_n$ (d.h. $T \models \forall\bar{x}\,(\varphi \leftrightarrow \psi)$).

Bemerkung: Sind T und T' Theorien derselben Sprache mit $T \subseteq T'$ und erlaubt T Elimination bis auf Formeln aus Δ, so auch T'.

Von besonderem Interesse ist der Fall, wo Δ abgeschlossen bzgl. Boolescher Kombinationen ist. Wir betrachten zunächst den Fall von Aussagen.

Lemma 9.1.1 Sei $\Sigma \subseteq L_0$ und $\varphi \in L_0$. Sei weiterhin Δ eine beliebige Formelklasse und $\tilde{\Delta}$ deren Boolescher Abschluß (d.h. die Klasse aller Booleschen Kombinationen von Formeln aus Δ).
φ ist Σ-äquivalent zu $\top$, $\bot$ oder einer Aussage aus $\tilde{\Delta} \cap L_0$ gdw. für alle $\mathcal{M},\mathcal{N} \models \Sigma$ aus $\mathcal{M} \equiv_\Delta \mathcal{N}$ folgt $\mathcal{M} \equiv_\varphi \mathcal{N}$.

Beweis

Da aus $\mathcal{M} \equiv_\Delta \mathcal{N}$ natürlich in jedem Fall (auch im Falle $\Delta = \emptyset$) folgt $\mathcal{M} \equiv_{\tilde{\Delta}} \mathcal{N}$, so ist die Richtung von links nach rechts klar.

Für die Umkehrung betrachte den Raum S_L aller vollständigen L-Theorien aus §5.7 und darin die abgeschlossenen (also kompakten) Teilmengen $S = \langle\varphi\rangle \cap \bigcap_{\sigma\in\Sigma} \langle\sigma\rangle$ und $S' = \langle\neg\varphi\rangle \cap \bigcap_{\sigma\in\Sigma} \langle\sigma\rangle$. Im Falle $S = \emptyset$ ist $\Sigma \cup \{\varphi\}$ inkonsistent, also φ äquivalent modulo Σ zu $\bot$. Wenn $S' = \emptyset$, so haben wir analog $\varphi \sim_\Sigma \top$. Also können wir annehmen, daß weder S noch S' leer sind.
Für jedes Paar $T \in S$ und $T' \in S'$ und alle $\mathcal{M} \models T$ und $\mathcal{M}' \models T'$ gilt nach Voraussetzung $\mathcal{M} \not\equiv_\Delta \mathcal{M}'$ (insbesondere $\Delta \neq \emptyset$), weshalb es eine Aussage $\gamma_{TT'} \in T$ mit $\neg\gamma_{TT'} \in T'$ geben muß, die aus Δ oder Negation einer Formel aus Δ (auf jeden Fall aber in $\tilde{\Delta}$) ist. Dann bildet $\{\langle\neg\gamma_{TT'}\rangle : T' \in S'\}$ eine offene Überdeckung von S', und wir finden mittels Kompaktheit eine endliche Teilüberdeckung, d.h. es gibt $T'_i \in S'$ $(i < n)$ derart, daß $\Sigma \models \neg\varphi \rightarrow \bigvee_{i<n} \neg\gamma_{TT'_i}$.
Bezeichnet nun γ_T die Aussage $\bigwedge_{i<n} \gamma_{TT'_i}$ (die natürlich aus $\tilde{\Delta} \cap L$ ist!), so gilt $\Sigma \models \gamma_T \rightarrow \varphi$.
$\{\gamma_T : T \in S\}$ bildet aber eine offene Überdeckung von S, die auch eine endliche Teilüberdeckung enthalten muß. D.h., es gibt $T_i \in S$ $(i < m)$, so daß $\Sigma \models \varphi \rightarrow \bigvee_{i<m} \gamma_{T_i}$. Zusammen mit der zuvor hergeleiteten Implikation ergibt sich, daß φ modulo Σ zu der Aussage $\bigvee_{i<m} \gamma_{T_i}$, die wiederum in $\tilde{\Delta} \cap L$ liegt, äquivalent ist. ∎

Mittels Konstantenerweiterungen läßt sich dies wie folgt auf beliebige Formeln ausdehnen.

Satz 9.1.2 Sei $\Sigma \subseteq L_0$ und $\varphi \in L_n$. Sei weiterhin Δ eine beliebige Formelklasse und $\tilde{\Delta}$ deren Boolescher Abschluß.
φ ist Σ-äquivalent zu $\top$, $\bot$ oder einer Formel aus $\tilde{\Delta} \cap L_n$ gdw. für alle $\mathcal{M}, \mathcal{N} \models \Sigma$ und alle $\bar{a} \in M^n$ und $\bar{b} \in N^n$ gilt:
Wenn $\mathcal{M} \models \delta(\bar{a})$ gdw. $\mathcal{N} \models \delta(\bar{b})$ für alle $\delta \in \Delta \cap L_n$, so $\mathcal{M} \models \varphi(\bar{a})$ gdw. $\mathcal{N} \models \varphi(\bar{b})$.

Beweis

Sei $\vec{c}$ ein n-Tupel neuer Konstanten (d.h. disjunkt von $L \cup \Delta$). Da jede $L(\vec{c})$-Struktur von der Form $(\mathcal{M},\vec{a})$ für eine gewisse L-Struktur $\mathcal{M}$ und ein $\vec{a} \in M^n$ ist, liest sich die Bedingung aus der Behauptung so:

Für alle $L(\vec{c})$-Strukturen $\mathcal{M}^*, \mathcal{N}^* \models \Sigma$ gilt:

Wenn $\mathcal{M}^* \equiv_{\Delta(\vec{c})} \mathcal{N}^*$, so $\mathcal{M}^* \equiv_{\varphi(\vec{c})} \mathcal{N}^*$.

Nach Lemma 9.1.1 ist dies aber gleichbedeutend damit, daß $\varphi(\vec{c})$ modulo Σ äquivalent ist zu einer Aussage $\delta(\vec{c})$ aus $\tilde{\Delta}(\vec{c}) \cap L(\vec{c})$, denn der Boolesche Abschluß von $\Delta(\vec{c})$ ist gerade $\tilde{\Delta}(\vec{c})$. Also haben wir $\Sigma \models_{L(\vec{c})} (\varphi(\vec{c}) \leftrightarrow \delta(\vec{c}))$, und Lemma 3.3.2 (über neue Konstanten) ergibt $\Sigma \models_L \forall \vec{x}\, (\varphi(\vec{x}) \leftrightarrow \delta(\vec{x}))$, weshalb φ äquivalent modulo Σ zur Formel δ ist (die offenbar in $\tilde{\Delta} \cap L$ liegt). ■

Bemerkung: In obigem Satz als auch in dem Lemma braucht man $\top$ und $\bot$ nicht, falls $\tilde{\Delta} \cap L_n$ nicht leer ist, denn $\top$ ist logisch äquivalent zu $\delta \vee \neg\delta$, während $\bot$ logisch äquivalent zu $\delta \wedge \neg\delta$ ist für beliebiges δ.

Lassen wir φ über L laufen, erhalten wir aus dem Satz

Korollar 9.1.3 Sei T eine L-Theorie, Δ eine Formelklasse, die $\top$ und $\bot$ enthält, und $\tilde{\Delta}$ der Boolesche Abschluß von Δ.

T erlaubt $\tilde{\Delta}$-Elimination gdw. für alle $\mathcal{M}, \mathcal{N} \models T$, alle $n < \omega$ und alle $\vec{a} \in M^n$ und $\vec{b} \in N^n$ gilt:

Wenn $\mathcal{M} \models \delta(\vec{a})$ gdw. $\mathcal{N} \models \delta(\vec{b})$ für alle $\delta \in \Delta \cap L_n$, so gilt $\mathcal{M} \models \varphi(\vec{a})$ gdw. $\mathcal{N} \models \varphi(\vec{b})$ für alle $\varphi \in L_n$, d.h. $(\mathcal{M},\vec{a}) \equiv (\mathcal{N},\vec{b})$. ■

Mit dem Begriff des sogenannten Typs werden wir eine elegantere Möglichkeit bekommen, die letzten beiden Ergebnisse zu formulieren (siehe Satz 9.1.2' am Ende von §11.3).

Satz 9.1.4 Für eine L-Theorie T und eine unter Booleschen Kombinationen abgeschlossene Formelklasse Δ, die $\top$ und $\bot$ enthält, sind folgende Bedingungen äquivalent.

(i) T erlaubt Δ-Elimination.

(ii) Der deduktive Abschluß von $T \cup \{\delta(\bar{a}) \in Th(\mathcal{M},A) : \delta(\bar{x}) \in \Delta\}$ ist vollständige L(A)-Theorie für jedes $\mathcal{M} \models T$ und jedes $A \subseteq M$.

(iii) Wie (ii), aber nur für endliche A.

Ist Δ außerdem abgeschlossen bezüglich Substitution durch L-Terme, so ist eine weitere äquivalente Bedingung:

(iv) wie (ii), aber nur für solche Mengen $A \subseteq M$, die Universum einer (endlich erzeugten) Unterstruktur von $\mathcal{M}$ sind.

Beweis

(i)⇒(ii): Hat T Δ-Elimination, so ist offenbar für alle $\mathcal{M} \models T$ und $A \subseteq M$ die (vollständige) L(A)-Theorie $Th(\mathcal{M},A)$ im deduktiven Abschluß der in (ii) genannten Menge enthalten, also gleich diesem, weshalb letztere auch vollständig ist.

(ii)⇒(iii) und (ii)⇒(iv) sind trivial.

(iii)⇒(i): Angenommen, $\mathcal{M},\mathcal{N} \models T$, $\bar{a} \in M^n$ und $\bar{b} \in N^n$ und für alle $\delta \in \Delta \cap L_n$ gilt $\mathcal{M} \models \delta(\bar{a})$ gdw. $\mathcal{N} \models \delta(\bar{b})$. Wegen Korollar 9.1.3 brauchen wir nur zu zeigen, daß $(\mathcal{M},\bar{a}) \equiv (\mathcal{N},\bar{b})$. Aus der obigen Wahl folgt, daß $(\mathcal{M},\bar{a})$ und $(\mathcal{N},\bar{b})$ Modelle der Aussagenmenge $\Sigma = T \cup \{\delta(\bar{a}) \in Th(\mathcal{M},\bar{a}) : \delta(\bar{x}) \in \Delta\}$ sind. Die Bedingung (iii) besagt aber, daß der deduktive Abschluß von Σ eine vollständige $L(\bar{a})$-Theorie ist, weshalb mit Satz 8.1.2 $(\mathcal{M},\bar{a})$ und $(\mathcal{N},\bar{b})$ tatsächlich elementar äquivalent sind.

(iv)⇒(iii) (unter der zusätzlichen Annahme, daß Δ unter Einsetzung von L-Termen abgeschlossen ist): Sei $\mathcal{M} \models T$ und $M_{\bar{a}}$ das Universum der durch eine endliche Folge $\bar{a}$ von Elementen aus M erzeugten Unterstruktur von $\mathcal{M}$. Wir brauchen nur zu zeigen, daß aus (ii) für $A = M_{\bar{a}}$ bereits (ii) für $A = \bar{a}$ folgt. Sei dafür eine $L(\bar{a})$-Aussage φ gegeben, die aus $T \cup \{\delta(\bar{c}) \in Th(\mathcal{M},M_{\bar{a}}) : \delta(\bar{x}) \in \Delta\}$ folgt. Wir zeigen, daß φ bereits aus $\Sigma = T \cup \{\delta(\bar{a}) \in Th(\mathcal{M},\bar{a}) : \delta(\bar{x}) \in \Delta\}$ folgt. Wegen der Finitarität von $\models$ und der $\bigwedge$-Abgeschlossenheit von Δ gibt es eine einzelne

Aussage $\delta(\bar{c})$ wie oben, so daß $T \models \delta(\bar{c}) \to \varphi$. Wir schreiben $\delta(\bar{c})$ als $\delta(\bar{a},\bar{b})$ mit $\delta(\bar{x},\bar{y}) \in \Delta$ und $\bar{a} \cap \bar{b} = \emptyset$. Der notationellen Einfachheit halber nehmen wir an, daß $l(\bar{y}) = l(\bar{b}) \leq 1$. Ist $l(\bar{y}) = 0$, so liegt $\delta(\bar{c})$ bereits in Σ, und es gibt nichts zu beweisen.
Sei $T \models \delta(\bar{a},b) \to \varphi$ für $\delta(\bar{x},y) \in \Delta$ und $b \in M_{\bar{a}} \setminus \bar{a}$. Dann gibt es einen L-Term $t(\bar{x})$ mit $b = t^{\mathcal{M}}(\bar{a})$ (vergleiche Ü6.3.1), und wir haben $T \models (\delta(\bar{a},t(\bar{a})) \wedge t(\bar{a}) = b) \to \varphi$. Mittels Lemma 3.3.2 über neue Konstanten (und Bemerkung (8) aus §3.3) erhalten wir $T \models \exists y\, (\delta(\bar{a},t(\bar{a})) \wedge t(\bar{a}) = y \to \varphi)$, denn b kommt weder in $\bar{a}$ noch in φ vor. Es gilt aber $T \models \forall \bar{x}\, \exists y\, (t(\bar{x}) = y)$, also haben wir auch $T \models \delta(\bar{a},t(\bar{a})) \to \varphi$. Nach obiger zusätzlicher Annahme ist nun $\delta(\bar{x},t(\bar{x})) \in \Delta$, also $\delta(\bar{a},t(\bar{a})) \in \Sigma$, folglich auch $\Sigma \models \varphi$. ■

Ü1. Gib einen Beweis von Satz 9.1.4 (iv)⇒(i) an, der Korollar 9.1.3 und Ü6.3.2 benutzt.

9.2. Quantorenelimination

Elimination bis auf quantorenfreie Formeln wird (verständlicherweise) **Quantorenelimination** genannt.

Modulo Theorien mit Quantorenelimination kommt man also gänzlich ohne Quantoren aus. Insbesondere sind alle Aussagen äquivalent zu quantorenfreien. Da quantorenfreie Aussagen nach Lemma 6.1.1 "von unten nach oben" und "von oben nach unten" erhalten bleiben, sind zwei Modelle einer Theorie mit Quantorenelimination elementar äquivalent, falls es eine Struktur (derselben Signatur) gibt, die in beide einbettbar ist. Lemma 6.1.1 zeigt aber mehr. Wir fassen zusammen:

Bemerkungen

(1) Eine Theorie mit Quantorenelimination, deren Modellklasse eine Primstruktur besitzt, ist vollständig. Insbesondere ist

jede Theorie mit Quantorenelimination in einer konstantenfreien Sprache vollständig, vgl. Beispiel (5) in §8.5 .

(2) Jede Einbettung zwischen Modellen einer Theorie mit Quantorenelimination ist elementar. Insbesondere ist jedes algebraische Primmodell bereits elementares Primmodell, und wir sprechen in Theorien mit Quantorenelimination deshalb einfach von **Primmodellen**.

In Satz 9.4.2 werden wir eine Theorie mit Quantorenelimination kennenlernen, die nicht vollständig ist.

Sei T eine L-Theorie. Betrachte die Sprache L^*, die aus L durch Erweiterung der Signatur um neue n-stellige Relationskonstanten R_φ für jedes $\varphi \in L_n$ $(n < \omega)$ entsteht. Die L^* Aussagenmenge $T^* = T \cup \{ \forall \bar{x}\, (R_\varphi(\bar{x}) \leftrightarrow \varphi(\bar{x})) : \varphi = \varphi(\bar{x}) \in L \}$ heißt **Morleyisierung** von T.

Die Morleyisierung T^* einer L-Theorie T ist eine Theorie mit Quantorenelimination derart, daß die Reduktionsabbildung $\restriction L$ eine Bijektion von Mod T^* auf Mod T darstellt, die isomorphe L^*-Strukturen in isomorphe L-Strukturen und nichtisomorphe in nichtisomorphe überführt. Dabei sind definierbare Mengen von $\mathcal{M}^* \models T^*$ und $\mathcal{M} = \mathcal{M}^* \restriction L$ dieselben, und $\mathcal{M}^* \subseteq \mathcal{N}^*$ gdw. $\mathcal{M} \preceq \mathcal{N}$ (falls $\mathcal{N}^* \models T^*$ und $\mathcal{N} = \mathcal{N}^* \restriction L$).
(Daß die genannte Abbildung surjektiv ist, liegt daran, daß jedes $\mathcal{M} \models T$ zu einem $\mathcal{M}^* \models T^*$ expandiert werden kann, indem R_φ einfach durch φ in $\mathcal{M}$ interpretiert wird. T^* ist somit konsistent. Der Rest ergibt sich daraus, daß - wie man leicht einsieht - die durch $\varphi \mapsto R_\varphi$ gegebene Abbildung der Lindenbaum-Tarski-Algebra von T in die von T^* eine Einbettung (Boolescher Algebren) ist, die außerdem $T^* \models \exists x\, R_{\varphi(x,\bar{y})}(x,\bar{y}) \leftrightarrow R_{\exists x\, \varphi(x,\bar{y})}(\bar{y})$ erfüllt.

(Die Verifizierung dieser Behauptungen sei als Übungsaufgabe überlassen.)

Wenn es also nur um die Beschreibung von Mod T, deren Elemente und deren definierbare Mengen ohne Berücksichtigung der Komplexität der zu benutzenden Formeln geht, so kann man ohne weiteres zur Morleyisierung T^* und somit zu einer Theorie mit Quantorenelimination übergehen.

Es war Morley, der dies zum ersten Mal systematisch ausnutzte, siehe seine bereits in §8.5 zitierte Arbeit.

Mit Morleyisierungen erhalten wir also eine Fülle von Theorien mit Quantorenelimination. Wir werden bald auch weniger triviale Beispiele von Quantorenelimination kennenlernen. Zunächst leiten wir aber ein allgemeines Kriterium her, wozu wir einige weitere Begriffe benötigen.

Sei $\mathcal{K}$ eine beliebige Klasse von Strukturen.
Eine Theorie T heiße **$\mathcal{K}$-vollständig**, falls für jedes $\mathcal{M} \models T$ und jede Unterstruktur $\mathcal{A} \subseteq \mathcal{M}$, die in $\mathcal{K}$ liegt, der deduktive Abschluß von $T \cup D(\mathcal{A})$ als L(A)-Theorie vollständig ist. Ist $\mathcal{K}$ die Klasse aller Strukturen, so sprechen wir von **Unterstrukturvollständigkeit**.

Wieder ist aus notationellen Gründen eine Redundanz in die Definition eingebaut, kommt es doch lediglich auf die in $\mathcal{K}$ enthaltenen L-Strukturen an (so ist z.B. auch eine $\mathrm{Mod}_L\, \emptyset$-vollständige Theorie unterstrukturvollständig).

Bemerkungen

(3) Nach Satz 8.1.2 (und isomorpher Korrektur) ist T genau dann $\mathcal{K}$-vollständig, wenn für je zwei Modelle $\mathcal{M}, \mathcal{N} \models T$, die eine gemeinsame Unterstruktur $\mathcal{A} \in \mathcal{K}$ enthalten, gilt $(\mathcal{M}, A) \equiv (\mathcal{N}, A)$.

(4) Eine $\mathcal{K}$-vollständige Theorie T hat folgende **elementare Amalgamierungseigenschaft** über $\mathcal{K}$.
Wenn $\mathcal{A} \in \mathcal{K}$ gemeinsame Unterstruktur der Modelle $\mathcal{M}, \mathcal{N} \models$ T ist, so existieren $\mathcal{M}' \succeq \mathcal{M}$ und g: $\mathcal{N} \overset{\equiv}{\hookrightarrow} \mathcal{M}'$ derart, daß das Diagramm

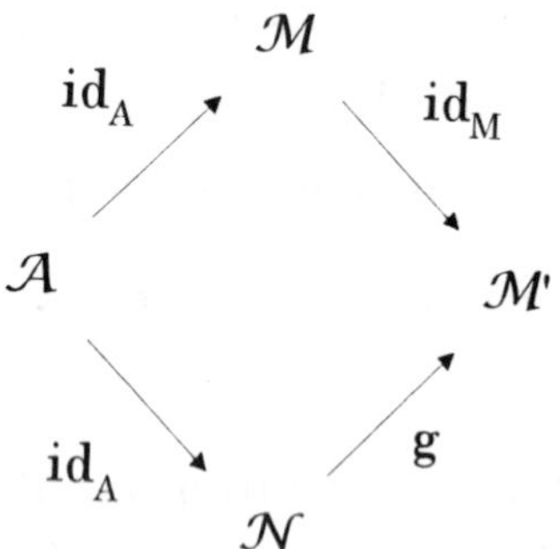

kommutiert, d.h., $g \restriction A = id_A$ (wähle einfach mit Satz 8.4.4 eine elementare Erweiterung $(\mathcal{M}',A) \succeq (\mathcal{M},A)$ und eine Einbettung g: $(\mathcal{N},A) \overset{\equiv}{\hookrightarrow} (\mathcal{M}',A)$; ebenso läßt sich eine etwas allgemeinere Amalgamierungseigenschaft nachweisen, wo statt der identischen Einbettung beliebige Einbettungen zugelassen sind).

(5) Angenommen, alle von der leeren Menge erzeugten (Unterstrukturen beliebiger) L-Strukturen sind isomorph zu einer einzigen L-Struktur $\mathcal{A}$ (wie z.B. in konstantenfreien Sprachen, wo $\mathcal{A}$ die leere Struktur ist).
Wenn $\mathcal{A} \in \mathcal{K}$, so zieht wegen (1) die $\mathcal{K}$-Vollständigkeit einer L-Theorie dann deren Vollständigkeit nach sich (denn je zwei Modelle $\mathcal{M}$ und $\mathcal{N}$ enthalten $\mathcal{A}$, und $(\mathcal{M},A) \equiv (\mathcal{N},A)$ zieht $\mathcal{M} \equiv \mathcal{N}$ nach sich).
Insbesondere ist unter obiger Annahme jede unterstrukturvollständige Theorie vollständig.

(6) Für Theorien in konstantenlosen Sprachen ist $\{\emptyset\}$-Vollständigkeit dasselbe wie Vollständigkeit. Insbesondere ist jede

unterstrukturvollständige Theorie in einer konstantenlosen Sprache vollständig.

Allgemeiner:

(7) Besitzt die Modellklasse einer unterstrukturvollständigen Theorie T (in einer beliebigen Sprache) eine Primstruktur (im Sinne von §8.5), so ist T vollständig (denn ist $\mathcal{A}$ besagte Primstruktur, so enthalten nach isomorpher Korrektur je zwei Modelle $\mathcal{M},\mathcal{N} \models$ T die Struktur $\mathcal{A}$ als Unterstruktur, und man kann wie in (5) argumentieren).

> Eine **primitive** Formel ist eine Formel der Form $\exists\bar{x}\,\psi$, wobei ψ eine Konjunktion von Literalen ist.
> (**Positiv primitiv** heißt, daß keine negierten atomaren Formeln in ψ vorkommen dürfen, vgl. Ü4.2.1).
> Eine Formel heißt **einfach primitiv**, wenn sie von der Form $\exists x\,\psi$ mit ψ wie oben (also eine primitive Formel mit nur einem Existenzquantor) ist. Die Klasse der einfach primitiven Formeln bezeichnen wir mit $\exists^*$.

Eine Formel ist $\exists$-Formel gdw. sie logisch äquivalent zu einer Disjunktion primitiver Formeln ist, denn
$\exists\bar{x}\,(\varphi \vee \psi) \sim (\exists\bar{x}\,\varphi \vee \exists\bar{x}\,\psi)$.

Lemma 9.2.1 Eine L-Theorie T erlaubt Quantorenelimination gdw. jede einfach primitive L-Formel T-äquivalent zu einer quantorenfreien L-Formel ist.

Beweis

Für die nichttriviale Richtung nehmen wir an, daß jede einfach primitive L-Formel T-äquivalent zu einer quantorenfreien L-Formel ist, und zeigen induktiv über die Komplexität von $\varphi \in$ L, daß φ modulo T äquivalent zu einer quantorenfreien L-Formel ist.

Der Induktionsanfang $\varphi \in \mathbf{at}$ ist trivial. Ebenso Konjunktions- und Negationsschritt, denn Konjunktionen und Negationen quantorenfreier Formeln sind quantorenfrei, und Ersetzungen von Teilformeln durch äquivalente Formeln erhalten die Äquivalenz. Bleibt also der Fall, daß φ von der Form $\exists y\, \theta(\bar{x},y)$ und $\theta(\bar{x},y)$ nach Induktionsvoraussetzung T-äquivalent zu einer L-Formel $\psi(\bar{x},y) \in \mathbf{qf}$ ist. Da, wie oben bemerkt, $\exists y \bigvee_i \psi_i(\bar{x},y)$ logisch äquivalent zu $\bigvee_i \exists y\, \psi_i(\bar{x},y)$ und $\mathbf{qf}$ abgeschlossen bezüglich Disjunktionen ist, können wir annehmen, daß $\psi(\bar{x},y)$ Konjunktion atomarer und negierter atomarer Formeln, $\exists y\, \psi(\bar{x},y)$ also einfach primitiv ist. Dann ist diese Formel nach Annahme T-äquivalent zu einer quantorenfreien L-Formel, und dasselbe gilt für φ. ■

Satz 9.2.2 Folgende Eigenschaften einer Theorie T sind äquivalent.

(i) T erlaubt Quantorenelimination.

(ii) T ist unterstrukturvollständig.

(iii) Wenn $\mathcal{M},\mathcal{N} \models$ T und $\mathcal{A}$ endlich erzeugte Unterstruktur sowohl von $\mathcal{M}$ als auch von $\mathcal{N}$ ist, so $(\mathcal{M},A) \equiv_{\exists^*} (\mathcal{N},A)$ (d.h., für jede einfach primitive Formel $\varphi \in L_n$ $(n < \omega)$ und alle $\bar{a} \in A^n$ gilt $\mathcal{M} \models \varphi(\bar{a})$ gdw. $\mathcal{N} \models \varphi(\bar{a})$).

Beweis

Für $\Delta = \mathbf{qf}$ erhalten wir aus Satz 9.1.4, daß (i) äquivalent ist zu der Bedingung

(*) Der deduktive Abschluß von $T \cup Th_{\mathbf{qf}}(\mathcal{M},A)$ ist vollständig für jedes $\mathcal{M} \models$ T und jedes $A \subseteq M$, das Universum einer Unterstruktur $\mathcal{A}$ von $\mathcal{M}$ ist.

Da die Gültigkeit einer Booleschen Kombination lediglich von der Gültigkeit ihrer Bestandteile abhängt, ist $Th_{\mathbf{qf}}(\mathcal{A},A)$ in $D(\mathcal{A})^{\models}$ enthalten. Damit sind die deduktiven Abschlüsse von $T \cup Th_{\mathbf{qf}}(\mathcal{A},A)$ und $T \cup D(\mathcal{A})$ gleich. Für $\mathcal{A} \subseteq \mathcal{M}$ sind aber nach Lemma 6.1.1 auch $Th_{\mathbf{qf}}(\mathcal{A},A)$ und $Th_{\mathbf{qf}}(\mathcal{M},A)$ gleich, weshalb (*)

nichts anderes besagt als die Vollständigkeit von $T \cup D(\mathcal{A})$ für alle $\mathcal{A} \subseteq \mathcal{M} \models T$. Die Aussagen (ii) und (*) sind also gleichbedeutend und somit auch äquivalent zu (i).
Da aus der Vollständigkeit von $T \cup D(\mathcal{A})$ folgt, daß für $\mathcal{M}$ und $\mathcal{N}$ mit $\mathcal{A} \subseteq \mathcal{M}$ und $\mathcal{A} \subseteq \mathcal{N}$ sogar gilt $(\mathcal{M},A) \equiv (\mathcal{N},A)$, so folgt sicherlich (iii) aus (ii).
Bleibt (iii)$\Rightarrow$(i). Wegen des vorigen Lemmas brauchen wir nur zu zeigen, daß jede einfach primitive L-Formel T-äquivalent zu einer quantorenfreien ist, was nach Satz 9.1.2 äquivalent zu folgender Implikation ist.
Wenn $n < \omega$, $\mathcal{M},\mathcal{N} \models T$, $\bar{a} \in M^n$, $\bar{b} \in N^n$ und $(\mathcal{M},\bar{a}) \equiv_{\mathbf{qf}} (\mathcal{N},\bar{b})$, so $(\mathcal{M},\bar{a}) \equiv_{\exists^*} (\mathcal{N},\bar{b})$.
Seien also $\mathcal{M}$, $\mathcal{N}$, $\bar{a}$ und $\bar{b}$ derart, daß $(\mathcal{M},\bar{a}) \equiv_{\mathbf{qf}} (\mathcal{N},\bar{b})$. Schreiben wir $\bar{b}$ als $f[\bar{a}]$ für eine entsprechende Bijektion $f: \bar{a} \to \bar{b}$ mit $(\mathcal{N},\bar{b}) = (\mathcal{N},f[\bar{a}])$, so können wir wegen $(\mathcal{M},\bar{a}) \equiv_{\mathbf{qf}} (\mathcal{N},f[\bar{a}])$ mittels Ü6.3.2 die Bijektion f zu einem Isomorphismus
$F: \mathcal{M}_{\bar{a}} \cong \mathcal{N}_{f[\bar{a}]} = \mathcal{N}_{\bar{b}}$ fortsetzen. Nach isomorpher Korrektur von $\mathcal{N}$ (mittels einer Fortsetzung von F^{-1}) können wir wie üblich leicht erreichen, daß $\bar{a} = \bar{b}$ (genauer, $f = id_{\bar{a}}$) und sogar $\mathcal{M}_{\bar{a}} = \mathcal{N}_{\bar{a}}$. Es bleibt dann zu zeigen, daß $(\mathcal{M},\bar{a}) \equiv_{\exists^*} (\mathcal{N},\bar{a})$. Ist A das Universum von $\mathcal{M}_{\bar{a}} = \mathcal{N}_{\bar{a}}$, so folgt aus (iii) aber $(\mathcal{M},A) \equiv_{\exists^*} (\mathcal{N},A)$, also erst recht $(\mathcal{M},\bar{a}) \equiv_{\exists^*} (\mathcal{N},\bar{a})$. ■

Bemerkung (8) (über konstantenlose Sprachen)
Sei T eine Theorie in einer konstantenlosen Sprache L. Nach Bemerkung (3) in §2.5 (und unserer Konvention, daß $\top$ und $\bot$ zu **qf** gehören, vgl. §2.4) sind alle quantorenfreien L-Aussagen logisch äquivalent zu $\top$ oder $\bot$. Also folgt aus der Quantorenelimination für die Theorie T bereits deren Vollständigkeit, denn $\top$ gilt in *jeder* Struktur und $\bot$ in *keiner*, weshalb alle Modelle von T elementar äquivalent sind. Das ist auch aus obiger Bemerkung (1) ersichtlich, denn $\emptyset_L$ ist Primstruktur für Mod T (sogar für $\mathrm{Mod}_L \emptyset$). Das folgende Beispiel zeigt, daß in diesem

Fall obiger Satz falsch wird, wenn in dem Begriff der Unterstrukturvollständigkeit nicht auch leere Strukturen zugelassen werden.

Beispiel: Sei L die (konstantenlose) Sprache, deren Signatur lediglich ein einstelliges Relationssymbol P enthält, und sei T_P die L-Theorie, die durch die Aussage $\forall x\, P(x) \vee \forall x\, \neg P(x)$ axiomatisiert ist. Die Modelle der Theorie T_P^∞ sind gerade die unendlichen Mengen, deren Elemente entweder alle P oder aber alle $\neg$P erfüllen. Die Theorie T_P^∞ ist also nicht vollständig, weshalb sie nach obiger Bemerkung (8) keine Quantorenelimination erlaubt. Letzteres läßt sich natürlich auch direkt durch Betrachtung der Aussagen $\forall x\, P(x)$ oder $\exists x\, P(x)$ einsehen, die eben nicht T_P^∞-äquivalent zu quantorenfreien Aussagen sein können. Ist nun $\mathcal{A}$ eine beliebige *nichtleere* (z.B. einelementige) Unterstruktur eines Modells von T_P^∞, so ist aber die Theorie $T_P^\infty \cup D(\mathcal{A})$ vollständig, denn sie "verhält" sich wie $T_=^\infty$, da entweder $\forall x\, P(x)$ oder $\forall x\, \neg P(x)$ aus ihr folgt, je nachdem, welche dieser Aussagen in $\mathcal{A}$ gilt. Ließe man keine leeren Strukturen zu , wäre also die Theorie T_P^∞ unterstrukturvollständig, obwohl sie keine Quantorenelimination erlaubt.

Abschließend kennzeichnen wir die vollständigen Theorien endlicher Strukturen, die Quantorenelimination erlauben.

Eine Struktur $\mathcal{M}$ heißt **ultrahomogen**, falls jeder Isomorphismus zwischen endlich erzeugten Unterstrukturen von $\mathcal{M}$ fortsetzbar ist zu einem Automorphismus von $\mathcal{M}$.

Korollar 9.2.3 Sei $\mathcal{M}$ eine nichtleere endliche Struktur. Th($\mathcal{M}$) erlaubt Quantorenelimination genau dann, wenn $\mathcal{M}$ ultrahomogen ist.

Beweis

Habe zunächst $T = Th(\mathcal{M})$ Quantorenelimination, sei $\mathcal{M}$ endlich und seien $\mathcal{A}$ und $\mathcal{B}$ isomorphe Unterstrukturen von $\mathcal{M}$. Da sowohl $(\mathcal{M},A)$ als auch $(\mathcal{M},B)$ Modell von $T \cup D(\mathcal{A})$ ist, erhalten wir $(\mathcal{M},A) \equiv (\mathcal{M},B)$ aus der Unterstrukturvollständigkeit von T. Da es sich um endliche Strukturen handelt, gibt es einen Isomorphismus $h: (\mathcal{M},A) \cong (\mathcal{M},B)$. Das bedeutet aber nichts anderes, als $h \in \mathrm{Aut}\,\mathcal{M}$ und $h[\mathcal{A}] = \mathcal{B}$.

Sei nun $\mathcal{M}$ ultrahomogen und $\mathcal{A} \subseteq \mathcal{M}$. Wir müssen zeigen, daß $(\mathcal{N},B) \equiv (\mathcal{M},A)$ für jedes Modell $(\mathcal{N},B)$ von $T \cup D(\mathcal{A})$. Dann ist $\mathcal{B}$ isomorph zu $\mathcal{A}$ und, da $\mathcal{M}$ endlich ist, auch $\mathcal{N}$ isomorph zu $\mathcal{M}$. OBdA (nach isomorpher Korrektur) ist $\mathcal{N}$ gleich $\mathcal{M}$, und wir brauchen nur noch den Isomorphismus zwischen $\mathcal{B}$ und $\mathcal{A}$ zu einem Automorphismus von $\mathcal{M}$ fortzusetzen, um $(\mathcal{M},B) \cong (\mathcal{M},A)$, also erst recht $(\mathcal{M},B) \equiv (\mathcal{M},A)$ zu schließen. ■

In Ü14.1.2 soll u.a. gezeigt werden, daß endliche zyklische Gruppen ultrahomogen sind.

In den beiden folgenden Abschnitten illustrieren wir die Methode der Quantorenelimination anhand zweier prominenter Beispiele - DLO und ACF. Als weitere Anwendung lassen sich auch jetzt bereits §§14.1-3 lesen, wo das Beispiel der (Theorie der) additiven Gruppe der ganzen Zahlen ausführlich behandelt wird.

Ü1. Verifiziere die aufgestellten Behauptungen über Morleyisierungen, insbesondere, daß Morleyisierungen Quantorenelimination zulassen.

Ü2. Beweise, daß Konjunktionen endlich vieler primitiver (bzw. positiv primitiver) Formeln primitiv (bzw. positiv primitiv) sind, dasselbe aber nicht für einfach primitive Formeln gilt.

Ü3. Sei T eine λ-kategorische L-Theorie und $\lambda \geq |L|$. Weise Quantorenelimination von T nach, falls "das" Modell von T der Mächtigkeit λ ultrahomogen ist. [Benutze Löwenheim-Skolem und die Beweisidee von Korollar 9.2.3.]

Ü4. Sei Δ eine Formelklasse, die **at** enthält, und sei $\tilde{\Delta}$ deren Boolescher Abschluß.
Finde Verallgemeinerungen von Lemma 9.2.1 und Satz 9.2.2 für $\tilde{\Delta}$-Elimination. [Statt $\exists^*$ betrachte die Menge aller Formeln der Form $\exists x\, \psi$, wobei ψ endliche Konjunktion von Formeln aus Δ und Negationen von solchen ist.]

Ü5. Zeige, daß $T_=$ selbst zwar keine Quantorenelimination zuläßt, dies jedoch auf alle Vervollständigungen von $T_=$ zutrifft. [Vgl. Beispiel am Ende von §5.7!]

Ü6. Zeige, daß für einen beliebigen Schiefkörper $\mathcal{K}$ die Theorie $T^{\infty}_{\mathcal{K}}$ der unendlichen $\mathcal{K}$-Vektorräume Quantorenelimination erlaubt. [Benutze, daß jeder Unterraum direkter Summand ist, und wende Löwenheim-Skolem aufwärts (oder einfach Ü3) an.]

9.3. Dichte lineare Ordnungen

Zunächst betrachten wir die Theorie der dichten linearen Ordnungen ohne Randpunkte DLO_{--} in der Sprache $L_<$ (vgl. §5.5).

Lemma 9.3.1 Sind $\mathcal{M}$ und $\mathcal{N}$ Modelle von DLO_{--} und $\mathcal{A}$ eine gemeinsame Unterstruktur von $\mathcal{M}$ und $\mathcal{N}$, so gilt
$(\mathcal{M},A) \equiv (\mathcal{N},A)$.

Beweis
Offenbar gilt $(\mathcal{M},A) \equiv (\mathcal{N},A)$ gdw. für alle $A_0 \Subset A$ gilt $(\mathcal{M},A_0) \equiv (\mathcal{N},A_0)$. Sei daher $A_0 = \{a_0,\dots,a_{n-1}\} \subseteq A$. Nach Löwenheim-Skolem abwärts existieren abzählbare $\mathcal{M}' \preceq \mathcal{M}$ und $\mathcal{N}' \preceq \mathcal{N}$ mit $A_0 \subseteq M' \cap N'$ (da $L_<$ abzählbar ist). Da dann $(\mathcal{M},A_0) \equiv (\mathcal{M}',A_0)$ und $(\mathcal{N},A_0) \equiv (\mathcal{N}',A_0)$, reduziert sich die Behauptung auf die abzählbaren Modelle $\mathcal{M}'$ und $\mathcal{N}'$. Ist nun $A_0 = \emptyset$, so sind wir wegen des Satzes von Cantor fertig (denn es gilt sogar $\mathcal{M}' \cong \mathcal{N}'$). Ein nichtleeres A_0 zerlegt $\mathcal{M}'$ und $\mathcal{N}'$ in endlich viele Intervalle, die wieder dichte lineare Ordnungen sind. Intervallweise den Satz von Cantor angewendet erhalten wir $(\mathcal{M}',A_0) \cong (\mathcal{N}',A_0)$, also erst recht $(\mathcal{M}',A_0) \equiv (\mathcal{N}',A_0)$. ■

DLO_{--} ist also unterstrukturvollständig und erlaubt somit Quantorenelimination. Wegen Bemerkung (1) am Anfang dieses Abschnittes ist DLO_{--} vollständig ($L_<$ besitzt keine Individuenkonstanten!). Wir konstatieren:

Satz 9.3.2 Die Theorie DLO hat genau vier verschiedene $L_<$-Vervollständigungen, nämlich DLO_{--}, DLO_{+-}, DLO_{-+} und DLO_{++}, die sämtlich $\aleph_0$-kategorisch sind (und somit nach Bemerkung (4) aus §8.5 ein elementares Primmodell besitzen). DLO_{--} erlaubt Quantorenelimination, die anderen Theorien aber nicht (auch DLO nicht).

Beweis

Jede Vervollständigung von DLO muß "entscheiden", was für Randpunkte es gibt, also eine der genannten vier Theorien enthalten. Jede dieser vier Theorien ist aber $\aleph_0$-kategorisch (was sich leicht aus der $\aleph_0$-Kategorizität von DLO_{--} unter Hinzufügung entsprechender Randpunkte folgern läßt), also bereits vollständig (vgl. Satz 8.5.1), denn DLO besitzt nur unendliche Modelle. Daß DLO_{--} Quantorenelimination hat, folgt aus dem vorigen Lemma. Bleibt einzusehen, daß bei Existenz eines Randpunktes Quantorenelimination nicht gegeben sein kann (denn dann folgt dasselbe auch für die Teiltheorie DLO). Habe z.B. $\mathcal{M} \models$ DLO einen linken Randpunkt c und sei $\mathcal{M}$ abzählbar gewählt. Für einen beliebigen Punkt $d \in$ M ist dann wegen der $\aleph_0$-Kategorizität von Th($\mathcal{M}$) die induzierte Ordnung (also Unterstruktur) $\mathcal{A}_d$ auf der Menge $[d,\infty) = \{a \in \mathrm{M} : d \leq a\}$ isomorph zu $\mathcal{M}$, also ein Modell von Th($\mathcal{M}$). Jedoch sind $(\mathcal{M},[d,\infty))$ und $(\mathcal{A}_d,[d,\infty))$ nicht elementar äquivalent, denn $\exists x\,(x < d)$ gilt im ersteren, nicht aber im letzteren Modell. Somit ist Th($\mathcal{M}$) nicht unterstrukturvollständig. ■

Ü1. Zeige, daß *die* abzählbare dichte lineare Ordnung ohne Randpunkte elementares Primmodell von DLO_{--}, algebraisches (aber nicht elementares) Primmodell von DLO und Primstruktur für (aber selbst nicht Element von) $\mathrm{Mod}(\mathrm{DLO}_{+-}) \cup \mathrm{Mod}(\mathrm{DLO}_{-+}) \cup \mathrm{Mod}(\mathrm{DLO}_{++})$ ist.

Ü2. Gib Formeln an, die explizit belegen, daß DLO, DLO_{+-}, DLO_{-+} und DLO_{++} keine Quantorenelimination erlauben (Beweis!). Im Falle von DLO läßt sich eine derartige *Aussage* finden. Warum geht das in den anderen Fällen nicht?

Die nächste Übung zeigt, wie weit DLO davon entfernt ist, Quantorenelimination zu erlauben.

Ü3. Sei φ_l die Formel $\forall y\,(x = y \vee x < y)$ und φ_r die Formel $\forall y\,(x = y \vee y < x)$ und setze $\Delta = \mathbf{qf} \cup \{\, \varphi_l\,,\ \exists x\,\varphi_l\,,\ \varphi_r\,,\ \exists x\,\varphi_r \,\}$.
Zeige, daß DLO Elimination bis auf Formeln aus Δ erlaubt.

9.4. Algebraisch abgeschlossene Körper

Wir kommen nun zum prominentesten algebraischen Beispiel unserer Betrachtungen, das maßgeblich zu modelltheoretischen Begriffsbildungen und Ergebnissen beigetragen hat. Wir werden auch sehen, daß sich umgekehrt bereits vorher bekannte rein algebraische Einsichten modelltheoretisch erzielen lassen, nämlich als Konsequenz einer zunächst nachzuweisenden Quantorenelimination.

Die Rede ist hier von folgender Theorie.

Die Theorie ACF der **algebraisch abgeschlossenen Körper** (**a**lgebraically **c**losed **f**ields) ist durch folgendes Axiomensystem gegeben:

$\mathrm{TF} \cup \{\, \forall y_0 \ldots y_{n-1}\, \exists x\, (x^n + y_{n-1}x^{n-1} + \ldots + y_1 x + y_0 = 0) \,:\, 0 < n < \omega \,\}$

Die Sprache L *sei dabei (und in allen Betrachtungen über Körper) stets die der Signatur* $(0,1;+,-,\cdot)$.

Die Modelle dieser Theorie sind gerade die Körper, in denen jedes Polynom positiven Grades (in einer Unbekannten) mit Koeffizienten aus diesem Körper eine Nullstelle besitzt. Solche

Körper heißen **algebraisch abgeschlossen**. (Wir haben das zwar in der obigen Definition lediglich für die **normierten** Polynome positiven Grades gefordert, d.h. für die Polynome positiven Grades, dessen **Leitkoeffizient** 1 ist; aber offenbar ist das gleichbedeutend, da der Koeffizientenring ein Körper ist.)

Bemerkung: ACF hat nur unendliche Modelle, denn wenn $\mathcal{K}$ ein endlicher Körper mit dem Universum $\{ k_i : i < n \}$ ist, so kann das Polynom $1 + \prod_{i<n} (x - k_i)$ keine Nullstelle in $\mathcal{K}$ haben.

Fügen wir noch eine Aussage über die positive Charakteristik p oder unendlich viele über die Charakteristik 0 hinzu (vgl. §5.3), so erhalten wir die Erweiterung ACF_p von $ACF \cup TF_p$ bzw. die Erweiterung ACF_0 von $ACF \cup TF_0$.

Beispiele: Der von Gauss bewiesene Fundamentalsatz der Algebra besagt, daß der Körper $\mathbb{C}$ der komplexen Zahlen ein Modell von ACF (also von ACF_0) ist. Die Körper $\mathbb{Q}$ und $\mathbb{R}$ der rationalen bzw. reellen Zahlen sind nicht algebraisch abgeschlossen, denn x^2+1 z.B. hat in ihnen keine Nullstelle.

Wir rekapitulieren hier einiges über Polynome in einer Unbekannten mit Koeffizienten aus einem Körper $\mathcal{K}$, also Gebilde der Form $k_n x^n + \ldots + k_1 x + k_0$ mit $k_i \in \mathcal{K}$ $(i \leq n)$. Diese bilden bzgl. der üblichen Operationen den sog. **Polynomring** $\mathcal{K}[x]$ über $\mathcal{K}$. Ist f das obige Polynom und $k_n \neq 0$, so ist n der **Grad** von f, den wir mit deg f bezeichnen. Wenn $k_0 = \ldots = k_n = 0$, also $f = 0$, so setzen wir $\deg f = -\infty$. Wie üblich identifizieren wir die Polynome vom Grad ≤ 0 in $\mathcal{K}[x]$ mit den Elementen des Körpers $\mathcal{K}$ und sehen $\mathcal{K}$ auf diese Weise als Teilkörper von $\mathcal{K}[x]$ an. Das konstante Polynom $0 \in \mathcal{K}$ ist das Nullelement des Ringes $\mathcal{K}[x]$, und das konstante Polynom $1 \in \mathcal{K}$ ist das Einselement. Ist a eine Nullstelle eines Polynoms positiven Grades aus $\mathcal{K}[x]$ in einer Körpererweiterung $\mathcal{E}$ von $\mathcal{K}$, so ist ein **Minimalpolynom** von a über $\mathcal{K}$ ein normiertes Polynom $f \in \mathcal{K}[x]$ von minimalem Grad, das a als Nullstelle hat.

Da die Differenz zweier normierter Polynome von gleichem Grad Polynom von kleinerem Grad ist, gibt es genau ein Minimalpolynom von a. Es läßt sich aber noch mehr sagen, denn $\mathcal{K}[x]$ ist **euklidischer** Ring, genauer, für alle von 0 verschiedenen Polynome $g, f \in \mathcal{K}[x]$ existieren Polynome $q, r \in \mathcal{K}[x]$, so daß $g = q\,f + r$ und $\deg r < \deg f$. Hieraus leitet man induktiv über den Grad leicht ab, daß von 0 verschiedene Polynome aus $\mathcal{K}[x]$ mit der Nullstelle $a \in \mathcal{K}$ durch das Polynom $x - a$ teilbar sind und jedes von 0 verschiedene Polynom $f \in \mathcal{K}[x]$ höchstens $\deg f$, also endlich viele Nullstellen besitzt. (Daraus wiederum folgt, daß für *unendliche* $\mathcal{K}$ nur die Polynome vom Grad ≤ 0, also die Elemente aus $\mathcal{K}$, als Funktion von $\mathcal{K}$ nach $\mathcal{K}$ konstant sein können. In endlichen Körpern ist dem allerdings nicht so: Die durch $x \mapsto x^p$ gegebene sog. **Frobenius-Abbildung** auf dem Körper $\mathbb{F}_p$ ist die identische Abbildung, d.h., das Polynom $x^p - x$ ist konstant 0.) Aus der Euklidizität von $\mathcal{K}[x]$ ist ferner ersichtlich, daß das Minimalpolynom f von a über $\mathcal{K}$ jedes andere Polynom $g \in \mathcal{K}[x]$ teilt, das auch a als Nullstelle besitzt; denn wenn $g = q\,f + r$ wie gehabt, so ist a Nullstelle auch von r, was wegen $\deg r < \deg f$ nach sich zieht, daß $r = 0$ (denn sonst könnte man r normieren, was der Minimalität von f widerspräche). Daraus folgt, daß *alle* Nullstellen des Minimalpolynoms f von a über $\mathcal{K}$ (in jeder beliebigen Erweiterung von $\mathcal{K}$) Nullstellen eines jeden Polynoms aus $\mathcal{K}[x]$ sind, das a als Nullstelle hat. Das Minimalpolynom f von a über $\mathcal{K}$ ist ferner **irreduzibel** (in $\mathcal{K}[x]$), d.h., wenn f Produkt zweier Polynome $f_1, f_2 \in \mathcal{K}[x]$ ist, so $f_1 \in \mathcal{K}$ oder $f_2 \in \mathcal{K}$ (d.h. $\deg f_1 = 0$ oder $\deg f_2 = 0$), denn $f(a) = 0$ zieht wegen der Nullteilerfreiheit von $\mathcal{E}$ auch $f_1(a) = 0$ oder $f_2(a) = 0$ nach sich, also wegen der Minimalität von f (und $\deg f = \deg f_1 + \deg f_2$) auch $\deg f_1 = 0$ oder $\deg f_2 = 0$. Zusammen mit der vorigen Bemerkung über die Nullstellenmenge von Minimalpolynomen ergibt das, daß f Minimalpolynom *aller* seiner Nullstellen in jeder beliebigen Erweiterung von $\mathcal{K}$ ist. Daraus folgt auch, daß die Nullstellenmenge eines jeden anderen Polynoms aus $\mathcal{K}[x]$ in jeder *beliebigen* Erweiterung $\mathcal{K}'$ von $\mathcal{K}$ entweder *keine* oder *alle* Nullstellen von f in $\mathcal{K}'$ enthält.

Da in unserer Signatur Unterstrukturen von Körpern im allgemeinen lediglich Teil*ringe* sind, vgl. §5.3, brauchen wir folgende Verallgemeinerung der Konstruktion der rationalen Zahlen als Quotienten von ganzen Zahlen.

Zu jedem nullteilerfreien kommutativen Ring $\mathcal{A}$ (= Integritätsbereich, vgl. Ü5.3.2) gibt es einen sogenannten **Quotientenkörper**, der $\mathcal{A}$ als Teilring enthält und sich über $\mathcal{A}$ in jeden anderen Körper einbetten läßt, der $\mathcal{A}$ erweitert. Dieser Quotientenkörper ist bis auf $\mathcal{A}$-Isomorphie eindeutig bestimmt und wird mit $Q(\mathcal{A})$ bezeichnet. (Es läßt sich sogar jeder Ringisomorphismus $\mathcal{A} \cong \mathcal{B}$ zu einem Isomorphismus $Q(\mathcal{A}) \cong Q(\mathcal{B})$ fortsetzen.) Vgl. Literaturanhang F.

Wir hatten uns in §5.3 davon überzeugt, daß (modulo der Theorie CR der kommutativen Ringe) die L-Terme $t(x,\bar{a})$ mit Parametern $\bar{a}$ aus $\mathcal{K}$ gerade die Polynome aus $\mathcal{K}[x]$ und dementsprechend die atomaren Formeln $\varphi(x,\bar{a})$ mit Parametern $\bar{a}$ aus $\mathcal{K}$ gerade die Polynomgleichungen $f = 0$ mit $f \in \mathcal{K}[x]$ sind, siehe Lemma 5.3.3 . Also sind die mittels einstelliger atomarer Formeln mit Parametern aus $\mathcal{K}$ in einer Körpererweiterung $\mathcal{E}$ von $\mathcal{K}$ definierbaren Teilmengen gerade die Nullstellenmengen solcher Polynome und somit endlich oder - im Falle trivialer Polynomgleichungen - ganz $\mathcal{E}$. Als nächstes untersuchen wir, wie das im Fall aussieht, daß wir statt atomarer beliebige quantorenfreie Formeln zulassen.

Lemma 9.4.1 Sei $\mathcal{A}$ ein nullteilerfreier kommutativer Ring und $\psi(x) \in L(A)$ eine quantorenfreie L-Formel (in höchstens einer freien Variablen x und mit Parametern aus dem Ring $\mathcal{A}$). Dann tritt mindestens einer der drei folgenden Fälle ein.

(a) ψ ist in keinem Körper $\mathcal{K} \supseteq \mathcal{A}$ erfüllbar.

(b) Für alle Körper $\mathcal{K} \supseteq \mathcal{A}$ ist $\mathcal{K} \setminus \psi(\mathcal{K})$ endlich.

(c) Es gibt ein Minimalpolynom $f \in Q(\mathcal{A})[x]$ (eines ψ erfüllenden Elementes), so daß für alle Körper $\mathcal{K} \supseteq \mathcal{A}$ (die natürlich auch $Q(\mathcal{A})$ enthalten) die Menge $\psi(\mathcal{K})$ alle Nullstellen von f in $\mathcal{K}$ enthält, d.h.,

$TF \cup D(Q(\mathcal{A})) \models \forall x\, (f(x) = 0 \to \psi(x))$.

Weiterhin ist ψ in jedem algebraisch abgeschlossenen Körper $\mathcal{K}^* \supseteq \mathcal{A}$ erfüllt, falls ψ in überhaupt einem Körper $\mathcal{K} \supseteq \mathcal{A}$ erfüllt ist.

Beweis

Wegen obiger Bemerkung können wir annehmen, daß $\mathcal{A}$ selbst ein Körper, also $\mathcal{A} = Q(\mathcal{A})$, ist.

Als quantorenfreie Formel ist ψ Boolesche Kombination atomarer Formeln. Es ist leicht einzusehen, daß es genügt, den Fall zu betrachten, wo ψ nur aus einem Disjunktionsglied besteht. Nach Lemma 5.3.3(2) ist ψ dann oBdA von der Form

$$\bigwedge_{i<m} t_i(x) = 0 \wedge \bigwedge_{j<n} s_j(x) \neq 0 \qquad (\, t_i, s_j \in \mathcal{A}[x]\,).$$

Eine Polynomgleichung $a = 0$ mit einem konstanten Polynom $a \in \mathcal{A}$ ist entweder in allen Körpern $\mathcal{K} \supseteq \mathcal{A}$ gleichzeitig (nämlich genau dann, wenn $a = 0$) oder aber in keinem Körper $\mathcal{K} \supseteq \mathcal{A}$ erfüllt. Dasselbe gilt dann auch für Boolesche Kombinationen von solchen. Also ist das Lemma für *Aussagen* ψ bewiesen, und wir können annehmen, daß alle t_i, s_j positiven Grad haben.

Gelte (a) nicht. Dann ist ψ in einem Körper $\mathcal{K} \supseteq \mathcal{A}$ erfüllt, und wir betrachten zwei Fälle.

1. Fall: $m = 0$, d.h., ψ ist äquivalent zu $\neg \bigvee_{j<n} s_j(x) = 0$.

Dann ist für jeden Körper $\mathcal{K} \supseteq \mathcal{A}$ die Menge $\mathcal{K} \setminus \psi(\mathcal{K})$ gerade die Vereinigung der endlich vielen endlichen (!) Nullstellenmengen der s_j , und es tritt somit (b) ein.

2. Fall: $m > 0$.

Nach Annahme ist ψ durch ein $c \in \mathcal{K} \supseteq \mathcal{A}$ erfüllt. Wegen $m > 0$ ist c eine Nullstelle eines Polynoms positiven Grades und besitzt somit ein Minimalpolynom f über $\mathcal{A}$, dessen Nullstellen - wie oben ausgeführt - auch Nullstellen sämtlicher Polynome t_i

(i < m), aber keine Nullstellen eines der s_j (j < n) sind (denn c ist nicht Nullstelle eines der s_j). Folglich erfüllen alle Nullstellen von f die Formel ψ (in jeder Erweiterung von $\mathcal{A}$), d.h., es gilt (c).

Sei nun $\mathcal{A} \subseteq \mathcal{K}^* \models$ ACF und ψ erfüllbar in einem Körper $\mathcal{K} \supseteq \mathcal{A}$. Also muß (b) oder (c) gelten. Da $\mathcal{K}^*$ als algebraisch abgeschlossener Körper unendlich ist (siehe Bemerkung weiter oben), kann die Menge $\psi(\mathcal{K}^*)$ im Fall (b) nicht leer sein. Im Fall (c) ist sie aber auch nicht leer, denn f hat in $\mathcal{K}^*$ eine Nullstelle. ∎

Wir kommen zum Hauptergebnis dieses Abschnitts.

Satz 9.4.2 ACF erlaubt Quantorenelimination, d.h. jede $(0,1;+,-,\cdot)$-Formel in den freien Variablen $\bar{x}$ ist ACF-äquivalent zu einer Booleschen Kombination von Polynomgleichungen $t = 0$ mit $t \in \mathbb{Z}[\bar{x}]$ (und somit gilt dasselbe für ACF_q für alle Charakteristiken q).

Tarski (**1948**) nicht publiziert, siehe
[A. Robinson, *Introduction to Model Theory and to the Metamathematics of Algebra*, Studies in Logic and the Foundations of Mathematics 66, North-Holland, Amsterdam [2]**1965**]

Beweis

Wir weisen (iii) aus Satz 9.2.2 nach, d.h., wir zeigen für gegebene $\mathcal{M},\mathcal{N} \models$ ACF und eine gemeinsame Unterstruktur (Teilring) $\mathcal{A}$ von $\mathcal{M}$ und $\mathcal{N}$ (endlich erzeugt oder nicht), daß $(\mathcal{M},A) \equiv_{\exists^*} (\mathcal{N},A)$.

Sei dazu φ eine einfach primitive Aussage aus L(A) , die in $\mathcal{M}$ gilt. Aus Symmetriegründen brauchen wir nur zu zeigen, daß sie auch in $\mathcal{N}$ gilt.

φ ist nun von der Form $\exists y\ \psi(y)$, wobei ψ eine Konjunktion endlich vieler atomarer und negierter atomarer Formeln aus L(A) ist.

Wegen $\mathcal{M} \models \varphi$ ist ψ in einem, und somit nach Lemma 9.4.1 in jedem algebraisch abgeschlossenen Körper, insbesondere auch in $\mathcal{N}$ erfüllt. Also gilt φ auch in $\mathcal{N}$. ■

Bemerkungen (1) und (2) aus §9.2 ergeben unmittelbar die folgenden Schlußfolgerungen (für (1) beachte, daß die Klassen der algebraisch abgeschlossenen Körper fixierter Charakteristik Primstrukturen (Primkörper) besitzen).

Korollar 9.4.3

(1) Die Theorien ACF_0 und ACF_p $(p > 0)$ sind vollständig.

(2) Jede Einbettung zwischen algebraisch abgeschlossenen Körpern ist elementar. ■

Die Vervollständigungen von ACF sind also gerade die Theorien ACF_q für q gleich 0 oder Primzahl. Für $q = 0$ ergibt das z.B., daß eine $(0,1;+,-,\cdot)$-Aussage in irgendeinem algebraisch abgeschlossenen Körper der Charakteristik 0 gilt gdw. sie in $\mathbb{C}$ gilt.

In §12.3 (Bemerkungen (2) und (3) nach Satz 12.3.5) werden wir sehen, daß die Theorien ACF_0 und ACF_p $(p > 0)$ sogar elementare Primmodelle besitzen.

Ü1. Beweise, daß $ACF_\forall$ der deduktive Abschluß von $CR \cup \{\forall xy\, (xy = 0 \to x = 0 \vee y = 0)\}$ ist.
[Dies ist die Theorie der Integritätsbereiche, vgl. Ü5.3.2.]

Ü2. Zeige, daß ACF_0 nicht endlich axiomatisierbar ist.

9.5. Körpertheoretische Anwendungen

Aus der Quantorenelimination für ACF ergeben sich weitreichende körpertheoretische Folgerungen, insbesondere neue Beweise für klassische Resultate, wovon wir in diesem Abschnitt einige Beispiele bringen.

Lemma 9.5.1 (Simultanes Lösbarkeitskriterium)
Für jedes endliche System $\sigma(\bar{x},\bar{y})$ von Polynomgleichungen und -ungleichungen in den Unbekannten $\bar{x}$, $\bar{y}$ (mit ganzzahligen Koeffizienten) gibt es eine Boolesche Kombination $\sigma^*(\bar{y})$ von Polynomgleichungen in den Unbekannten $\bar{y}$ (mit ganzzahligen Koeffizienten) derart, daß für alle $\mathcal{K} \models$ ACF und $l(\bar{y})$-Tupel $\bar{c}$ aus $\mathcal{K}$ gilt: $\sigma(\bar{x},\bar{c})$ hat eine Lösung in $\mathcal{K}$ gdw. $\mathcal{K} \models \sigma^*(\bar{c})$.

Beweis
Nach Satz 9.4.2 gibt es eine zu $\exists\bar{x}\,\sigma(\bar{x},\bar{y})$ modulo ACF äquivalente quantorenfreie Formel $\sigma^*(\bar{y})$, die wegen Lemma 5.3.3(1) von der gewünschten Form ist. ■

Bemerkung: Läßt man in $\sigma(\bar{x},\bar{y})$ Koeffizienten aus einem gewissen Körper $\mathcal{K}_0$ zu, erhält man $\sigma^*(\bar{y})$ wie gehabt, nur u.U. mit Koeffizienten aus $\mathcal{K}_0$ derart, daß für alle $\mathcal{K} \models$ ACF , *die* $\mathcal{K}_0$ *erweitern*, $\sigma^*(\bar{y})$ ein Kriterium für die Lösbarkeit von $\sigma(\bar{x},\bar{y})$ ist. (Das wird errreicht, indem man $\sigma(\bar{x},\bar{y})$ als $\sigma'(\bar{x},\bar{y},\bar{a})$ schreibt, wobei $\bar{a}$ die Koeffizienten von σ enthält, die in $\mathcal{K}_0$ sind, und dann Lemma 9.5.1 auf $\sigma'(\bar{x},\bar{y},\bar{z})$ anwendet.)

Für den nächsten Beweis konstatieren wir: Jeder Körper besitzt einen algebraisch abgeschlossenen Erweiterungskörper (siehe Ü12.1.5, vgl. auch die Anmerkung zu Ü12.2.8 weiter unten).

Satz 9.5.2 (Hilbert) Sei $\mathcal{K}$ ein Körper und σ ein endliches System von Polynomgleichungen und -ungleichungen mit Koeffizienten aus $\mathcal{K}$.
Hat σ eine Lösung in irgendeinem Körper, der $\mathcal{K}$ erweitert, so hat σ eine Lösung in jedem algebraisch abgeschlossenen Körper, der $\mathcal{K}$ erweitert.

Beweis
Habe σ eine Lösung in einem Körper $\mathcal{K}' \supseteq \mathcal{K}$, und sei

$\mathcal{K} \subseteq \mathcal{K}^* \models$ ACF. Wir müssen zeigen, daß σ eine Lösung in $\mathcal{K}^*$ hat.

Wir können σ als $\sigma(\bar{x},\bar{c})$ schreiben mit $\bar{c}$ aus $\mathcal{K}$ und wählen dazu $\sigma^*(\bar{y})$ wie in Lemma 9.5.1. Außerdem wählen wir einen algebraisch abgeschlossenen Körper $\mathcal{K}'' \supseteq \mathcal{K}'$. Da σ eine Lösung in dem Körper $\mathcal{K}' \supseteq \mathcal{K}$ hat, so erst recht in $\mathcal{K}''$ (denn $\exists \bar{x}\, \sigma(\bar{x},\bar{y})$ ist eine $\exists$-Formel, vgl. Korollar 6.2.6). Dann gilt $\sigma^*(\bar{c})$ in $\mathcal{K}''$. Wegen der Unterstrukturvollständigkeit von ACF (Sätze 9.4.2 und 9.2.2) gilt $(\mathcal{K}^*,\mathcal{K}) \equiv (\mathcal{K}'',\mathcal{K})$. Da $\bar{c}$ in $\mathcal{K}$ liegt, folgt deshalb aus $\mathcal{K}'' \models \sigma^*(\bar{c})$ auch $\mathcal{K}^* \models \sigma^*(\bar{c})$, und somit ist σ auch lösbar in $\mathcal{K}^*$. ■

Beachte, daß Lemma 9.5.1 ein konstantenunabhängiges (d.h. koeffizientenunabhängiges) simultanes Kriterium $\sigma^*(\bar{y})$ für alle Systeme "derselben Form" $\sigma(\bar{x},\bar{y})$ liefert.

Wir kommen nun zu Hilberts Nullstellensatz, der eine fundamentale Rolle in der algebraischen Geometrie spielt. Satz 9.5.2 liefert in unserer Darstellung den modelltheoretischen Teil dieses Satzes. Der verbleibende rein algebraische erweist sich als relativ kurz.

Satz 9.5.3 (Hilbertscher Nullstellensatz) Sei $\mathcal{K}$ ein Körper und $\mathcal{R} = \mathcal{K}[x_0,\ldots,x_{n-1}]$ der Ring der Polynome in den Veränderlichen $x_0,\ldots,x_{n-1}$ mit Koeffizienten aus $\mathcal{K}$.
Ist das durch die Polynome $f_0,\ldots,f_{m-1} \in \mathcal{R}$ erzeugte Ideal verschieden von $\mathcal{R}$, so haben $f_0,\ldots,f_{m-1}$ eine gemeinsame Nullstelle in jedem algebraisch abgeschlossenen Körper, der $\mathcal{K}$ erweitert.

Beweis
Wegen Satz 9.5.2 brauchen wir nur einen Erweiterungskörper von $\mathcal{K}$ zu finden, in dem $f_0,\ldots,f_{m-1}$ eine gemeinsame Nullstelle haben.
Nach dem Zornschen Lemma existiert ein maximales von $\mathcal{R}$ verschiedenes Ideal m, das die Polynome f_i enthält. Dann ist

$\mathcal{K}' =_{def} \mathcal{R}/m$ ein Körper. Wie leicht einzusehen ist, definiert $k \mapsto k+m$ einen Ringhomomorphismus h: $\mathcal{K} \to \mathcal{K}'$ mit Kern $\mathcal{K} \cap m$. Da kein invertierbares Element in m enthalten sein kann (sonst läge auch 1 in m, was $\mathcal{R} \neq m$ widerspräche), ist $\mathcal{K} \cap m = \{0\}$, also h: $\mathcal{K} \hookrightarrow \mathcal{K}'$. Diese Einbettung induziert in kanonischer Weise auch eine Einbettung $\mathcal{K}[\bar{x}] \hookrightarrow \mathcal{K}'[\bar{x}]$, die wir wieder mit h bezeichnen.

Wir zeigen nun, daß die Polynome $h(f_0),\ldots,h(f_{m-1})$ die gemeinsame Nullstelle $(x_0+m,\ldots,x_{n-1}+m)$ in $\mathcal{K}'$ haben. Dabei identifizieren wir der Einfachheit halber Polynome aus $\mathcal{K}[\bar{x}]$ mit ihren Bildern unter h in $\mathcal{K}'[\bar{x}]$:

Die Elemente von $\mathcal{K}'$ sind $r+m$ mit $r \in \mathcal{R}$. Die Rechenoperationen in $\mathcal{K}'$ sind $(r+m)+(s+m) = (r+s)+m$ sowie $(r+m)\cdot(s+m) = (r\cdot s)+m$ für $r,s \in$ R.

Folglich gilt $f(r_0+m,\ldots,r_{n-1}+m) = f(r_0,\ldots,r_{n-1})+m$ für jedes Polynom $f \in \mathcal{R}$. Also haben wir

$f_i(x_0+m,\ldots,x_{n-1}+m) = f_i(x_0,\ldots,x_{n-1})+m = f_i+m = 0+m$ für $i < m$ (da $f_i \in m$); $0+m$ ist aber die Null in $\mathcal{K}'$.

Nach isomorpher Korrektur (Lemma 8.3.1) erhalten wir einen Erweiterungskörper von $\mathcal{K}$, in dem die Polynome $f_0,\ldots,f_{m-1}$ eine gemeinsame Nullstelle haben. ■

Bemerkung: Das von einem Polynom $f \in \mathcal{K}[x]$ erzeugte Ideal ist genau dann gleich $\mathcal{K}[x]$, wenn es ein Polynom $g \in \mathcal{K}[x]$ gibt mit $f\,g = 1$, also gdw. f ein Polynom vom Grad 0 ist. Der Hilbertsche Nullstellensatz verallgemeinert also die definierende Eigenschaft der algebraisch abgeschlossenen Körper, daß jedes Polynom positiven Grades aus $\mathcal{K}[x]$ eine Nullstelle in jedem algebraisch abgeschlossenen Erweiterungskörper von $\mathcal{K}$ hat - und zwar sowohl auf endliche Mengen von Polynomen als auch auf solche in mehreren Unbekannten.

Der Hilbertsche Nullstellensatz benötigt übrigens nicht die volle Stärke der Quantorenelimination von ACF sondern lediglich deren sogenannte Modellvollständigkeit, siehe Ü9.6.1 weiter unten. Wir bringen als nächstes eine Anwendung der Quantorenelimination, für die die Modellvollständigkeit allein nicht genügen würde.

Sei $\mathcal{K} \models \mathrm{ACF}$ und $n < \omega$.
Eine **konstruktible Menge** des affinen Raumes $\mathcal{K}^n$ ist in unserem Sprachgebrauch eine durch eine Formel aus $\mathbf{qf} \cap L_n(\mathcal{K})$ in $\mathcal{K}$ definierbare Menge, d.h. eine endliche Boolesche Kombination von Lösungsmengen von Polynomgleichungen in n Unbekannten mit Koeffizienten aus $\mathcal{K}$.

Satz 9.5.4 (Chevalley) Sei $\mathcal{K} \models \mathrm{ACF}$ und $m < n < \omega$.
Jede Projektion einer konstruktiblen Menge aus $\mathcal{K}^n$ auf $\mathcal{K}^m$ ist konstruktibel (in $\mathcal{K}^m$).

[D. Mumford, *Algebraic Geometry* I (*Complex Projective Varieties*), Grundlehren der Mathematischen Wissenschaften 221, Springer, Berlin **1976**]

Beweis
Ist $X \subseteq \mathcal{K}^n$ durch $\varphi(x_0,\ldots,x_{n-1})$ definiert, so ist z.B. die Projektion von X auf die letzten n−1 Komponenten definiert durch $\exists x_0\, \varphi(x_0,\ldots,x_{n-1})$, was wegen Satz 9.4.2 wieder quantorenfrei modulo ACF ist und somit eine konstruktible Menge in $\mathcal{K}^n$ definiert. ■

Bemerkung: Der Beweis ergibt eine Verschärfung des Satzes von Chevalley: Zu gegebenem $\varphi(x_0,\ldots,x_{n-1})$ gibt es eine quantorenfreie Formel $\psi(x_1,\ldots,x_{n-1})$, die die Projektion von $\varphi(\mathcal{K}^n)$ auf $x_1,\ldots,x_{n-1}$ nicht nur in einem, sondern simultan in allen $\mathcal{K} \models \mathrm{ACF}$ definiert (vgl. die Bemerkung nach Lemma 9.5.1).

Sei $\mathcal{K} \models \mathrm{ACF}$. Eine Funktion $f\colon \mathcal{K}^n \to \mathcal{K}^m$ heiße **konstruktibel**, wenn es ihr Graph in $\mathcal{K}^{n+m}$ ist.

Korollar 9.5.5 Der Wertebereich und der Injektivitätsbereich einer konstruktiblen Funktion sind konstruktibel.

Beweis

Falls $\varphi(\bar{x},\bar{y})$ den Graph von f definiert, definiert $\exists \bar{x}\, \varphi(\bar{x},\bar{y})$ den Wertebereich von f.

Ebenso ist der durch $\forall \bar{x}'\bar{y}\bar{y}' (\varphi(\bar{x},\bar{y}) \wedge \varphi(\bar{x}',\bar{y}') \wedge \bar{y} = \bar{y}' \rightarrow \bar{x} = \bar{x}')$ definierte Injektivitätsbereich von f konstruktibel. ■

Bemerkung: Aus der Vollständigkeit von ACF_q folgt bereits, daß eine Formel $\varphi(\bar{x},\bar{y},\bar{a})$ mit $\bar{a}$ aus $\mathcal{K} \models ACF$ eine Funktion in $\mathcal{K}$ definiert gdw. sie dies in allen $\mathcal{K}' \models ACF$ tut, die den von $\bar{a}$ in $\mathcal{K}$ erzeugten Körper enthalten, denn

$\mathcal{K} \models \forall \bar{x}\, \exists ! \bar{y}\, \varphi(\bar{x},\bar{y},\bar{a})$ gdw. $\mathcal{K}' \models \forall \bar{x}\, \exists ! \bar{y}\, \varphi(\bar{x},\bar{y},\bar{a})$.

Weitere körpertheoretische Anwendungen, so die Steinitzsche Dimensionstheorie, werden wir in den Übungsaufgaben von §§12.2-3 als Spezialfall einer allgemeineren Theorie kennenlernen.

Ü1. Leite aus Satz 9.5.3 die folgende üblichere Formulierung des Nullstellensatzes ab.
Wenn in einer algebraisch abgeschlossenen Körpererweiterung von $\mathcal{K}$ alle gemeinsamen Nullstellen von $f_0,\dots,f_{m-1} \in \mathcal{K}[\bar{x}]$ auch Nullstellen von $g \in \mathcal{K}[\bar{x}]$ sind, so liegt g^k in dem von $f_0,\dots,f_{m-1}$ erzeugten Ideal von $\mathcal{K}[\bar{x}]$ für gewisses $k > 0$. [Betrachte die Polynome $f_0,\dots,f_{m-1}$, $1-g\cdot z$ in $\mathcal{K}[\bar{x},z]$.]

Für einen Körper $\mathcal{K}$ bezeichne $GL_2(\mathcal{K})$ die sogenannte **allgemeine lineare Gruppe** von 2×2-Matrizen über $\mathcal{K}$, d.h. die Menge der 2×2-Matrizen über $\mathcal{K}$ mit Determinante $\neq 0$ und der üblichen Matrizenmultiplikation als Verknüpfung. Zwei Elemente a und b einer Gruppe G heißen **konjugiert** (in G), falls es ein $g \in G$ gibt mit $a = g^{-1}bg$.

Ü2. Zeige, daß zwei Matrizen aus $GL_2(\mathcal{K})$ mit $\mathcal{K} \models ACF$ konjugiert sind in $GL_2(\mathcal{K})$ gdw. sie konjugiert sind in $GL_2(\mathcal{K}')$ für irgendein $\mathcal{K}' \models ACF$, das $\mathcal{K}$ erweitert. [Interpretiere (in einem etwas allgemeineren Sinne als in §6.4) für einen beliebigen Körper $\mathcal{K}$ die Gruppe $GL_2(\mathcal{K})$ in $\mathcal{K}^4$, indem die Elemente von $GL_2(\mathcal{K})$ als gewisse Quadrupel aus $\mathcal{K}$ aufgefaßt werden, und finde $(0,1;+,-,\cdot)$-Formeln, die genau die "richtigen" Quadrupel aussondern, die Gruppenmultiplikation definieren bzw. die Konjugiertheit ausdrücken.]

9.6. Modellvollständigkeit

Wir betrachten hier folgende Abschwächung der Unterstrukturvollständigkeit.

> Eine Theorie T heiße **modellvollständig**, falls sie Mod T-vollständig ist, vgl. §9.2 .

[A. Robinson, *Complete Theories*, Studies in Logic and the Foundations of Mathematics, North-Holland, Amsterdam **1956**]

Wir werden sehen, daß Modellvollständigkeit äquivalent zu $\exists$-Elimination und auch zu $\forall$-Elimination ist, also auch einer Abschwächung der Quantorenelimination entspricht. Wir wollen noch eine weitere äquivalente Eigenschaft betrachten und definieren dafür:

> Sei $\mathcal{M}$ eine L-Struktur und $\mathcal{K}$ eine Klasse von L-Strukturen. $\mathcal{M}$ heißt **existentiell abgeschlossen** in einer L-Struktur $\mathcal{N} \supseteq \mathcal{M}$, falls für jede primitive L-Formel $\varphi(\bar{x})$ und jedes entsprechende Tupel $\bar{a}$ aus M aus $\mathcal{N} \models \varphi(\bar{a})$ bereits $\mathcal{M} \models \varphi(\bar{a})$ folgt.
> $\mathcal{M}$ heißt **existentiell abgeschlossen in** $\mathcal{K}$, falls $\mathcal{M} \in \mathcal{K}$ und $\mathcal{M}$ existentiell abgeschlossen ist in jedem $\mathcal{N} \in \mathcal{K}$ mit $\mathcal{M} \subseteq \mathcal{N}$.
> Ein **existentiell abgeschlossenes Modell** einer Theorie T ist ein Modell von T , das existentiell abgeschlossen in Mod T ist.

Bemerkungen

(1) Eine primitive Formel ist eine Formel der Form $\exists\bar{x}\,\sigma(\bar{x},\bar{y})$, wobei σ Konjunktion atomarer und negierter atomarer Formeln ist, vgl. §9.2 . Im Falle von Sprachen ohne Relationskonstanten handelt es sich bei letzteren einfach um Termgleichungen und -ungleichungen, also bedeutet die

existentielle Abgeschlossenheit von $\mathcal{M}$ in $\mathcal{N} \supseteq \mathcal{M}$ in diesem Fall, daß für jedes System σ von Gleichungen und -ungleichungen mit Parametern aus $\mathcal{M}$ aus der Lösbarkeit von σ in $\mathcal{N}$ bereits die in $\mathcal{M}$ folgt. Insbesondere folgt aus Korollar 9.5.2 , daß algebraisch abgeschlossene Körper existentiell abgeschlossen sind (in der Klasse aller Körper). Da jedes Polynom positiven Grades in einer Unbekannten über einem Körper eine Lösung in einem Erweiterungskörper hat, ist jeder existentiell abgeschlossene Körper auch algebraisch abgeschlossen, und somit stimmen für Körper beide Begriffe überein (wobei man unter einem **existentiell abgeschlossenen Körper** eben ein existentiell abgeschlossenes Modell der Theorie der Körper versteht).

(2) Wie vor Lemma 9.2.1 bemerkt ist jede $\exists$-Formel logisch äquivalent zu einer Disjunktion von primitiven Formeln. Deshalb folgt aus der existentiellen Abgeschlossenheit von $\mathcal{M}$ in $\mathcal{N} \supseteq \mathcal{M}$ bereits $\mathcal{M} \preceq_{\exists} \mathcal{N}$ (vgl. die Bezeichnungen aus §8.3).

Jetzt können wir ein Analogon zu Satz 9.2.2 beweisen. Die Implikation (iv)$\Rightarrow$(i) ist auch als **Robinsons Modellvollständigkeitstest** bekannt.

Satz 9.6.1 (A. Robinson) Folgende Bedingungen sind äquivalent für jede Theorie T.

(i) T ist modellvollständig.

(ii) Jeder Monomorphismus zwischen Modellen von T ist elementar.

(iii) Wenn $\mathcal{M}, \mathcal{N} \models$ T und $\mathcal{M} \subseteq \mathcal{N}$, so $\mathcal{M} \preceq \mathcal{N}$.

(iv) Wenn $\mathcal{M}, \mathcal{N} \models$ T und $\mathcal{M} \subseteq \mathcal{N}$, so $\mathcal{M} \preceq_{\exists} \mathcal{N}$.

(v) Alle Modelle von T sind existentiell abgeschlossen.

(vi) T hat $\exists$-Elimination.

(vii) T hat $\forall$-Elimination.

Beweis

(i)$\Rightarrow$(ii): Wenn f: $\mathcal{M} \hookrightarrow \mathcal{N}$ und $\mathcal{M}, \mathcal{N} \models T$, so $(\mathcal{N}, f[M]) \models T \cup D(\mathcal{M})$. Da $(\mathcal{M}, M)$ auch ein Modell der Theorie $T \cup D(\mathcal{M})$ ist, folgt aus deren Vollständigkeit (Bedingung (i)), daß $(\mathcal{M}, M) \equiv (\mathcal{N}, f[M])$, weshalb f elementar ist.

(ii)$\Rightarrow$(iii)$\Rightarrow$(iv)$\Rightarrow$(v) ist trivial, und (v)$\Rightarrow$(iv) folgt aus obiger Bemerkung (2).

(iv)$\Rightarrow$(vi): Da $\forall$-Formeln gerade die Negationen von $\exists$-Formeln sind, ist $\mathcal{M} \preceq_\exists \mathcal{N}$ äquivalent dazu, daß für alle $\forall$-Formeln $\psi(\bar{x})$ und entsprechende $\bar{a}$ aus M gilt: Wenn $\mathcal{M} \models \psi(\bar{a})$, so $\mathcal{N} \models \psi(\bar{a})$. Folglich sind nach Korollar 6.2.6 alle $\forall$-Formeln T-äquivalent zu $\exists$-Formeln. Dann ist natürlich auch umgekehrt jede $\exists$-Formel zu einer $\forall$-Formel äquivalent.

Um zu zeigen, daß *jede* Formel φ T-äquivalent zu einer $\exists$-Formel ist, gehen wir induktiv über die Komplexität von φ vor. Dabei deckt die gerade angestellte Beobachtung den Induktionsanfang ab. Der Konjunktionsschritt ist trivial, denn $\exists \bar{x}\, \varphi(\bar{x}) \wedge \exists \bar{y}\, \psi(\bar{y})$ ist logisch äquivalent zu $\exists \bar{x}\bar{y}\, (\varphi(\bar{x}) \wedge \psi(\bar{y}))$. Bleibt der der Negation. Sei also φ von der Form $\neg\psi$, wobei ψ bereits T-äquivalent zu einer $\exists$-Formel ist. Dann ist φ aber T-äquivalent zu einer $\forall$-Formel, die, wie eingangs bemerkt, T-äquivalent zu einer $\exists$-Formel ist.

(vi)$\Rightarrow$(vii), da jede Formel als Negation geschrieben werden kann.

(vii)$\Rightarrow$(iii) folgt aus Lemma 6.2.1 und Bemerkung (6) in §6.1.

(iii)$\Rightarrow$(ii): Sei f: $\mathcal{M} \hookrightarrow \mathcal{N}$ und $\mathcal{M}, \mathcal{N} \models T$.

Dann gibt es ein $\mathcal{M}'$ mit f: $\mathcal{M} \cong \mathcal{M}' \subseteq \mathcal{N}$. Aus (iii) folgt $\mathcal{M}' \preceq \mathcal{N}$, weshalb auch f elementar ist (Lemma 8.2.2(1)).

(ii)$\Rightarrow$(i): Je zwei Modelle von $T \cup D(\mathcal{M})$ sind von der Form $(\mathcal{N}_0, f_0[M])$, $(\mathcal{N}_1, f_1[M])$ für gewisse f_i: $\mathcal{M} \hookrightarrow \mathcal{N}_i$. Diese sind aber wegen (ii) elementar, also $(\mathcal{N}_0, f_0[M]) \equiv (\mathcal{M}, M) \equiv (\mathcal{N}_1, f_1[M])$. ■

Bemerkungen

(1) Auch für modellvollständige Theorien stimmen die Begriffe algebraisches Primmodell bzw. elementares Primmodell überein, und wir sprechen einfach von **Primmodellen**.

(2) (Primmodelltest) Jede modellvollständige Theorie mit Primmodell ist vollständig.

Nachfolgende Übung 3 zeigt, daß endliche lineare Ordnungen mit mehr als einem Element Beispiele für vollständige, modellvollständige Theorien ohne Quantorenelimination liefern.

Beispiel einer vollständigen, modellvollständigen Theorie ohne Quantorenelimination mit unendlichen Modellen:
Sei L die Sprache, deren einzige nichtlogische Konstante ein zweistelliges Relationssymbol R ist, und $\mathcal{M}$ die L-Struktur auf der Menge ω, die durch die Festlegung
$R^{\mathcal{M}} = \{(1,2),(2,1)\} \cup \{(n,n) : 3 \leq n < \omega\}$
definiert ist. Sei T die durch folgende Aussagen axiomatisierte Theorie.

(R0) $\forall xy\, (R(x,y) \leftrightarrow R(y,x))$ (R ist symmetrisch)

(R1) $\exists^{=1}x\, \forall y\, \neg R(x,y)$ (es existiert genau ein isolierter, irreflexiver Punkt)

(R2) $\exists^{=3}x\, \neg R(x,x) \wedge \forall x\, (R(x,x) \rightarrow \forall y\, (R(x,y) \rightarrow x = y))$
(es gibt genau drei irreflexive Punkte, und alle reflexiven Punkte sind isoliert)

(R3) $\exists xy\, (x \neq y \wedge R(x,y))$ (es gibt nichtisolierte Punkte)

Aus (R1) und (R2) folgt, daß es höchstens zwei nichtisolierte Punkte gibt. Zusammen mit (R3) ergibt das genau zwei nichtisolierte Punkte. Die Modelle von T unterscheiden sich also von $\mathcal{M}$ nur in der Anzahl der **reflexiven** Punkte, d.h. in der Anzahl der Punkte, die mit sich selbst in Relation stehen. So hat jedes Modell $\mathcal{N}$ von T eine Mächtigkeit ≥ 3 und, falls $\mathcal{N}$ endlich ist, genau $|N|-3$ reflexive Punkte. Also ist T total kategorisch. Folglich ist T^{∞} total kategorisch und somit vollständig. Ein

Punkt einer Unterstruktur $\mathcal{A}$ eines Modells $\mathcal{N}$ von T ist reflexiv in $\mathcal{A}$ gdw. in $\mathcal{N}$, so daß im Falle $\mathcal{A} \models$ T die drei irreflexiven Punkte von $\mathcal{N}$ auch irreflexiv in $\mathcal{A}$ sein müssen. Sind beide Modelle außerdem unendlich, so folgert man mittels Korollar 8.3.4 leicht, daß $\mathcal{A} \preceq \mathcal{N}$. Folglich ist T^{∞} modellvollständig.

T^{∞} ist aber nicht unterstrukturvollständig, denn für die Unterstruktur $\mathcal{B}$, die nur aus einem irreflexiven Punkt besteht, ist $T \cup D(\mathcal{B})$ nicht vollständig: Die Unterstrukturen von $\mathcal{M}$ mit Träger $\{0\}$ bzw. $\{1\}$ sind beide isomorph zu $\mathcal{B}$, weshalb $(\mathcal{M},0)$ und $(\mathcal{M},1)$ Modelle von $T \cup D(\mathcal{B})$ sind. Sie sind aber nicht elementar äquivalent, denn $\mathcal{M} \models \forall y \neg R(0,y) \wedge \exists y\, R(1,y)$.

Ü1. Leite Korollar 9.5.2 (und somit den Hilbertschen Nullstellensatz) einzig aus der Modellvollständigkeit von ACF ab. (Es scheint allerdings letztere nicht einfacher zu beweisen zu sein als bereits die Quantorenelimination von ACF).

Ü2. Finde eine modellvollständige Theorie in der Sprache mit einem einzigen Relationssymbol, die nicht vollständig ist.

Ü3. Zeige, daß jede vollständige Theorie mit endlichen Modellen modellvollständig ist und daß keine endliche lineare Ordnung mit mehr als einem Element Quantorenelimination erlaubt. [S. z.B. Korollar 9.2.3.]

Ü4. Betrachte in der Sprache L aus obigem Beispiel die Struktur $\mathcal{M}$ auf ω, für die $R^{\mathcal{M}} = \{(n,n+1) : 3 \leq n < \omega\}$, und zeige, daß deren Theorie (natürlich vollständig, aber) nicht modellvollständig ist.

Ü5. Welche Theorien dichter linearer Ordnungen sind modellvollständig? [Vgl. Satz 9.3.2!]

Ü6. Beweise, daß eine Theorie T genau dann Quantorenelimination erlaubt, wenn sie modellvollständig ist und folgende Amalgamierungseigenschaft hat: Wenn $\mathcal{A} \in \mathcal{K}$ gemeinsame Unterstruktur der Modelle $\mathcal{M}, \mathcal{N} \models$ T ist, so existiert ein Modell $\mathcal{M}' \supseteq \mathcal{M}$ von T und $g: \mathcal{N} \hookrightarrow \mathcal{M}'$ derart, daß $id_M\, id_A = g\, id_A$.

Ü7. Zeige, daß $Th(\mathbb{Z};0;+,-)$ nicht modellvollständig ist. [Betrachte echte Untergruppen von $\mathbb{Z}$.]

10. Ketten

Kettenkonstruktionen kommen in vielen mathematischen Beweisen vor. Eine haben wir bereits in Satz 8.4.1 (Löwenheim-Skolem abwärts für $\preceq$) kennengelernt.

10.1. Elementare Ketten

Sei $\alpha \in \mathrm{On}$.

(1) Eine **Kette von L-Strukturen (der Länge** α**)** ist eine Folge von L-Strukturen $(\mathcal{M}_i : i < \alpha)$ derart, daß $\mathcal{M}_i \subseteq \mathcal{M}_j$ für alle $i < j < \alpha$.

(2) Eine Kette wie in (1) heißt **stetig**, falls für alle Limesordinalzahlen $\delta < \alpha$ gilt $\bigcup_{i<\delta} M_i = M_\delta$.

(3) Die **Vereinigung einer Kette** aus (1) ist die kanonische L-Struktur auf $\bigcup_{i<\alpha} M_i$, d.h., die nichtlogischen Konstanten werden auf $\bar{a}$ aus $\bigcup_{i<\alpha} M_i$ so interpretiert, wie in dem $\mathcal{M}_i$ mit dem kleinsten Index $i < \alpha$, das $\bar{a}$ enthält. Für diese Struktur schreiben wir $\bigcup_{i<\alpha} \mathcal{M}_i$.

(4) Die Kette aus (1) heißt **elementar**, falls sie stetig ist und für alle $i < \alpha$ gilt $\mathcal{M}_i \preceq \mathcal{M}_{i+1}$.

Bemerkung: Da $\mathcal{M}_i \subseteq \mathcal{M}_j$ für alle $i < j < \alpha$, so $\mathcal{M}_j \subseteq \bigcup_{i<\alpha} \mathcal{M}_i$ für alle $j < \alpha$.

Elementare Ketten verhalten sich besonders schön:

Satz 10.1.1 (über elementare Ketten) Wenn $(\mathcal{M}_i : i < \alpha)$ eine elementare Kette ist, so ist gilt $\mathcal{M}_j \preceq \bigcup_{i<\alpha} \mathcal{M}_i$ für alle $j < \alpha$.

[A. Tarski, R. Vaught, *Arithmetical extensions of relational systems*, Compositio Math. 13, **1957**, 81-102]

Beweis für den Fall $\alpha = \omega$, den allgemeinen Fall überlassen wir als Übungsaufgabe:

Sei $\mathcal{M} = \bigcup_{n<\omega} \mathcal{M}_n$. Durch Induktion über den Formelaufbau zeigen wir für alle $n < \omega$, alle $\varphi \in L_n$, alle $k < \omega$ und alle n-Tupel $\bar{a}$ aus M_k , daß $\mathcal{M}_k \models \varphi(\bar{a})$ gdw. $\mathcal{M} \models \varphi(\bar{a})$. Alle Induktionsschritte außer dem mit dem Existenzquantor sind trivial. Sei also $\varphi \in L_n$ von der Form $\exists x\, \psi$ mit $\psi \in L_{n+1}$ und die Voraussetzung für ψ erfüllt. Sei $\bar{a}$ ein n-Tupel aus M_k .

Wenn $\mathcal{M}_k \models \varphi(\bar{a})$, so gibt es ein $c \in M_k$ mit $\mathcal{M}_k \models \psi(c,\bar{a})$, nach Induktionsvoraussetzung also mit $\mathcal{M} \models \psi(c,\bar{a})$, d.h. $\mathcal{M} \models \varphi(\bar{a})$. Wenn umgekehrt $\mathcal{M} \models \varphi(\bar{a})$, so gibt es ein $c \in M$ mit $\mathcal{M} \models \psi(c,\bar{a})$ und ein $m < \omega$ mit $c,\bar{a}$ aus M_m . Sei oBdA $k < m$. Nach Induktionsvoraussetzung gilt dann $\mathcal{M}_m \models \psi(c,\bar{a})$, also auch $\mathcal{M}_m \models \varphi(\bar{a})$. Wegen $\mathcal{M}_k \preceq \mathcal{M}_m$ ergibt sich $\mathcal{M}_k \models \varphi(\bar{a})$. ■

Ü1. Gib einen Beweis des Satzes für den allgemeinen Fall an. [Mittels transfiniter Induktion über die Länge der Kette α , wobei der Fall, daß α Limeszahl ist, läuft wie der Fall ω , während der Nachfolgerfall $\alpha = \beta+1$ in zwei triviale Fälle (β Nachfolger- oder Limeszahl) zerfällt.]

Ü2. Zeige, daß die Vereinigung einer beliebigen Kette von Gruppen (bzw. Körpern) wieder Gruppe (bzw. Körper) ist.

10.2.* Induktive Theorien

Der Satz über elementare Ketten läßt sich nicht auf beliebige Ketten verallgemeinern. Wir wollen deshalb diejenigen Theorien charakterisieren, die unter Vereinigung von Ketten erhalten bleiben (das läuft auf einen Erhaltungssatz für Vereinigungen von Ketten hinaus).

Eine Theorie T heißt **induktiv**, falls Mod T abgeschlossen ist bezüglich der Vereinigung stetiger Ketten (d.h., falls $(\mathcal{M}_i : i < \alpha)$ eine stetige Kette ist mit $\mathcal{M}_i \models T$ für alle $i < \alpha$, so auch $\bigcup_{i<\alpha} \mathcal{M}_i \models T$).

Beispiele: $T_=$ und die meisten Theorien aus §§5.2-6 sind induktiv. Der Satz über elementare Ketten zeigt, daß alle modellvollständigen Theorien induktiv sind, denn jede stetige Kette einer solchen Theorie ist nach Satz 9.6.1 elementar.

Lemma 10.2.1 $\forall\exists$-Theorien sind induktiv.

Beweis
Sei T eine $\forall\exists$-Theorie und $(\mathcal{M}_i : i < \alpha)$ eine Kette mit $\mathcal{M}_i \models T$ für alle $i < \alpha$. Setze $\mathcal{M} = \bigcup_{i<\alpha} \mathcal{M}_i$. Zu zeigen ist $\mathcal{M} \models T$.
Sei also $\forall\bar{x}\,\exists\bar{y}\,\psi(\bar{x},\bar{y}) \in T$ und $\psi \in$ **qf**. Wir weisen nach, daß für alle $\bar{a}$ aus M gilt $\mathcal{M} \models \exists\bar{y}\,\psi(\bar{a},\bar{y})$. Da jedes $\bar{a}$ aus M schon in einem gewissen M_i enthalten ist, gilt wegen $\mathcal{M}_i \models T$ auch $\mathcal{M}_i \models \exists\bar{y}\,\psi(\bar{a},\bar{y})$. Dann folgt $\mathcal{M} \models \exists\bar{y}\,\psi(\bar{a},\bar{y})$ aus $\mathcal{M}_i \subseteq \mathcal{M}$. ■

Beispiele: Die Gruppentheorie in der Signatur $(1;\cdot,^{-1})$ ist $\forall$-Theorie (siehe §5.2). In der Signatur $(1;\cdot)$ ist sie $\forall\exists$-Theorie (so axiomatisiert z.B. $\forall x\,\exists y\,(x\cdot y = 1)$ die Existenz eines Inversen). Ebenso SF, TF, ACF, TF_q und ACF_q für alle Charakteristiken q. Lemma 6.2.2 besagte, daß $T'_\forall \subseteq T$ gdw. jedes $\mathcal{M} \models T$ in ein $\mathcal{N} \models T'$ einbettbar ist. Analog dazu können wir formulieren:

Lemma 10.2.2 T und T' seien L-Theorien.
Dann gilt $T'_{\forall\exists} \subseteq T$ gdw. für alle $\mathcal{M} \models T$ ein $\mathcal{N} \models T'$ und ein $f: \mathcal{M} \xrightarrow{\forall} \mathcal{N}$ existiert (es kann hierbei auch $f = id_M$, also $\mathcal{N} \supseteq \mathcal{M}$ gewählt werden).

Für den Beweis stellen wir zunächst einige Betrachtungen an.

Bemerkungen

(1) Wenn $M \subseteq N$, so ist $id_M\colon \mathcal{M} \xrightarrow{\forall} \mathcal{N}$ gleichbedeutend damit, daß $\mathcal{M}$ existentiell abgeschlossen ist in $\mathcal{N}$ (im Sinne von §9.6).

(2) Da $\mathbf{qf} \subseteq \forall$, folgt aus $f\colon \mathcal{M} \xrightarrow{\forall} \mathcal{N}$ insbesondere, daß $f\colon \mathcal{M} \hookrightarrow \mathcal{N}$, also auch die Existenz eines $\mathcal{N}' \cong \mathcal{N}$ mit $\mathcal{M} \subseteq \mathcal{N}'$ derart, daß $\mathcal{M}$ existentiell abgeschlossen ist in $\mathcal{N}'$ (daher der Klammerzusatz im Lemma).

Lemma 10.2.3 $\mathcal{M}$ und $\mathcal{N}$ seien L-Strukturen.
Wenn $f\colon \mathcal{M} \xrightarrow{\forall} \mathcal{N}$, so $\mathcal{N} \Rrightarrow_{\forall\exists} \mathcal{M}$.

Beweis

Angenommen $\mathcal{N} \models \varphi$, wobei φ die Aussage $\forall\bar{x}\,\exists\bar{y}\,\psi(\bar{x},\bar{y})$ ist mit $\psi \in \mathbf{qf}$. Zu zeigen ist $\mathcal{M} \models \varphi$.
Aus $\mathcal{N} \models \varphi$ erhalten wir $\mathcal{N} \models \exists\bar{y}\,\psi(\bar{b},\bar{y})$ für alle $\bar{b}$ aus N, insbesondere $\mathcal{N} \models \exists\bar{y}\,\psi(f[\bar{a}],\bar{y})$, d.h., $\mathcal{N} \not\models \forall\bar{y}\,\neg\psi(f[\bar{a}],\bar{y})$ für alle $\bar{a}$ aus M. Nach Voraussetzung gilt $\mathcal{M} \not\models \forall\bar{y}\,\neg\psi(\bar{a},\bar{y})$, d.h., $\mathcal{M} \models \exists\bar{y}\,\psi(\bar{a},\bar{y})$ für alle $\bar{a}$ aus M, also auch $\mathcal{M} \models \varphi$. ■

Beweis von Lemma 10.2.2 :
Für "$\Leftarrow$" sei $\mathcal{M} \models T$. Wir müssen $\mathcal{M} \models T'_{\forall\exists}$ zeigen. Wähle entsprechend der Voraussetzung $\mathcal{N} \models T'$ und $f\colon \mathcal{M} \xrightarrow{\forall} \mathcal{N}$. Dann gilt $\mathcal{M} \models Th_{\forall\exists}(\mathcal{N})$ nach Lemma 10.2.3, also $\mathcal{M} \models T'_{\forall\exists}$.
$\Rightarrow$: Sei $T'_{\forall\exists} \subseteq T$. Es genügt nachzuweisen, daß für $\mathcal{M} \models T$ die Theorie $T' \cup Th_{\forall}(\mathcal{M},M)$ widerspruchsfrei ist (denn wenn $\mathcal{N}^*$ ein Modell ist und $\mathcal{N}$ sein L-Redukt, so ist einerseits $\mathcal{N} \models T'$ und andererseits definiert $f(a) = \underline{a}^{\mathcal{N}^*}$ die gesuchte Abbildung von $\mathcal{M}$ nach $\mathcal{N}$). Da $\forall$ abgeschlossen ist bzgl. endlicher Konjunktionen, so brauchen wir nur die Widerspruchsfreiheit von $T' \cup \{\forall\bar{x}\,\psi(\bar{x},\bar{a})\}$ zu zeigen, wobei $\bar{a}$ aus M, $\psi \in \mathbf{qf}$ und $\mathcal{M} \models \forall\bar{x}\,\psi(\bar{x},\bar{a})$. Angenommen, das sei nicht der Fall. Dann gilt $T' \models \exists\bar{x}\,\neg\psi(\bar{x},\bar{a})$. Die durch $\bar{a}$ repräsentierten Konstanten sind oBdA neu, d.h. nicht in L (oder T'). Folglich gilt $T' \models \forall\bar{y}\,\exists\bar{x}\,\neg\psi(\bar{x},\bar{y})$. Damit ist die L-Aus-

sage $\forall\bar{y}\,\exists\bar{x}\,\neg\psi(\bar{x},\bar{y})$ in $T'_{\forall\exists}$. Wegen $\mathcal{M} \models T$ und $T'_{\forall\exists} \subseteq T$ gilt $\mathcal{M} \models \forall\bar{y}\,\exists\bar{x}\,\neg\psi(\bar{x},\bar{y})$, was $\mathcal{M} \models \forall\bar{x}\,\psi(\bar{x},\bar{a})$ widerspricht. ■

Bevor wir den Erhaltungssatz über induktive Theorien beweisen können, benötigen wir

Lemma 10.2.4 Für alle f: $\mathcal{M} \xrightarrow{\forall} \mathcal{N}$ existiert ein $\mathcal{M}' \supseteq \mathcal{N}$ derart, daß die Kompositionsabbildung $\mathrm{id}_N\,f$ elementar ist.

Beweis

Da nach Voraussetzung $(\mathcal{N},f[M]) \models Th_\forall(\mathcal{M},M)$, so läßt sich nach Lemma 6.2.2 $(\mathcal{N},f[M])$ in ein $\mathcal{M}^* \models Th(\mathcal{M},M)$ einbetten. Sei g diese Einbettung und $\mathcal{M}' = \mathcal{M}^* \restriction L$. Dann erhalten wir nach dem Lemma über elementare Diagramme (8.2.1) eine elementare Abbildung h: $\mathcal{M} \xrightarrow{\equiv} \mathcal{M}'$, indem wir $h(a) = \underline{a}^{\mathcal{M}^*}$ für alle $a \in M$ setzen, denn es gilt $\mathcal{M}^* = (\mathcal{M}',h[M])$. Aus g: $(\mathcal{N},f[M]) \to (\mathcal{M}',h[M])$ folgt $g(f(a)) = h(a)$ für alle $a \in M$, d.h., $g\,f = h$ ist elementar. Schließlich kann durch eine isomorphe Korrektur (mittels Lemma 8.3.1) erreicht werden, daß $g = \mathrm{id}_N$. ■

Satz 10.2.5 (Erhaltungssatz von Łoś-Suszko-Chang)
Eine Theorie ist induktiv gdw. sie $\forall\exists$-Theorie ist.

[J. Łoś, R. Suszko, *On the extending of models* IV: *Infinite sums of models*, Fund. Math. 44, **1957**, 52-60]

[C. C. Chang, *On unions of chains of models*, Proc. Am. Math. Soc. 10, **1959**, 120-127]

Beweis

Die einfache Richtung wurde bereits in Lemma 10.2.1 behandelt. Für die andere sei T induktiv. Zu zeigen ist $T \subseteq T_{\forall\exists}$. Sei also $\mathcal{M} \models T_{\forall\exists}$. Wir müssen $\mathcal{M} \models T$ nachweisen.
Setze $\mathcal{M}_0 = \mathcal{M}$. Da $T_{\forall\exists} \subseteq T_{\forall\exists}$, so existiert wegen Lemma 10.2.2 ein $\mathcal{N}_0 \models T$ mit $\mathcal{M}_0 \subseteq \mathcal{N}_0$ und id_{M_0}: $\mathcal{M}_0 \xrightarrow{\forall} \mathcal{N}_0$. Nach Lemma 10.2.4 gibt es ein $\mathcal{M}_1 \supseteq \mathcal{N}_0$ mit $\mathcal{M}_0 \preceq \mathcal{M}_1$. Sukzessive erhalten wir $\mathcal{M} = \mathcal{M}_0 \subseteq \mathcal{N}_0 \subseteq \mathcal{M}_1 \subseteq \mathcal{N}_1 \subseteq \ldots$ mit $\mathcal{M}_0 \preceq \mathcal{M}_1 \preceq \mathcal{M}_2 \ldots$. Nach

dem Satz über elementare Ketten gilt $\mathcal{M}_\omega = \bigcup_{n<\omega} \mathcal{M}_n \succeq \mathcal{M}$. Da T induktiv ist, haben wir aber auch $\mathcal{M}_\omega = \bigcup_{n<\omega} \mathcal{N}_n \models T$. Daraus folgt $\mathcal{M} \models T$. ■

Bemerkung: Aus dem Beweis ist ersichtlich, daß eine Theorie bereits induktiv ist, falls sie nur abgeschlossen bzgl. Vereinigung abzählbarer Ketten ist.

Ü1. Bestimme, welche der in §§5.2-6 eingeführten Theorien induktiv sind.

Ü2. Zeige, daß die in §6.3 betrachtete Theorie der dividierbaren abelschen Gruppen induktiv ist.

Ü3. Zeige, daß für eine beliebige Theorie T die Modelle von $T_{\forall\exists}$ (bis auf Isomorphie) gerade die Unterstrukturen $\mathcal{M}$ von Modellen $\mathcal{N}$ von T sind, für die gilt id_M: $\mathcal{M} \xrightarrow{\forall} \mathcal{N}$ (also gerade (bis auf Isomorphie) die in Modellen von T existentiell abgeschlossenen Unterstrukturen). [Benutze Lemma 10.2.2 (wie im vorigen Beweis) und Lemma 10.2.3 .]

Ü4. Beweise, daß jedes Modell $\mathcal{M}$ einer induktiven Theorie T Unterstruktur eines Modells $\mathcal{N}$ von T ist derart, daß für jede $\exists$-Aussage φ aus $L_0(M)$ gilt: Wenn $\mathcal{N} \subseteq \mathcal{N}' \models T$ und $\mathcal{N}' \models \varphi$, so $\mathcal{N} \models \varphi$. (Beachte, daß dies noch nicht $\mathcal{N} \preceq_\exists \mathcal{N}'$, also $(\mathcal{N}',N) \Rrightarrow_\exists (\mathcal{N},N)$ bedeutet, sondern eben lediglich $(\mathcal{N}',M) \Rrightarrow_\exists (\mathcal{N},M)$!) [Liste $L_0(M)$ auf als $\{\varphi_i : i<\alpha\}$ und konstruiere eine aufsteigende stetige Kette von Strukturen $\mathcal{M}_i$ $(i<\alpha)$, wobei $\mathcal{M}_i \subseteq \mathcal{M}_{i+1} \models T$ und $\mathcal{M}_{i+1} \models \varphi_i$, falls solch ein $\mathcal{M}_{i+1}$ existiert (und $\mathcal{M}_{i+1} = \mathcal{M}_i$ sonst).]

Ü5. Zeige, daß man in der vorigen Übung $|N| \leq |M|+|L|$ garantieren kann. [Benutze Löwenheim-Skolem in jedem Schritt der transfiniten Konstruktion.]

10.3.* Lyndons Erhaltungssatz

In diesem Abschnitt behandeln wir Lyndons Erhaltungssatz für homomorphe Bilder. Der Beweis benutzt ein verschachteltes Kettenargument, das wir zunächst mit zwei Lemmata vorbereiten.

Bemerkung: Analog zu Lemma 7.1.1 haben wir f: $\mathcal{M} \xrightarrow{+} \mathcal{N}$ gdw. $(\mathcal{M},M) \Rrightarrow_+ (\mathcal{N},f[M])$ gdw. $(\mathcal{N},f[M]) \models Th_+(\mathcal{M},M)$.

Lemma 10.3.1 Seien $\mathcal{M}$ und $\mathcal{N}$ L-Strukturen und f: $M \to N$.

(1) Wenn f: $\mathcal{M} \xrightarrow{+} \mathcal{N}$, so f: $\mathcal{M} \to \mathcal{N}$.

(2) Wenn f: $\mathcal{M} \to \mathcal{N}$ surjektiv (also surjektiver Homomorphismus) ist, so f: $\mathcal{M} \xrightarrow{+} \mathcal{N}$.

Beweis

(1) ist klar, da **at** $\subseteq$ **+** .

zu (2): f: $\mathcal{M} \to \mathcal{N}$ gdw. f: $\mathcal{M} \xrightarrow{at} \mathcal{N}$ gdw. f: $\mathcal{M} \xrightarrow{qf\cap +} \mathcal{N}$.

Ferner folgt aus f: $\mathcal{M} \xrightarrow{\varphi} \mathcal{N}$ auch f: $\mathcal{M} \xrightarrow{\exists x \varphi} \mathcal{N}$. Also bleibt zu zeigen, daß aus f: $\mathcal{M} \xrightarrow{\varphi} \mathcal{N}$ folgt f: $\mathcal{M} \xrightarrow{\forall x \varphi} \mathcal{N}$.

Sei also $\varphi \in L$ mit $\mathcal{M} \models \varphi(a,\bar{c}) \Rightarrow \mathcal{N} \models \varphi(f(a),f[\bar{c}])$ für alle a, $\bar{c}$ aus M , und gelte $\mathcal{M} \models \forall x\, \varphi(x,\bar{c})$. Zu zeigen ist $\mathcal{N} \models \forall x\, \varphi(x,f[\bar{c}])$.
Da $\mathcal{M} \models \varphi(a,\bar{c})$ für alle $a \in M$, so $\mathcal{N} \models \varphi(f(a),f[\bar{c}])$ für alle $a \in M$, womit die Behauptung wegen der Surjektivität von f folgt. ■

Eine Theorie T **bleibt in homomorphen Bildern erhalten**, falls mit jedem Modell $\mathcal{M}$ von T auch jedes homomorphe Bild von $\mathcal{M}$ Modell von T ist.

Aus Lemma 10.3.1(2) folgt, daß positive Theorien in homomorphen Bildern erhalten bleiben. Die Umkehrung gilt auch, ist aber schwerer zu beweisen. Wir benötigen dafür wieder ein technisches Lemma. (Es sei daran erinnert, daß das Zeichen – die Menge aller negativen, d.h. negierten positiven Formeln bezeichnet; vgl. §2.4 .)

Lemma 10.3.2 Seien $\mathcal{M}$ und $\mathcal{N}$ L-Strukturen mit $\mathcal{M} \Rrightarrow_+ \mathcal{N}$.
(1) Dann gibt es ein $\mathcal{N}' \succeq \mathcal{N}$ und ein f: $\mathcal{M} \xrightarrow{+} \mathcal{N}'$.
(2) Dann gibt es ein $\mathcal{M}' \succeq \mathcal{M}$ und ein g: $\mathcal{N} \xrightarrow{-} \mathcal{M}'$
(d.h. $(\mathcal{M}', g[N]) \models Th_-(\mathcal{N}, N)$) .

Beweis

Zunächst wählen wir die neuen Konstanten für L(M) und L(N) disjunkt. Man überzeuge sich, daß diese Wahl mit den vorkommenden Abbildungen verträglich ist.

Zu (1): Wir zeigen als erstes, daß $Th(\mathcal{N}, N) \cup Th_+(\mathcal{M}, M)$ widerspruchsfrei ist.

Sei $\varphi(\bar{a}) \in Th_+(\mathcal{M}, M)$, also oBdA $\varphi \in +$, $\bar{a}$ aus M und $\mathcal{M} \models \varphi(\bar{a})$. Wegen der $\bigwedge$- Abgeschlossenheit von $Th_+(\mathcal{M}, M)$ genügt es zu zeigen, daß $Th(\mathcal{N}, N) \cup \{\varphi(\bar{a})\}$ widerspruchsfrei ist. Wenn nicht, so gilt $Th(\mathcal{N}, N) \models \neg\varphi(\bar{a})$. Da die Konstanten $\underline{a}_i$ mit $a_i \in \bar{a}$ disjunkt zu L(N) gewählt sind, erhalten wir daraus $Th(\mathcal{N}, N) \models \forall \bar{x} \neg\varphi(\bar{x})$, also $\mathcal{N} \models \neg\exists\bar{x}\, \varphi(\bar{x})$. Da $\varphi \in +$ ist, so ist auch $(\exists\bar{x}\, \varphi) \in +$, also wegen $\mathcal{M} \Rrightarrow_+ \mathcal{N}$ auch $\mathcal{M} \models \neg\exists\bar{x}\, \varphi(\bar{x})$, im Widerspruch zu $\mathcal{M} \models \varphi(\bar{a})$. Also hat $Th(\mathcal{N}, N) \cup Th_+(\mathcal{M}, M)$ ein Modell $\mathcal{N}^*$. Für dessen L-Redukt $\mathcal{N}'$ gilt $\mathcal{N} \overset{\equiv}{\hookrightarrow} \mathcal{N}'$ und die Festlegung $f(a) = \underline{a}^{\mathcal{N}^*}$ für alle $a \in M$ ergibt ein f: $\mathcal{M} \xrightarrow{+} \mathcal{N}'$. Isomorphe Korrektur (nach Lemma 8.3.1) ergibt die Behauptung (1).

Den Beweis zu (2) skizzieren wir lediglich und überlassen die Details dem Leser. Analog zu (1) zeigt man als erstes, daß $Th(\mathcal{M}, M) \cup Th_-(\mathcal{N}, N)$ widerspruchsfrei ist. Für das L-Redukt $\mathcal{M}'$ eines beliebigen Modells dieser Theorie haben wir dann $\mathcal{M} \overset{\equiv}{\hookrightarrow} \mathcal{M}'$ und die Festlegung $g(a) = \underline{a}^{\mathcal{M}'}$ für alle $a \in N$ ergibt g: $\mathcal{N} \xrightarrow{-} \mathcal{M}'$ und somit (2). ■

Bemerkung: g: $\mathcal{N} \xrightarrow{-} \mathcal{M}'$ muß kein Homomorphismus von $\mathcal{N}$ nach $\mathcal{M}'$ sein, sondern lediglich eine Abbildung, die - erhält.

Wir kommen nun zu besagtem Erhaltungssatz.

Satz 10.3.3 (Erhaltungssatz von Lyndon) Eine Theorie bleibt in homomorphen Bildern erhalten gdw. sie positiv ist.

[R. C. Lyndon, *Properties preserved under homomorphism*, Pacific J. Math. 9, **1959**, 143-154]

Beweis

$\Leftarrow$ ist Lemma 10.3.1(2) .

$\Rightarrow$: Zu zeigen ist $T \subseteq T_+$, also wegen Lemma 6.2.8, daß $\mathcal{N} \models T$ für alle $\mathcal{N} \models Th_+(\mathcal{M})$, wobei $\mathcal{M} \models T$. Sei also $\mathcal{M} \models T$ mit $\mathcal{M} \Rrightarrow_+ \mathcal{N}$ gegeben. Um zu zeigen, daß $\mathcal{N} \models T$, bilden wir Ketten von Modellen durch folgende Vorschriften.

Wir beginnen mit

$\mathcal{M}_0^{**} =_{def} \mathcal{M}$ und $\mathcal{N}_0^{***} =_{def} \mathcal{N}$.

Da $\mathcal{M} \Rrightarrow_+ \mathcal{N}$, existieren nach Lemma 10.3.2(1)

$\mathcal{N}_1^{*} \succeq \mathcal{N}_0^{***}$ und f_0: $\mathcal{M}_0^{**} \xrightarrow{+} \mathcal{N}_1^{*}$.

Wir erweitern die Strukturen $\mathcal{M}_0^{**}$ und $\mathcal{N}_1^{*}$ um (neue) Konstanten aus M_0 bzw. $f_0[M_0]$ und erhalten $L(M_0)$-Strukturen

$\mathcal{M}_0^{***} = (\mathcal{M}_0^{**}, M_0)$ und $\mathcal{N}_1^{**} = (\mathcal{N}_1^{*}, f_0[M_0])$.

Offensichtlich gilt $\mathcal{M}_0^{***} \Rrightarrow_+ \mathcal{N}_1^{**}$, also existieren nach Lemma 10.3.2(2)

$\mathcal{M}_1^{*} \succeq \mathcal{M}_0^{***}$ und g_1: $\mathcal{N}_1^{**} \xrightarrow{-} \mathcal{M}_1^{*}$.

Wir erweitern erneut - zu $L(M_0 \cup N_1)$-Strukturen

$\mathcal{M}_1^{**} = (\mathcal{M}_1^{*}, g_1[N_1])$ sowie $\mathcal{N}_1^{***} = (\mathcal{N}_1^{**}, N_1)$.

Wieder gilt $\mathcal{M}_1^{**} \Rrightarrow_+ \mathcal{N}_1^{***}$ und wir finden

$\mathcal{N}_2^{*} \succeq \mathcal{N}_1^{***}$ und f_1: $\mathcal{M}_1^{**} \xrightarrow{+} \mathcal{N}_2^{*}$, usw.

Insgesamt ergibt sich folgendes Bild:

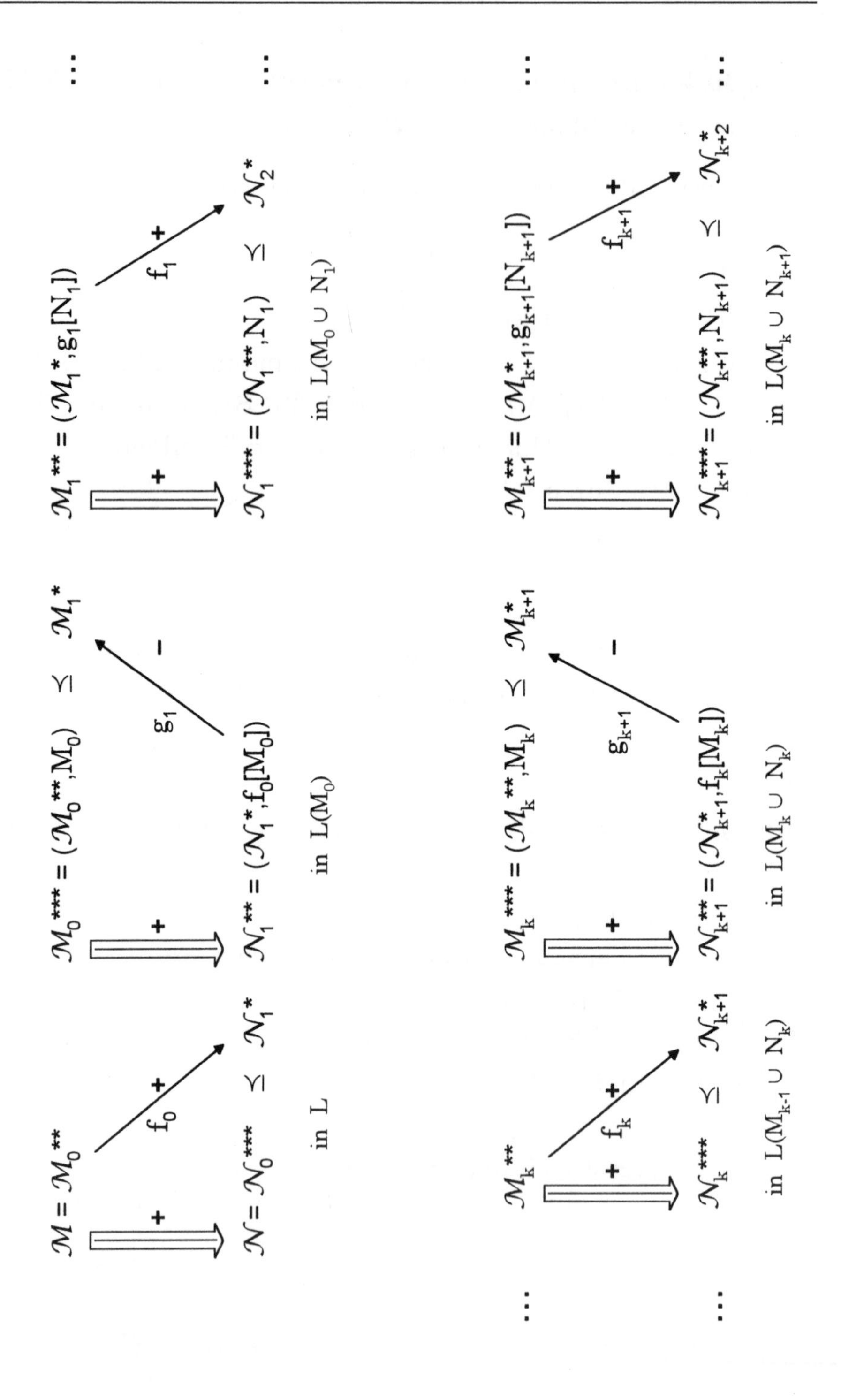

$\mathcal{M} = \mathcal{M}_0^{**}$
$\mathcal{M}_0^{***} = (\mathcal{M}_0^{**}, M_0) \succeq \mathcal{M}_1^{*}$
$\mathcal{M}_1^{**} = (\mathcal{M}_1^{*}; g_1[N_1])$
f_0
g_1
f_1
$\mathcal{N} = \mathcal{N}_0^{***} \succeq \mathcal{N}_1^{*}$
$\mathcal{N}_1^{**} = (\mathcal{N}_1^{*}, f_0[M_0])$
$\mathcal{N}_1^{***} = (\mathcal{N}_1^{**}, N_1) \succeq \mathcal{N}_2^{*}$
in L
in $L(M_0)$
in $L(M_0 \cup N_1)$
$\mathcal{M}_k^{**}$
$\mathcal{M}_k^{***} = (\mathcal{M}_k^{**}, M_k) \succeq \mathcal{M}_{k+1}^{*}$
$\mathcal{M}_{k+1}^{**} = (\mathcal{M}_{k+1}^{*}; g_{k+1}[N_{k+1}])$
f_k
g_{k+1}
f_{k+1}
$\mathcal{N}_k^{***} \succeq \mathcal{N}_{k+1}^{*}$
$\mathcal{N}_{k+1}^{**} = (\mathcal{N}_{k+1}^{*}, f_k[M_k])$
$\mathcal{N}_{k+1}^{***} = (\mathcal{N}_{k+1}^{**}, N_{k+1}) \succeq \mathcal{N}_{k+2}^{*}$
in $L(M_{k-1} \cup N_k)$
in $L(M_k \cup N_k)$
in $L(M_k \cup N_{k+1})$

Es gilt $\mathcal{M}_k^* \upharpoonright L = \mathcal{M}_k^{**} \upharpoonright L = \mathcal{M}_k^{***} \upharpoonright L$ für alle $k < \omega$. Diese Einschränkung nennen wir $\mathcal{M}_k$. Analog definieren wir $\mathcal{N}_k$. Dann erhalten wir zwei elementare Ketten $\mathcal{M} = \mathcal{M}_0 \preceq \mathcal{M}_1 \preceq \mathcal{M}_2 \preceq \ldots \preceq \mathcal{M}_k \preceq \ldots$ und $\mathcal{N} = \mathcal{N}_0 \preceq \mathcal{N}_1 \preceq \mathcal{N}_2 \preceq \ldots \preceq \mathcal{N}_k \preceq \ldots$ mit Abbildungen $f_k \colon \mathcal{M}_k \xrightarrow{+} \mathcal{N}_{k+1}$ und $g_{k+1} \colon \mathcal{N}_{k+1} \xrightarrow{-} \mathcal{M}_{k+1}$ für alle $k < \omega$. Beachte, daß g_k kein Homomorphismus sein muß! Setze nun

$$\mathcal{M}_\omega = \bigcup_{k<\omega} \mathcal{M}_k \text{ und } \mathcal{N}_\omega = \bigcup_{k<\omega} \mathcal{N}_k .$$

Es gilt $\mathcal{M} \preceq \mathcal{M}_\omega$ und $\mathcal{N} \preceq \mathcal{N}_\omega$ (Satz über elementare Ketten).
Betrachte die $L(M_{k-1} \cup N_k)$-Strukturen
$\mathcal{M}_k^{**} = (\mathcal{M}_k^*, M_0 \cup g_1[N_1] \cup M_1 \cup \ldots \cup M_{k-1} \cup g_k[N_k])$ und
$\mathcal{N}_k^{***} = (\mathcal{N}_k^*, f_0[M_0] \cup N_1 \cup \ldots \cup f_{k-1}[M_{k-1}] \cup N_k)$.
Die neuen Konstanten entsprechen einander, d.h., z.B. für $a \in M_1$, $b \in N_2$ und $k \geq 2$ gilt
$\underline{a}^{\mathcal{M}_k^{**}} = a$, $\underline{a}^{\mathcal{N}_k^{***}} = f_1(a)$, $\underline{b}^{\mathcal{M}_k^{**}} = g_2(b)$, $\underline{b}^{\mathcal{N}_k^{***}} = b$.
Wegen $f_k \colon \mathcal{M}_k^{**} \to \mathcal{N}_{k+1}^*$ gilt $f_k(\underline{c}^{\mathcal{M}_k^{**}}) = \underline{c}^{\mathcal{N}_{k+1}^*}$, und wegen $\mathcal{N}_k^{***} \preceq \mathcal{N}_{k+1}^*$ auch $\underline{c}^{\mathcal{N}_{k+1}^*} = \underline{c}^{\mathcal{N}_k^{***}}$, also $f_k(\underline{c}^{\mathcal{M}_k^{**}}) = \underline{c}^{\mathcal{N}_k^{***}}$ für alle $c \in M_{k-1}$.
Im Fall $c = a$ erhalten wir dann $f_1(a) = \underline{a}^{\mathcal{N}_k^{***}} = f_k(\underline{a}^{\mathcal{M}_k^{**}}) = f_k(a)$, d.h., $f_1 \subseteq f_k$. Ebenso läßt sich zeigen, daß allgemein $f_1 \subseteq f_2 \subseteq \ldots \subseteq f_k \subseteq \ldots$. Also definiert die Festlegung $f_\omega = \bigcup_{k<\omega} f_k$ eine Abbildung von $\mathcal{M}_\omega$ nach $\mathcal{N}_\omega$, die ein Homomorphismus ist, da es sich bei den f_k ebenfalls um Homomorphismen handelt.
Im Fall $c = b$ erhalten wir analog $f_k(g_2(b)) = f_k(\underline{b}^{\mathcal{M}_k^{**}}) = \underline{b}^{\mathcal{N}_k^{***}} = b$, also $f_k\, g_2 = id_{N_2}$, bzw. allgemein $f_k\, g_k = id_{N_k}$, weshalb f_ω sogar surjektiv ist.
Da aber $\mathcal{M} \models T$, also auch $\mathcal{M}_\omega \models T$, und T in homomorphen Bildern erhalten bleibt, gilt $\mathcal{N}_\omega \models T$, und somit $\mathcal{N} \models T$, was zu zeigen war. ■

Ein Erhaltungssatz für starke Homomorphismen (d.h. für Faktorstrukturen, siehe das Kleingedruckte am Ende von §1.3) findet sich in

[H. J. Keisler, *Some applications of infinitely long formulas*, J. Symb. Logic 30, **1965**, 339-349].

Ü1. In der Formulierung des Satzes von Lyndon ist wesentlich, daß Theorien widerspruchsfrei sind. Warum?

Ü2. Zeige, daß die einelementige $(0,1;+,-,\cdot)$-Struktur (in der jeder Term durch dasselbe Element bewertet wird) das einzige homomorphe Bild eines Ringes (bzw. eines Körpers) ist, das kein Ring (bzw. Körper) ist. [Bemerke, daß alle Axiome der Theorie TF bis auf $0 \neq 1$ logisch äquivalent zu positiven Aussagen sind.]

IV. Theorien und Typen

Eine Theorie ist eine bestimmte (im allgemeinen unendliche) Aussagenmenge, die gewisse Eigenschaften ihrer Modelle festlegt. Analog lassen sich Eigenschaften von Elementen solcher Modelle dadurch festschreiben, daß von diesen Elementen gefordert wird, daß sie gewisse Formeln (im allgemeinen auch unendlich viele) erfüllen, oder - gleichbedeutend -, daß sie in gewissen definierbaren Mengen enthalten sind. Das führt zum Begriff des Typs eines Elements in einer Struktur, der eine wesentliche Verfeinerung der Beschreibung von Strukturen ermöglicht.

11. Typen

Worum es bei den Typen geht, soll zunächst an einem Beispiel erläutert werden, das auch von allgemeinem Interesse ist.

11.1. Das Beispiel der Prüfergruppe

$L_{\mathbb{Z}}$ bezeichne wieder die Sprache der Signatur (0;+,−) (siehe §5.2).

Sei p eine Primzahl. Mit $\mathbb{Z}_{p^\infty}$ bezeichnen wir die multiplikative Gruppe der p^n-ten Einheitswurzeln (additiv geschrieben, d.h. als $L_{\mathbb{Z}}$-Struktur) - die sog. **Prüfergruppe**.

Bemerkungen: Wir halten die folgenden Eigenschaften von $\mathbb{Z}_{p^\infty}$ fest.

(1) $\mathbb{Z}_{p^\infty}$ ist Vereinigung der Kette
$\mathbb{Z}_p \subseteq \mathbb{Z}_{p^2} \subseteq \mathbb{Z}_{p^3} \subseteq \ldots \subseteq \mathbb{Z}_{p^n} \subseteq \ldots$ von zyklischen Gruppen der Ordnung p^n $(n < \omega)$.

(2) $\mathbb{Z}_{p^\infty}$ ist eine periodische Gruppe (vgl. §6.3), genauer, für alle $a \in \mathbb{Z}_{p^\infty}$ gibt es ein $n < \omega$ mit $p^n a = 0$.

(3) $\mathbb{Z}_{p^\infty}$ ist nicht **von beschränktem Exponenten**, d.h. es gibt kein $n < \omega$, das alle $a \in \mathbb{Z}_{p^\infty}$ annuliert. Für alle $n < \omega$ gilt also $\mathbb{Z}_{p^\infty} \models \exists x\, (p^n x \neq 0)$.

In $L_\mathbb{Z}(c)$ ist demnach die Aussagenmenge $Th(\mathbb{Z}_{p^\infty}) \cup \{ p^n c \neq 0 : n < \omega \}$ widerspruchsfrei (wobei c eine neue Konstante sei). Mehr noch, $Th(\mathbb{Z}_{p^\infty}, \mathbb{Z}_{p^\infty}) \cup \{ p^n c \neq 0 : n < \omega \}$ ist widerspruchsfrei (in der Konstantenerweiterung $L_\mathbb{Z}(\mathbb{Z}_{p^\infty} \cup \{c\})$). Also gibt es ein $\mathcal{G} \succeq \mathbb{Z}_{p^\infty}$ und ein $a \in G$ mit $p^n a \neq 0$ für alle $n < \omega$, vgl. Lemma 8.2.1 (und Lemma 8.3.1). Die Menge von Formeln $\{ p^n x \neq 0 : n < \omega \}$ werden wir später einen *Typ* von $\mathbb{Z}_{p^\infty}$ nennen, siehe §11.2.

Hinweis: Diesen Sachverhalt können wir noch allgemeiner festhalten. Ist $\mathcal{G}$ eine Gruppe, die nicht von beschränktem Exponenten ist, d.h. mit $n\mathcal{G} \neq 0$ für alle $n < \omega$, so ist $\{ nx \neq 0 : 0 < n < \omega \}$ erfüllbar in einer elementaren Erweiterung $\mathcal{G}'$ von $\mathcal{G}$, d.h., es gibt ein $g \in G'$ mit $ng \neq 0$ für alle $n < \omega$.

Bevor wir in der allgemeinen Theorie fortfahren, nutzen wir die Gelegenheit, die Modellklasse von $\mathbb{Z}_{p^\infty}$ vollständig zu beschreiben.

$\mathbb{Z}_{p^\infty}$ ist dividierbar, denn $\mathbb{Z}_{p^\infty} \models \forall x\, \exists y\, (x = ny)$ für alle $0 < n < \omega$. Folglich sind alle Modelle von $Th(\mathbb{Z}_{p^\infty})$ dividierbare abelsche Gruppen, also nach einem bekannten Satz der Theorie der abelschen Gruppen von der Form $\bigoplus_{q \in \mathbb{P}} \mathbb{Z}_{q^\infty}{}^{(\alpha_q)} \oplus \mathbb{Q}^{(\beta)}$, wobei

$A^{(\gamma)}$ die direkte Summe $\bigoplus_{\alpha<\gamma} A_\alpha$ einer mit $\gamma \in On$ indizierten Familie $\{ A_\alpha : \alpha < \gamma \}$ von zu A isomorphen Gruppen A_α bezeichnet.

(Vgl. die in Anhang F zitierte Literatur zu abelschen Gruppen.)

Weiterhin gilt die Formel $\exists^{=p}x\, px=0$ in $\mathbb{Z}_{p^\infty}$ und ist somit in $\mathrm{Th}(\mathbb{Z}_{p^\infty})$ enthalten. Ist $\psi_p(x)$ die Formel $px=0$, so gilt $|\psi_p(\mathcal{G})| = p$ für jedes $\mathcal{G} \models \mathrm{Th}(\mathbb{Z}_{p^\infty})$. In die direkten Summen läßt sich ψ_p hereinziehen, denn (wie leicht ersichtlich)

$$\psi_p(\bigoplus_{i<\gamma} A_i) = \bigoplus_{i<\gamma} \psi_p(A_i)\,.$$

Da $\psi_p(\mathbb{Z}_{p^\infty}) = \mathbb{Z}_p$ und $\psi_p(\mathbb{Q}) = \{0\}$, während $\psi_p(\mathbb{Z}_{q^\infty}) = \{0\}$, falls $p \neq q$, so folgt daraus

$$\psi_p(\bigoplus_{q\in\mathbb{P}} \mathbb{Z}_{q^\infty}{}^{(\alpha_q)} \oplus \mathbb{Q}^{(\beta)}) = \bigoplus_{q\in\mathbb{P}} \psi_p(\mathbb{Z}_{q^\infty})^{(\alpha_q)} \oplus \psi_p(\mathbb{Q})^{(\beta)} \cong \psi_p(\mathbb{Z}_{p^\infty})^{(\alpha_p)}\,.$$

Also muß $\alpha_p = 1$ gelten für die Modelle $\mathcal{G}$ von $\mathrm{Th}(\mathbb{Z}_{p^\infty})$, denn $|\psi_p(\mathcal{G})| = p$. Da $\mathbb{Z}_{p^\infty} \models \forall x\,(qx=0 \to x=0)$ für alle $q \neq p$, aber, wie gerade eingesehen, $\psi_q(\mathbb{Z}_{q^\infty}) \neq 0$, so folgt $\alpha_q = 0$ für alle Modelle von $\mathrm{Th}(\mathbb{Z}_{p^\infty})$.

Wir haben also die Modelle von $\mathrm{Th}(\mathbb{Z}_{p^\infty})$ eingegrenzt auf diejenigen der Form $\mathcal{G}_\beta =_{\mathrm{def}} \mathbb{Z}_{p^\infty} \oplus \mathbb{Q}^{(\beta)}$ für $\beta \in \mathrm{On}$. Da nun $\mathcal{G}_\beta \cong \mathcal{G}_\alpha$ gdw. $|\alpha| = |\beta|$, brauchen wir nur $\mathcal{G}_\kappa$ mit $\kappa \in \mathrm{Cn}$ zu betrachten. Es gilt hierbei

$|\mathcal{G}_\kappa| = |\mathbb{Z}_{p^\infty}| \cdot |\mathbb{Q}^{(\kappa)}| = \max\{|\mathbb{Z}_{p^\infty}|, |\mathbb{Q}^{(\kappa)}|\} = \max\{\aleph_0, \kappa\}$

(vgl. Ü7.6.2). Also gilt $|\mathcal{G}_\kappa| = \aleph_0$, falls $\kappa \leq \aleph_0$, und sonst $|\mathcal{G}_\kappa| = \kappa$. Für überabzählbares κ kann also als Modell von $\mathrm{Th}(\mathbb{Z}_{p^\infty})$ bis auf Isomorphie nur $\mathcal{G}_\kappa$ in Frage kommen. Da aber für jedes $\kappa \geq \aleph_0$ nach Löwenheim-Skolem ein Modell der Mächtigkeit κ existieren muß, ist $\mathcal{G}_\kappa \models \mathrm{Th}(\mathbb{Z}_{p^\infty})$ für alle $\kappa \geq \aleph_0$. Abschließend zeigen wir, daß auch $\mathcal{G}_\lambda \models \mathrm{Th}(\mathbb{Z}_{p^\infty})$ für alle $\lambda \leq \aleph_0$.

Es gilt $\psi_p(\mathcal{G}_\lambda) \cong \psi_p(\mathbb{Z}_{p^\infty})$ und $\psi_q(\mathcal{G}_\lambda) = \{0\}$, falls $q \neq p$. Also müssen alle Modelle von $\mathrm{Th}(\mathcal{G}_\lambda)$ auch von der Form $\mathcal{G}_\kappa$ sein. Dann kommt aber für überabzählbares κ bis auf Isomorphie nur ein Modell in Frage, nämlich $\mathcal{G}_\kappa$, das selbst schon Modell von $\mathrm{Th}(\mathbb{Z}_{p^\infty})$ ist. Folglich $\mathcal{G}_\lambda \equiv \mathcal{G}_\kappa \equiv \mathbb{Z}_{p^\infty}$ und somit $\mathcal{G}_\lambda \models \mathrm{Th}(\mathbb{Z}_{p^\infty})$.
Wir halten fest:

Satz 11.1.1 Bis auf Isomorphie sind die Modelle von $Th(\mathbb{Z}_{p^\infty})$ genau die $\mathcal{G}_\kappa = \mathbb{Z}_{p^\infty} \oplus \mathbb{Q}^{(\kappa)}$ mit $\kappa \in Cn$ (wobei $|\mathcal{G}_\kappa| = \kappa + \aleph_0$). $Th(\mathbb{Z}_{p^\infty})$ ist überabzählbar kategorisch, aber nicht abzählbar kategorisch, da alle $\mathcal{G}_\lambda$ mit $\lambda \leq \aleph_0$ paarweise nichtisomorphe abzählbare Modelle sind. ■

Ü1. Führe eine analoge Analyse der Modellklasse der Theorie von $\mathbb{Z}_{p^\infty}{}^{(\kappa)}$ für beliebiges $\kappa > 1$ durch.

Ü2. Weise nach, daß die Theorie der Prüfergruppe Quantorenelimination erlaubt. [Analog zu Ü9.2.6 ; beachte dabei, daß alle Modelle dividierbar, also injektiv sind und somit Einbettungen zwischen diesen zerfallen, vgl. Kleingedrucktes in §14.5 weiter unten.]

Die folgende Behauptung ist Spezialfall eines viel allgemeineren Phänomens, siehe Satz von Baldwin und Lachlan in Ü12.3.7 (und vgl. Ü11.6.2).

Ü3. Weise nach, daß die kanonischen Einbettungen zwischen den Modellen $\mathcal{G}_\kappa$ von $Th(\mathbb{Z}_{p^\infty})$ elementar sind und somit die Modelle dieser Theorie (bis auf Isomorphie) eine elementare Kette
$\mathbb{Z}_{p^\infty} = \mathcal{G}_0 \preceq \mathcal{G}_1 \preceq \ldots \preceq \mathcal{G}_n \preceq \ldots \preceq \mathcal{G}_{\aleph_0} \preceq \mathcal{G}_{\aleph_1} \preceq \ldots \preceq \mathcal{G}_\kappa \preceq \ldots$
bilden und $\mathbb{Z}_{p^\infty}$ (elementares) Primmodell von $Th(\mathbb{Z}_{p^\infty})$ ist.

11.2. Typen und deren Realisierung

Wenn nicht anders festgelegt sei im folgenden wieder eine beliebige Sprache $L = L(\sigma)$ gegeben.

Sei $\mathcal{M}$ eine L-Struktur und $n < \omega$.
Ein **n-Typ von $\mathcal{M}$** ist eine Menge $\Phi \subseteq L_{\bar{x}}(M)$, wobei $\bar{x}$ ein beliebiges n-Tupel von Variablen ist, derart, daß es in einem $\mathcal{N} \succeq \mathcal{M}$ ein $\bar{c} \in N^n$ gibt mit $\mathcal{N} \models \Phi(\bar{c})$, d.h., $\mathcal{N} \models \varphi(\bar{c})$ für alle $\varphi \in \Phi$ (vgl. §3.1). Das Tupel $\bar{c}$ heißt dann **Realisierung von Φ in $\mathcal{N}$** und wir schreiben auch $\bar{c} \models_{\mathcal{N}} \Phi$ für $\mathcal{N} \models \Phi(\bar{c})$ oder einfach $\bar{c} \models \Phi$, falls der Kontext $\mathcal{N}$ klar ist. Man sagt auch, daß Φ in $\mathcal{N}$ **realisierbar** oder (**durch $\bar{c}$**) **realisiert** ist.
Ist $A \subseteq M$ mit $\Phi \subseteq L_{\bar{x}}(A)$, $\bar{x}$ wie gehabt, so sagen wir, daß Φ

(ein n-Typ von $\mathcal{M}$) **über A** ist.
Soll die Stelligkeit n nicht spezifiziert werden, sprechen wir einfach von **Typen**.

Jeder Typ von $\mathcal{M}$ ist natürlich über M. Jeder Typ von $\mathcal{M}$ ist (wegen Korollar 8.4.5) auch Typ von $\mathcal{M}' \succeq \mathcal{M}$ und, jeder Typ von $\mathcal{M}$ über A ist auch Typ von jedem $\mathcal{M}' \preceq \mathcal{M}$ mit $A \subseteq M'$.

Beispiele:

(1) $\{ p^n x \neq 0 : n < \omega \}$ ist ein 1-Typ von $\mathbb{Z}_{p^\infty}$ über $\emptyset$. Er wird in $\mathcal{G}_\kappa$ genau durch die Elemente realisiert, die nicht in $\mathbb{Z}_{p^\infty}$ liegen, wie aus der Analyse des vorigen Abschnittes ersichtlich ist.

(2) Für eine beliebige unendliche Struktur $\mathcal{M}$ ist $\{x \neq a : a \in M\}$ ein 1-Typ, der in jedem $\mathcal{N} \succeq \mathcal{M}$ genau durch die Elemente realisiert wird, die nicht in M liegen.

(3) $\{x > n : n \in \omega\}$ ist ein 1-Typ des Standardmodells der Peano-Arithmetik.

(4) Jeder Dedekindsche Schnitt in η (dem abzählbaren Modell von DLO_{--}, vgl. Satz 8.3.5(2)) ist 1-Typ von η.

Ein **n-Typ einer Theorie T** ist ein n-Typ eines Modells von T. Ist Φ ein Typ von $\mathcal{M}$ und f: $\mathcal{M} \overset{\equiv}{\hookrightarrow} \mathcal{M}'$, so setzen wir
$f(\Phi) = \{ \varphi(\bar{x}, f[\bar{c}]) : \varphi(\bar{x}, \bar{c}) \in \Phi \}$.
$f(\Phi)$ heißt der f-**konjugierte Typ** von Φ.

Daß es sich dabei tatsächlich um einen Typ handelt, ist leicht einzusehen:

Lemma 11.2.1 Sei $\mathcal{M} \preceq \mathcal{N}$ und f: $\mathcal{N} \overset{\equiv}{\hookrightarrow} \mathcal{N}'$.
Ist Φ ein Typ von $\mathcal{M}$, der in $\mathcal{N}$ realisiert ist, so ist $f(\Phi)$ ein Typ von $f(\mathcal{M}) \preceq \mathcal{N}'$, und es gilt für alle $\bar{a}$ aus N, daß $\bar{a} \models \Phi$ gdw. $f[\bar{a}] \models f(\Phi)$.

Beweis

Die erste Behauptung folgt aus der zweiten, diese wiederum daraus, daß f eine elementare Abbildung ist. ■

Korollar 11.2.2 Seien $\mathcal{M}$ und $\mathcal{N}$ beliebige L-Strukturen, $A \subseteq M,N$ und $f: \mathcal{M} \cong_A \mathcal{N}$.
Ist Φ ein Typ von $\mathcal{M}$ über A, so ist Φ auch ein Typ von $\mathcal{N}$ über A, und es gilt $\bar{a} \models \Phi$ gdw. $f[\bar{a}] \models \Phi$ für alle $\bar{a}$ aus M.

Beweis

Es gilt lediglich zu beachten, daß Isomorphismen elementar sind und $f(\Phi) = \Phi$, da $f \upharpoonright A = id_A$. ■

Satz 11.2.3 Sei $\mathcal{M}$ eine L-Struktur, $A \subseteq M$, $\bar{x}$ ein n-Tupel von Variablen, $\Phi \subseteq L_{\bar{x}}(A)$ und $\bar{c}$ ein n-Tupel neuer Konstanten (d.h. disjunkt von $L_{\bar{x}}(A)$).
Dann sind folgende Bedingungen äquivalent.

(i) Φ ist Typ von $\mathcal{M}$ (über A).

(ii) $\mathcal{M} \models \exists \bar{x} \bigwedge_{i<k} \varphi_i(\bar{x})$ für alle endlichen Teilmengen $\{\varphi_0, \ldots, \varphi_{k-1}\}$ von Φ.

(iii) $Th(\mathcal{M},A) \cup \Phi(\bar{c})$ ist widerspruchsfrei*.

Beweis

(i)⇒(ii): Realisiere $\bar{c}$ den Typ Φ in $\mathcal{N} \succeq \mathcal{M}$.

Dann gilt $\mathcal{N} \models \exists \bar{x} \bigwedge_{i<n} \varphi_i(\bar{x})$ und somit auch $\mathcal{M} \models \exists \bar{x} \bigwedge_{i<n} \varphi_i(\bar{x})$, denn $\exists \bar{x} \bigwedge_{i<n} \varphi_i(\bar{x}) \in L_0(M)$.

(ii)⇒(iii): Aus (ii) folgt, daß $\mathcal{M}$ selbst Modell von $Th(\mathcal{M},A) \cup \Phi_0(\bar{c})$ ist für jedes endliche $\Phi_0 \subseteq \Phi$.

(iii)⇒(i): Ist $(\mathcal{N},B,\bar{b})$ Modell der angegebenen Theorie, so gibt es eine Bijektion $f: A \to B$ mit $B = f[A]$, $(\mathcal{N},f[A]) \equiv (\mathcal{M},A)$ und $\bar{b} \models f(\Phi)$. Mittels Korollar 8.4.5 wählen wir $(\mathcal{N}',A) \succeq (\mathcal{M},A)$ und

---

*) $\Phi(\bar{c})$ bezeichnet hier die Menge $\{ \varphi_{\bar{x}}(\bar{c}) : \varphi(\bar{x}) \in \Phi \}$.

g: $(\mathcal{N},f[A]) \overset{\equiv}{\hookrightarrow} (\mathcal{N}',A)$. Dann gilt $g\,f = id_A$. Also realisiert $g[\bar{b}]$ die Menge Φ in $\mathcal{N}' \succeq \mathcal{M}$ und es folgt (i). ■

Korollar 11.2.4

(1) Sei T eine beliebige L-Theorie, $\bar{x}$ ein n-Tupel von Variablen, $\Phi \subseteq L_{\bar{x}}$ und $\bar{c}$ ein n-Tupel neuer Konstanten.
Φ ist Typ von T (über $\emptyset$) gdw. $T \cup \Phi(\bar{c})$ widerspruchsfrei ist.

(2) Ist T eine vollständige Theorie und Φ ein Typ von $\mathcal{M} \models T$ über $\emptyset$, so ist Φ auch ein Typ von jedem anderen $\mathcal{N} \models T$.

(3) Jeder Typ von $\mathcal{M} \models T$ über $A \subseteq M$ ist in einem Modell von T einer Mächtigkeit $\leq |A| + |L|$ realisiert. (Insbesondere ist jeder Typ über $\emptyset$ in einem Modell einer Mächtigkeit $\leq |L|$ realisiert.)

(4) Jeder Typ von $\mathcal{M}$ läßt sich in einer elementaren Erweiterung von $\mathcal{M}$ einer Mächtigkeit $\leq |M| + |L|$ realisieren.

Beweis

Zu (1): Ist Φ Typ von $\mathcal{M} \models T$, so ist $\Phi(\bar{c})$ sogar widerspruchsfrei mit $Th(\mathcal{M})$. Ist umgekehrt $\Phi(\bar{c})$ widerspruchsfrei mit T, so gibt es ein Modell $(\mathcal{M},\bar{a})$ von $T \cup \Phi(\bar{c})$, also ist Φ Typ von $\mathcal{M} \models T$.
(2) folgt daraus, daß $Th(\mathcal{M},\emptyset) = Th(\mathcal{N},\emptyset) = T$.
(3) folgt aus $|Th(\mathcal{M},A) \cup \Phi(\bar{c})| \leq |L_0(A)| + |L_0(A \cup \bar{c})| =$
$|L| + |A| + |A \cup \bar{c}| = |L| + |A|$ (und Löwenheim-Skolem abwärts).
(4) ist Spezialfall von (3). ■

Wir setzen dies auf beliebige Mengen von Typen fort.

Korollar 11.2.5 Sei S eine Menge von Typen der L-Struktur $\mathcal{M}$. Dann gibt es ein $\mathcal{M}_S \succeq \mathcal{M}$ einer Mächtigkeit $\leq |\mathcal{M}| + |L| + |S|$, das alle Typen aus S realisiert.

Beweis

Der Einfachheit halber bestehe S aus 1-Typen.

Für $|S|=1$ ist das (2) des vorigen Korollars, also können wir $\mathcal{M}_\Phi \succeq \mathcal{M}$ der Mächtigkeit $|\mathcal{M}|+|L|$ und Realisierungen a_Φ von Φ in $\mathcal{M}_\Phi$ für alle $\Phi \in S$ wählen.
Nach Korollar 8.4.5 existiert ein $\mathcal{N}^* \models \mathrm{Th}(\mathcal{M},M)$ (und damit oBdA $(\mathcal{M},M) \preceq \mathcal{N}^*$) und Abbildungen f_Φ: $(\mathcal{M}_\Phi,M) \overset{\equiv}{\hookrightarrow} \mathcal{N}^*$. Dann gilt $f_\Phi \restriction M = \mathrm{id}_M$ (und dies ist der ganze Grund dafür, daß wir 8.4.5 auf $\mathrm{Th}(\mathcal{M},M)$ anwenden statt auf $\mathrm{Th}(\mathcal{M})$). Wenn wir auf L einschränken, erhalten wir f_Φ: $\mathcal{M}_\Phi \overset{\equiv}{\hookrightarrow} \mathcal{N}$, wobei $\mathcal{N} = \mathcal{N}^* \restriction L$.
Da Φ über M ist und $f_\Phi \restriction M = \mathrm{id}_M$, so haben wir $f_\Phi(\Phi) = \Phi$ und somit $f_\Phi(a_\Phi) \models \Phi$ in $\mathcal{N}$ nach Lemma 11.2.1 .
Also sind alle $\Phi \in S$ in $\mathcal{N}$ realisiert. Mittels Satz 8.4.1 (Löwenheim Skolem abwärts für $\preceq$) wählen wir ein $\mathcal{M}_S \preceq \mathcal{N}$ der Mächtigkeit $|M \cup \{a_\Phi : \Phi \in S\}| + |L|$, das $M \cup \{a_\Phi : \Phi \in S\}$ enthält. Dann realisiert $\mathcal{M}_S$ alle Typen aus S . Wegen $\mathcal{M} \subseteq \mathcal{M}_S \preceq \mathcal{N}$ und $\mathcal{M} \preceq \mathcal{N}$ gilt nach Lemma 8.2.2(2) auch $\mathcal{M} \preceq \mathcal{M}_S$. Schließlich schätzen wir ab: $|\mathcal{M}_S| \leq |\mathcal{M}| + |L| + |S|$. ■

Ü1. Ersetze die Anwendung von Korollar 8.4.5 im Beweis von Korollar 11.2.5 durch ein Kettenargument. [Vgl. Beweis von Satz 12.1.2 .]

Ü2. Zeige, daß $\{x \neq 0\} \cup \{\exists y\,(x = ny) : 0 < n < \omega\}$ ein 1-Typ (über $\emptyset$) in der abelschen Gruppe $(\mathbb{Z};0;+,-)$ der ganzen Zahlen ist.

Ü3. Finde für jede Menge X von Primzahlen einen 1-Typ (über $\emptyset$) des Standardmodells der Peano-Arithmetik (vgl. §3.5), dessen Realisierungen durch eine Primzahl genau dann teilbar ist, wenn sie in X liegt.

11.3. Vollständige Typen und Stonesche Räume

Sei $\mathcal{M}$ eine L-Struktur, $A \subseteq M$, $n < \omega$ und $\bar{x}$ ein n-Tupel von Variablen.
Ein n-Typ $\Phi \subseteq L_{\bar{x}}(A)$ von $\mathcal{M}$ über A heißt **vollständiger n-Typ von $\mathcal{M}$ über** A (kurz: **vollständig über** A), wenn für alle $\varphi \in L_{\bar{x}}(A)$ (entweder) $\varphi \in \Phi$ oder $\neg\varphi \in \Phi$.
Sei $\bar{a}$ aus M .

Der **Typ von $\bar{a}$ über** A **in** $\mathcal{M}$, in Zeichen $tp^{\mathcal{M}}(\bar{a}/A)$, ist die Menge $\{\varphi \in L_{\bar{x}}(A) : \mathcal{M} \models \varphi(\bar{a})\}$ (für ein gewisses, aber beliebiges n-Tupel von Variablen $\bar{x}$).
Ist Ψ ein beliebiger n-Typ von $\mathcal{M}$ über A und Φ ein vollständiger solcher, der Ψ enthält, so heißt Φ auch **vollständige Erweiterung** (oder **Vervollständigung**) **von** Ψ (**über** A).
Wenn der Kontext $\mathcal{M}$ klar ist, so lassen wir den Zusatz $^{\mathcal{M}}$ weg. Außerdem kann die Angabe von A entfallen, wenn $A = \emptyset$, d.h., für $tp^{\mathcal{M}}(\bar{a}/\emptyset)$ schreiben wir auch $tp^{\mathcal{M}}(\bar{a})$ oder $tp(\bar{a})$.

Offenbar gibt es für zwei verschiedene vollständige n-Typen Φ und Ψ über derselben Menge A in $\mathcal{M}$ stets eine Formel (aus $L_n(A)$) in Φ, deren Negation (bis auf Umbenennung der freien Variablen) in Ψ liegt.

Ist $\bar{y}$ ein m-"Teiltupel" von $\bar{x}$ ($m \leq n$), so $L_{\bar{y}} \subseteq L_{\bar{x}}$, weshalb jeder - vollständige n-Typ ($\subseteq L_{\bar{x}}(A)$) einen vollständigen m-Typ ($\subseteq L_{\bar{y}}(A)$) umfaßt; wenn $\bar{b} \subseteq \bar{a}$, so $tp^{\mathcal{M}}(\bar{b}/A) \subseteq tp^{\mathcal{M}}(\bar{a}/A)$. (Alternativer- aber äquivalenterweise könnte man n-Typen über A als Teilmengen von $L_n(A)$ einführen und hätte diese Inklusion "bis auf Hinzufügung redundanter Variablen", vgl. §3.2 .) Der Spezialfall $m = 0$ ist als erste der nachstehenden Bemerkungen noch einmal aufgeführt.

Bemerkungen: $\mathcal{M}$ und $\mathcal{N}$ seien L-Strukturen und $n < \omega$.

(1) Ist Φ ein vollständiger n-Typ von $\mathcal{M}$ über $A \subseteq M$, so $Th(\mathcal{M},A) \subseteq \Phi$. (Ist Φ insbesondere vollständig über $\emptyset$, so $Th(\mathcal{M}) \subseteq \Phi$.) Mithin folgt aus der Gleichheit der Typen $tp^{\mathcal{M}}(\bar{a})$ und $tp^{\mathcal{N}}(\bar{b})$ bereits $\mathcal{M} \equiv \mathcal{N}$.

(2) f: $\mathcal{M} \to \mathcal{N}$ ist elementar gdw. für alle $\bar{a}$ aus M die Tupel $\bar{a}$ und $f[\bar{a}]$ denselben Typ über $\emptyset$ haben.

Mehr noch, für alle $A \subseteq M$ gilt: $f\colon \mathcal{M} \to \mathcal{N}$ ist elementar gdw. für alle $\bar{a}$ aus M gilt $f(\mathrm{tp}^{\mathcal{M}}(\bar{a}/A)) = \mathrm{tp}^{\mathcal{N}}(f[\bar{a}]/f[A])$.
Insbesondere gilt $\mathrm{tp}^{\mathcal{M}}(\bar{a}/A) = \mathrm{tp}^{\mathcal{N}}(\bar{a}/A)$, falls $A \subseteq M$, $\mathcal{M} \preceq \mathcal{N}$ und $\bar{a}$ ein n-Tupel aus M.

(3) Sei $A \subseteq M \cap N$, und sei $\bar{b}$ ein n-Tupel aus M und $\bar{c}$ ein n-Tupel aus N.
Dann gilt $\bar{c} \models \mathrm{tp}^{\mathcal{M}}(\bar{b}/A)$ gdw. $\mathrm{tp}^{\mathcal{M}}(\bar{b}/A) \subseteq \mathrm{tp}^{\mathcal{N}}(\bar{c}/A)$ gdw. $\mathrm{tp}^{\mathcal{M}}(\bar{b}/A) = \mathrm{tp}^{\mathcal{N}}(\bar{c}/A)$ gdw. $(\mathcal{M}, A, \bar{b}) \equiv (\mathcal{N}, A, \bar{c})$.
(Beachte den Spezialfall $A = \varnothing$.)

(4) Ist ein Typ Ψ von $\mathcal{M}$ über A durch $\bar{a}$ aus $\mathcal{N} \succeq \mathcal{M}$ realisiert, so ist $\mathrm{tp}^{\mathcal{N}}(\bar{a}/A)$ eine vollständige Erweiterung von Ψ (über A).

(5) Jeder Typ von $\mathcal{M}$ über A läßt sich vervollständigen.

(6) Jeder zu einem vollständigen Typ konjugierte Typ ist selbst vollständig.

Wie gesagt ist $\mathrm{tp}^{\mathcal{M}}(\bar{a}/A)$ vollständig über A. Der nächste Satz zeigt, daß jeder vollständige Typ von dieser Form ist. (Dies ist analog - und in einer gewissen Konstantenerweiterung, wie wir sehen werden, äquivalent - dazu, daß jede vollständige Theorie von der Form $\mathrm{Th}(\mathcal{M})$ ist, vgl. Lemma 3.5.1 .)

Satz 11.3.1 Sei $\mathcal{M}$ eine L-Struktur, $A \subseteq M$, $\bar{x}$ ein n-Tupel von Variablen und $\Phi \subseteq L_{\bar{x}}(A)$.
Dann sind folgende Bedingungen äquivalent.

(i) Φ ist vollständiger n-Typ von $\mathcal{M}$ über A.
(ii) Es gibt $\mathcal{N} \succeq \mathcal{M}$ und ein n-Tupel $\bar{a}$ aus N mit $\Phi = \mathrm{tp}^{\mathcal{N}}(\bar{a}/A)$.
(iii) Ist $\bar{c}$ ein n-Tupel neuer Konstanten, so ist $\Phi(\bar{c})$ vollständige $L(A \cup \bar{c})$-Theorie, die $\mathrm{Th}(\mathcal{M}, A)$ enthält.
(iv) Φ ist bzgl. Inklusion maximaler n-Typ von $\mathcal{M}$ über A.

Den **Beweis** überlassen wir als Übungsaufgabe. ■

Von nun ab werden wir die freien Variablen eines Typs nicht mehr spezifizieren und nehmen stets an, daß sie "vernünftig" gewählt sind.

> Sei $\mathcal{M}$ eine L-Struktur, $A \subseteq M$ und $\varphi \in L_n(A)$.
> $S_n^{\mathcal{M}}(A)$ bezeichne die Menge aller vollständigen n-Typen von $\mathcal{M}$ über A, also $S_n^{\mathcal{M}}(A) = \{ tp^{\mathcal{N}}(\bar{a}/A) : \mathcal{N} \succeq \mathcal{M}, \bar{a} \in N^n \}$, und darin sei $\langle\varphi\rangle = \{ \Phi \in S_n^{\mathcal{M}}(A) : \varphi \in \Phi \}$.
> Da $S_n^{\mathcal{M}}(\varnothing) = S_n^{\mathcal{N}}(\varnothing)$ für alle Modelle $\mathcal{M}$ und $\mathcal{N}$ einer vollständige Theorie T, so schreiben wir dafür kurz $S_n(T)$.

Wie in § 5.7 bilden die Mengen $\langle\varphi\rangle$ eine Basis von offen-abgeschlossenen Mengen und machen $S_n^{\mathcal{M}}(A)$ zu einem topologischen Raum, der nicht leer und hausdorffsch ist, denn für alle Φ und Ψ aus $S_n^{\mathcal{M}}(A)$ mit $\Phi \neq \Psi$ gibt es ein $\varphi \in L_n(A)$ mit $\varphi \in \Phi$ und $\neg\varphi \in \Psi$, d.h. mit $\Phi \in \langle\varphi\rangle$ und $\Psi \in \langle\neg\varphi\rangle$.
Dabei gilt $\langle\neg\varphi\rangle = S_n^{\mathcal{M}}(A) \setminus \langle\varphi\rangle$. Wir werden sehen, daß $S_n^{\mathcal{M}}(A)$ auch kompakt, ja gerade der Stonesche Raum einer gewissen Booleschen Algebra ist.

Sei $\bar{c}$ ein n-Tupel neuer Konstanten. Dann definiert $\Phi(\bar{x}) \mapsto \Phi(\bar{c})$ eine Abbildung zwischen den n-Typen über $\varnothing$ und den widerspruchsfreien Teilmengen von $L_0(\bar{c})$. Dabei werden nach Satz 11.2.3 die n-Typen einer gegebenen vollständigen L-Theorie T auf die Teilmengen aus $L_0(\bar{c})$ abgebildet, die widerspruchsfrei mit T sind. Weiterhin werden die **deduktiv abgeschlossenen** n-Typen von T (die also abgeschlossen in dem Sinne sind, daß sie verum enthalten und aus $\varphi \leq_T \psi$ (vgl. §5.6) und $\varphi \in \Phi$ folgt $\psi \in \Phi$) auf die $L(\bar{c})$-Theorien abgebildet, die T erweitern. Schließlich werden die vollständigen n-Typen über $\varnothing$ von T dabei auf die vollständigen $L(\bar{c})$-Erweiterungen von T abgebildet - also auf die Elemente aus $S_{L(\bar{c})}$, die T enthalten (vgl. §5.7).

Es ist ohne weiteres ersichtlich, daß diese Abbildung ein Homöomorphismus ist.

Bemerke, daß die Elemente aus $S_{L(\bar{c})}$, die T enthalten, eine abgeschlossene Menge bilden, nämlich $\bigcap_{\varphi \in T} \langle \varphi \rangle$, also einen kompakten Unterraum.

Wir werden oftmals $\Phi(\bar{x})$ mit $\Phi(\bar{c})$ identifizieren. D.h., wir identifizieren (für eine gegebene L-Theorie T)

n-Typen über ∅ von T	und	mit T widerspruchsfreie Teilmengen von $L_0(\bar{c})$,
deduktiv abgeschlossene n-Typen über ∅ von T	und	$L(\bar{c})$-Theorien, die T enthalten,
vollständige n-Typen über ∅ von T (in L)	und	vollständige $L(\bar{c})$-Theorien, die T enthalten.

Ist T vollständig, so identifizieren wir

$S_n(T)$ und $\{T' \in S_{L(\bar{c})} : T \subseteq T'\}$.

(Dabei entspricht $S_0(T)$ gerade der einelementigen Menge $\{T\}$.)

Erinnerung: Mit $\mathcal{B}_L$ bezeichnen wir die (0-te) Lindenbaum-Tarski-Algebra von L (vgl. § 5.6).

Theorien sind deduktiv abgeschlossene widerspruchsfreie Teilmengen, also Filter in $\mathcal{B}_L$. Eine L-Aussagenmenge T ist also genau dann L-Theorie, wenn sie die folgenden Bedingungen erfüllt (für alle $\varphi, \psi \in L_0$).

(i) Wenn $\varphi \in T$ und $\varphi \leq \psi$, so $\psi \in T$,

(ii) wenn $\varphi, \psi \in T$, so $\varphi \wedge \psi \in T$,

(iii) $\perp \notin T$.

Vollständige Theorien sind genau die Ultrafilter in $\mathcal{B}_L$, d.h. die Filter T in $\mathcal{B}_L$, für die für alle $\varphi \in L_0$ entweder $\varphi \in T$ oder $\neg\varphi \in T$ gilt.

Analog gibt es eine weitere Interpretationsmöglichkeit der n-Typen als Filter in der n-ten Lindenbaum-Tarski-Algebra.

Die Vorschrift

$$\Phi \mapsto \{ \varphi/\sim_T : \varphi \in \Phi \}$$

definiert dann eine Abbildung, die

n-Typen von T über $\varnothing$	in	Teilmengen von $\mathcal{B}_n(T)$, die $\perp/\sim_T$ nicht enthalten,
deduktiv abgeschlossene n-Typen von T über $\varnothing$	in	Filter von $\mathcal{B}_n(T)$,
vollständige n-Typen von T über $\varnothing$	in	Ultrafilter von $\mathcal{B}_n(T)$

überführen.

Der Stonesche Repräsentationssatz (5.6.1) besagt, daß die Ultrafilter von $\mathcal{B}_n(T)$ einen kompakten Hausdorffraum bilden, den Stoneschen Raum von $\mathcal{B}_n(T)$. Ist T vollständig, so ist dieser homöomorph zu $S_n(T)$ und wir identifizieren diese.
(Dabei ist $\mathcal{B}_0(\varnothing)$ gerade die Lindenbaum-Tarski-Algebra $\mathcal{B}_L$, deren (Ultra-) Filter den (vollständigen) L-Theorien entsprechen, deren Stonescher Raum also gerade S_L ist (vgl. die Bemerkung nach Satz 5.7.1).

Ist $\mathcal{M}$ eine Struktur und $A \subseteq M$, so ist $S_n^{\mathcal{M}}(A)$ offenbar nichts anderes als der Stonesche Raum $S_n(Th(\mathcal{M},A))$ von $\mathcal{B}_n(Th(\mathcal{M},A))$, woraus spätestens ersichtlich ist, daß alle diese kompakte Hausdorffräume sind.

Bemerkungen: Sei T eine vollständige Theorie, $\mathcal{M} \models T$ und $A \subseteq M$.

(7) Ein deduktiv abgeschlossener n-Typ Φ von $\mathcal{M}$ über A ist vollständig gdw. für alle $\varphi, \psi \in L_n(A)$ aus $\varphi \vee \psi \in \Phi$ folgt, $\varphi \in \Phi$ oder $\psi \in \Phi$.

(8) Ist jede Formel aus $L_n(A)$ modulo $Th(\mathcal{M},A)$ äquivalent zu einer Booleschen Kombination von Formeln aus einer Formelklasse Δ, so folgt aus $\Delta \cap tp^{\mathcal{M}}(\bar{a}/A) = \Delta \cap tp^{\mathcal{M}}(\bar{b}/A)$ bereits $tp^{\mathcal{M}}(\bar{a}/A) = tp^{\mathcal{M}}(\bar{b}/A)$ (für alle $\bar{a}$ und $\bar{b}$ aus M^n).

(9) Erlaubt T Elimination bis auf Formeln aus Δ und ist Δ eine unter Einsetzung von (u.U. auch neuen) Individuenkonstanten abgeschlossene Formelklasse, so folgt aus $\Delta \cap tp^{\mathcal{M}}(\bar{a}/A) = \Delta \cap tp^{\mathcal{M}}(\bar{b}/A)$ bereits $tp^{\mathcal{M}}(\bar{a}/A) = tp^{\mathcal{M}}(\bar{b}/A)$ (für alle gleichlangen Tupel $\bar{a}$ und $\bar{b}$ aus M).

(10) Hat T Quantorenelimination, so sind also zwei vollständige n-Typen über A bereits gleich, falls sie nur die gleichen atomaren Formeln enthalten.

Sei Δ eine Formelklasse.
Ein **Δ-Typ** ist ein Typ, der nur Formeln aus Δ enthält. Ein **Δ-n-Typ** ist ein Δ-Typ, der gleichzeitig n-Typ ist. Für den **Δ-Teil** $\Delta \cap tp^{\mathcal{M}}(\bar{a}/A)$ des Typs $tp^{\mathcal{M}}(\bar{a}/A)$ schreiben wir kurz $tp_{\Delta}^{\mathcal{M}}(\bar{a}/A)$.

Der Begriff des Typs erlaubt auch, wie bereits in §9.1 angekündigt, eine eingängigere Formulierung von Satz 9.1.2 und Korollar 9.1.3:

Satz 9.1.2' Sei $\Sigma \subseteq L_0$ und $\varphi \in L_n$. Sei weiterhin Δ eine unter Hinzufügung redundanter Variablen abgeschlossene Formelklasse und $\tilde{\Delta}$ deren Boolescher Abschluß.

φ ist Σ-äquivalent zu $\top$, $\bot$ oder einer Formel aus $\tilde{\Delta} \cap L_n$ gdw. für alle $\mathcal{M}, \mathcal{N} \models \Sigma$ und alle $\bar{a} \in M^n$ und $\bar{b} \in N^n$ gilt:
Wenn $tp_\Delta^{\mathcal{M}}(\bar{a}) = tp_\Delta^{\mathcal{N}}(\bar{b})$, so $\mathcal{M} \models \varphi(\bar{a})$ gdw. $\mathcal{N} \models \varphi(\bar{b})$. ■

Korollar 9.1.3' Sei T eine L-Theorie, Δ eine unter Hinzufügung redundanter Variablen abgeschlossene Formelklasse, die $\top$ und $\bot$ enthält, und $\tilde{\Delta}$ deren Boolescher Abschluß.
T erlaubt $\tilde{\Delta}$-Elimination gdw. für alle $\mathcal{M}, \mathcal{N} \models T$ und alle $\bar{a} \in M^n$ und $\bar{b} \in N^n$ gilt:
Wenn $tp_\Delta^{\mathcal{M}}(\bar{a}) = tp_\Delta^{\mathcal{N}}(\bar{b})$, so $tp^{\mathcal{M}}(\bar{a}) = tp^{\mathcal{N}}(\bar{b})$. ■

Ü1. Beweise alle Bemerkungen und Satz 11.3.1!

Ü2. Charakterisiere alle Typen in $S_1(\eta)$ (wobei wie gehabt η das abzählbare Modell von DLO_{--} ist). [Betrachte Dedekindsche Schnitte!]

Ü3. Sei $\mathcal{M}$ eine Struktur und $A \subseteq B \subseteq M$.
Zeige, daß die Vorschrift $tp(\bar{a}/B) \mapsto tp(\bar{a}/A)$ (wobei $\bar{a}$ ein beliebiges n-Tupel einer elementaren Erweiterung von $\mathcal{M}$ ist) eine stetige Abbildung von $S_n^{\mathcal{M}}(B)$ auf $S_n^{\mathcal{M}}(A)$ definiert.

11.4. Isolierte und algebraische Typen

Sei $\mathcal{M}$ eine L-Struktur und $\bar{x}$ ein n-Tupel von Variablen.
Ein n-Typ $\Phi \subseteq L_{\bar{x}}(M)$ von $\mathcal{M}$ heißt **isoliert** (bzw. **Haupttyp**), falls es ein in $\mathcal{M}$ erfüllbares $\varphi \in L_{\bar{x}}(M)$ (bzw. $\varphi \in \Phi$) gibt mit $\mathcal{M} \models \forall \bar{x}\, (\varphi \rightarrow \psi)$ für alle $\psi \in \Phi$. Wir sagen, φ **isoliert** Φ und schreiben $\varphi \leq_{\mathcal{M}} \Phi$ oder $\varphi \leq \Phi$, wenn der Kontext $\mathcal{M}$ klar ist.

Bemerkungen: Sei $\mathcal{M}$ eine L-Struktur, $n < \omega$ und $A \subseteq M$.

(1) Sei $\bar{x}$ ein n-Tupel von Variablen.
Eine in $\mathcal{M}$ erfüllbare Formel $\varphi \in L_{\bar{x}}$ isoliert den n-Typ

$\Phi \subseteq L_{\bar{x}}(M)$ gdw. für alle $\mathcal{N} \succeq \mathcal{M}$ und alle $\bar{a} \in \varphi(\mathcal{N})$ gilt $\bar{a} \models_{\mathcal{N}} \Phi$.

(2) Betrachtet man deduktiv abgeschlossene Typen wie oben als Filter, so sind die Haupttypen genau die Hauptfilter (daher der Name).

(3) Ein vollständiger n-Typ Φ von $\mathcal{M}$ über A ist isoliert gdw. er Haupttyp ist gdw. er isolierter Punkt im Stoneschen Raum $S_n^{\mathcal{M}}(A)$ ist (denn $\varphi \leq_{\mathcal{M}} \Phi$ gdw. $\langle\varphi\rangle = \{\Phi\}$) gdw. er eine Formel enthält, deren Äquivalenzklasse in der Lindenbaum-Tarski-Algebra $\mathcal{B}_n(\mathrm{Th}(\mathcal{M},A))$ Atom ist (vgl. §5.6).

(4) Isolierte Typen von $\mathcal{M}$ sind realisiert in $\mathcal{M}$ (denn $\varphi \leq_{\mathcal{M}} \Phi$ und $\mathcal{M} \models \exists\bar{x}\,\varphi$ liefern eine Realisierung in $\mathcal{M}$).

(5) Für Typen Φ über $\emptyset$ von $\mathcal{M}$ und $\varphi \in L$ gilt $\varphi \leq_{\mathcal{M}} \Phi$ gdw. $\varphi \leq_{\mathrm{Th}(\mathcal{M})} \Phi$, weshalb die Isoliertheit solcher Typen nicht von $\mathcal{M}$, sondern lediglich von $\mathrm{Th}(\mathcal{M})$ abhängt (entsprechend für Typen über $A \subseteq M$ und $\mathrm{Th}(\mathcal{M},A)$).

Im nächsten Kapitel benötigen wir folgende Eigenschaft.

Lemma 11.4.1 (Transitivität der Isoliertheit)
Sei $\mathcal{M}$ eine L-Struktur, seien $m,n < \omega$ und $\bar{a},\bar{b}$ ein m- bzw. n-Tupel aus M.
Dann ist $\mathrm{tp}(\bar{a}^\wedge\bar{b})$ isoliert gdw. $\mathrm{tp}(\bar{a}/\bar{b})$ und $\mathrm{tp}(\bar{b})$ isoliert sind (wobei $\bar{a}^\wedge\bar{b}$ das aus $\bar{a}$ und $\bar{b}$ zusammengesetzte m+n-Tupel sei).

Beweis
Sei $\bar{x}$ bzw. $\bar{y}$ ein m- bzw. n-Tupel von Variablen mit $\mathrm{tp}(\bar{a}^\wedge\bar{b}) \subseteq L_{\bar{x}^\wedge\bar{y}}$. Wir betrachten dann $\mathrm{tp}(\bar{a}/\bar{b})$ als Teilmenge von $L_{\bar{x}}(\bar{b})$ und $\mathrm{tp}(\bar{b})$ als Teilmenge von $L_{\bar{y}}$.
$\Rightarrow$: Sei $\psi(\bar{x},\bar{y}) \leq \mathrm{tp}(\bar{a}^\wedge\bar{b})$ (mit entsprechenden Tupellängen). Wir zeigen, daß $\psi(\bar{x},\bar{b}) \leq \mathrm{tp}(\bar{a}/\bar{b})$ und $\exists\bar{x}\,\psi(\bar{x},\bar{y}) \leq \mathrm{tp}(\bar{b})$.
Da nach Voraussetzung $\mathrm{tp}(\bar{a}^\wedge\bar{b})$ durch ψ isoliert ist, folgt $\mathrm{tp}(\bar{a}'^\wedge\bar{b}') = \mathrm{tp}(\bar{a}^\wedge\bar{b})$ aus $\mathcal{M} \models \psi(\bar{a}',\bar{b}')$. Daraus ergibt sich die erste Behauptung, also $\psi(\bar{x},\bar{b}) \leq \mathrm{tp}(\bar{a}/\bar{b})$, unmittelbar, denn wenn

$\mathcal{M} \models \psi(\bar{a}',\bar{b})$, so $\mathcal{M} \models \theta(\bar{a}',\bar{b})$ für alle $\theta(\bar{x},\bar{y}) \in tp(\bar{a}\hat{}\bar{b})$, also auch für alle $\theta(\bar{x},\bar{b}) \in tp(\bar{a}/\bar{b})$. Für die zweite Behauptung bemerke zunächst, daß jedes $\varphi(\bar{y}) \in tp(\bar{b})$ auch in $tp(\bar{a}\hat{}\bar{b})$ liegt. Also haben wir $\mathcal{M} \models \forall\bar{x}\bar{y}\,(\psi(\bar{x},\bar{y}) \to \varphi(\bar{y}))$, somit auch
$\mathcal{M} \models \forall\bar{y}\,(\exists\bar{x}\,\psi(\bar{x},\bar{y}) \to \varphi(\bar{y}))$, d.h., $\exists\bar{x}\,\psi(\bar{x},\bar{y}) \le tp(\bar{b})$.
$\Leftarrow$: Gelte $\psi(\bar{x},\bar{b}) \le tp(\bar{a}/\bar{b})$ und $\varphi(\bar{y}) \le tp(\bar{b})$.
Wir behaupten, daß $\psi(\bar{x},\bar{y}) \wedge \varphi(\bar{y}) \le tp(\bar{a}\hat{}\bar{b})$.
Angenommen, $\mathcal{M} \models \psi(\bar{a}',\bar{b}') \wedge \varphi(\bar{b}')$. Wir müssen zeigen, daß $tp(\bar{a}'\hat{}\bar{b}') = tp(\bar{a}\hat{}\bar{b})$, d.h., $(\mathcal{M},\bar{a}',\bar{b}') \equiv (\mathcal{M},\bar{a},\bar{b})$.
Aus $\varphi \le tp(\bar{b})$ und $\mathcal{M} \models \varphi(\bar{b}')$ folgt zunächst $tp(\bar{b}') = tp(\bar{b})$, also
(*) $(\mathcal{M},\bar{b}') \equiv (\mathcal{M},\bar{b})$.
Betrachte nun $\Phi = \{\theta(\bar{x},\bar{b}) : \theta(\bar{x},\bar{b}') \in tp(\bar{a}'/\bar{b}')\}$.
Mit $tp(\bar{a}'/\bar{b}')$ ist auch Φ abgeschlossen bzgl. endlicher Konjunktionen. Um also Typ von $\mathcal{M}$ zu sein, reicht es nach Satz 11.2.3, daß $\mathcal{M} \models \exists\bar{x}\,\theta(\bar{x},\bar{b})$ für alle $\theta(\bar{x},\bar{b}) \in \Phi$. Das folgt aber aus $\mathcal{M} \models \exists\bar{x}\,\theta(\bar{x},\bar{b}')$ und (*). Also ist Φ ein Typ von $\mathcal{M}$ und wird durch ein $\bar{c}$ in $\mathcal{N} \succeq \mathcal{M}$ realisiert. Wegen der Vollständigkeit von $tp(\bar{a}'/\bar{b}')$ ist auch Φ vollständig und somit $\Phi = tp^{\mathcal{N}}(\bar{c}/\bar{b})$.
Es gilt $\mathcal{N} \models \theta(\bar{c},\bar{b})$ für alle $\theta(\bar{x},\bar{b}') \in tp(\bar{a}'/\bar{b}')$, also zieht $\mathcal{M} \models \theta(\bar{a}',\bar{b}')$ nach sich $\mathcal{N} \models \theta(\bar{c},\bar{b})$. Auf Negationen angewandt bekommen wir auch die andere Richtung, also
$(\mathcal{M},\bar{a}',\bar{b}') \equiv (\mathcal{N},\bar{c},\bar{b})$. Wegen der Transitivität von $\equiv$ bleibt zu zeigen, daß $(\mathcal{N},\bar{c},\bar{b}) \equiv (\mathcal{M},\bar{a},\bar{b})$ oder, gleichbedeutend,
$tp^{\mathcal{N}}(\bar{c}/\bar{b}) = tp^{\mathcal{M}}(\bar{a}/\bar{b})$.
Da $\psi(\bar{x},\bar{b}') \in tp^{\mathcal{M}}(\bar{a}'/\bar{b}')$, so $\psi(\bar{x},\bar{b}) \in \Phi$, also $\psi(\bar{x},\bar{b}) \in tp^{\mathcal{N}}(\bar{c}/\bar{b})$. Wir haben aber $\psi(\bar{x},\bar{b}) \le tp(\bar{a}/\bar{b})$, und somit folgt $tp^{\mathcal{M}}(\bar{a}/\bar{b}) \subseteq tp^{\mathcal{N}}(\bar{c}/\bar{b})$. Da der Typ $tp^{\mathcal{M}}(\bar{a}/\bar{b})$ aber vollständig ist, muß Gleichheit bestehen. ∎

Sei $\mathcal{M}$ eine L-Struktur, $n < \omega$ und $\bar{a}$ ein Tupel aus M.
Eine Formel $\varphi(\bar{x},\bar{a}) \in L_n(M)$ heißt **algebraisch in $\mathcal{M}$**, falls $\varphi(\mathcal{M},\bar{a})$ endlich ist.

Ein n-Typ heißt **algebraisch**, falls sein deduktiver Abschluß eine algebraische Formel enthält.

Wir überlassen den Nachweis, daß algebraische Typen isoliert sind, als Übungsaufgabe.

Beispiel: Jede nichttriviale Polynomgleichung $t(x) = 0$ hat in jedem Körper nur endlich viele Lösungen, ist also als Formel algebraisch. Ebenso für Polynomgleichungen mit Parametern aus einem Körper. Wenn $\mathcal{K} \models \mathrm{ACF}$, so ist wegen der Quantorenelimination jede in $\mathcal{K}$ mit einstelligen Formeln parametrisch definierbare Teilmenge von $\mathcal{K}$ Boolesche Kombination von Nullstellenmengen von Polynomen aus $\mathcal{K}[x]$. Boolesche Kombinationen endlicher Teilmengen unendlicher Mengen (bzw. algebraischer Formeln in unendlichen Strukturen) sind aber genau dann endlich (bzw. algebraisch), wenn jedes Disjunktionsglied wenigstens eine endliche Menge (bzw. eine algebraische Formel) unnegiert als Konjunktionsglied enthält. Eine beliebige mit einstelligen Formeln parametrisch definierbare Teilmenge von $\mathcal{K}$ ist also genau dann endlich, wenn sie in einer Vereinigung endlich vieler Nullstellenmengen von Polynomen positiven Grades aus $\mathcal{K}[x]$ enthalten ist, d.h., wenn sie aus Nullstellen *eines* Polynoms positiven Grades aus $\mathcal{K}[x]$ besteht (denn eine Vereinigung von Nullstellenmengen gewisser endlich vieler Polynome ist gleich der Nullstellenmenge des Produktes dieser Polynome). Jeder vollständige Typ ist also wegen der Quantorenelimination eindeutig durch die in ihm enthaltenen Polynomgleichungen bestimmt. Folglich ist ein vollständiger 1-Typ von $\mathcal{K}$ algebraisch gdw. er eine nichttriviale Polynomgleichung enthält.

Lemma 11.4.2 Sei $\mathcal{M}$ eine beliebige Struktur.

(1) Jeder algebraische Typ von $\mathcal{M}$ ist in $\mathcal{M}$ (und nicht außerhalb von $\mathcal{M}$) realisiert (d.h., $\varphi(\mathcal{N}) = \varphi(\mathcal{M})$ für alle $\mathcal{N} \succeq \mathcal{M}$ und jede algebraische Formel $\varphi(\bar{x})$ aus L(M)).

(2) Für vollständige Typen über $\mathcal{M}$ gilt auch die Umkehrung: Ist $\bar{c}$ aus $\mathcal{N} \succeq \mathcal{M}$, so ist $tp^{\mathcal{N}}(\bar{c}/M)$ genau dann algebraisch, wenn $\bar{c}$ völlig in M liegt (gdw. $tp^{\mathcal{M}}(\bar{c}/M)$ isoliert ist).

(3) Sei $A \subseteq B \subseteq M$.
Jeder nichtalgebraische n-Typ über A von $\mathcal{M}$ läßt sich zu einem nichtalgebraischen Typ aus $S_n(B)$ erweitern.

(4) $\mathcal{M}$ ist unendlich genau dann, wenn es vollständige nichtalgebraische n-Typen von $\mathcal{M}$ über der leeren Menge (und damit über jeder Teilmenge von M) gibt.

Beweis

Wir beschränken uns der notationellen Einfachheit halber auf 1-Typen.

Zu (1): Sei φ eine algebraische Formel in einem 1-Typ Φ von $\mathcal{M}$. Dann gibt es ein $n < \omega$, so daß die Aussage $\exists^{=n}x\, \varphi(x)$ in $\mathcal{M}$ gilt. Dann gilt diese Aussage auch in jedem $\mathcal{N} \succeq \mathcal{M}$, denn die Parameter aus φ liegen in M. Daraus folgt $\varphi(\mathcal{M}) = \varphi(\mathcal{N})$, weshalb jede Realisierung von Φ bereits in M liegt.

Zu (2): Wegen (1) enthält jeder vollständige algebraische 1-Typ über M eine Formel der Form $x = a$ für ein a aus M (und ist somit isoliert). Für die Umkehrung bemerke, daß die Atome der Lindenbaum-Tarski-Algebra $\mathcal{B}_n(\mathrm{Th}(\mathcal{M},M))$ gerade die (Äquivalenzklassen der) Formeln dieser Form sind, weshalb ein isolierter vollständiger 1-Typ über ganz M eine solche enthalten und somit algebraisch sein muß.

Zu (3): Ist Φ ein nichtalgebraischer 1-Typ von $\mathcal{M}$ über A, so ist jede endliche Teilmenge von $\Phi \cup \{\neg\psi : \psi \in L_1(B) \text{ ist algebraisch}\}$ offenbar in $\mathcal{M}$ erfüllbar, weshalb letztere Menge ein 1-Typ von

$\mathcal{M}$ über B ist und sich somit zu einem Typ aus $S_1(B)$ vervollständigen läßt.
Zu (4): $\mathcal{M}$ ist genau dann unendlich, wenn $x=x$ nicht algebraisch ist. Nun wende (3) auf den Typ $\{x=x\}$ an. ■

In §14.4 werden die Typen der Theorie Th($\mathbb{Z}$;0;+,-) eingehend behandelt, was bereits jetzt parallel (allerdings erst nach Lektüre von §§14.1-3) studiert werden kann.

Ü1. Zeige, daß jeder algebraische Typ isoliert ist. [Endliche Mengen haben nur endlich viele Teilmengen!]

Ü2. Sei $A \subseteq \mathcal{K} \models$ ACF. Zeige: $S_1^{\mathcal{K}}(A)$ besitzt genau einen nichtalgebraischen Typ Φ, und dieser Typ ist nicht isoliert. Was drückt Φ aus?

Ü3. Bearbeite die zu Ü2 analogen Fragestellungen für die Theorien $T_=$, $T_{\mathcal{K}}$ (der $\mathcal{K}$-Vektorräume) und $\mathrm{Th}(\mathbb{Z}_{p^\infty})$!

Ü4. Beweise das Analogon von Lemma 11.4.1 für die Transitivität der Algebraizität. [Für die Richtung von rechts nach links benutze Ü1, um nicht nur eine algebraische Formel $\varphi(\bar{y})$ in $\mathrm{tp}(\bar{b})$ zu erhalten, sondern eine solche, die außerdem diesen Typ isoliert, d.h., ein Atom. Beachte, daß dann die Algebraizität von $\psi(\bar{x},\bar{c})$ bereits aus $\mathcal{M} \models \varphi(\bar{c})$ folgt.]

11.5.* Algebraischer Abschluß

Sei $\mathcal{M}$ eine L-Struktur und $A \subseteq M$.
Der **algebraische Abschluß** (**al**gebraic **cl**osure) von A in $\mathcal{M}$, in Zeichen $\mathrm{acl}_{\mathcal{M}} A$ oder, falls der Kontext $\mathcal{M}$ sich von selbst versteht, acl A, ist die Vereinigung aller endlichen mit Parametern aus A definierbaren Teilmengen von $\mathcal{M}$, d.h. die Vereinigung aller endlichen Mengen der Form $\varphi(\mathcal{M})$, wobei $\varphi \in L_1(A)$. Die Elemente aus und Teilmengen von $\mathrm{acl}_{\mathcal{M}} A$ heißen **algebraisch** über A (in $\mathcal{M}$). Eine Teilmenge A von M heißt **algebraisch abgeschlossen**, falls $\mathrm{acl}_{\mathcal{M}} A = A$.

Beispiel: Nach dem, was im vorigen Abschnitt über Algebraizität in ACF gesagt wurde, sind die Elemente aus $\mathrm{acl}_{\mathbb{C}}\,\mathbb{Q}$ die sog. **algebraischen Zahlen** aus $\mathbb{C}$, d.h. die komplexen Zahlen, die Nullstellen von Polynomen positiven Grades über $\mathbb{Q}$ sind. (Die nichtalgebraischen Zahlen heißen hingegen **transzendent**.) Ferner gilt $\mathrm{acl}_{\mathbb{C}}\,\emptyset = \mathrm{acl}_{\mathbb{C}}\,\mathbb{Q}$, denn jede Polynomgleichung mit Koeffizienten aus $\mathbb{Q}$ läßt sich parameterlos in der Sprache von ACF ausdrücken, da die rationalen Zahlen eindeutige Lösungen linearer Polynomgleichungen über $\mathbb{Z}$ sind und ganz $\mathbb{Z}$ durch die nichtlogische Konstante 1 in $\mathbb{C}$ erzeugt ist, vgl. auch nachstehende Bemerkung (2).

Allgemeiner: Wenn $\mathcal{K} \models \mathrm{ACF}$ und $\mathcal{A} \subseteq \mathcal{K}$, so ist $\mathrm{acl}_{\mathcal{K}} A$ nach den o.g. Betrachtungen aus vorigem Absatz gerade die Menge der Nullstellen in $\mathcal{K}$ von Polynomen positiven Grades aus $\mathcal{A}[x]$. Das zeigt, daß unser Algebraizitätsbegriff im Fall ACF mit dem körpertheoretischen übereinstimmt. Analog zu dem über $\mathrm{acl}_{\mathbb{C}}\,\mathbb{Q}$ Gesagten ist der von $\mathcal{A}$ erzeugte (und zum Quotientenkörper $Q(\mathcal{A})$ isomorphe) Teilköper von $\mathcal{K}$ in $\mathrm{acl}_{\mathcal{K}} A$ enthalten, und es gilt $\mathrm{acl}_{\mathcal{K}} A = \mathrm{acl}_{\mathcal{K}} Q(\mathcal{A})$.

In Ü12.1.5 soll gezeigt werden, daß *jeder* Körper einen algebraisch abgeschlossenen Erweiterungskörper besitzt (der $\forall$-Teil von ACF also gerade TF ist). Daraus ergibt sich die Existenz eines algebraischen Abschlusses eines *jeden* Körpers. Dessen Eindeutigkeit folgt dann aus den (allgemeineren) Betrachtungen in Ü12.2.8 weiter unten.

Bemerkungen

(1) Nach Lemma 11.4.2(1) ist $\mathrm{acl}_{\mathcal{M}} A$ die Menge aller Realisierungen algebraischer Typen von $\mathcal{M}$ über A.

(2) Algebraisch abgeschlossene Mengen sind abgeschlossen bzgl. nichtlogischer Konstanten und somit (Träger von) Unterstrukturen: Betrachte Formeln der Form $x = c$ und $x = f(\bar{a})$ für $c \in \mathfrak{C}$, $f \in \mathfrak{F}$ und $\bar{a}$ aus der betrachteten Menge.

Lemma 11.5.1 Sei $\mathcal{M} \preceq \mathcal{N}$ und $A \subseteq M$.

(1) $\mathrm{acl}_{\mathcal{N}} A = \mathrm{acl}_{\mathcal{M}} A$ ($\subseteq M$), insbesondere $\mathrm{acl}_{\mathcal{N}} M = M$.

(2) Sei $\bar{c} = (c_0, \ldots, c_{n-1}) \in N^n$.
$\mathrm{tp}^{\mathcal{N}}(\bar{c}/A)$ ist algebraisch gdw. $\{c_0, \ldots, c_{n-1}\} \subseteq \mathrm{acl}_{\mathcal{M}} A$.

Beweis

Zu (1): Nach Lemma 11.4.2(1) ist jedes algebraische Element über A in $\mathcal{N}$ bereits in M enthalten.

Zu (2): Jedes $c_i \in \mathrm{acl}_{\mathcal{M}} A$ erfüllt eine Formel $\varphi_i \in L_1(A)$, die algebraisch in $\mathcal{M}$ sind. Dann ist auch $\bigwedge_{i<n} \varphi_i(x_i)$ algebraisch und natürlich im Typ $\mathrm{tp}^{\mathcal{N}}(\bar{c}/A)$ enthalten, weshalb auch dieser algebraisch ist.

Ist umgekehrt dieser Typ algebraisch, so enthält er eine algebraische Formel $\varphi(\bar{x})$. Dann ist, wie leicht einzusehen ist, auch
$\exists x_0 \ldots x_{i-1} x_{i+1} \ldots x_{n-1}\, \varphi(x_0, \ldots, x_{i-1}, x, x_{i+1}, \ldots, x_{n-1})$
algebraisch, und natürlich erfüllt c_i diese Formel in $\mathcal{N}$, also $c_i \in \mathrm{acl}_{\mathcal{N}} A = \mathrm{acl}_{\mathcal{M}} A$. ■

Der nächste Satz besagt, daß $\mathrm{acl}_{\mathcal{M}}$ ein sog. (**finitärer**) **Abschlußoperator** auf $\mathcal{P}(M)$ ist.

Satz 11.5.2 Sei $\mathcal{M}$ eine Struktur und $A, B, C \in \mathcal{P}(M)$.

(1) (Finitarität) $\mathrm{acl}_{\mathcal{M}} A = \bigcup\{ \mathrm{acl}_{\mathcal{M}} X : X \Subset A \}$

(2) (Reflexivität) $A \subseteq \mathrm{acl}_{\mathcal{M}} A$.

(3) (Transitivität) Aus $A \subseteq \mathrm{acl}_{\mathcal{M}} B$ und $B \subseteq \mathrm{acl}_{\mathcal{M}} C$ folgt
$A \subseteq \mathrm{acl}_{\mathcal{M}} C$.

(4) (Monotonie) Aus $A \subseteq B$ folgt $\mathrm{acl}_{\mathcal{M}} A \subseteq \mathrm{acl}_{\mathcal{M}} B$.

(5) (Idempotenz) $\mathrm{acl}_{\mathcal{M}} (\mathrm{acl}_{\mathcal{M}} A) = \mathrm{acl}_{\mathcal{M}} A$.

Beweis

Zu (1): Jedes über A algebraische Element erfüllt eine algebraische Formel aus $L_1(A)$ und ist somit algebraisch bereits über der endlichen Teilmenge der in dieser Formel vorkommenden Parameter.

Zu (2): $x = a$ ist algebraisch in $\mathcal{M}$ für jedes $a \in A$.
Zu (3): Erfülle a die algebraische Formel $\varphi(x,\bar{b})$, wobei $\bar{b}$ aus B ist. Sei $k = |\varphi(\mathcal{M},\bar{b})|$.
Nach Voraussetzung ist jeder Eintrag von $\bar{b}$ algebraisch über C, weshalb nach Lemma 11.5.1(2) auch $tp^{\mathcal{M}}(\bar{b}/C)$ algebraisch ist. Wähle eine algebraische Formel $\psi(\bar{x},\bar{c})$ in diesem Typ, die ihn isoliert (d.h. ein Atom in $\mathcal{B}_n(Th(\mathcal{M},C))$), vgl. Ü11.4.1. Bezeichne $\theta(x,\bar{c})$ die Formel $\exists\bar{y}\,(\varphi(x,\bar{y}) \wedge \psi(\bar{y},\bar{c}))$. Da a diese Formel erfüllt, genügt es zu zeigen, daß sie algebraisch ist.
Nun ist die Formel $\psi(\bar{y},\bar{c})$ algebraisch und alle sie erfüllenden Elemente haben, da sie Atom über C ist, denselben Typ wie $\bar{b}$ (über C). Daher folgt aus der Gültigkeit der Aussage $\exists^{=k}x\,\varphi(x,\bar{b})$ in $\mathcal{M}$ die von $\exists^{=k}x\,\varphi(x,\bar{b}')$ für alle $\bar{b}' \in \psi(\mathcal{M},\bar{c})$, weshalb $|\varphi(\mathcal{M},\bar{b}')| = k$ und somit $|\theta(\mathcal{M},\bar{c})| \leq k\cdot|\psi(\mathcal{M},\bar{c})| < \aleph_0$.
Zu (4): Setze $X = \mathrm{acl}\,A$ (wir lassen den Index $\mathcal{M}$ weg), $Y = A$ und $Z = B$. Trivialerweise gilt $X \subseteq \mathrm{acl}\,Y$, und aus $A \subseteq B \subseteq \mathrm{acl}\,B$ (vgl. (2)) folgt $Y \subseteq \mathrm{acl}\,Z$. Dann ergibt (3) die Behauptung.
Zu (5): Die Inklusion von rechts nach links folgt aus (2). Für die Umkehrung setze $X = \mathrm{acl}\,(\mathrm{acl}\,A)$, $Y = \mathrm{acl}\,A$ und $Z = A$ und wende (3) an, um $X \subseteq \mathrm{acl}\,Z$ zu erhalten. ■

Korollar 11.5.3 Sei $\mathcal{M}$ eine L-Struktur und $A \subseteq M$.
(1) $|A| \leq |\mathrm{acl}_{\mathcal{M}} A| \leq |A| + |L|$.
(2) Es gibt nicht mehr als $|A| + |L|$ algebraische Typen in $\bigcup_{n<\omega} S_n^{\mathcal{M}}(A)$. ■

Sei $\mathcal{M}$ eine unendliche Struktur und $A \subseteq M$.

Ü1. Beweise $f[\mathrm{acl}_{\mathcal{M}} A] = \mathrm{acl}_{\mathcal{M}} A$ für alle $f \in \mathrm{Aut}_A \mathcal{M}$.

Ü2. Zeige, daß $\mathrm{acl}_{\mathcal{M}} A$ mit Parametern aus A in $\mathcal{M}$ definierbar ist, falls $\mathrm{acl}_{\mathcal{M}} A$ endlich ist, und daß eine elementare Erweiterung $\mathcal{N}$ von $\mathcal{M}$ existiert, in der $\mathrm{acl}_{\mathcal{M}} A$ ($= \mathrm{acl}_{\mathcal{N}} A$) nicht parametrisch definierbar ist, falls $\mathrm{acl}_{\mathcal{M}} A$ unendlich ist.

11.6.* Streng minimale Theorien

In jeder Struktur sind alle endlichen Teilmengen parametrisch definierbar: $\{a_0,\ldots,a_{n-1}\}$ ist trivialerweise durch $\bigvee_{i<n} x = a_i$ definierbar. Somit ist auch jede **koendliche** Teilmenge (also jede Menge, deren Komplement in der Struktur endlich ist) parametrisch definierbar, nämlich durch deren Negation. Wir betrachten in diesem Abschnitt Theorien, für die auch die Umkehrung gilt:

Eine vollständige Theorie mit unendlichen Modellen heißt **streng minimal**, falls in jedem ihrer Modelle alle parametrisch definierbaren Mengen endlich oder koendlich sind.

[W. E. Marsh, *On ω_1-categorical and not ω-categorical theories*, Dissertation, Dartmouth College **1966**, unveröffentlicht]

[J. T. Baldwin, A. H. Lachlan, *On strongly minimal sets*, J. Symb. Logic 36, **1971**, 79-96]

Beispiele

(1) $T_=^\infty$ ist wegen der (in Ü9.2.5 nachzuweisenden) Quantorenelimination streng minimal, denn in jedem Modell $\mathcal{M}$ sind alle einstelligen Formeln mit Parametern äquivalent zu Booleschen Kombinationen von Gleichungen der Form $x = a$ mit $a \in M$. Eine solche Boolesche Kombination ist algebraisch gdw. jedes Disjunktionsglied eine (unnegierte) solche Gleichung enthält; sonst definiert sie offenbar eine koendliche Menge.

(2) Analog ist die Theorie $T_{\mathcal{K}}^\infty$ der unendlichen Vektorräume über einem Schiefkörper $\mathcal{K}$ streng minimal (vgl. Ü9.2.6).

(3) Ebenso ist aus den vor Lemma 11.4.2 angestellten Betrachtungen ersichtlich, daß ACF_q streng minimal ist für jede Charakteristik q .

(4) Es läßt sich zeigen, daß auch die Theorie der Prüfergruppe streng minimal ist (Übungsaufgabe!).

(5) Einfachstes Beispiel einer Struktur, deren Theorie nicht streng minimal ist, ist eine unendliche Menge mit einem einstelligen Prädikat, das eine unendliche Menge definiert, deren Komplement ebenfalls unendlich ist.

Streng minimale Theorien sind also die einfachsten (nichttrivialen) vollständigen Theorien in dem Sinne, daß nur "so viel" parametrisch definierbar ist, wie ohnehin stets parametrisch definierbar ist. Die angegebenen Beispiele zeigen, wie unterschiedlich kompliziert streng minimale Theorien dennoch sein können, und das Beispiel ACF_q ist eine Warnung davor anzunehmen, sie seien überhaupt trivial; trivial sind eben nur die mit einstelligen Formeln definierbaren Mengen, während bereits zweistellig definierte, also Kurven, überaus kompliziert sein können.

Die Modellklasse streng minimaler Theorien ist allerdings sehr einfach beschaffen, wie wir hier und in §12.3 weiter unten sehen werden.

Lemma 11.6.1 Sei $Th(\mathcal{M})$ streng minimal.
Die unendlichen algebraisch abgeschlossenen Teilmengen von $\mathcal{M}$ sind genau die (Träger von) elementaren Unterstrukturen von $\mathcal{M}$.

Beweis
Elementare Unterstrukturen sind nach Lemma 11.5.1(1) stets algebraisch abgeschlossen, und alle Modelle von $Th(\mathcal{M})$ sind unendlich. Also gilt die Richtung von rechts nach links. Für die Umkehrung sei $A \subseteq M$ unendlich und algebraisch abgeschlossen. Wir wenden den Tarski-Vaught-Test (in der Form von Korollar 8.3.3) an. Sei dazu φ aus $L_1(A)$ in $\mathcal{M}$ erfüllbar. Wir müssen zeigen, daß $\varphi(\mathcal{M}) \cap A$ nicht leer ist. Ist die Formel φ algebraisch, so gilt sogar $\varphi(\mathcal{M}) \subseteq acl_{\mathcal{M}} A \subseteq A$. Andernfalls ist $\varphi(\mathcal{M})$ koendlich

und hat somit mit der (unendlichen!) Menge A einen nichtleeren Durchschnitt. ■

Satz 11.6.2 Wenn $\mathcal{K} \models \mathrm{ACF}$ und $A \subseteq K$, so $\mathrm{acl}_{\mathcal{K}} A \preceq \mathcal{K}$; insbesondere bilden *alle* algebraisch abgeschlossenen Teilmengen von algebraisch abgeschlossenen Körpern selbst algebraisch abgeschlossene Körper.

Beweis
Es bleibt, um das Lemma anwenden zu können, der Nachweis, daß alle algebraisch abgeschlossenen Mengen in algebraisch abgeschlossenen Körpern unendlich sind. Der läßt sich aber mit demselben Argument erbringen wie der, daß alle algebraisch abgeschlossenen Körper unendlich sind, vgl. Bemerkung zu Beginn von §9.4 . ■

Wir kommen zu einem wichtigen Kriterium für strenge Minimalität.

Lemma 11.6.3 $\mathrm{Th}(\mathcal{M})$ ist streng minimal genau dann, wenn es für alle $A \subseteq M$ genau einen nichtalgebraischen Typ in $S_1^{\mathcal{M}}(A)$ gibt (genau dann, wenn für alle $\mathcal{N} \succeq \mathcal{M}$ und $A \subseteq M$ alle Elemente aus $N \setminus \mathrm{acl}\, A$ denselben Typ über A (sogar über acl A) haben).

Beweis
Wegen Lemma 11.4.2(4) ist die Existenz nichtalgebraischer Typen äquivalent zur Unendlichkeit von $\mathcal{M}$.
Gibt es nun über einer Menge $A \subseteq M$ zwei verschiedene nichtalgebraische vollständige 1-Typen Φ und Ψ , so enthält Φ eine Formel φ aus $L_1(A)$, deren Negation in Ψ ist. Dann ist weder φ noch $\neg\varphi$ algebraisch, weshalb $\mathrm{Th}(\mathcal{M})$ nicht streng minimal ist.
Wenn umgekehrt eine nichtalgebraische Formel $\varphi \in L_1(A)$ existiert, deren Negation auch nicht algebraisch ist, so gibt es nach Lemma 11.4.2(3) einen nichtalgebraischen Typ in $S_1^{\mathcal{M}}(A)$, der

die Formel φ enthält, und einen, der deren Negation enthält, also mindestens zwei.
Der Klammerzusatz schließlich folgt daraus, daß die Menge der Elemente aus N mit einem algebraischen Typ über A gerade $\mathrm{acl}_{\mathcal{N}} A = \mathrm{acl}_{\mathcal{M}} A$ ist. ■

Abschließend stellen wir eine Hilfsbetrachtung für §12.3 über isolierte Typen in streng minimalen Theorien an.

Lemma 11.6.4 Sei Th($\mathcal{M}$) streng minimal, $A \subseteq M$ und $\mathrm{acl}_{\mathcal{M}} A$ endlich.

(1) Die Menge $\mathrm{acl}_{\mathcal{M}} A$ ist in $\mathcal{M}$ mit Parametern aus A definierbar, und jeder Typ in $S_1^{\mathcal{M}}(A)$ ist isoliert (und genau einer davon nicht algebraisch).

(2) Wenn $a \in M$, so hat jedes Tupel aus $\mathrm{acl}_{\mathcal{M}}(A \cup \{a\})$ einen isolierten Typ in $\mathcal{M}$.

Beweis

Zu (1): Die algebraischen Typen in $S_1^{\mathcal{M}}(A)$ (also die von Elementen aus acl A) sind ohnehin isoliert. Wegen der Endlichkeit der Menge acl A ist sie Vereinigung endlich vieler (endlicher) mit Parametern aus A definierbarer Mengen, also selbst mit Parametern aus A in $\mathcal{M}$ definierbar. Das Komplement von acl A ist dann ebenfalls definierbar, sagen wir, durch die Formel $\varphi \in L_1(A)$. Es bleibt zu zeigen, daß (die Äquivalenzklasse von) φ Atom in der Lindenbaum-Tarski-Algebra $\mathcal{B}_1(\mathrm{Th}(\mathcal{M},A))$, denn dann ist auch jeder 1-Typ über A, der diese Formel enthält, isoliert. Sei also $\psi \in L_1(A)$ derart, daß $\psi(\mathcal{M}) \subseteq \varphi(\mathcal{M})$. Wegen der strengen Minimalität ist $\psi(\mathcal{M})$ oder $\varphi(\mathcal{M})\setminus\psi(\mathcal{M})$ endlich und somit Teilmenge von acl A. Da acl A und $\varphi(\mathcal{M})$ disjunkt sind, ist eine der beiden Mengen also leer, weshalb die Formel ψ äquivalent modulo $\mathcal{M}$ zu φ oder zu $\perp$, und somit φ Atom in der genannten Algebra ist.

Zu (2): Sei $A=\{a_0,\ldots,a_{n-1}\}$. Setze $a_n = a$ und $\bar{a} = (a_0,\ldots,a_n)$.

Jedes Tupel aus acl $(A \cup \{a\}) = \text{acl}\,\bar{a}$ ist in einem Tupel der Form $\bar{a}^\wedge\bar{c}$ enthalten, wobei $\bar{c}$ aus acl $(A \cup \{a\})\backslash(A \cup \{a\})$ ist. Es genügt daher (wegen der einfachen Richtung der Transitivität der Isoliertheit) zu zeigen, daß alle solchen einen isolierten Typ haben. Nun ist $\text{tp}(\bar{c}/\bar{a})$ nach Lemma 11.5.1(2) algebraisch und somit isoliert. Wegen der Transitivität der Isoliertheit bleibt zu zeigen, daß $\text{tp}(\bar{a})$ isoliert ist. Das läßt sich mittels Transitivität der Isoliertheit wiederum auf den Nachweis der Isoliertheit von $\text{tp}(a_i/\{a_0,\ldots,a_{i-1}\})$ für alle $i \leq n$ zurückführen, was schließlich aus (1) folgt, denn die Mengen acl $\{a_0,\ldots,a_{i-1}\}$ sind für alle $i \leq n$ nach Voraussetzung endlich. ∎

Ü1. Beweise das sog. **Austauschlemma**:
Sei $\text{Th}(\mathcal{M})$ streng minimal, $A \subseteq M$ und $b,c \in M$.
Wenn $c \in \text{acl}\,(A \cup \{b\})\backslash\text{acl}\,A$, so $b \in \text{acl}\,(A \cup \{c\})$.
[Betrachte $\eta(x,y)$ mit $c \in \eta(b,\mathcal{M})$ und $|\eta(b,\mathcal{M})| = m < \omega$. Sei $\varphi(x)$ die Formel $\exists^{=m}y\ \eta(x,y)$. Zeige, daß φ nicht algebraisch ist, also eine koendliche Menge in $\mathcal{M}$ definiert. Angenommen, $|\mathcal{M}\backslash\eta(\mathcal{M},c)| = n < \omega$. Sei $\psi(y)$ die Formel $\exists^{=n}x\ \neg\eta(x,y)$. Zeige, daß auch diese nicht algebraisch ist, und wähle m+1 Elemente $c_0,\ldots,c_m$, die sie erfüllen. Beweise, daß dann $\varphi(x) \wedge \bigwedge_{i\leq m} \eta(x,c_i)$ erfüllbar sein müßte - im Widerspruch zur Wahl von φ.]

Ü2. Zeige, daß die Theorie der Prüfergruppe streng minimal ist. [Nutze die in Ü11.1.2 nachzuweisende Quantorenelimination für diese Theorie aus!]

Ü3. Zeige, daß für einen beliebigen Schiefkörper $\mathcal{K}$ die Theorie $T^{\infty}_{\mathcal{K}}$ der unendlichen $\mathcal{K}$-Vektorräume streng minimal ist. [Benutze Ü9.2.6.]

12. Dicke und dünne Modelle

Wir haben bislang Strukturen daraufhin untersucht, welche Aussagen in ihnen gelten und wie sich ihre definierbaren Mengen zueinander verhalten. Diese Untersuchung führte uns auch zu (elementaren) Unterstrukturen. Wir haben nun eine feinere Möglichkeit der Strukturbeschreibung durch die Typen, die sie realisieren. Dabei sind zum einen die Strukturen von Interesse, die besonders viele Typen realisieren, die sog. *saturierten* Strukturen, zum anderen diejenigen, die möglichst wenige Typen realisieren, die sog. *atomaren* Strukturen. Erstere werden sich als "dick" herausstellen, da sich viele Modelle elementar in sie einbetten lassen (Universalität, vgl. Satz 12.1.1), während letztere umgekehrt "dünn" sind in dem Sinne, daß sie sich in viele Modelle elementar einbetten lassen (vgl. Satz 12.2.1).

12.1. Saturierte Strukturen

Man kann nicht erwarten, daß eine unendliche Struktur *alle* ihre Typen realisiert, denn der 1-Typ $\{x \neq a : a \in \mathrm{M}\}$ einer unendlichen Struktur $\mathcal{M}$ (über M) ist in $\mathcal{M}$ natürlich nicht realisiert. Deshalb ist es sinnvoll, die zulässigen Parametermengen einzuschränken:

Sei $\kappa \in \mathrm{Cn}$ unendlich.
Eine Struktur $\mathcal{M}$ heißt κ-**saturiert**, falls für alle $\mathrm{A} \subseteq \mathrm{M}$ mit $|\mathrm{A}| < \kappa$ alle 1-Typen von $\mathcal{M}$ über A in $\mathcal{M}$ realisiert sind.
Eine Struktur $\mathcal{M}$ heißt **saturiert**, falls sie $|\mathcal{M}|$ saturiert ist.

Bemerkungen

(1) Eine abzählbar unendliche Struktur $\mathcal{M}$ ist also saturiert gdw. $\mathcal{M}$ jeden 1-Typ von $\mathcal{M}$ über jeder endlichen Teilmenge realisiert.

(2) Endliche Strukturen sind trivialerweise saturiert und κ-saturiert für alle $\kappa \in \mathrm{Cn}$. Jede unendliche κ-saturierte Struktur $\mathcal{M}$ ($\kappa \in \mathrm{Cn}$) hat eine Mächtigkeit $\geq \kappa$, da für jede Menge $A \subseteq M$ mit $|A| < \kappa$ der Typ $\{x \neq a : a \in A\}$ in $\mathcal{M}$ realisiert sein muß.

(3) Ist $\mathcal{M}$ eine κ-saturierte Struktur ($\kappa \geq \aleph_0$) und $A \subseteq M$ mit $|A| < \kappa$, so ist $(\mathcal{M},A)$ κ-saturiert, denn wenn $B \subseteq M$, so $S_1^{(\mathcal{M},A)}(B) = S_1^{\mathcal{M}}(A \cup B)$.

(4) Wenn $\kappa > |L|$, so ist eine L-Struktur $\mathcal{M}$ bereits κ-saturiert, wenn für alle $\mathcal{N} \preceq \mathcal{M}$ mit $|N| < \kappa$ alle Typen aus $S_1^{\mathcal{M}}(N)$ in $\mathcal{M}$ realisiert sind (denn jede Menge $A \subseteq M$ mit $|A| < \kappa$ ist dann nach Löwenheim-Skolem in einem $\mathcal{N} \preceq \mathcal{M}$ einer Mächtigkeit $< \kappa$ enthalten und somit jeder Typ über A zu einem über einem solchen $\mathcal{N}$ erweiterbar, und natürlich gilt $|S_1^{\mathcal{M}}(A)| \leq |S_1^{\mathcal{M}}(N)|$).

Beispiel: Abzählbare Modelle von DLO_{--} sind saturiert (vgl. Ü11.3.2).

Wir werden uns bei der Untersuchung saturierter Strukturen auf abzählbar unendliche Strukturen beschränken, obgleich die meisten Ergebnisse auch in anderen unendlichen Mächtigkeiten gelten.

Die erste Behauptung des folgenden Satzes besagt, daß saturierte Modelle vollständiger Theorien "dick" sind.

Satz 12.1.1 Sei $\mathcal{M}$ eine abzählbar unendliche saturierte Struktur.

(1) (Universalität) Jedes abzählbare $\mathcal{N} \equiv \mathcal{M}$ ist elementar einbettbar in $\mathcal{M}$.

(2) (Eindeutigkeit) Ist $\mathcal{N} \equiv \mathcal{M}$ abzählbar unendlich und saturiert, so gilt $\mathcal{N} \cong \mathcal{M}$.

(3) (Homogenität) Ist A endliche Teilmenge von M, $n < \omega$ und sind $\bar{a}, \bar{b}$ beliebige n-Tupel aus M, so gilt $tp^{\mathcal{M}}(\bar{a}/A) = tp^{\mathcal{M}}(\bar{b}/A)$ gdw. es ein $f \in Aut_A\mathcal{M}$ gibt mit $f[\bar{a}] = \bar{b}$.

[M. D. Morley, R. L. Vaught, *Homogeneous universal models*, Math. Scand. 11, **1962**, 37-57]

Beweis

Zu (1): Sei $a_0, a_1, \ldots$ eine Aufzählung von N (d.h., $N = \{a_i : i < \omega\}$). Induktiv über i wählen wir $b_i \in M$ derart, daß $(\mathcal{N}, a_0, \ldots, a_n) \equiv (\mathcal{M}, b_0, \ldots, b_n)$ für alle $n < \omega$. Dann brauchen wir am Ende nur $f(a_i) = b_i$ zu setzen und erhalten $f: \mathcal{N} \overset{\equiv}{\hookrightarrow} \mathcal{M}$.

Der Induktionsanfang besagt einfach $\mathcal{M} \equiv \mathcal{N}$.

Induktionsvoraussetzung: Seien $b_0, \ldots, b_{n-1}$ bereits gewählt mit $(\mathcal{M}, b_0, \ldots, b_{n-1}) \equiv (\mathcal{N}, a_0, \ldots, a_{n-1})$.

Induktionsschritt: Setze $\Phi_n = \{\theta(x, \bar{b}) : \theta(x, \bar{a}) \in tp^{\mathcal{N}}(a_n/\bar{a})\}$, wobei $\bar{a} = (a_0, \ldots, a_{n-1})$ und $\bar{b} = (b_0, \ldots, b_{n-1})$.

Da für alle $\theta(x, \bar{a}) \in tp^{\mathcal{N}}(a_n/\bar{a})$ gilt $\mathcal{N} \models \exists x\, \theta(x, \bar{a})$, folgt aus der Induktionsvoraussetzung $\mathcal{M} \models \exists x\, \theta(x, \bar{b})$. Dann ist nach Satz 11.2.3 die Menge Φ_n ein 1-Typ von $\mathcal{M}$ (über der endlichen Menge $\bar{b}$), denn mit $tp^{\mathcal{N}}(a_n/\bar{a})$ ist auch Φ_n abgeschlossen bzgl. endlicher Konjunktionen. Wegen der Saturiertheit von $\mathcal{M}$ ist Φ_n realisierbar durch ein b_n in $\mathcal{M}$, also $(\mathcal{M}, b_0, \ldots, b_n) \equiv (\mathcal{N}, a_0, \ldots, a_n)$.

Zu (2): Sei auch $\mathcal{N}$ saturiert und sei $b_0, b_1, \ldots$ eine Aufzählung von M (d.h., $M = \{b_i : i < \omega\}$). Wir konstruieren induktiv einen Isomorphismus mittels Hin- und Her-Methode (vgl. §7.3).

In jedem Schritt mit gerader Schrittzahl n haben wir $(\mathcal{N}, a_{i_0}, \ldots, a_{i_{n-1}}) \equiv (\mathcal{M}, b_{i_0}, \ldots, b_{i_{n-1}})$, setzen

$\Phi_n = \{ \theta(x,\bar{b}) : \mathcal{N} \models \theta(a_{i_n},\bar{a}) \}$, wobei a_{i_n} das Element mit dem kleinsten Index in $N \setminus \{a_{i_0},\ldots,a_{i_{n-1}}\}$ sei, und wählen $b_{i_n} \models \Phi_n$ in $\mathcal{M}$ wie oben (hierbei ist $\bar{a} = (a_{i_0},\ldots,a_{i_{n-1}})$ und $\bar{b} = (b_{i_0},\ldots,b_{i_{n-1}})$).
Ist n ungerade, so wählen wir umgekehrt b_{i_n} von kleinstem Index in $M \setminus \{b_{i_0},\ldots,b_{i_{n-1}}\}$, betrachten $\Psi_n = \{ \theta(x,\bar{a}) : \mathcal{M} \models \theta(b_{i_n},\bar{b}) \}$ und realisieren diesen Typ durch a_{i_n} in $\mathcal{N}$. Durch die Abbildungsvorschrift $a_{i_j} \mapsto b_{i_j}$ ergibt sich die elementare Abbildung f: $\mathcal{N} \overset{\equiv}{\hookrightarrow} \mathcal{M}$, die insbesondere durch das Hin- und Her-Verfahren surjektiv ist. Surjektive elementare Abbildungen sind jedoch Isomorphismen.
Zu (3): Ist $f \in \mathrm{Aut}_A\mathcal{M}$ mit $f[\bar{a}] = \bar{b}$, so folgt $tp^{\mathcal{M}}(\bar{a}/A) = tp^{\mathcal{M}}(\bar{b}/A)$ aus Korollar 11.2.2. Der Beweis der Umkehrung erfolgt ähnlich wie in (2) für $\mathcal{M} = \mathcal{N}$. Wir beginnen allerdings mit $f(a) = a$, falls $a \in A$, und $f(a) = b_i$, falls $a = a_i$, wobei $\bar{a} = (a_0,\ldots,a_{n-1})$, $\bar{b} = (b_0,\ldots,b_{n-1})$ (das ist sinnvoll, denn $tp^{\mathcal{M}}(\bar{a}/A) = tp^{\mathcal{M}}(\bar{b}/A)$ heißt nicht anderes als $(\mathcal{M},A,\bar{a}) \equiv (\mathcal{M},A,\bar{b})$). Wir wählen dann Aufzählungen $\{ a_i : n \le i < \omega \}$ von $M \setminus (A \cup \bar{a})$ und $\{ b_i : n \le i < \omega \}$ von $M \setminus (A \cup \bar{b})$ und fahren fort wie in (2). Analog ergibt sich ein Isomorphismus, also ein Automorphismus, der die gewünschte Eigenschaft hat. ■

Eine andere Möglichkeit des Beweises von (3) ist diese: $(\mathcal{M},A,\bar{a})$ und $(\mathcal{M},A,\bar{b})$ sind wegen obiger Bemerkung (3) ebenfalls (abzählbar und) saturiert, und $(\mathcal{M},A,\bar{a}) \equiv (\mathcal{M},A,\bar{b})$ ist gleichbedeutend mit $tp^{\mathcal{M}}(\bar{a}/A) = tp^{\mathcal{M}}(\bar{b}/A)$. Also gibt es wegen Satz 12.1.1(2) einen Isomorphismus f: $(\mathcal{M},A,\bar{a}) \cong (\mathcal{M},A,\bar{b})$, d.h., f: $\mathcal{M} \cong_A \mathcal{M}$ und $f[\bar{a}] = \bar{b}$ wie gewünscht.

Bemerkungen

(5) Mittels transfiniter Induktion zeigt man dieselben Eigenschaften auch in höheren Mächtigkeiten, indem $\aleph_0$ durch $\kappa \in Cn$ und "endlich" durch $< \kappa$ ersetzt wird.

(6) Hat eine vollständige Theorie T ohne endliche Modelle ein abzählbares saturiertes Modell $\mathcal{M}$, so gilt für alle abzählbaren $\mathcal{N} \models T$ und alle endlichen Teilmengen A von N, daß Typengleichheit $tp^{\mathcal{N}}(\bar{a}/A) = tp^{\mathcal{N}}(\bar{b}/A)$ äquivalent ist zur Existenz von $\mathcal{N}' \succeq \mathcal{N}$ und $f \in Aut_A \mathcal{N}'$ mit $f(\bar{a}) = \bar{b}$.

Beweis
Zu (6): Mittels der Universalität ergibt sich $\mathcal{N} \overset{\equiv}{\hookrightarrow} \mathcal{M}$, und dann mit der Homogenität (und isomorpher Korrektur) die Behauptung. ■

Wir kennen nun die drei wichtigsten Eigenschaften saturierter Modelle, wissen aber noch nichts über deren Existenz. Wir beweisen jetzt eine Existenzaussage, die zwar nicht so allgemein wie möglich, für uns aber von besonderem Interesse ist.

Lemma 12.1.2 Sei T eine L-Theorie und $\kappa \in Cn$ eine Schranke für alle $|S_1^{\mathcal{M}}(A)|$, wobei $\mathcal{M}$ alle Modelle von T und A alle endlichen Teilmengen von M durchläuft.
Dann gibt es ein $\aleph_0$-saturiertes Modell von T einer Mächtigkeit $\leq \kappa$.

Beweis
Für alle endlichen Teilmengen A von Modellen von T gilt offenbar $|A| < \kappa$. Da alle endlichen Strukturen trivialerweise $\aleph_0$-saturiert sind, können wir also annehmen, daß T keine endlichen Modelle besitzt. Dann ist auch κ unendlich.
Für beliebiges $\mathcal{N}$ sei $S_{\mathcal{N}}$ die Menge aller 1-Typen von $\mathcal{N}$ über endlichen Teilmengen von N, und sei $\mathcal{N}' \succeq \mathcal{N}$ eine Erweiterung wie in Korollar 11.2.5 einer Mächtigkeit $\leq |N| + |L| + |S_{\mathcal{N}}|$, die alle Typen aus $S_{\mathcal{N}}$ realisiert.
Schätzen wir die Mächtigkeit von $\mathcal{N}'$ ab. Es gibt $|N|^{<\omega}$, also nach Satz 7.6.7 $|N|$ endliche Teilmengen von N und über jeder

nach Voraussetzung höchstens κ in Frage kommende Typen. Folglich gilt $|S_{\mathcal{N}}| \leq |N| \cdot \kappa = |N| + \kappa$ und $|N'| \leq |N| + |L| + \kappa$. Sei nun $\mathcal{M}_0$ ein Modell von T der Mächtigkeit $|L|$ und setze $\mathcal{M}_{n+1} =_{def} (\mathcal{M}_n)'$ für alle $n < \omega$. Diese Strukturen bilden eine elementare Kette $\mathcal{M}_0 \preceq \mathcal{M}_1 \preceq \ldots \preceq \mathcal{M}_n \preceq \ldots$. Sei $\mathcal{M}_\omega$ deren Vereinigung. Dann ist $\mathcal{M}_\omega$ ein Modell von T.

$\mathcal{M}_\omega$ ist $\aleph_0$-saturiert, denn ist A endliche Teilmenge von M_ω, so $A \subseteq M_n$ für ein gewisses $n < \omega$, weshalb alle $\Phi \in S_1^{\mathcal{M}_\omega}(A)$ bereits in $\mathcal{M}_{n+1}$, also auch in $\mathcal{M}_\omega$ realisiert sind.

Allerdings muß die Mächtigkeit von M_ω noch nicht die gewünschte sein. Zwar haben wir mit $|M_0| = |L|$ nach obiger Abschätzung $|M_1| = |M_0'| \leq |M_0| + |L| + \kappa = |L| + \kappa$ und induktiv auch $|M_{n+1}| \leq |M_n| + |L| + \kappa = |L| + \kappa$, woraus sich nach Satz 7.6.6 $|M_\omega| = \aleph_0 \cdot (|L| + \kappa) = |L| + \kappa$ ergibt, und sind deshalb im Falle $\kappa \geq |L|$ tatsächlich fertig. Für den allgemeinen Fall ist das Modell $\mathcal{M}_\omega$ aber noch zu großzügig konzipiert, und wir konstruieren nochmals eine aufsteigende Kette ähnlich wie vorher, nur diesmal innerhalb von $\mathcal{M}_\omega$ und unter Ausnutzung der bereits nachgewiesenen $\aleph_0$-Saturiertheit dieses Modells. Außerdem suchen wir uns diesmal keine Kette von elementaren Unterstrukturen (die wir ja im allgemeinen nicht kleiner als $|L|$ halten können), sondern eine von Teilmengen, deren Vereinigung sich dann im nachhinein als elementare Unterstruktur erweisen wird.

A_0 sei eine Menge von Realisierungen aller $\Phi \in S_1^{\mathcal{M}_\omega}(\emptyset)$. Da $|S_1^{\mathcal{M}_\omega}(\emptyset)| = |S_1^{\mathcal{M}}(\emptyset)| \leq \kappa$, so können wir sichern, daß $|A_0| \leq \kappa$. Ist $A_n \supseteq A_{n-1} \supseteq \ldots \supseteq A_0$ bereits konstruiert, so wählen wir $A_{n+1} \supseteq A_n$ mit $|A_{n+1}| \leq \kappa$, so daß A_{n+1} eine Realisierung eines jeden Typs $\Phi \in S_1^{\mathcal{M}_\omega}(C)$ enthält, wobei C über alle endlichen Teilmengen von A_n läuft. Sei N die Vereinigung dieser Kette.

Wir zeigen zunächst mit dem Tarski-Vaught-Test (in der Form von Korollar 8.3.3), daß N Träger einer Struktur $\mathcal{N} \preceq \mathcal{M}_\omega$ ist.

Seien also $\varphi \in L$ und $\bar{a}$ aus N mit $\mathcal{M}_\omega \models \exists x\, \varphi(x,\bar{a})$. Dann existiert ein $c \in M_\omega$ mit $\mathcal{M}_\omega \models \varphi(c,\bar{a})$. Da $\bar{a}$ endlich ist, gibt es ein A_k ($k < \omega$), in dem $\bar{a}$ enthalten ist. Der Typ $tp^{\mathcal{M}_\omega}(c/\bar{a})$ ist aber nach Konstruktion durch ein $b \in A_{k+1} \subseteq N$ realisiert, also $\mathcal{M}_\omega \models \varphi(b,\bar{a})$, wie gewünscht.
Die $\aleph_0$-Saturiertheit von $\mathcal{N}$ ergibt sich nun ganz genauso wie die von $\mathcal{M}_\omega$. Die Mächtigkeitsabschätzung ist ebenfalls analog, nur, daß wir gleich bei der Abschätzung der bei der Wahl von A_1 zu berücksichtigenden Typen eine bessere Schranke erhalten, da es nur $|A_0|^{<\omega} \leq \kappa$ endliche Teilmengen von A_0 gibt und somit auch nur $\kappa \cdot \kappa = \kappa$ Typen in Betracht kommen. Daher ergibt sich $|A_1| \leq \kappa$ und induktiv $|A_{n+1}| \leq \kappa$, also $|N| \leq \aleph_0 \cdot \kappa = \kappa$. ■

Die Theorien mit abzählbar unendlichen saturierten Modellen werden sich als die folgenden erweisen:

Eine vollständige Theorie heiße **klein**, wenn $S_n(T)$ abzählbar ist für alle $n < \omega$ (und damit auch $\bigcup_{n<\omega} S_n(T)$ abzählbar).

Satz 12.1.3 Eine vollständige Theorie ohne endliche Modelle hat ein abzählbares saturiertes Modell gdw. sie klein ist.

[R. Vaught, *Denumerable models of complete theories*, Infinitistic Methods Pergamon, London und Państwowe Wydawnictwo Naukowe, Warszawa, **1961**, 303-321]

Beweis
$\Rightarrow$: klar, da alle $\Phi \in S_n(T)$ in jedem saturierten Modell realisiert sind (und es in einem abzählbaren nur abzählbar unendlich viele n-Tupel für alle $n < \omega$ gibt).
$\Leftarrow$: Anwendung von Lemma 12.1.2 für $\kappa = \aleph_0$: Falls über allen Tupeln $\bar{a}$ aus Modellen $\mathcal{M} \models T$ die Menge $S_1^{\mathcal{M}}(\bar{a})$ abzählbar unendlich ist, so gibt es ein $\aleph_0$-saturiertes Modell der Mächtigkeit $\aleph_0$, also ein abzählbares saturiertes Modell. Bleibt also diese

Abzählbarkeit für kleine T nachzuweisen. Sei $\mathcal{M} \models T$ und $\bar{a}$ ein n-Tupel aus M. Da aus $tp^{\mathcal{M}}(b/\bar{a}) \neq tp^{\mathcal{M}}(c/\bar{a})$ folgt, daß $tp^{\mathcal{M}}(b^\wedge\bar{a}) \neq tp^{\mathcal{M}}(c^\wedge\bar{a})$, so gilt $|S_1^{\mathcal{M}}(\bar{a})| \leq |S_{n+1}(T)| \leq \aleph_0$. ■

Es ist interessant, daß dieser Satz keine Voraussetzungen über die Mächtigkeit der Sprache macht: Eine kleine Theorie hat stets abzählbare Modelle, selbst wenn die Sprache überabzählbar ist. (Das wird durch das zweite Kettenargument aus vorigem Lemma garantiert, das hier wesentlich schärfer als Löwenheim-Skolem ist.) Inhaltlich steht hinter diesem Phänomen, daß es weniger auf die *formale* Mächtigkeit der Sprache, als darauf ankommt, wieviel man in ihr *tatsächlich* ausdrücken kann, d.h. darauf, wieviele Typen es gibt. (Ein ähnliches Phänomen werden wir in Ü14.4.4 kennenlernen.)

Bemerkungen

(7) Es gilt stets $|S_n(A)| \leq 2^{|L|+|A|}$, denn jeder n-Typ über A ist eine Teilmenge von $L_n(A)$, und es gibt nicht mehr als $2^{|L_n(A)|} = 2^{|L|+|A|}$ solcher Mengen (Lemma 7.6.4(1) und Korollar 7.6.8(2)).

(8) Aus obigem Lemma folgt zusammen mit voriger Bemerkung, daß jede abzählbare Theorie ein $\aleph_0$-saturiertes Modell einer Mächtigkeit $\leq 2^{\aleph_0}$ besitzt. (Dies läßt sich noch verschärfen, vgl. Ü8 weiter unten.)

(9) Keine Vervollständigung T der Peano-Arithmetik PA (vgl. §3.4) ist klein: Bezeichnet $\mathbb{P}$ wie gehabt die Menge der Primzahlen, so ist für jedes $X \subseteq \mathbb{P}$ die Menge $\Phi_X = \{p \mid x : p \in X\} \cup \{p \nmid x : p \in \mathbb{P} \setminus X\}$ ein Typ im Standardmodell ω von PA. Jeder dieser Typen ist über $\emptyset$, denn p kann als 1+1+...+1 (p-mal) geschrieben werden. Für je zwei verschiedene Mengen sind die entsprechenden Typen verschieden. Folglich enthält $S_1(T)$ ebensoviele Typen wie $\mathbb{P}$ Teilmengen hat, also überabzählbar (genauer Kontinuum) viele.

Kapitel 14 ist übrigens weitgehend unabhängig von dem jetzt noch verbleibenden Material aus diesem und dem nächsten Kapitel.

Ü1. Zeige, daß jeder $\mathcal{K}$-Vektorraum einer Dimension $> |\mathcal{K}|$ saturiert ist.

Ü2. Beweise die in Bemerkung (5) angedeutete Verallgemeinerung von Satz 12.1.1 für beliebige Mächtigkeiten.

Ü3. Beweise: Jedes Modell einer induktiven Theorie T ist Unterstruktur eines existentiell abgeschlossenen Modells von T. [Für ein gegebenes Modell $\mathcal{M}$ von T konstruiere $\mathcal{M}_\omega$ wie in Lemma 12.1.2, wobei die Anwendung von Korollar 11.2.5 durch die von Ü10.2.4 ersetzt wird.]

Ü4. Begründe, daß man in der vorigen Übung garantieren kann, daß $|\mathcal{M}_\omega| \leq |M| + |L|$. [Beachte Ü10.2.5!]

Ü5. Zeige, daß jeder Körper $\mathcal{K}$ Teilkörper eines algebraisch abgeschlossenen Körpers (der Mächtigkeit $|\mathcal{K}| + \aleph_0$) ist.

Ü6. Sei U ein Nichthauptultrafilter (also ein Ultrafilter, der kein Hauptfilter ist) auf ω, und sei L abzählbar.
Weise nach, daß für jede Familie $\{\mathcal{M}_i : i < \omega\}$ von L-Strukturen das Ultraprodukt $\prod_{i<\omega} \mathcal{M}_i / U$ eine $\aleph_1$-saturierte Struktur ist.

Ü7. Sei $\mathcal{M}$ eine κ-saturierte L-Struktur, $A \subseteq M$ mit $|A| < \kappa$ und $n > 1$ eine natürliche Zahl.
Zeige, daß alle n-Typen von $\mathcal{M}$ über A in $\mathcal{M}$ realisiert sind. [Induktiv über n: Ersetze in einem n+1-Typ über A jede Formel $\varphi(x_0,\ldots,x_n)$ durch $\exists x_n\, \varphi(x_0,\ldots,x_n)$ und zeige, daß die so erhaltene Menge ein n-Typ über A ist.]

Ü8. Modifiziere den Beweis von Lemma 12.1.2, so daß er für jede abzählbare Theorie ein $\aleph_1$-saturiertes Modell einer Mächtigkeit $\leq 2^{\aleph_0}$ liefert. [Nutze aus, daß $\aleph_1$ eine reguläre Kardinalzahl ist (Ü7.6.4).]

Ü9. Zeige, daß eine Theorie genau dann klein ist, wenn der Stonesche Raum $S_1(A)$ für alle endlichen Teilmengen A von Modellen abzählbar ist.

Ü10. Beweise, daß abzählbare streng minimale Theorien ein abzählbares saturiertes Modell haben. [Benutze die vorige Übung!]

12.2. Atomare Strukturen

War uns bislang daran gelegen, möglichst viele Typen zu realisieren, versuchen wir nun, Typen nicht zu realisieren, d.h. zu vermeiden. Betrachten wir also Modelle, die möglichst wenig Typen realisieren.

Eine Struktur $\mathcal{M}$ heißt **atomar**, wenn für alle $\bar{a}$ aus M der Typ $\mathrm{tp}^{\mathcal{M}}(\bar{a})$ isoliert ist.

Bemerkungen

(1) Atomare Strukturen vermeiden also jeden nicht isolierten Typ und realisieren insofern tatsächlich möglichst wenige Typen, denn die isolierten Typen sind ohnehin *stets* realisiert. (Das besagt jedoch noch nichts darüber, wie oft jeder isolierte Typ realisiert wird.)

(2) Wegen der Transitivität der Isoliertheit (Lemma 11.4.1) ist $\mathcal{M}$ genau dann atomar, wenn jeder Typ eines Elements von $\mathcal{M}$ über einer endlichen Teilmenge von M isoliert ist.

Folgender Satz enthält zu Satz 12.1.1 duale Aussagen, deren erste besagt, das atomare Modelle "dünn" sind.

Satz 12.2.1 Sei T eine vollständige Theorie ohne endliche Modelle.

(1) (Einbettbarkeit) Jedes atomare, abzählbare Modell von T ist elementares Primmodell von T.

(2) (Eindeutigkeit) Alle abzählbaren atomaren Modelle von T sind isomorph.

(3) (Homogenität) Ist $\mathcal{M}$ abzählbares atomares Modell von T und $\mathrm{tp}^{\mathcal{M}}(\bar{a}/A) = \mathrm{tp}^{\mathcal{M}}(\bar{b}/A)$ (für $\bar{a}, \bar{b}$ aus M, A endliche Teilmenge von M), so existiert ein $f \in \mathrm{Aut}_A\mathcal{M}$ mit $f[\bar{a}] = \bar{b}$.

Dies wurde sowohl von Svenonius (nicht publiziert) bewiesen als auch in

[R. Vaught, *Denumerable models of complete theories*, Infinitistic Methods Pergamon, London und Państwowe Wydawnictwo Naukowe, Warszawa, **1961**, 303-321].

Der **Beweis** erfolgt dual zu Satz 12.1.1 mit folgendem Unterschied:
Soll $\mathcal{N} \models T$ mit $N = \{ a_i : i < \omega \}$ in $\mathcal{M} \models T$ elementar eingebettet werden (in 12.1.1 also $\mathcal{N}$ beliebig und $\mathcal{M}$ abzählbar und saturiert, hier $\mathcal{N}$ abzählbar und atomar und $\mathcal{M}$ beliebig) und ist der Typ $\Phi_n = \{ \theta(x,f[\bar{a}]) : \theta(x,\bar{a}) \in tp^{\mathcal{N}}(a_n/\bar{a}) \}$ in $\mathcal{M}$ zu realisieren, wobei $(\mathcal{N},\bar{a}) \equiv (\mathcal{M},f[\bar{a}])$ vorausgesetzt ist, so war das in 12.1.1 wegen der Saturiertheit von $\mathcal{M}$ möglich. Hier gilt zu zeigen, daß Φ_n isoliert und somit in $\mathcal{M}$ realisiert ist.
Da $\mathcal{N}$ atomar ist, ist $tp^{\mathcal{N}}(a_n/\bar{a})$ isoliert (denn mit $tp^{\mathcal{N}}(a_n{}^\wedge\bar{a})$ ist nach Lemma 11.4.1 auch $tp^{\mathcal{N}}(a_n/\bar{a})$ isoliert). Mit $\varphi(x,\bar{a}) \le tp^{\mathcal{N}}(a_n/\bar{a})$ haben wir aber auch $\varphi(x,f[\bar{a}]) \le \Phi_n$, denn aus $\mathcal{N} \models \forall x\,(\varphi(x,\bar{a}) \to \theta(x,\bar{a}))$ folgt $\mathcal{M} \models \forall x\,(\varphi(x,f[\bar{a}]) \to \theta(x,f[\bar{a}])$ für alle $\theta(x,\bar{a}) \in tp^{\mathcal{N}}(a_n/\bar{a})$, da $(\mathcal{N},\bar{a}) \equiv (\mathcal{M},f[\bar{a}])$. ■

Im Gegensatz zu Satz 12.1.1 gibt es keine kanonische Verallgemeinerung dieses Satzes auf überabzählbare Mächtigkeiten. Der Begriff des atomaren Modells ist dann einfach nicht mehr adäquat, da die Transitivität der Isoliertheit nichts über die Isoliertheit von Typen über unendlichen Mengen aussagt, weshalb das Einbettbarkeitsargument aus dem Satz im überabzählbaren Fall nicht mehr durchzieht.

Beispiel: Jedes Modell $\mathcal{M}$ von $T_=^\infty$ ist wegen der Quantorenelimination (Ü9.2.7) atomar. Ist jedoch A eine unendliche Teilmenge von $\mathcal{M}$ und $c \in M\setminus A$, so kann der Typ von c über A, der im wesentlichen besagt, daß $c \neq a$ für alle a aus A, nicht mehr isoliert sein.

Der adäquate Begriff ist im allgemeinen der folgende. Eine Struktur $\mathcal{M}$ heißt **konstruktibel**, falls es eine Auflistung $\{ a_i : i < |M| \}$ von M gibt, so daß für alle $i < |M|$ der Typ $tp(a_i/\{ a_j : j < i \})$ isoliert ist.

Ü1. Zeige, daß jedes konstruktible Modell einer Theorie elementares Primmodell dieser Theorie ist. [Bemerke, daß für konstruktible Modelle - unabhängig von der Mächtigkeit - das Einbettungsargument aus obigem Satz durchzieht.]

Ü2. Beweise, daß abzählbare Strukturen genau dann konstruktibel sind, wenn sie atomar sind.

Ü3. Zeige, daß jede "rein algebraische" Struktur, d.h., eine Struktur $\mathcal{M}$ mit $\mathrm{acl}_{\mathcal{M}} \varnothing = M$, konstruktibel und atomar ist. [Vgl. Beweis von Lemma 11.5.1(2).]

Ü4. Zeige, daß das Standardmodell der Peano-Arithmetik atomar ist.

Ü5. Zeige, daß die Prüfergruppe Z_{p^∞} atomar ist.

Ü6. Beweise, daß elementare Unterstrukturen atomarer Strukturen ebenso wie Vereinigungen elementarer Ketten von atomaren Strukturen atomar sind.

Ein Modell $\mathcal{M}$ heißt **minimal**, falls aus $\mathcal{N} \preceq \mathcal{M}$ folgt $\mathcal{N} = \mathcal{M}$.

Ü7. Beweise: Eine Theorie mit einem abzählbaren atomaren Modell, das nicht minimal ist, besitzt ein atomares Modell der Mächtigkeit $\aleph_1$. [Benutze Satz 12.2.1(2) und die vorige Übung!]

In der nächsten Übung betrachten wir sog. **partielle elementare Abbildungen**, d.h., Abbildungen f einer Teilmenge einer L-Struktur $\mathcal{M}$ in eine L-Struktur $\mathcal{N}$ derart, daß $\mathcal{M} \models \varphi(\bar{a})$ gdw. $\mathcal{N} \models \varphi(f[\bar{a}])$ für alle φ aus L und alle $\bar{a}$ aus dom f. (Das ist eine natürliche Verallgemeinerung der von uns sonst betrachteten *totalen* elementaren Abbildungen.)

Ü8. Sei f eine partielle elementare Abbildung von $\mathcal{M}$ nach $\mathcal{N}$.
Dann läßt sich f zu einer partiellen elementaren Abbildung von $\mathcal{M}$ nach $\mathcal{N}$ mit Definitionsbereich $\mathrm{acl}_{\mathcal{M}}$ (dom f) (und Wertebereich $\mathrm{acl}_{\mathcal{N}}$ (f[dom f])) fortsetzen. [Modifiziere den Beweis von Ü3 unter Beachtung, daß es eine Auflistung von $\mathrm{acl}_{\mathcal{M}}$ (dom f)\dom f gibt, die "konstruktibel" ist.]

Zusammen mit Ü12.1.5 ergibt sich mit dieser Übung die Existenz eines bis auf Isomorphie eindeutig bestimmten algebraischen Abschlusses eines *jeden* Körpers (Satz von Steinitz), vgl. das Kleingedruckte am Anfang von §11.5.

12.3* Anwendung: Streng minimale Theorien

Als erstes zeigen wir, daß streng minimale Theorien viele saturierte Modelle besitzen.

Lemma 12.3.1 Ein Modell $\mathcal{M}$ einer streng minimalen Theorie ist genau dann saturiert, wenn für alle $A \subseteq M$ mit $|A| < |M|$ gilt $\mathrm{acl}_{\mathcal{M}} A \neq M$.

Beweis
Die Bedingung ist notwendig für die Saturiertheit, denn über jeder Menge existieren nichtalgebraische Typen, während acl A nur algebraische realisiert.
Gelte nun umgekehrt $\mathrm{acl}\, A \neq M$. Dann ist jeder 1-Typ über A in $\mathcal{M}$ realisiert: Für die algebraischen ist das ohnehin klar, und der eine nichtalgebraische vollständige (vgl. Lemma 11.6.3) wird durch *jedes* Element aus $M \setminus \mathrm{acl}\, A$ realisiert. ■

Satz 12.3.2 Sei T eine streng minimale Theorie.
(1) Alle Modelle von T einer Mächtigkeit $> |T|$ sind saturiert.
(2) T ist in jedem $\lambda > |T|$ kategorisch.

Beweis
Zu (1): Wenn $|M| > |T|$, so gilt $|\mathrm{acl}\, A| \leq |A| + |T| < |M|$, also $\mathrm{acl}\, A \neq M$, für alle $A \subseteq M$ mit $|A| < |M|$, und die Behauptung folgt aus dem Lemma.
(2) folgt dann aus (1) und der Eindeutigkeit saturierter Modelle (d.h., mittels der in Ü12.1.2 zu beweisenden Verallgemeinerung von Satz 12.1.1(2)). ■

Korollar 12.3.3 Für alle Charakteristiken q ist ACF_q kategorisch in jeder überabzählbaren Mächtigkeit. ■

In Ü12.1.10 sollte gezeigt werden, daß abzählbare streng minimale Theorien abzählbare saturierte Modelle besitzen. (ACF_q hat also ein abzählbares saturiertes Modell.) Wir können ein solches wie folgt direkt angeben.

Satz 12.3.4 Sei $\mathcal{M}$ ein überabzählbares Modell einer abzählbaren streng minimalen Theorie.
Wenn $a_i \in M \setminus \mathrm{acl}\{a_j : j < i\}$ für alle $i < \omega$, so ist
$\mathcal{M}_\omega =_{\mathrm{def}} \mathrm{acl}\{a_i : i < \omega\} \preceq \mathcal{M}$ abzählbar und saturiert.

Beweis
Setze $M_\omega = \mathrm{acl}\{a_i : i < \omega\}$. Diese Menge ist unendlich und algebraisch abgeschlossen, also Träger einer elementaren Unterstruktur $\mathcal{M}_\omega$ von $\mathcal{M}$. Da die Sprache abzählbar ist, gilt ferner $|\mathcal{M}_\omega| \le |\mathrm{acl}\{a_i : i < \omega\}| + \aleph_0 = \aleph_0$.
Sei nun $A \subseteq M$ endlich. Wir haben zu zeigen (Lemma 12.3.1), daß $\mathrm{acl}\, A \ne M$. Jedes der endlich vielen Elemente aus A ist bereits im algebraischen Abschluß endlich vieler a_i enthalten. Also gilt dasselbe für A, d.h., $A \subseteq \mathrm{acl}\{a_i : i < n\}$ für gewisses $n < \omega$. Nach Voraussetzung liegt dann z.B. a_n nicht in acl A - wie gewünscht. ■

Dieser Satz gilt mutatis mutandis für überabzählbare streng minimale Theorien, allerdings benötigt man zu dessen Nachweis dann die am Ende dieses Abschnitts erwähnte Dimensionstheorie. Wir gehen deshalb zur Beschreibung atomarer Modelle streng minimaler Theorien über.

Satz 12.3.5 Sei $\mathcal{M}$ Modell einer streng minimalen Theorie.
Dann gibt es eine abzählbare (endliche oder unendliche) wohlgeordnete Teilmenge A von M, deren algebraischer Abschluß in $\mathcal{M}$ Träger einer atomaren Struktur $\mathcal{M}_0 \preceq \mathcal{M}$ ist und derart, daß acl B für alle Abschnitte B von A endlich ist.

Beweis
Ist $\mathrm{acl}\,\emptyset$ unendlich, so setze $A = \emptyset$. Andernfalls wähle a_0 beliebig in $M \setminus \mathrm{acl}\,\emptyset$. Ist nun $\mathrm{acl}\{a_0\}$ unendlich, so setze $A = \{a_0\}$. Andernfalls wähle a_1 beliebig in $M \setminus \mathrm{acl}\{a_0\}$ usf. Dann können wir entweder unendlich in unserer Wahl der a_i fortfahren, ohne daß der algebraische Abschluß eines endlichen Abschnitts der ge-

wählten Folge unendlich wird - wir setzen dann $A = \{ a_i : i < \omega \}$ - oder aber wir erhalten nach endlich vielen Schritten bereits einen unendlichen algebraischen Abschluß, sagen wir, $\mathrm{acl}\,\{a_0,\ldots,a_{n-1}\}$ ist unendlich, während $\mathrm{acl}\,\{a_0,\ldots,a_{n-2}\}$ noch endlich ist - wir setzen in diesem Fall $A = \{a_0,\ldots,a_{n-1}\}$. In beiden Fällen ist acl A nach Lemma 11.6.1 Träger einer elementaren Unterstruktur $\mathcal{M}_0$ von $\mathcal{M}$.

Im Falle einer endlichen Menge A folgt die Atomarität von $\mathcal{M}_0$ unmittelbar aus Lemma 11.6.4(2). Im unendlichen Fall ist $\mathcal{M}_0$ Vereinigung der algebraischen Abschlüsse der endlichen Abschnitte von A, die selbst wiederum wegen selbigen Lemmas nur Tupel mit isolierten Typen enthalten. Daraus folgt, daß auch $\mathcal{M}_0$ atomar ist. ■

Bemerkungen

(1) Ist die streng minimale Theorie in diesem Satz abzählbar, so ist auch $\mathcal{M}_0$ abzählbar und somit nach Satz 12.2.1(1) elementares Primmodell.

(2) Der Körper $\mathrm{acl}_{\mathbb{C}}\, \emptyset$ aller algebraischen Zahlen ist daher elementares Primmodell von ACF_0.

(3) Für positive Charakteristik p ergibt sich analog, daß $\mathrm{acl}\, \emptyset$ (in einem beliebigen algebraisch abgeschlossenen Körper der Charakteristik p) elementares Primmodell von ACF_p ist.

Ü1. Verallgemeinere obige Bemerkung (1) für beliebige Mächtigkeiten. [Zeige, daß $\mathcal{M}_0$ konstruktibel ist, vgl. Ende von §12.2. und wende Ü12.2.1 statt Satz 12.2.1 an.]

Die Mächtigkeit der Menge A im obigen Satz wird **Dimension**, in Zeichen $\dim \mathcal{M}_0$, des Modells $\mathcal{M}_0$ genannt. Die eben genannten elementaren Primmodelle der Vervollständigungen von ACF haben also Dimension 0 oder, wie man in der Körpertheorie sagt, **Transzendenzgrad** 0. Es ist kein Zufall, daß wir hier von Dimension sprechen. Und zwar läßt sich für beliebige streng minimale Theorien eine Dimensionstheorie analog zu der für Vektorräume entwickeln wie in

[W. E. Marsh, *On ω_1-categorical and not ω-categorical theories*, Dissertation, Dartmouth College **1966**, unveröffentlicht]

gezeigt wurde, s.a.

[J. T. Baldwin, A. H. Lachlan, *On strongly minimal sets*, J. Symb. Logic 36, **1971**, 79-96].

Für den Spezialfall algebraisch abgeschlossener Körper, war das bekannt seit

[E. Steinitz, *Algebraische Theorie der Körper*, J. Reine Angew. Math. 137, **1910**, 167-309, Reprint, R. Baer, H. Hesse (eds.), Chelsea, N. Y. **1950**].

Abschließend skizzieren wir diese Theorie anhand einer Serie von Übungsaufgaben. Wir fixieren dafür ein Modell $\mathcal{M}$ einer streng minimalen Theorie T und schreiben wieder acl statt $\mathrm{acl}_{\mathcal{M}}$.

Ist a ein Element von M und A eine Teilmenge, so ist a **(algebraisch) abhängig** von A, falls $a \in \mathrm{acl}\,A$. Eine Teilmenge B von M heiße **(algebraisch) unabhängig**, falls kein Element b aus B von $B\setminus\{b\}$ abhängt. Eine **Basis** von A ist eine algebraisch unabhängige Teilmenge von A, von der jedes Element aus A abhängt. Die Menge A habe **Dimension** κ, in Zeichen $\dim A = \kappa$, falls es eine Basis von A der Mächtigkeit κ gibt und auch alle anderen Basen diese Mächtigkeit haben.

Die Eigenschaften aus Lemma 11.5.2 zusammen mit dem Austauschlemma (Ü11.6.1) garantieren nun das Wohlverhalten dieser Begriffe, s.a. §1.4 in

[P. M. Cohn, *Algebra*, Vol. 2, Wiley, Chichester, **1977**]

oder §20 und §74 in

[B. L. van der Waerden, *Algebra* I, Heidelberger Taschenbücher 12, Springer, Berlin [7]**1966**].

Ü2. Die folgenden drei Bedingungen sind für $B \subseteq A \subseteq M$ als äquivalent nachzuweisen.
(1) B ist Basis von A.
(2) B ist maximale unabhängige Teilmenge von A.
(3) B ist minimale Teilmenge von A mit $A \subseteq \mathrm{acl}\,B$.
[Für (2)$\Rightarrow$(1) benutze das Austauschlemma.]

Ü3. Beweise: Hat $A \subseteq M$ eine Basis, so sind alle Basen von A gleichmächtig (und deren Mächtigkeit ist somit die Dimension von A).
[Sei I eine Basis von A. Der Beweis verläuft analog zu dem für Vektorräume. Es gibt zwei wesentlich verschiedene Fälle. Ist I unendlich, so stelle für jede Basis J von A die Menge I unter Ausnutzung von (3) aus voriger Übung und der Finitarität (11.5.2(1)) als Vereinigung von

$|J|$ endlichen Teilmengen von I dar. Ist hingegen I endlich, so ist das Austauschlemma (Ü11.6.1) anzuwenden.]

Ü4. Jede Teilmenge von M besitzt eine Basis (und somit nach voriger Übung eine Dimension). Mehr noch, wenn $A \subseteq M$ und für alle $i < \alpha$ ($\alpha \in On$) gilt $a_i \in A \setminus acl\{a_j : j < i\}$, so ist $\{a_i : i < \alpha\}$ unabhängig in $\mathcal{M}$. [Der erste Teil läßt sich Ü2 mittels Zornschem Lemma gewinnen. Für den zweiten wende wieder das Austauschlemma an!]

Ü5. Zeige, daß jede Bijektion zwischen unabhängigen Teilmengen von Modellen einer streng minimalen Theorie partielle elementare Abbildung ist, vgl. Ü12.2.8. [Induktiv über eine Auflistung des Definitionsbereichs: Benutze Lemma 11.6.3 und Konjugation von Typen mittels des in der Induktionsvoraussetzung bereits als elementar vorausgesetzten "Teils" der betrachteten Abbildung.]

Ü6. Beweise, daß zwei Modelle einer streng minimalen Theorie genau dann isomorph sind, wenn sie die gleiche Dimension haben. [Wende die vorige Übung und Ü12.2.8 an.]

Mit dieser Übung ergibt sich der Satz von Steinitz, daß algebraisch abgeschlossene Körper genau dann isomorph sind, wenn sie gleiche Charakteristik und gleiche Dimension besitzen.

Ü7. Beweise den Satz von Baldwin und Lachlan, daß die Modelle einer streng minimalen Theorie (bis auf Isomorphie) eine elementare Kette (indiziert mit Cn) bilden. [Benutze Ü6 und Lemma 11.6.1!]

13. Abzählbare vollständige Theorien

Unser Ziel ist es, nachzuweisen, daß eine vollständige abzählbare Theorie T (bis auf Isomorphie) nicht genau zwei abzählbar unendliche Modelle haben kann (Satz 13.4.1). Diese Anomalie ist umso überraschender, als alle anderen endlichen Anzahlen vorkommen können (vgl. §13.4). Auf dem Weg dorthin sind einige Hilfsmittel bereitzustellen, die von großem allgemeinen Interesse sind, da sie in vielen anderen Situationen anwendbar sind.

In diesem Kapitel ist T *eine Theorie in einer abzählbaren Sprache* L, *die ab* §13.2 *als vollständig vorausgesetzt wird.*

13.1. Typenvermeidung

Wir sagen, eine Struktur $\mathcal{M}$ **vermeidet den Typ** Φ (oder **läßt** Φ **aus**), falls Φ nicht in $\mathcal{M}$ realisiert ist.

Einem von Gerald Sacks zitierten Bonmot nach (vgl. [Sacks **1972**, §18, p. 96]) *kann jeder Trottel einen Typ realisieren, doch nur ein Modelltheoretiker kann einen solchen vermeiden.* Lassen wir uns also nicht lumpen! Da isolierte Typen stets realisiert sind, ist der folgende Satz das Beste, was in dieser Richtung zu erwarten ist:

Satz 13.1.1 (Typenvermeidungssatz von Ehrenfeucht)
Jeder nichtisolierte Typ über $\emptyset$ von T kann in einem abzählbar unendlichen Modell (von T) vermieden werden.

Ehrenfeucht hat dieses Resultat nicht veröffentlicht, siehe aber
[R. Vaught, *Denumerable models of complete theories*, Infinitistic Methods Pergamon, London und Państwowe Wydawnictwo Naukowe, Warszawa, **1961**, 303-321],
wo auch ein Großteil der in diesem Kapitel behandelten Ergebnisse zum ersten Male publiziert wurde, vgl. auch

[A. Grzegorczyk, A. Mostowski, C. Ryll-Nardzewski, *Definability of sets in models of axiomatic theories*, Bull. Acad. Polon. Sci. Sér. Sci. Math. Astronom. Phys. 9, **1961**, 163-167].

Beweis

Sei Φ der nichtisolierte Typ - der Einfachheit halber ein 1-Typ - von T, den es zu vermeiden gilt. Seien $C = \{ c_i : i < \omega \}$ neue, paarweise verschiedene Konstanten und $\{ \psi_n : n < \omega \}$ eine Aufzählung der Aussagen aus L(C) . Ziel ist es, ein Modell $\mathcal{M}$ von T und Interpretationen a_i der neuen Konstanten c_i darin zu finden, die folgenden beiden Bedingungen genügen.

(a) Jedes a_i erfüllt irgendeine Formel aus Φ nicht.

(b) Die Menge $\{ a_i : i < \omega \}$ erfüllt die Tarski-Vaught-Bedingung (TV).

Das garantiert dann, daß $\{ a_i : i < \omega \}$ eine elementare Unterstruktur von $\mathcal{M}$ (also ein Modell von T) ist, das den Typ Φ vermeidet. Wir bewerkstelligen dies, indem wir sukzessive eine aufsteigende Kette von widerspruchsfreien Aussagenmengen $T = T_0 \subseteq T_1 \subseteq \ldots \subseteq T_n \subseteq \ldots$ konstruieren, so daß für alle $n < \omega$ folgende Bedingungen erfüllt sind.

(1_n) Es gibt ein $\varphi \in \Phi$ mit $\neg\varphi(c_n) \in T_{n+1}$.

(2_n) Ist $\psi_n \in T_{n+1}$ und von der Form $\exists x\, \psi(x)$ für ein gewisses ψ, so gibt es ein $k < \omega$ mit $\psi(c_k) \in T_{n+1}$.

(3_n) $\psi_n \in T_{n+1}$ oder $\neg\psi_n \in T_{n+1}$.

(4_n) $T_{n+1} \setminus T$ ist endlich.

Setzen wir $T_\omega = \bigcup_{n<\omega} T_n$, so sichert die Bedingung (1) (d.h. (1_n) für alle $n < \omega$), daß jedes Modell von T_ω die obige Eigenschaft (a) hat. Die Bedingung (2) garantiert die Tarski-Vaught-Bedingung wie in (b) für alle Modelle von T_ω nur, wenn jede L(C)-Aussage $\exists x\, \psi(x)$, die in einem Modell von T_ω gilt, bereits in T_ω liegt, d.h., wenn T_ω vollständige L(C)-Theorie ist, wofür die Bedingung (3) sorgt. (Bedingung (4) liefert in jedem Induktionsschritt wegen der Nichtisoliertheit von Φ eine Formel wie in (1) gefordert - wie

wir gleich sehen werden.) Es bleibt also, solche widerspruchsfreien T_n zu finden, denn dann bildet, wie gesagt, die Menge der Interpretationen der neuen Konstanten in jedem Modell $\mathcal{M}_\omega$ von T_ω ein abzählbares elementares Untermodell des L-Redukts von $\mathcal{M}_\omega$ (also ein abzählbares Modell von T), das Φ vermeidet.
Seien $T = T_0 \subseteq T_1 \subseteq \ldots \subseteq T_n$ mit (1_k)-(4_k) für alle $k < n$ bereits konstruiert. Wir beweisen als erstes folgende Aussage.
(0_n) $T_n \cup \{\neg\varphi(c_n)\}$ ist konsistent für gewisses $\varphi \in \Phi$.
Andernfalls hätten wir $T_n \models \varphi(c_n)$ für alle $\varphi \in \Phi$. Da die Menge $T_n \setminus T$ nach (4_{n-1}) endlich ist, können wir deren Konjunktion bilden. Schreiben wir diese als $\theta_n(\bar{c}, c_n)$, wobei $\theta_n(\bar{x}, x) \in L$ und $\bar{c}$ ein Tupel aus C ist, das den Eintrag c_n nicht enthält, und x nicht in $\bar{x}$ enthalten ist. Dann hätten wir $T \models \theta_n(\bar{c}, c_n) \rightarrow \varphi(c_n)$ und somit nach dem Lemma über neue Konstanten (3.3.2) auch $T \models \forall x\, (\exists \bar{x}\, \theta_n(\bar{x}, x) \rightarrow \varphi(x))$ für alle $\varphi \in \Phi$. Letzteres ist gleichbedeutend mit $\exists \bar{x}\, \theta_n(\bar{x}, x) \leq_T \Phi$, was der Nichtisoliertheit von Φ widerspräche. Das beweist die Behauptung (0_n).
Sei $\varphi \in \Phi$ derart, daß $T_n \cup \{\neg\varphi(c_n)\}$ konsistent ist. Wenn nun ψ_n nicht widerspruchsfrei mit $T_n \cup \{\neg\varphi(c_n)\}$ ist, so setzen wir $T_{n+1} = T_n \cup \{\neg\varphi(c_n), \neg\psi_n\}$. Anderenfalls sind zwei Fälle zu unterscheiden: Ist ψ_n nicht von der Form $\exists x\, \psi(x)$ für ein ψ, so setzen wir $T_{n+1} = T_n \cup \{\neg\varphi(c_n), \psi_n\}$. Ist hingegen ψ_n von der Form $\exists x\, \psi(x)$, so setzen wir $T_{n+1} = T_n \cup \{\neg\varphi(c_n), \psi_n, \psi(c_k)\}$, wobei k der kleinste Index ist, so daß c_k in $T_n \cup \{\neg\varphi(c_n), \psi_n\}$ nicht vorkommt. In jedem Fall ist T_{n+1} widerspruchsfrei und erfüllt (1_n) - (4_n), wie leicht zu ersehen ist. ■

Ein **Beispiel**, das zeigt, daß $|L| = \aleph_0$ wesentlich ist:
Sei A eine abzählbar unendliche Menge und B eine überabzählbare Menge von Individuenkonstanten. Betrachte die (überabzählbare) Sprache $L = L_=(A \cup B)$ und die L-Theorie T mit den Axiomen $\{ b \neq b' : b, b' \in B \text{ und } b \neq b' \}$. Jedes Modell von T ist natürlich überabzählbar und realisiert somit die Formelmenge

$\Phi =_{\text{def}} \{ x \neq a : a \in \mathrm{A} \}$, weshalb diese ein Typ von T (über der leeren Menge) ist, der in keinem Modell von T vermieden werden kann. Dennoch ist Φ nicht isoliert: Jede L-Formel ist von der Form $\varphi(x,\vec{c})$ mit $\varphi(x,\vec{y}) \in \mathrm{L}_=$ und $\vec{c}$ aus $\mathrm{A} \cup \mathrm{B}$. Wegen der Quantorenelimination von $\mathrm{T}_=^\infty$ können wir annehmen, daß $\varphi(x,\vec{y})$ eine Boolesche Kombination von Gleichungen ist. Gäbe es nun eine solche Formel $\varphi(x,\vec{c})$, die erfüllbar (in T) ist und Φ isoliert, so kämen wir schon mit einem Disjunktionsglied aus und hätten also eine solche Formel derart, daß $\varphi(x,\vec{c})$ Konjunktion von Gleichungen und Ungleichungen ist. Gleichungen der Form $x = a$ mit $a \in \mathrm{A}$ können natürlich nicht darin vorkommen (da sie nicht mit Φ konsistent sind). Aber auch Gleichungen der Form $x = b$ mit $b \in \mathrm{B}$ können darin nicht vorkommen, da es für jedes $a \in \mathrm{A}$ offenbar stets Modelle $\mathcal{M}$ von T gibt mit $b^{\mathcal{M}} = a^{\mathcal{M}}$. Also können in $\varphi(x,\vec{c})$ nur Ungleichungen vorkommen, die aber wegen der Unendlichkeit von A stets auch von einem Element aus A, also von einem Element, das Φ nicht realisiert, erfüllt werden.

Ü1. Sei $\mathcal{G}$ eine Gruppe, in der jede durch eine einstellige parameterfreie Formel definierbare nichtleere Teilmenge ein Element endlicher Ordnung enthält.
Beweise, daß $\mathcal{G}$ elementar äquivalent zu einer periodischen Gruppe ist.

13.2. Primmodelle

Für den Rest dieses Kapitels sei T *vollständig.*

Mit dem Typenvermeidungssatz sind wir nun in der Lage, elementare Primmodelle abzählbarer Theorien genauer zu kennzeichnen.

Satz 13.2.1 (Vaught) $\mathcal{M}$ ist elementares Primmodell von T gdw. $\mathcal{M}$ abzählbares atomares Modell von T ist.

Beweis

$\Leftarrow$: ist bereits für beliebiges L gezeigt ("Dünnheit", Satz 12.2.1(1)).

$\Rightarrow$: Sei $\mathcal{M}$ elementares Primmodell von T. Zu zeigen ist, daß $\mathcal{M}$ atomar und abzählbar ist.

Abzählbarkeit ist klar, da es abzählbare Modelle gibt und $\mathcal{M}$ in diese einbettbar sein muß. Bleibt zu zeigen, daß $\mathcal{M}$ jeden nicht-isolierten Typ $\Phi \in S_n(T)$ vermeidet. Nach dem Typenvermeidungssatz gibt es ein $\mathcal{N} \models T$, daß Φ vermeidet. Da $\mathcal{M} \overset{\equiv}{\hookrightarrow} \mathcal{N}$, so vermeidet auch $\mathcal{M}$ den Typ Φ. ■

Mit Satz 12.2.1(2) erhalten wir

Korollar 13.2.2 T hat (bis auf Isomorphie) höchstens ein elementares Primmodell. ■

Beispiel: Das Standardmodell $(\omega;+,\cdot)$ der Zahlentheorie ist atomar, denn es gibt Formeln $\varphi_n(x)$, so daß für alle $\mathcal{M} \equiv (\omega;+,\cdot)$ gilt $\mathcal{M} \models \varphi_n(a)$ gdw. $a = n$. Folglich ist $(\omega,+,\cdot)$ elementares Primmodell.

Mit einem verallgemeinerten Typenvermeidungssatz über abzählbare Mengen von Typen kann man zeigen, daß Theorien mit einem abzählbaren saturierten Modell (also kleine Theorien) stets auch abzählbare atomare Modelle haben, also auch ein elementares Primmodell. Die Umkehrung gilt nicht, wie das Beispiel PA zeigt (denn Vervollständigungen von PA sind nicht klein und haben somit kein abzählbares saturiertes Modell, vgl. §12.1 und Ü1 weiter unten).

Ferner kann man zeigen, daß T genau dann ein abzählbares atomares (also elementares Prim-) Modell besitzt, wenn die isolierten Typen dicht liegen in $S_n(T)$ für alle $n < \omega$.

Beweis

Die isolierten Typen liegen dicht in $S_n(T)$ gdw. jedes mit T widerspruchsfreie $\varphi \in L_n$ in einem isolierten Typ aus $S_n(T)$ liegt. Da jedes solche φ in jedem

Modell erfüllt ist, so ist das sicherlich der Fall, wenn es überhaupt ein atomares Modell gibt. Sei umgekehrt vorausgesetzt, die isolierten Typen liegen dicht in allen $S_n(T)$. Für jedes $n < \omega$ betrachten wir folgenden Typ
$\Phi_n(x_0,\ldots,x_{n-1}) =_{def} \{ \neg\varphi : \varphi \in L_n$ und φ ist widerspruchsfrei mit T und isoliert einen Typ aus $S_n(T) \}$.
Dann sind die Φ_n nicht isoliert und können in einem abzählbaren Modell $\mathcal{M} \models T$ gleichzeitig vermieden werden. Damit ist $\mathcal{M}$ atomar. ■

Ü1. Hat eine beliebige Theorie ein minimales Modell im Sinne von Ü12.2.7 und ein elementares Primmodell, so sind beide isomorph.

Ü2. Hat T ein elementares Primmodell, das nicht minimal ist, so hat T ein atomares Modell der Mächtigkeit $\aleph_1$. [Vgl. Ü12.2.7 und Satz 13.2.1.]

Ü3. Zeige, daß das Standardmodell $\mathbb{N}$ der Peano-Arithmetik elementares Primmodell der vollen Zahlentheorie $Th(\mathbb{N})$ ist. [Benutze Ü12.2.4.]

13.3. Abzählbar kategorische Theorien

Wir haben hier und da bereits $\aleph_0$-kategorische abzählbare Theorien betrachtet. Jetzt können wir diese systematisch beschreiben. Zunächst definieren wir:

> Sei $\lambda \in Cn$.
> Die Anzahl der Isomorphietypen von Modellen von T der Mächtigkeit λ wird mit $I(\lambda,T)$ bezeichnet.

Eine Theorie ist also gerade dann λ-kategorisch, wenn $I(\lambda,T) = 1$.

Wenn $I(\aleph_0,T) \leq \aleph_0$, insbesondere wenn T $\aleph_0$-kategorisch, so ist T klein, denn es gibt in abzählbar vielen abzählbaren Mengen nur abzählbar viele Tupel.

Satz 13.3.1 Folgende Aussagen sind äquivalent:

(i) T ist abzählbar kategorisch ($\aleph_0$-kategorisch), d.h., $I(\aleph_0,T) = 1$.
(ii) T hat ein abzählbar unendliches atomares und saturiertes Modell.
(ii') T hat ein saturiertes elementares Primmodell.
(iii) Alle Typen in allen $S_n(T)$ sind isoliert.
(iv) Alle $S_n(T)$ sind endlich.
(v) Alle Lindenbaum-Tarski-Algebren $\mathcal{B}_n(T)$ sind endlich, d.h., bis auf T-Äquivalenz gibt es für alle $n < \omega$ nur endlich viele Formeln in L_n.
(vi) Alle Modelle von T sind atomar.
(vii) Alle abzählbaren Modelle von T sind atomar.

[E. Engeler, *A characterization of theories with isomorphic denumerable models*, Notices Am. Math. Soc. 6, **1959**, 161]

[C. Ryll-Nardzewski, *On the categoricity in power* $\aleph_0$, Bull. Acad. Polon. Sci. Sér. Sci. Math. Astron. Phys. 7, **1959**, 545-548]

[L. Svenonius, *$\aleph_0$-categoricity in first-order predicate calculus*, Theoria (Lund) 25, **1959**, 82-94]

Beweis

(vii)⇒(i) folgt aus der Eindeutigkeit der abzählbaren atomaren Modelle.

(vi)⇒(vii) ist klar.

(iii)⇒(vi): Wenn alle Typen isoliert sind, sind alle Modelle atomar.

(i)⇒(ii): Wie bemerkt (s.o.) ist T klein, falls es $\aleph_0$-kategorisch ist, also besitzt es ein abzählbar unendliches saturiertes Modell. Da jedes Modell ein abzählbares elementares Untermodell hat, ist dieses auch elementares Primmodell, also auch atomar.

(ii)⇔(ii'): Satz 13.2.1 .

(ii)⇒(iii): Da jeder Typ aus $S_n(T)$ in jedem abzählbar unendlichen saturierten Modell realisiert ist, muß jeder solche isoliert sein, falls eines atomar ist.

(iii)⇒(iv): Unendliche kompakte Räume besitzen nichtisolierte Punkte.
(iv)⇒(v): Formeln aus L_n, die in genau denselben Typen aus $S_n(T)$ liegen, müssen T-äquivalent sein. Also gibt es nicht mehr Formeln (modulo T) als Teilmengen von $S_n(T)$, folglich gilt $|\mathcal{B}_n(T)| \leq 2^{|S_n(T)|} < \aleph_0$.
(v)⇒(iii): $\mathcal{B}_n(T)$ ist dann atomar (nach endlich vielen Schritten findet man "unterhalb" jeder Formel ein Atom). ■

Korollar 13.3.2 T ist $\aleph_0$-kategorisch gdw. für alle (bzw. für ein) $\mathcal{M} \models T$ und $\bar{a}$ aus $\mathcal{M}$ die Theorie $Th(\mathcal{M},\bar{a})$ $\aleph_0$-kategorisch ist. Hierbei wird bei ⇒ "für alle" gezeigt, während bei ⇐ "für ein" genügt.

Beweis
⇒: Sei $\mathcal{M} \models T$ und $\bar{a}$ aus $\mathcal{M}$. Ist $\mathcal{B}_{n+m}(T)$ endlich, so erst recht $\mathcal{B}_n(Th(\mathcal{M},\bar{a}))$.
⇐: Sei $\mathcal{M} \models T$ und $\bar{a}$ aus $\mathcal{M}$ mit $Th(\mathcal{M},\bar{a})$ $\aleph_0$-kategorisch. Da $L_n \subseteq L_n(\bar{a})$, so ist $|\mathcal{B}_n(T)| \leq |\mathcal{B}_n(Th(\mathcal{M},\bar{a}))|$. ■

Sei $\mathcal{M}$ eine beliebige Struktur und $n < \omega$. Die **Bahn** von $\bar{a} \in M^n$ (unter Aut $\mathcal{M}$) ist die Menge $\{f[\bar{a}] : f \in \text{Aut } \mathcal{M}\}$. Die Relation, in derselben Bahn zu liegen, ist offenbar eine Äquivalenzrelation auf M^n.

Ü1. Beweise: Zwei Tupel von M, die in derselben Bahn liegen, haben denselben vollständigen Typ über ∅. Ist $\mathcal{M}$ eine abzählbare saturierte Struktur, so gilt auch die Umkehrung.

Ü2. Zeige, daß T genau dann $\aleph_0$-kategorisch ist, wenn für jedes abzählbare Modell $\mathcal{M}$ von T und jede natürliche Zahl n die Menge M^n in endlich viele Bahnen (unter Aut $\mathcal{M}$) zerfällt.

Ü3. Beweise: Jedes elementare Primmodell einer abzählbaren $\aleph_1$-kategorischen Theorie, die nicht $\aleph_0$-kategorisch ist, ist minimal. [Vgl. Ü13.2.2 und Satz 13.3.1.]

Ü4. Widerlege diese Aussage für *total* kategorische Theorien. [Betrachte $T_{=}^{\infty}$ oder die Theorie der unendlichen Vektorräume über einem endlichen Körper $\mathcal{K}$.]

13.4. Theorien mit endlich vielen abzählbaren Modellen

Wir kennen bereits abzählbare Theorien mit genau einem abzählbaren Modell (nämlich die $\aleph_0$-kategorischen Theorien $DLO_{..}$ und $T_=$). Zum Abschluß dieses Kapitels soll eine Theorie mit genau 3 abzählbaren Modellen vorgeführt werden. Ebenso lassen sich für alle $k \geq 3$ Theorien mit genau k abzählbaren Modellen finden (Übungsaufgabe!). Um so überraschender ist der folgende

Satz 13.4.1 (Vaught) $I(\aleph_0,T) \neq 2$ für alle vollständigen abzählbaren Theorien T.

Beweis

Seien $\mathcal{M}_0$ und $\mathcal{M}_1$ die einzigen abzählbar unendlichen Modelle von T. Zu zeigen ist, daß sie isomorph sind. T ist klein (nach obiger Bemerkung). Also hat T ein abzählbares saturiertes Modell. OBdA sei dies $\mathcal{M}_1$. Wegen der Universalität saturierter Strukturen gilt dann $\mathcal{M}_0 \overset{\equiv}{\hookrightarrow} \mathcal{M}_1$. Jedes $\mathcal{N} \models T$ hat nach Löwenheim-Skolem ein abzählbares elementares Untermodell, also $\mathcal{M}_0 \overset{\equiv}{\hookrightarrow} \mathcal{N}$ oder $\mathcal{M}_1 \overset{\equiv}{\hookrightarrow} \mathcal{N}$. In jedem Fall also $\mathcal{M}_0 \overset{\equiv}{\hookrightarrow} \mathcal{N}$. Demnach ist $\mathcal{M}_0$ elementares Primmodell und damit nach Satz 13.2.1 atomar. Ist $\mathcal{M}_1$ ebenfalls atomar, so $\mathcal{M}_0 \cong \mathcal{M}_1$. Wäre $\mathcal{M}_1$ nicht atomar, so würde es einen nicht-isolierten Typ $\Phi \in S_n(T)$ realisieren, sagen wir durch $\bar{a}$ aus M_1. Betrachte $T' = Th(\mathcal{M}_1,\bar{a})$. Da $T \cup \Phi(\bar{a}) \subseteq T'$, so ist jedes Modell von T' von der Form $(\mathcal{N},\bar{c})$ mit $\mathcal{N} \models T$ und $\bar{c} \models \Phi$ in $\mathcal{N}$.

Es genügt zu zeigen, daß T' $\aleph_0$-kategorisch ist, denn dann ist nach Korollar 13.3.2 auch T $\aleph_0$-kategorisch, also $\mathcal{M}_1$ atomar im Widerspruch zur Annahme.

Alle abzählbaren Modelle von T' sind von der Form $(\mathcal{M}_i,\bar{c})$ mit $\bar{c} \models \Phi$ in M_i $(i < 2)$. Da $\mathcal{M}_0$ atomar ist, also Φ nicht realisieren kann, ist $i = 1$. Seien also $(\mathcal{M}_1,\bar{c})$ und $(\mathcal{M}_1,\bar{c}\,')$ zwei abzählbar unendliche Modelle von T'. Dann gilt $\bar{c} \models \Phi$ und $\bar{c}\,' \models \Phi$, also $tp^{\mathcal{M}_1}(\bar{c}) = tp^{\mathcal{M}_1}(\bar{c}\,')$. Wegen der Homogenität saturierter Strukturen existiert ein $f \in \mathrm{Aut}(\mathcal{M}_1)$ mit $f[\bar{c}] = \bar{c}\,'$. Dann ist $f\colon (\mathcal{M}_1,\bar{c}) \cong (\mathcal{M}_1,\bar{c}\,')$. Also ist T' $\aleph_0$-kategorisch. ■

Als Abschluß betrachten wir nun ein Beispiel einer vollständigen Theorie mit genau drei abzählbar unendlichen Modellen. Durch Hinzunahme von n−2 weiteren Prädikaten läßt sich daraus eine Theorie mit genau n abzählbar unendlichen Modellen gewinnen (für n > 3).

Beispiel (Ehrenfeucht) einer vollständigen Theorie T_3 mit $I(\aleph_0,T_3) = 3$.
Betrachte in $L_<$ das Modell $\eta = (\mathbb{Q};<) \models DLO_{--}$. Wir nehmen als Konstanten c_n für alle $n < \omega$ hinzu und erhalten $(\eta;\omega)$. Sei $T_3 = Th(\eta;\omega)$. T_3 ist $L_<(\omega)$-Theorie. Als Modelle dieser Theorie betrachten wir $\mathcal{M}_1 = (\eta;\omega)$, d.h. das Standardmodell, sowie die Modelle $\mathcal{M}_2$ und $\mathcal{M}_3$ mit dem Universum $\mathbb{Q}$ und der üblichen linearen Ordnung, in denen jedoch die c_i eine obere Schranke besitzen. Dabei mögen die c_i in $\mathcal{M}_2$ eine kleinste obere Schranke besitzen, in $\mathcal{M}_3$ sei das aber nicht der Fall. Offensichtlich sind diese Modelle paarweise nicht isomorph.
Warum sind das (bis auf Isomorphie) alle Modelle von T_3?
Sei $\mathcal{N}\,' \models T_3$. Dann ist $\mathcal{N}\,' = (\mathcal{N},\{ a_i : i < \omega \})$ mit $a_0 < a_1 < \ldots$.
Sei $A_{\mathcal{N}'} = \{ a \in N : a \leq a_n \text{ für ein } n < \omega \}$ und $B_{\mathcal{N}'} = N \setminus A_{\mathcal{N}'}$.
$(-\infty,a_0)$ und (a_{n-1},a_n) sind als abzählbare Modelle von DLO_{--} nach dem Satz von Cantor isomorph. Ein Zusammensetzen dieser Isomorphismen ergibt einen Isomorphismus von $\mathcal{A}_{\mathcal{N}'}$ auf $(\eta;\omega)$.
Wenn $B_{\mathcal{N}'} = \emptyset$, so $\mathcal{N}\,' \cong \mathcal{M}_1$.
Anderenfalls kommen in $\mathcal{B}_{\mathcal{N}'}$ keine Konstanteninterpretationen vor, also ist $\mathcal{B}_{\mathcal{N}'} \cong \mathcal{B}_{\mathcal{N}''}$ gdw. $\mathcal{B}_{\mathcal{N}'} \restriction L_< \cong \mathcal{B}_{\mathcal{N}''} \restriction L_<$. Da $\mathcal{N}\,' \models DLO_{--}$, so kann $\mathcal{B}_{\mathcal{N}'}$ keinen rechten Randpunkt haben.
Fall 1: Es ex. ein kleinstes Element $e \in \mathcal{B}_{\mathcal{N}'}$, dann ist $\mathcal{B}_{\mathcal{N}'} \setminus \{e\}$ Modell von DLO_{--}. Da $\mathcal{B}_{\mathcal{N}'}$ abzählbar ist, ist also $\mathcal{B}_{\mathcal{N}'} \setminus \{e\} \cong \eta$ und demnach $\mathcal{N}\,' \cong \mathcal{M}_2$.
Fall 2: $\mathcal{B}_{\mathcal{N}'} \models DLO_{--}$, also $\mathcal{B}_{\mathcal{N}'} \cong \eta$. Dann ist $\mathcal{N}\,' \cong \mathcal{M}_3$.

Für die Vollständigkeit von T_3 benutzen wir, daß das algebraische Primmodell $\mathcal{M}_1$ sogar elementares Primmodell ist. Also ist T_3 vollständig. ■

Ü1. Finde für alle α mit $3 < \alpha \leq \aleph_0$ eine vollständige Theorie T_α mit $I(\aleph_0, T_\alpha) = \alpha$.

Ü2. Zeige, daß $I(\aleph_0, PA) = 2^{\aleph_0}$. [Vgl. Ü11.2.3.]

Ü3. Zeige dasselbe für die L_Z-Theorie der abelschen Gruppe der ganzen Zahlen. [Vgl. Ü11.2.2.]

Es ist keine abzählbare vollständige Theorie T bekannt, in der $I(\aleph_0, T)$ von $2^{\aleph_0}$ verschiedene überabzählbare Werte annimmt. Die sog. **Vaughtsche Vermutung** besagt, daß es solche nicht gibt. Zur Diskussion derselben sei auf das Modelltheoriebuch von Hodges verwiesen.

14. $\mathbb{Z}$

In diesem abschließenden Kapitel analysieren wir die Theorie der abelschen Gruppe $(\mathbb{Z};0;+,-)$ der ganzen Zahlen. En passant werden einige modelltheoretische Schlagwörter eingestreut, die zu weiterem Studium anregen sollen, was im letzten Abschnitt noch etwas präzisiert wird.

Die genannte Gruppe der ganzen Zahlen wird im Folgenden einfach mit $\mathbb{Z}$ bezeichnet, die der rationalen Zahlen mit $\mathbb{Q}$ (überhaupt halten wir uns nun nicht mehr so streng an die Unterscheidung von Struktur und Universum).

Gruppe bedeutet in diesem Kapitel stets *abelsche Gruppe*.

14.1. Axiomatisierung, reine Abbildungen und ultrahomogene Strukturen

Wir verabreden (bzw. erinnern an) einige Bezeichnungen.

$L_{\mathbb{Z}}$ bezeichnet die Sprache der Signatur $(0;+,-)$.
Sei $n < \omega$.
Ist $\mathcal{A}$ eine (abelsche) Gruppe, so steht $n\mathcal{A}$ oder auch nA für die Untergruppe $\{na : a \in A\}$ von $\mathcal{A}$. $\mathbb{Z}_n$ bezeichnet die zyklische Gruppe $\mathbb{Z}/n\mathbb{Z}$ der Ordnung n.
Für die *triviale Gruppe* $\{0\}$ schreiben wir einfach 0 (also $0\mathcal{A} = 0A = 0$).
$(m_0,\dots,m_{n-1})$ bezeichnet den größten gemeinsamen Teiler von $\{m_i : i < n\} \subseteq \mathbb{Z}$ und $[m_0,\dots,m_{n-1}]$ das kleinste gemeinsame Vielfache.
$n \mid x$ ist eine Abkürzung für die $L_{\mathbb{Z}}$-Formel $\exists y\,(ny = x)$, und $n \nmid x$ ist eine Abkürzung für $\neg(n \mid x)$.
AG bezeichnet die $L_{\mathbb{Z}}$-Theorie der (abelschen) Gruppen und AG_{tf} die der torsionsfreien, vgl. §5.2.
Gruppe bedeute, wie gesagt, *abelsche Gruppe*.

Es wird sich herausstellen, daß sich die vollständige Theorie von $\mathbb{Z}$ wie folgt auf sehr einfache Weise axiomatisieren läßt.

> $T^{\mathbb{Z}}$ sei die $L_{\mathbb{Z}}$-Theorie mit dem Axiomensystem
>
> $AG_{tf} \cup \{ \exists u (\bigwedge_{0<m<n} n \nmid mu \wedge \forall x \bigvee_{m<n} n \mid (x - mu)) : 1 < n < \omega \}$.

Die Modelle von $T^{\mathbb{Z}}$ sind offenbar gerade die torsionsfreien Gruppen $\mathcal{M}$, für die $\mathcal{M}/n\mathcal{M}$ zyklisch von der Ordnung n, also isomorph zu $\mathbb{Z}_n$ ist für $n > 1$, denn die obige Aussage besagt, daß es *ein* erzeugendes Element u der Ordnung n von $\mathcal{M}/n\mathcal{M}$ gibt.

Mit ein wenig elementarer Teilbarkeitslehre läßt sich zeigen, daß es (modulo AG_{tf}) genügt, dies für alle Primzahlen n zu fordern.

Alle Modelle von $T^{\mathbb{Z}}$ sind nichttriviale torsionsfreie Gruppen und als solche unendlich. Folglich ist für $0 < n < \omega$ die Untergruppe $n\mathcal{M}$ eines jeden Modells $\mathcal{M}$ von $T^{\mathbb{Z}}$ auch unendlich.

$\mathbb{Z}$ selbst und auch alle Untergruppen $n\mathbb{Z}$ für $0 < n < \omega$, die ja zu $\mathbb{Z}$ isomorph sind, sind Modelle von $T^{\mathbb{Z}}$. Da $n\mathbb{Z}$ als Untergruppe dieselben quantorenfreien $L_{\mathbb{Z}}(n\mathbb{Z})$-Aussagen erfüllt wie $\mathbb{Z}$, kann die Formel $n \mid x$ nicht äquivalent zu einer quantorenfreien sein, denn $\mathbb{Z} \models n \mid n$ und $n\mathbb{Z} \models n \nmid n$. Also erlaubt $T^{\mathbb{Z}}$ keine Quantorenelimination. $T^{\mathbb{Z}}$ ist nicht einmal modellvollständig, denn wie gesagt ist das Modell $n\mathbb{Z}$ zwar Unterstruktur (= Untergruppe) des Modells $\mathbb{Z}$, aber eben keine elementare Unterstruktur (vgl. Satz 9.6.1).
Hieraus folgt auch, daß $\mathbb{Z}$ ein minimales Modell (im Sinne von Ü12.2.7) von $T^{\mathbb{Z}}$ ist.

Im nächsten Abschnitt werden wir zeigen, daß $T^{\mathbb{Z}}$ Elimination bis auf atomare Formeln und solche der Form $n \mid t(\bar{x})$ erlaubt (wobei t ein beliebiger $L_{\mathbb{Z}}$-Term ist). Dazu nehmen wir folgende Spracherweiterung vor und definieren:

L^D bezeichne die Sprache, die aus $L_{\mathbb{Z}}$ durch Hinzufügung neuer einstelliger Relationssymbole D_n für jede natürliche Zahl $n > 1$ hervorgeht.
D bezeichne die Menge aller atomaren L^D-Formeln der Form $D_n(t(\bar{x}))$, wobei $1 < n < \omega$ und t ein $L_{\mathbb{Z}}$-Term, also von der Form $\sum k_i x_i$ mit $k_i \in \mathbb{Z}$ ist. Die Formeln aus D nennen wir auch D-**Formeln**. Ein D-**Literal** ist eine D-Formel oder die Negation einer solchen.
Ist Σ eine $L_{\mathbb{Z}}$-Theorie, so bezeichne Σ^D die L^D-Theorie, die aus Σ durch Hinzufügung der Axiome
$\forall x\, (D_n(x) \leftrightarrow n \mid x)$
für alle $n > 1$ hervorgeht.
Das Zeichen T^D sei für die L^D-Theorie $(T^{\mathbb{Z}})^D$ reserviert.

Σ^D ist eine sogenannte **definitorische Expansion** von Σ, bei der nämlich die neuen sprachlichen Elemente durch bereits vorhandene ausgedrückt werden können. Das hat zur Folge, daß jedes Modell $\mathcal{M}$ von Σ auf genau eine Weise zu einem Modell $\mathcal{M}^D$ von Σ^D expandiert werden kann (indem nämlich $D_n(\mathcal{M})$ gerade gleich $n\mathcal{M}$ gesetzt wird) und jedes Modell von Σ^D die Form $\mathcal{M}^D$ hat für ein gewisses $\mathcal{M} \models \Sigma$, also die L^D-Expansion seines $L_{\mathbb{Z}}$-Reduktes ist, das Modell von Σ ist.

^{D}: Mod AG $\rightarrow$ Mod AG^D bezeichne die eben beschriebene Bijektion zwischen Gruppen und deren kanonischen L^D-Expansionen. Der Ausdruck $\mathcal{M}^D$ beinhaltet also stets, daß $\mathcal{M}$ eine Gruppe ist.

Bemerke, daß für (L^D-) Unterstrukturen $\mathcal{A}^D$ von $\mathcal{M}^D \models AG^D$ zwar gilt $D_n(\mathcal{A}^D) = \mathcal{A} \cap n\mathcal{M}$, aber im allgemeinen nicht $D_n(\mathcal{A}^D) = n\mathcal{A}$, d.h., aus der Teilbarkeit eines Elementes $a \in A$ in $\mathcal{M}$ kann im allgemeinen nicht die Teilbarkeit in $\mathcal{A}$ geschlossen werden. Das kann man eben offenbar gerade dann, wenn $\mathcal{A}^D$ selbst Modell von AG^D ist. Einbettungen zwischen Modellen von AG^D sind also als $L_{\mathbb{Z}}$-Einbettungen ihrer $L_{\mathbb{Z}}$-Redukte im folgenden Sinne rein.

Ein Homomorphismus f: $\mathcal{A} \to \mathcal{B}$ von Gruppen heiße **rein**, in Zeichen f: $\mathcal{A} \hookrightarrow_{rd} \mathcal{B}$, falls für alle $a \in A$ und $n < \omega$ aus $\mathcal{B} \models n \mid f(a)$ folgt $\mathcal{A} \models n \mid a$. Eine **reine** Untergruppe einer Gruppe $\mathcal{B}$ ist eine Untergruppe $\mathcal{A}$ von $\mathcal{B}$ derart, daß die identische Inklusion von $\mathcal{A}$ in $\mathcal{B}$ rein ist. $\mathcal{A}$ heißt dann auch kurz **rein** in $\mathcal{B}$, und wir schreiben $\mathcal{A} \subseteq_{rd} \mathcal{B}$.
(Hierbei steht rd für *relativ dividierbar* - ein Synonym für *rein**.)

Eine Untergruppe $\mathcal{A}$ einer Gruppe $\mathcal{B}$ ist also genau dann rein in $\mathcal{B}$, wenn $nB \cap A = nA$ für alle $n < \omega$. Beachte auch, daß jeder reine Homomorphismus Monomorphismus ist (betrachte $n = 0$), und, daß jeder direkte Summand einer Gruppe reine Untergruppe ist (denn aus $\mathcal{B} = \mathcal{A} \oplus \mathcal{C}$ folgt $nA = nB \cap A$).

Wir fassen zusammen:

Bemerkungen

(1) Sei f: $\mathcal{A}^D \hookrightarrow \mathcal{M}^D$ Einbettung einer L^D-Struktur $\mathcal{A}^D$ in ein Modell $\mathcal{M}^D \models AG^D$.
Dann gilt f: $\mathcal{A} \hookrightarrow_{rd} \mathcal{M}$ gdw. $\mathcal{A}^D \models AG^D$.

(2) Wegen $n0 = 0$ ist die triviale Gruppe 0 rein in jeder anderen Gruppe. Deren L^D-Expansion 0^D (in der $D_n(0)$ gilt für alle n) ist also Modell, und somit algebraisches Primmodell von AG^D.

*) Der ursprüngliche Terminus lautete übrigens *Servanzuntergruppe* und wurde weitgehend durch den englischen Ausdruck *pure subgroup* (also *reine Untergruppe*) verdrängt.

Abschließend greifen wir noch einmal das bereits in §9.2 behandelte Thema ultrahomogener Strukturen auf, also solcher Strukturen, in denen sich jeder Isomorphismus zwischen endlich erzeugten Unterstrukturen zu einem Automorphismus der gesamten Struktur fortsetzen läßt. Im nächsten Abschnitt benötigen wir nämlich folgende Eigenschaft solcher Strukturen.

Lemma 14.1.1 Sei $\mathcal{M}$ eine ultrahomogene Struktur.
Für jede endlich erzeugte Unterstruktur $\mathcal{A} \subseteq \mathcal{M}$ und jede Einbettung h von $\mathcal{A}$ in eine Struktur $\mathcal{N} \cong \mathcal{M}$ gilt $(\mathcal{M},A) \equiv (\mathcal{N},h[A])$.

Beweis
Sei f: $\mathcal{N} \cong \mathcal{M}$. Dann ist die Einschränkung von f h auf A Isomorphismus von $\mathcal{A}$ auf $f\,h[A] \subseteq \mathcal{M}$ und somit zu einem $g \in \mathrm{Aut}\,\mathcal{M}$ fortsetzbar. Dann haben wir
$\mathcal{M} \models \varphi(\bar{c})$ gdw. $\mathcal{M} \models \varphi(g[\bar{c}])$
für alle Formeln φ und alle entsprechenden Tupel $\bar{c}$ aus M.
Insbesondere gilt
$\mathcal{M} \models \varphi(\bar{a})$ gdw. $\mathcal{M} \models \varphi(f\,h[\bar{a}])$
für alle Tupel $\bar{a}$ aus A, also $(\mathcal{M},A) \equiv (\mathcal{M},f\,h[A])$. Aus f: $\mathcal{N} \cong \mathcal{M}$ folgt schließlich $(\mathcal{M},f\,h[A]) \equiv (\mathcal{N},h[A])$. ■

Ü1. Eine (abelsche) Gruppe $\mathcal{A}$ hat dieselben definierbaren Mengen wie ihre L^D-Expansion $\mathcal{A}^D$.

Ü2. Zeige, daß eine zyklische Gruppe genau dann ultrahomogen ist, wenn sie endlich ist. [Alle Untergruppen zyklischer Gruppen sind zyklisch. Jede Untergruppe einer endlichen zyklischen Gruppe ist eindeutig durch ihre Ordnung bestimmt. Die Abbildung, die jeder Untergruppe einer gegebenen zyklischen Gruppe der Ordnung n ihre Ordnung zuordnet, ist eine Bijektion zwischen der Menge aller dieser Untergruppen und der der Teiler von n. Die Automorphismen einer zyklischen Gruppe der Ordnung m sind gerade die Abbildungen, die durch Multiplikation mit zu m teilerfremden positiven natürlichen Zahlen $< m$ gegeben sind. Jeder Automorphismus einer Untergruppe einer zyklischen Gruppe von Primpotenzordnung ist fortsetzbar zu einem Automorphismus der letzteren. Jede endlich zyklische Gruppe zerfällt in eine direkte Summe endlich vieler zyklischer Gruppen von paarweise teilerfremder Primpotenzordnung.]

Ü3. Gib eine endliche (abelsche) Gruppe an, die nicht ultrahomogen ist.

Ü4. Sei $\mathcal{M} \models T^{\mathbb{Z}}$ und $\mathcal{D}$ eine torsionsfreie dividierbare Gruppe (vgl. Beispiel nach Satz 6.3.1).
Zeige, daß auch $\mathcal{M} \oplus \mathcal{D}$ Modell von $T^{\mathbb{Z}}$ ist. [Benutze einen der Noetherschen Isomorphiesätze für Gruppen und, daß aus $\mathcal{A} = \mathcal{B} \oplus C$ folgt $C \cong \mathcal{A}/\mathcal{B}$.]

14.2. Quantorenelimination und Vollständigkeit

Grundlegend für die Untersuchung von $T^{\mathbb{Z}}$ ist, daß T^D, also $(T^{\mathbb{Z}})^D$, Quantorenelimination erlaubt, was zu zeigen unser nächstes Ziel ist. Um dafür das Kriterium aus Satz 9.2.2(iii) anwenden zu können, müssen wir einfach primitive L^D-Formeln betrachten, also Formeln $\varphi = \varphi(\bar{y})$ der Form $\exists x\, \psi(x,\bar{y})$, wobei $\psi = \psi(x,\bar{y})$ Konjunktion von ($L_{\mathbb{Z}}$-) Termgleichungen und -ungleichungen und D-Literalen in den Variablen x, $\bar{y}$ sind.
Die D-Formeln sind die einzigen atomaren L^D-Formeln, die nicht bereits in $L_{\mathbb{Z}}$ sind, und wir beschäftigen uns zunächst mit dem Fall, wo in der quantorenfreien Matrix ψ von φ nur D-Literale (und keine Termgleichungen oder -ungleichungen) vorkommen. Jede D-Formel $D_n(s(x,\bar{y}))$, wo also s ein ($L_{\mathbb{Z}}$-) Term ist, ist offenbar AG-äquivalent zu einer Formel $D_n(\mathrm{m}x - t(\bar{y}))$, wobei $\mathrm{m} \in \mathbb{Z}$ und t ein Term in $\bar{y}$ ist. In torsionsfreien Gruppen ist diese Formel natürlich äquivalent zu $D_{nk}(\mathrm{km}x - \mathrm{k}t(\bar{y}))$ für beliebige $\mathrm{k} \neq 0$. Deshalb können wir (modulo AG^D_{tf}) eine beliebige endliche Menge von D-Literalen auf einen "Hauptnenner" bringen und annehmen, daß unser ψ (für den betrachteten Fall ohne Termgleichungen und -ungleichungen) die Gestalt

$$\bigwedge_{i<k} D_n(\mathrm{m}_i x - t_i(\bar{y})) \wedge \bigwedge_{k\leq i<j} \neg D_n(\mathrm{m}_i x - t_i(\bar{y}))$$

hat. Diese Formel ist AG^D-äquivalent zu der $L_{\mathbb{Z}}$-Formel

$\bigwedge_{i<k} n \mid (m_i x - t_i(\bar{y})) \wedge \bigwedge_{k \le i < j} n \nmid (m_i x - t_i(\bar{y}))$.

Für eine Weile arbeiten wir mit diesem n und bezeichnen für ein Element a einer beliebigen Gruppe $\mathcal{A}$ mit a_A die Nebenklasse $a + nA$, für ein Tupel $\bar{a}$ aus A mit $\bar{a}_A$ das Tupel der entsprechenden Nebenklassen, und für eine Menge $X \subseteq A$ mit X_A die Menge $\{a_A : a \in X\}$. Dann ist $\mathcal{A}_A$ die Faktorgruppe $\mathcal{A}/n\mathcal{A}$ (als L_Z-Struktur). Bezeichne außerdem $\psi^*(x,\bar{y})$ die L_Z-Formel

$\bigwedge_{i<k} m_i x = t_i(\bar{y}) \wedge \bigwedge_{k \le i < j} m_i x \neq t_i(\bar{y})$.

Dann gilt für jedes Tupel $\bar{a}$ (entsprechender Länge) und jedes Element b einer torsionsfreien Gruppe $\mathcal{M}$, daß

$\mathcal{M}^D \models \psi(b,\bar{a})$ gdw. $\mathcal{M}_M \models \psi^*(b_M,\bar{a}_M)$.

Daraus folgt $\psi(\mathcal{M},\bar{a}) = \bigcup\{b + nM : b_M \in \psi^*(\mathcal{M}_M,\bar{a}_M)\}$, denn $b'_M = b_M$ für alle $b' \in b + nM$. Dasselbe gilt natürlich auch für jedes andere Modell $\mathcal{N}^D$ von AG^D_{tf}.

Sind nun $\mathcal{M}^D$ und $\mathcal{N}^D$ zwei Modelle von T^D ($\supseteq AG^D_{tf}$) mit einer gemeinsamen (L^D-) Unterstruktur $\mathcal{A}$, so gilt

$\mathcal{M}^D \models D_n(a)$ gdw. $\mathcal{A}^D \models D_n(a)$ gdw. $\mathcal{N}^D \models D_n(a)$,

also $a_M = 0$ (in $\mathcal{M}_M$) gdw. $a_N = 0$ (in $\mathcal{N}_N$) für alle $a \in A$.

Da $(a-b)_M = a_M - b_M$ und analog für N, so definiert die Vorschrift $a_M \mapsto a_N$ folglich eine Bijektion h zwischen A_M und A_N. $\mathcal{A}$ ist aber Untergruppe von $\mathcal{M}$, weshalb $\mathcal{A}_M$ eine Untergruppe von $\mathcal{M}_M$ ist. Ebenso ist $\mathcal{A}_N$ Untergruppe von $\mathcal{N}_N$ und offenbar h ein Isomorphismus von $\mathcal{A}_M$ auf $\mathcal{A}_N$. Insbesondere ist h eine Einbettung von $\mathcal{A}_M$ in $\mathcal{N}_N$. Die Theorie T^D garantiert ferner, daß $\mathcal{N}_N \cong \mathcal{M}_M \cong \mathbb{Z}_n$. Nach Ü14.1.2 sind diese Gruppen ultrahomogen, was zusammen mit Lemma 14.1.1 dann $(\mathcal{M}_M, A_M) \equiv (\mathcal{N}_N, h[A_M])$ nach sich zieht. Zusammen mit den bereits hergeleiteten Äquivalenzen

$\mathcal{M}^D \models \varphi(\bar{a})$ gdw. $\mathcal{M}_M \models \exists x\, \psi^*(x,\bar{a}_M)$ und

$\mathcal{N}^D \models \varphi(\bar{a})$ gdw. $\mathcal{N}_N \models \exists x\, \psi^*(x,\bar{a}_N)$

ergibt das dann

$\mathcal{M}^D \models \varphi(\bar{a})$ gdw. $\mathcal{N}^D \models \varphi(\bar{a})$,
denn $h[\bar{a}_M] = \bar{a}_N$.
Für den Fall, daß φ Konjunktion von D-Literalen ist, ist das Kriterium aus Satz 9.2.2(iii) also erfüllt. Mehr noch, entweder $\psi(\mathcal{M},\bar{a}) = \psi(\mathcal{N},\bar{a}) = \emptyset$ oder es sind sowohl $\psi(\mathcal{M},\bar{a})$ als auch $\psi(\mathcal{N},\bar{a})$ unendlich, denn mit jedem Element b enthalten diese Mengen die gesamte Nebenklasse b + nM bzw. b + nN (die wegen der Unendlichkeit von nM und nN auch unendlich sind). Das erlaubt uns, in der quantorenfreien Matrix von φ nun auch Term*un*gleichungen $k_i x \neq s_i(\bar{y})$ zuzulassen, denn wenn φ von der Form $\exists x\,(\psi(x,\bar{y}) \wedge \bigwedge_{i<m} k_i x \neq s_i(\bar{y}))$ ist, so folgt aus $\mathcal{M}^D \models \varphi(\bar{a})$ natürlich, daß $\psi(\mathcal{M},\bar{a})$ nicht leer, also sowohl $\psi(\mathcal{M},\bar{a})$ als auch $\psi(\mathcal{N},\bar{a})$ unendlich sind. Dann ist aber auch die Menge
$\psi(\mathcal{N},\bar{a}) \setminus \{ b \in N : k_i b = s_i(\bar{a}),\ i < m \}$ nicht leer, denn jede Termgleichung $k_i x = s_i(\bar{a})$ hat wegen der Torsionsfreiheit höchstens eine Lösung, weshalb die zu subtrahierende Menge endlich ist. Aus $\mathcal{M}^D \models \varphi(\bar{a})$ folgt also auch in diesem Fall $\mathcal{N}^D \models \varphi(\bar{a})$. Aus Symmetriegründen gilt die Umkehrung ebenfalls.
Es bleibt der Fall, wo die Matrix von φ eine Termgleichung $kx = t(\bar{y})$ enthält. Diesen behandeln wir völlig separat, da sich der Quantor in φ dann wie folgt direkt eliminieren läßt. Wie vorher können wir wegen der Torsionsfreiheit alle übrigen Konjunktionsglieder der Matrix von φ mit k durchmultiplizieren, um eine AG^D_{tf}-äquivalente Formel zu erhalten, in der alle Koeffizienten von x durch k teilbar sind. Die Matrix von φ ist - mit anderen Worten - AG^D_{tf}-äquivalent zu einer Formel der Form $kx = t(\bar{y}) \wedge \psi(kx,\bar{y})$, wobei $\psi(z,\bar{y})$ eine Konjunktion von D-Literalen und Termgleichungen und -ungleichungen ist. Dann ist φ, also $\exists x\,(kx = t(\bar{y}) \wedge \psi(kx,\bar{y}))$, äquivalent modulo AG^D_{tf} zu der quantorenfreien L^D-Formel $D_k(t(\bar{y})) \wedge \psi(t(\bar{y}),\bar{y})$, wie direkt nachprüfbar ist. Da quantorenfreie Formeln bzgl. Unter- und Oberstrukturen erhalten bleiben, haben wir auch hier

$\mathcal{M}^{\mathrm{D}} \models \varphi(\bar{a})$ gdw. $\mathcal{A}^{\mathrm{D}} \models \mathrm{D}_{\mathrm{k}}(t(\bar{a})) \wedge \psi(t(\bar{a}),\bar{a})$ gdw. $\mathcal{N}^{\mathrm{D}} \models \varphi(\bar{a})$.

Zusammenfassend ergibt sich mit Satz 9.2.2 dann

Satz 14.2.1 T^{D} erlaubt Quantorenelimination. ■

Korollar 14.2.2 T^{D} und $\mathrm{T}^{\mathbb{Z}}$ sind vollständig (und somit $\mathrm{T}^{\mathbb{Z}} = \mathrm{Th}(\mathbb{Z})$).

Beweis

Nach Bemerkung (2) aus §14.1 ist 0^{D} Primstruktur für Mod T^{D}. Nach Bemerkung (1) aus §9.2 folgt dann die Vollständigkeit von T^{D} aus deren Quantorenelimination. Alle Modelle von T^{D} sind also elementar äquivalent (Satz 8.1.2), was sich natürlich auf deren $\mathrm{L}_{\mathbb{Z}}$-Redukte überträgt. Da letztere aber gerade die Modelle von $\mathrm{T}^{\mathbb{Z}}$ sind (denn T^{D} war definitorische Expansion), sind alle Modelle von $\mathrm{T}^{\mathbb{Z}}$ elementar äquivalent, d.h. $\mathrm{T}^{\mathbb{Z}}$ vollständig. Weil $\mathbb{Z}$ selbst Modell von $\mathrm{T}^{\mathbb{Z}}$ ist, muß $\mathrm{Th}(\mathbb{Z})$ gleich $\mathrm{T}^{\mathbb{Z}}$ sein. ■

Wir übersetzen nun alles, was wir über T^{D} wissen, zurück in $\mathrm{L}_{\mathbb{Z}}$ und verabreden dazu:

Δ bezeichne die Menge aller $\mathrm{L}_{\mathbb{Z}}$-Formeln der Gestalt $\mathrm{n} \mid t(\bar{x})$, wobei $\mathrm{n} < \omega$ und t ein Term ist. Die Formeln aus Δ nennen wir auch Δ-**Formeln**. Δ^{+} sei die Menge aller Δ-Formeln $\mathrm{n} \mid t(\bar{x})$ mit $\mathrm{n} > 1$, und $\tilde{\Delta}$ bezeichne die Menge aller Booleschen Kombinationen von Δ-Formeln.

Alle Δ^{+}-Formeln sind offenbar AG^{D}-äquivalent zu D-Formeln und umgekehrt. Ferner ist jede Termgleichung $t(\bar{x}) = 0$ äquivalent modulo AG zur Δ-Formel $0 \mid t(\bar{x})$, weshalb alle quantorenfreien $\mathrm{L}_{\mathbb{Z}}$-Formeln bis auf AG-Äquivalenz in $\tilde{\Delta}$ enthalten sind. Wir können nun eine weitere Schlußfolgerung aus obigem Satz ziehen.

Korollar 14.2.3 $\mathrm{T}^{\mathbb{Z}}$ hat $\tilde{\Delta}$-Elimination.

Beweis

Nach dem Satz ist jede $L_{\mathbb{Z}}$-Formel T^D-äquivalent zu einer Booleschen Kombination von Termgleichungen und D-Formeln, also - wie gesagt - zu einer Formel aus $\widetilde{\Delta}$. Da $\widetilde{\Delta} \subseteq L_{\mathbb{Z}}$, so folgt aus den in §14.1 angestellten Betrachtungen über den Zusammenhang von $T^{\mathbb{Z}}$ und deren definitorischer Expansion T^D, daß besagte $L_{\mathbb{Z}}$-Formel bereits $L_{\mathbb{Z}}$-äquivalent zu dieser Formel aus $\widetilde{\Delta}$ ist. ■

Da alle konstanten $L_{\mathbb{Z}}$-Terme AG-äquivalent zum Term 0 sind, ist bis auf AG-Äquivalenz jede Δ-*Aussage* von der Form $n \mid 0$, was wiederum AG-äquivalent zu $\top$ ist. Folglich ist jede $L_{\mathbb{Z}}$-Aussage $T^{\mathbb{Z}}$-äquivalent zu $\top$ oder $\perp$ - ein anderes Argument für die Vollständigkeit von $T^{\mathbb{Z}}$.

Abschließend vereinfachen wir für spätere Zwecke die vorkommenden Δ-Formeln.

Bemerkungen

(1) Jede Δ-Formel in der freien Variablen x hat (bis auf AG-Äquivalenz) die Form $n \mid mx$ für gewisse $n < \omega$ und $m \in \mathbb{Z}$. Da diese AG-äquivalent zu $n \mid -mx$ ist, können wir dabei stets annehmen, daß auch m eine natürliche Zahl ist.

(2) Wenn $m = 0$ oder $n = 1$, so $(n \mid mx) \sim_{AG} (x = x)$.

(3) Wenn $m > 0$ und $n = 0$, so $(n \mid mx) \sim_{AG} (mx = 0) \sim_{AG_{tf}} (x = 0)$.

(4) Wenn $m > 0$ und $n > 1$ teilerfremd sind, so $(n \mid mx) \sim_{AG} (n \mid x)$.

(5) Wenn $m > 0$ und $n > 1$ beliebig, so
$(n \mid mx) \sim_{AG} (n \mid (n,m)x) \sim_{AG_{tf}} (\frac{n}{(n,m)} \mid x)$.

Beweis

(1)-(3) sind klar. (4) folgt aus (5) für $(n,m) = 1$.

Zu (5): (n,m) ist in $n\mathbb{Z} + m\mathbb{Z}$ enthalten und läßt sich darstellen als $(n,m) = nk+ml$ für gewisse $k,l \in \mathbb{Z}$.

Dann gilt $(n,m)x = nkx+mlx$ in jeder Gruppe, weshalb aus $n \mid mx$ folgt, $n \mid (n,m)x$. Die Umkehrung ist trivial. Also gilt die erste

Äquivalenz. Die zweite wurde für torsionsfreie Gruppen schon mehrfach erwähnt. ■

Den Beweis des folgenden einfachen Lemmas überlassen wir dem Leser.

Lemma 14.2.4 Sei $\delta = \delta(x,\bar{y})$ die Δ-Formel $n \mid (mx - t(\bar{y}))$, $\mathcal{A}$ eine beliebige (abelsche) Gruppe, $\bar{a} \in A^{l(\bar{y})}$, und bezeichne $\bar{0}$ das $l(\bar{y})$-Tupel, dessen Einträge sämtlich 0 sind.

(1) $\delta(\mathcal{A},\bar{0})$ ist die durch $n \mid mx$ in $\mathcal{A}$ definierte Untergruppe (also im Fall von torsionsfreiem $\mathcal{A}$ und $m > 0$ und $n > 1$ die Gruppe $\frac{n}{(n,m)}\mathcal{A}$).

(2) $\delta(\mathcal{A},\bar{a}) = a + \delta(\mathcal{A},\bar{0})$ für alle $a \in \delta(\mathcal{A},\bar{a})$ (d.h., $\delta(x,\bar{a})$ und $\delta(x-a,\bar{0})$ definieren dieselbe Nebenklasse von $\delta(\mathcal{A},\bar{0})$, falls es ein solches a gibt). ■

Ü1. Aus Korollar 9.2.3 folgt mit Ü14.1.2, daß die Theorien der endlichen zyklischen Gruppen Quantorenelimination erlaubten. Gesucht ist ein Beweis ohne den Umweg über Ultrahomogenität durch direkte Angabe einer quantorenfreien Formel für jede einfach primitive Formel (und Anwendung von Lemma 9.2.1). [Wesentlicher Schritt ist, direkt eine quantorenfreie Formel anzugeben, die in $\mathbb{Z}_n$ äquivalent ist zu der Formel $\exists x \, (\bigwedge_{i<k} m_i x = y_i \wedge \bigwedge_{k \leq i < l} m_i x \neq y_i)$. Der Rest ist dann wie gehabt.]

Ü2. Gib unter Benutzung von Ü1 eine direkte Quantorenelimination für T^D an.

Ü3. Die in Ü1 und Ü2 gefragten Argumente vereinfachen sich wesentlich, wenn eine neue Konstante für die 1 in $\mathbb{Z}_n$ bzw. $\mathbb{Z}$ zugelassen wird. Formuliere die entsprechende Axiomatisierung $T_1^{\mathbb{Z}}$ von $(\mathbb{Z};1)$, führe direkte Quantorenelimination für $Th(\mathbb{Z}_n;1)$ und $(T_1^{\mathbb{Z}})^D$ durch und zeige die Vollständigkeit von $T_1^{\mathbb{Z}}$.

14.3. Elementare Abbildungen und Primmodelle

$\mathbb{Z}$ ist natürlich algebraisches Primmodell von $T^{\mathbb{Z}}$, denn jedes von 0 verschiedene Element einer torsionsfreien Gruppe erzeugt eine zu $\mathbb{Z}$ isomorphe Untergruppe. Wir wissen bereits, daß die Inklusion $n\mathbb{Z} \subseteq \mathbb{Z}$ für $n > 1$ nicht elementar und deshalb $T^{\mathbb{Z}}$ nicht modellvollständig ist. Es fragt sich allerdings, ob es nicht trotzdem stets eine elementare Einbettung von $\mathbb{Z}$ gibt (im Falle von $n\mathbb{Z}$ ist der Isomorphismus $\mathbb{Z} \cong n\mathbb{Z}$ ja trivialerweise eine solche). Aber auch das ist nicht der Fall:

Satz 14.3.1 $T^{\mathbb{Z}}$ besitzt kein elementares Primmodell.

[J. T. Baldwin, A. R. Blass, A. M. W. Glass, D. W. Kueker, *A 'natural' theory without a prime model*, algebra universalis 3, **1973**, 152-155]

Beweis

Gäbe es ein solches, müßte es sich elementar in $\mathbb{Z}$ einbetten lassen, also als Untergruppe von $\mathbb{Z}$ isomorph zu $\mathbb{Z}$ sein. Wir geben jedoch ein Modell von $T^{\mathbb{Z}}$ an, in das $\mathbb{Z}$ natürlich zwar einbettbar, nicht aber elementar einbettbar ist.

Betrachte für jede Primzahl p die Gruppe $\mathbb{Z}_{(p)}$ der rationalen Zahlen, deren Nenner nicht durch p teilbar ist. Es ist leicht einzusehen, daß die Faktorgruppen $p^k\mathbb{Z}_{(p)}/p^{k+1}\mathbb{Z}_{(p)}$ in der Kette

$\mathbb{Z}_{(p)} \supseteq p\mathbb{Z}_{(p)} \supseteq p^2\mathbb{Z}_{(p)} \supseteq \ldots$

isomorph zu $\mathbb{Z}_p$ und deshalb $\mathbb{Z}_{(p)}/p^k\mathbb{Z}_{(p)}$ isomorph zu $\mathbb{Z}_{p^k}$ ist. Durch alle anderen Primzahlen ist jedes Element von $\mathbb{Z}_{(p)}$ offenbar teilbar, weshalb $\mathbb{Z}_{(p)} = m\mathbb{Z}_{(p)}$ für jede natürliche Zahl m , die nicht durch p teilbar ist. Allgemein haben wir also für beliebige natürliche Zahlen $m = m'p^n$ mit $p \nmid m'$ den Isomorphismus

$\mathbb{Z}_{(p)}/m\mathbb{Z}_{(p)} \cong \mathbb{Z}_{p^n}$.

Betrachten wir nun die direkte Summe $\mathcal{M} = \bigoplus_{p \in \mathbb{P}} \mathbb{Z}_{(p)}$. Wir behaupten, diese ist ein Modell von $T^{\mathbb{Z}}$. Natürlich ist $\mathcal{M}$ torsionsfreie Gruppe, und es bleibt zu zeigen, daß $\mathcal{M}/m\mathcal{M}$ isomorph zu $\mathbb{Z}_m$ ist für alle $m > 0$.

Ist $m = \prod_{i<n} p_i^{k_i}$ eine Primfaktorzerlegung, so haben wir nach den eingangs angestellten Betrachtungen $m\mathcal{M} = \bigoplus_{p \in \mathbb{P}} m\mathbb{Z}_{(p)}$ und $m\mathbb{Z}_{(p)} = \mathbb{Z}_{(p)}$ für alle $p \neq p_i$ und $m\mathbb{Z}_{(p_i)} = p_i^{k_i}\mathbb{Z}_{(p_i)}$ $(i < n)$. In $\mathcal{M}/m\mathcal{M} \cong \bigoplus_{p \in \mathbb{P}} \mathbb{Z}_{(p)}/m\mathbb{Z}_{(p)}$ sind also nur die n Summanden $\mathbb{Z}_{(p_i)}/p_i^{k_i}\mathbb{Z}_{(p_i)} \cong \mathbb{Z}_{p_i^{k_i}}$ verschieden von 0. Also ist $\mathcal{M}/m\mathcal{M}$ isomorph zur Gruppe $\bigoplus_{i<n} \mathbb{Z}_{p_i^{k_i}}$, die wiederum isomorph zu $\mathbb{Z}_m$ ist.

Also ist $\mathcal{M}$ ein Modell von $T^{\mathbb{Z}}$.

Jedes Element aus $\mathcal{M}$ hat endlichen Träger (vgl. §4.1) und liegt deshalb bereits in einer Untergruppe, die direkte Summe von endlich vielen $\mathbb{Z}_{(p)}$ ist, und ist deshalb durch alle anderen (unendlich viele!) Primzahlen teilbar. Jedes Element von $\mathcal{M}$ ist also durch fast alle Primzahlen teilbar. $\mathbb{Z}$ kann dann nicht elementar in $\mathcal{M}$ einbettbar sein, denn $1 \in \mathbb{Z}$ ist durch gar keine Primzahl teilbar. ■

Als nächstes wollen wir die elementaren Abbildungen zwischen Modellen von $T^{\mathbb{Z}}$ algebraischer beschreiben.

Lemma 14.3.2 Ein Homomorphismus zwischen Modellen von $T^{\mathbb{Z}}$ ist elementar genau dann, wenn er rein ist.

Beweis

Sei $\mathcal{M}, \mathcal{N} \models T^{\mathbb{Z}}$ und $f: \mathcal{M} \to \mathcal{N}$.

Für die nichttriviale Richtung nehmen wir an, f sei rein. Um zu zeigen, daß f elementar ist, betrachte eine $L_{\mathbb{Z}}$-Formel $\varphi = \varphi(\bar{x})$ und ein entsprechendes Tupel $\bar{a}$ aus M. Da φ wegen der $\tilde{\Delta}$-Elimination von $T^{\mathbb{Z}}$ (Korollar 14.2.3) äquivalent ist zu einer Booleschen Kombination von Δ-Formeln, genügt es für

$\mathcal{M} \models \varphi(\bar{a})$ gdw. $\mathcal{N} \models \varphi(f[\bar{a}])$, daß dasselbe für alle φ aus Δ gilt. Die Richtung von links nach rechts ist für Δ-Formeln aber unter allen Homomorphismen erfüllt, während die Umkehrung aus der Reinheit von f folgt (wenn φ die Formel $n \mid t(\bar{x})$ ist, betrachte $a = t(\bar{a}) \in M$ und $n \mid a$ und beachte, daß $f(a) = t(f[\bar{a}])$). ■

Ü1. Zeige, daß $T^{\mathbb{Z}}$ keine atomaren Modelle besitzt. [Benutze Ü12.2.6 und Satz 12.2.1.]

Ü2. Weise direkt nach, daß $\mathbb{Z}$ nicht atomar ist.

14.4. Typen und Stabilität

Durch die $\tilde{\Delta}$-Elimination von $T^{\mathbb{Z}}$ (Korollar 14.2.3) vereinfacht sich natürlich die Beschreibung von deren Typen. Und zwar sind die vollständigen Typen eindeutig dadurch bestimmt, welche Δ-Formeln sie enthalten (vgl. Bemerkung (8), §11.3), d.h.,

$$\mathrm{tp}(\bar{b}/A) = \mathrm{tp}(\bar{c}/A) \quad \text{gdw.} \quad \mathrm{tp}_\Delta(\bar{b}/A) = \mathrm{tp}_\Delta(\bar{c}/A) .$$

Um allerdings $\bar{c} \models \mathrm{tp}(\bar{b}/A)$ schließen zu können, muß $\bar{c}$ nicht nur $\mathrm{tp}_\Delta(\bar{b}/A)$ realisieren, sondern auch $\{\neg\delta(\bar{x},\bar{a}) \in \mathrm{tp}(\bar{b}/A) : \delta \in \Delta\}$, d.h. auch die Menge aller negierten Belegungen von Δ-Formeln aus $\mathrm{tp}(\bar{b}/A)$.

Die tatsächlich nötigen Formeln lassen sich noch wesentlich reduzieren. Und zwar ist die durch die Belegung $n \mid t(\bar{x},\bar{a})$ der Δ-Formel $n \mid t(\bar{x},\bar{y})$ in einer Gruppe $\mathcal{M}$ definierte Menge, falls sie nicht leer ist, nach Lemma 14.2.4(2) eine Nebenklasse der durch die Formel $n \mid t(\bar{x},\bar{0})$ definierten Untergruppe von $\mathcal{M}$. Da je zwei Nebenklassen der gleichen Gruppe entweder gleich oder disjunkt sind, braucht man, um den Δ-Typ $\mathrm{tp}_\Delta(\bar{b}/A)$ zu fixieren, in diesem jeweils nur *eine* Belegung für jede Formel $\delta \in \Delta$ anzugeben. Aufgrund der Abzählbarkeit von Δ ist also jeder Δ-Typ bereits durch eine abzählbare Menge von Formeln bestimmt. Genauer ist $\mathrm{tp}_\Delta(\bar{b}/A)$ durch eine Abbildung determiniert, die jeder Δ-Formel $\delta(\bar{x},\bar{y})$ mit $l(\bar{x}) = l(\bar{b})$ entweder eine Belegung $\delta(\bar{x},\bar{a})$ (oder ein

Parametertupel $\bar{a}$ aus A) oder die Antwort "Fehlanzeige", d.h. "kommt in $tp_\Delta(\bar{b}/A)$ nicht vor", zuordnet. Es kann also nicht mehr paarweise inkonsistente Δ-Typen über A geben als Abbildungen von Δ in die Menge der Tupel aus A nebst einem weiteren Element. Ist A unendlich, so ist die Menge der Tupel aus A gleichmächtig zu A, und das zusätzliche Element "Fehlanzeige" ändert nichts an der Mächtigkeit der Menge der in Frage kommenden Abbildungen, die folglich $|{}^{\Delta}A| = |A|^{|\Delta|} = |A|^{\aleph_0}$ ist.

Das führt uns zu folgender Definition.

> Sei λ eine unendliche Kardinalzahl.
> Eine vollständige L-Theorie T mit unendlichen Modellen heißt **stabil in** λ oder λ-**stabil**, falls für alle $\mathcal{M} \models T$ und alle $A \subseteq M$ aus $|A| \leq \lambda$ folgt $|S_1^{\mathcal{M}}(A)| \leq \lambda$. Die Theorie T heißt **stabil**, falls sie λ-stabil ist für irgendeine unendliche Kardinalzahl λ, und **superstabil**, falls es eine Kardinalzahl κ gibt, so daß T stabil in jedem $\lambda \geq \kappa$ ist.

Bemerkungen

(1) Da bei Vergrößerung der Parametermenge die Anzahl der Typen nicht weniger wird, braucht man in der obigen Definition immer nur "möglichst große" Mengen A der Mächtigkeit λ zu betrachten. Insbesondere braucht man für $\lambda \geq |L|$ (wo man nach Löwenheim-Skolem immer ein gleichmächtiges *Modell* findet, das A enthält) nur den Fall $A = M$ zu betrachten, d.h., T ist stabil in einem $\lambda \geq |L|$ genau dann, wenn für alle $\mathcal{M} \models T$ der Mächtigkeit λ gilt $|S_1^{\mathcal{M}}(M)| = \lambda$ (Gleichheit kann man annehmen, da es über M ohnehin $|M|$ Typen gibt - z.B. für jede Formel $x = a$ mit $a \in M$ einen).

(2) Aus der oben angestellten Abschätzung der paarweise inkonsistenten Δ-Typen und daraus, daß wegen der $\tilde{\Delta}$-Eli-

mination deren Anzahl gleich der Anzahl *aller* Typen ist, folgt, daß $T^{\mathbb{Z}}$ stabil ist in jeder Kardinalzahl der Form $\lambda^{\aleph_0}$, denn aus $|A| \leq \lambda^{\aleph_0}$ folgt

$|S_1(A)| \leq |A|^{|A|} = |A|^{\aleph_0} \leq (\lambda^{\aleph_0})^{\aleph_0} = \lambda^{\aleph_0 \cdot \aleph_0} = \lambda^{\aleph_0}$.

Die letzte Aussage kann wesentlich verschärft werden, denn die 1-Typen lassen sich im Fall von $T^{\mathbb{Z}}$ noch sehr viel enger eingrenzen:

Nach Lemma 14.2.4 definiert jede Belegung einer Δ-Formel $\delta(x,\bar{a})$ in $\mathcal{M} \models T^{\mathbb{Z}}$ (falls $\bar{a}$ aus M) eine Nebenklasse einer Untergruppe $k_\delta\mathcal{M}$. Für $k_\delta > 0$ gibt es aber genau k_δ solche Nebenklassen - die Untergruppe $k_\delta\mathcal{M}$ hat **Index** k_δ in $\mathcal{M}$. Also gibt es in $\mathcal{M}$ bis auf $T^{\mathbb{Z}}$-Äquivalenz für jedes $\delta \in \Delta$ mit $k_\delta > 0$ nur endlich viele Belegungen $\delta(x,\bar{a})$ mit $\bar{a}$ aus M. Folglich gibt es (bis auf Äquivalenz) höchstens so viele Δ^+-1-Typen von $\mathcal{M}$ wie es Abbildungen von ω nach $\bigcup_{0<k<\omega} M/kM$, oder eben von ω nach $\bigcup_{0<k<\omega} \mathbb{Z}_k$ gibt. Da beide Mengen abzählbar sind, gibt es genau $\aleph_0^{\aleph_0} = 2^{\aleph_0}$ solcher Abbildungen. $2^{\aleph_0}$ ist aber nicht nur eine *obere* Schranke für die Anzahl paarweise inkonsistenter Δ^+-1-Typen. Jede Nebenklasse von kM zerfällt nämlich in m Nebenklassen der Untergruppe mkM (denn $kM/mkM \cong mM$); betrachten wir nun z.B. nur die Untergruppen der Form $2^n M$, so erhalten wir bereits für jede 0-1-Folge der Länge ω einen anderen Δ^+-1-Typ, also mindestens $2^{\aleph_0}$ paarweise inkonsistente.

Damit haben wir gezeigt, daß es über jedem Modell von $T^{\mathbb{Z}}$ genau $2^{\aleph_0}$ paarweise inkonsistente Δ^+-1-Typen gibt.

Ein vollständiger 1-Typ von $\mathcal{M}$ ist zwar noch nicht eindeutig durch seinen Δ^+-Teil bestimmt, aber die einzigen nichttrivialen Δ-Formeln $\delta(x,\bar{y})$, die keine Δ^+-Formeln sind, sind (bis auf Äquivalenz) die Termgleichungen der Form $kx = t(\bar{y})$ mit $k > 0$ und es gibt höchstens $|M|$ Belegungen einer solchen. Wegen der Torsionsfreiheit kann jeder 1-Typ nun aber bis auf Äquivalenz

höchstens eine solche Gleichung enthalten (da er ja realisierbar sein muß) und ist somit durch seinen Δ^+-Teil und dadurch bestimmt, welche der $|M|$ nichttrivialen (d.h. mit $k > 0$) Termgleichungen oder ob er überhaupt eine solche enthält. Da M unendlich ist, sind der zusätzlichen Möglichkeiten $|M|$, was zusammen mit der Abschätzung der Δ^+-1-Typen
$|S_1(M)| \leq 2^{\aleph_0} \cdot |M| = \max\{2^{\aleph_0}, |M|\}$ ergibt.
Daraus folgt, daß $T^{\mathbb{Z}}$ in allen $\lambda \geq 2^{\aleph_0}$ stabil, also superstabil ist, denn für $|M| \geq 2^{\aleph_0}$ gilt dann $|S_1(M)| \leq |M|$ (und somit $|S_1(M)| = |M|$). Es wird sich gleich herausstellen, daß $T^{\mathbb{Z}}$ nur in diesen Kardinalzahlen stabil ist. Vorher wollen wir aber noch die algebraischen 1-Typen etwas genauer kennzeichnen.

Lemma 14.4.1 Sei $\mathcal{M} \models T^{\mathbb{Z}}$, $A \subseteq M$ und c ein Element von $\mathcal{M}$. $tp^{\mathcal{M}}(c/A)$ ist algebraisch gdw. $tp_{\Delta}^{\mathcal{M}}(c/A)$ algebraisch ist gdw. $tp^{\mathcal{M}}(c/A)$ eine nichttriviale Termgleichung enthält (d.h. eine der Form $kx = t(\bar{y})$ mit $k > 0$).

Beweis

Die Richtungen von rechts nach links sind trivial bzw. bereits erwähnt (nichttriviale Termgleichungen haben höchstens eine Lösung in torsionsfreien Gruppen).

Bleibt zu zeigen, daß ein algebraischer Typ $tp^{\mathcal{M}}(c/A)$ eine nichttriviale Termgleichung enthält. Nach Definition enthält er eine algebraische Formel. Diese ist wegen der $\tilde{\Delta}$-Elimination Boolesche Kombination von Δ-Formeln. Da dann *jedes* Disjunktionsglied algebraisch sein und *eines* davon wegen der Vollständigkeit im Typ enthalten sein muß, enthält dieser eine algebraische Formel ψ, die Konjunktion von Δ-Formeln und Negationen von solchen ist. Angenommen, unter diesen sei keine nichttriviale Termgleichung. Wir führen das zum Widerspruch. Und zwar wäre ψ dann ja äquivalent zu einer Konjunktion von D-Literalen und Termungleichungen, doch hatten wir im Beweis von (und vor) Satz 14.2.1 gesehen, daß solche in Modellen von T^D stets unendliche Mengen definieren, also nicht algebraisch sind. ψ kann dann auch nicht algebraisch sein, Widerspruch. ■

Der Typ $tp^{\mathcal{M}}(c/A)$ ist also nicht algebraisch genau dann, wenn (bis auf zu $x=x$ äquivalente triviale Formeln) die Typen $tp_{\Delta}^{\mathcal{M}}(c/A)$ und $tp_{\Delta^+}^{\mathcal{M}}(c/A)$ übereinstimmen. Für den Fall, daß A elementare Unterstruktur von $\mathcal{M}$ ist, also für vollständige 1-Typen über Modellen von $T^{\mathbb{Z}}$, läßt sich daraus ein einfaches Kriterium für die Realisierung ableiten. Wir hatten eingangs betont, daß im allgemeinen aus $b \models tp_{\Delta}(c/A)$ nicht folgt $b \models tp(c/A)$, denn dazu muß b auch die Negationen $\{\neg\delta \in tp(c/A) : \delta \in \Delta\}$ erfüllen. Im Falle, daß A elementare Unterstruktur von $\mathcal{M}$ und $tp^{\mathcal{M}}(c/A)$ algebraisch ist, sind die Negationen natürlich redundant, denn $tp^{\mathcal{M}}(c/A)$ enthält dann die Gleichung $x=c$ (und c liegt in A), die bereits in $tp_{\Delta}^{\mathcal{M}}(c/A)$ enthalten ist. Auch im Falle nichtalgebraischer vollständiger 1-Typen $tp^{\mathcal{M}}(c/A)$ erhalten wir für $\mathcal{M} \models T^{\mathbb{Z}}$ eine ähnliche Vereinfachung.

Lemma 14.4.2 Sei $\Phi \in S_1^{\mathcal{M}}(M)$ und $\mathcal{M} \models T^{\mathbb{Z}}$.
Φ ist nicht algebraisch genau dann, wenn aus $\mathcal{N} \succeq \mathcal{M}$, $b \in N \setminus M$ und $b \models \Phi_{\Delta^+}$ bereits folgt $b \models \Phi$.
(Hierbei ist Φ_{Δ^+} der Δ^+-Teil von Φ, also $tp_{\Delta^+}(c/M)$, falls $\Phi = tp(c/M)$.)

Beweis

Ist der Typ Φ algebraisch, kann er nicht außerhalb von M realisiert werden, während das für Φ_{Δ^+} aber der Fall ist.
Sei $\Phi = tp(c/M)$ nicht algebraisch, also $\Phi_{\Delta} \sim_{Th(\mathcal{M},M)} \Phi_{\Delta^+}$, und b wie oben. Da $b \notin M$, so ist auch $tp(b/M)$ nicht algebraisch, und es gilt $tp_{\Delta}(b/M) \sim_{Th(\mathcal{M},M)} tp_{\Delta^+}(b/M)$. Wir brauchen also für $b \models \Phi$ (wegen der $\tilde{\Delta}$-Elimination) nur noch zu zeigen, daß $tp_{\Delta^+}(b/M) \sim_{Th(\mathcal{M},M)} \Phi_{\Delta^+}$.
Sei dazu $\{a_i : i < n\} \subseteq M$ ein Repräsentantensystem der Nebenklassenzerlegung von M bzgl. nM (n > 0). Da $\mathcal{M} \models \forall x \bigvee_{i<n} n \mid (x-a_i)$

und Φ vollständig ist, muß eine der Formeln $n \mid (x-a_i)$ in Φ liegen. Jede Nebenklasse von nM in M wird sozusagen durch Φ entschieden. Das macht die Negationen von Δ^+-Formeln redundant, denn $\mathcal{M} \models \forall x\,(n \mid (x-a_i) \rightarrow \bigwedge_{i \neq j < n} n \nmid (x-a_j))$. Mit anderen Worten, jede Realisierung von Φ_{Δ^+} realisiert alle Negationen von Belegungen von Δ^+-Formeln in Φ. Also folgt aus $b \models \Phi_{\Delta^+}$ bereits $tp_{\Delta^+}(b/M) = \Phi_{\Delta^+}$, wie gewünscht. ■

Nachdem wir gesehen haben, daß Negationen von nichtalgebraischen (Belegungen von) Δ-Formeln in vollständigen 1-Typen über Modellen redundant sind, wollen wir die für dieses Phänomen nötigen Parameter soweit wie möglich reduzieren.

Betrachten wir als erstes folgende beiden wichtigen parameterlosen Typen.

$\mathbb{1}$ bezeichne die Menge $\{ n \nmid x : 1 \neq n < \omega \}$. $\mathbb{1}_*$ bezeichne die Menge $\{ n \mid x : 0 < n < \omega \} \cup \{ x \neq 0 \}$.

Beachte, daß bis auf AG-Äquivalenz auch $\mathbb{1}$ die Formel $x \neq 0$ enthält (die ja äquivalent zu $0 \nmid x$ ist). Sowohl $\mathbb{1}$ als auch $\mathbb{1}_*$ ist 1-Typ von $\mathbb{Z}$ - und von jedem anderen Modell von $T^{\mathbb{Z}}$ -, da jede endliche Teilmenge von $\mathbb{1}$ oder $\mathbb{1}_*$ in $\mathbb{Z}$ - und folglich auch in jedem anderen Modell von $T^{\mathbb{Z}}$ - erfüllbar ist. Der Typ $\mathbb{1}$ wird von $1 \in \mathbb{Z}$ realisiert, während $\mathbb{1}_*$ von dem Element $(0,1) \in \mathbb{Z} \oplus \mathbb{Q}$ realisiert wird (daß $\mathbb{Z} \oplus \mathbb{Q}$ Modell von $T^{\mathbb{Z}}$ ist, folgt aus Ü14.1.4). Weiterhin ist wichtig im Auge zu behalten, daß für jede Realisierung 1_M von $\mathbb{1}$ in einem Modell $\mathcal{M}$ von $T^{\mathbb{Z}}$ das Element $1_M + nM$ die Gruppe M/nM erzeugt ($0 < n < \omega$), denn sonst läge es in einer echten Untergruppe und hätte somit einen Teiler k von n als Ordnung, d.h., $k1_M \in nM$ und $n = km$ für gewisses $m \neq 1$, was wegen der Torsionsfreiheit $1_M \in mM$ zur Folge hätte, im Widerspruch zu $1_M \models \mathbb{1}$.

Wir überzeugen uns als nächstes davon, daß $\mathbb{1}$ und $\mathbb{1}_*$ analog zum Fall in Lemma 14.4.2 jeweils bereits vollständige Typen festlegen. Nach den Bemerkungen am Ende von §14.2 ist modulo AG_{tf} jede Δ-Formel in einer freien Variablen x äquivalent entweder zu $x = x$, zu $x = 0$ oder zu einer Δ-Formel der Form $k \mid x$ mit $1 < k < \omega$. Wir haben also für beliebige vollständige 1-Typen über $\emptyset$, daß sie durch Formeln dieser Form eindeutig bestimmt sind und daß somit $\mathbb{1}$ und $\mathbb{1}_*$ auch bereits vollständige Typen bestimmen:

Bemerkungen: Seien $\mathcal{M}, \mathcal{N} \models T^{\mathbb{Z}}$ und $\Phi \in S_1^{\mathcal{M}}(\emptyset)$, $\Psi \in S_1^{\mathcal{N}}(\emptyset)$.

(3) $\Phi = \Psi$ genau dann, wenn Φ und Ψ dieselben Formeln der Form $n \mid x$ enthalten ($n < \omega$).

(4) $b \models_{\mathcal{M}} \mathbb{1}$ gdw. $b \models_{\mathcal{M}} tp^{\mathbb{Z}}(1)$.

(5) $b \models_{\mathcal{M}} \mathbb{1}_*$ gdw. $b \models_{\mathcal{M}} tp^{\mathbb{Z} \oplus \mathbb{Q}}((0,1))$.

Analog zu $\mathbb{1}$ und $\mathbb{1}_*$ können wir, wie wir gleich zeigen, Kontinuum viele 1-Typen über $\emptyset$ finden. Lassen wir als Parameter eine Realisierung von $\mathbb{1}$ zu, können wir sogar genauso viele paarweise inkonsistente Δ-1-Typen finden:

Lemma 14.4.3

(1) $|S_1(T^{\mathbb{Z}})| = 2^{\aleph_0}$.

(2) Sei der Typ $\mathbb{1}$ durch ein Element 1_M in $\mathcal{M} \models T^{\mathbb{Z}}$ realisiert und sei $\Phi = tp(c/M)$ nicht algebraisch.
Wenn $\mathcal{N} \succeq \mathcal{M}$ und $b \in N \setminus M$ den Typ $tp_{\Delta^+}(c/1_M)$ realisiert, so realisiert b bereits ganz Φ.

Beweis

Zu (1): Analog zu $\mathbb{1}$ und $\mathbb{1}_*$ betrachte für eine beliebige Menge X von Primzahlen den 1-Typ $\Phi_X = \{p \mid x : p \in X\} \cup \{p \nmid x : p \in \mathbb{P} \setminus X\}$. Es gibt $2^{\aleph_0}$ solcher Mengen X, und da für verschiedene Mengen X die Φ_X miteinander unverträglich sind, haben sie alle verschiedene Vervollständigungen in $S_1(T^{\mathbb{Z}})$. Also $|S_1(T^{\mathbb{Z}})| \geq 2^{\aleph_0}$.

Es gilt aber (für beliebige Theorien in abzählbaren Sprachen) stets $|S_1(T^{\mathbb{Z}})| \le 2^{\aleph_0}$, da es nicht mehr 1-Typen (über $\emptyset$) gibt als Formelmengen, also höchstens $|\mathcal{P}(L_{\mathbb{Z}})| = 2^{|L_{\mathbb{Z}}|} = 2^{\aleph_0}$.
(2) ist analog zum Beweis von Lemma 14.4.2 mit dem einzigen Unterschied, daß man jetzt als Repräsentantensystem der Nebenklassenzerlegung von M bzgl. nM (für n > 0) die Menge $\{ i1_M : i < n \}$ nehmen kann. Die Formel $n \mid (x - i1_M)$ braucht dann nur den Parameter 1_M, da iy ein $L_{\mathbb{Z}}$-Term ist. ■

Wir kehren zur Stabilitätsfrage zurück.

Satz 14.4.4 $T^{\mathbb{Z}}$ ist eine superstabile, aber nicht kleine Theorie, wobei $T^{\mathbb{Z}}$ genau dann λ-stabil ist, wenn $\lambda \ge 2^{\aleph_0}$.

Beweis
Daß $T^{\mathbb{Z}}$ stabil in all diesen λ und somit superstabil ist, hatten wir schon vor Lemma 14.4.1 erkannt. Nach Lemma 14.4.3(1) haben wir bereits $|S_1(T^{\mathbb{Z}})| = 2^{\aleph_0}$, weshalb $T^{\mathbb{Z}}$ weder klein noch stabil in einer Kardinalzahl $\lambda < 2^{\aleph_0}$ sein kann, denn $|S_1(T^{\mathbb{Z}})| = |S_1^{\mathcal{M}}(\emptyset)| \le |S_1^{\mathcal{M}}(M)|$ für beliebiges $\mathcal{M} \models T^{\mathbb{Z}}$. ■

Ü1. Beweise, daß der durch $x = 0$ gegebene algebraische Typ der einzige isolierte Typ in $S_1(T^{\mathbb{Z}})$ ist (ein weiterer Grund dafür, daß $T^{\mathbb{Z}}$ keine atomaren Modelle hat, vgl. Ü14.3.1).

Ü2. Leite die Vollständigkeit von $T^{\mathbb{Z}}$ direkt aus der Vollständigkeit der Theorie $T^{\mathbb{Z}}_1$ aus Ü14.2.3 ab. [Jedes Modell von $T^{\mathbb{Z}}$ hat eine elementare Erweiterung, die zu einem Modell von $T^{\mathbb{Z}}_1$ expandiert werden kann.]

Ü3. Zeige, daß eine Theorie, die stabil in einer regulären Kardinalzahl λ ist, ein saturiertes Modell der Mächtigkeit λ besitzt. (Dabei kann λ - wie in Satz 12.1.3 - durchaus kleiner sein als $|T|$.) [Vgl. den Beweis von Lemma 12.1.2 .]

14.5. Positiv saturierte Modelle und direkte Summanden

Eine zentrale Rolle in der Beschreibung der Modelle von $T^{\mathbb{Z}}$ spielen diejenigen, in denen gewisse positive Typen stets realisiert sind. Man könnte von *positiv saturierten* Modellen sprechen, der aus der Algebra überkommene terminus technicus ist aber der folgende.

Eine (abelsche) Gruppe $\mathcal{A}$ heiße **algebraisch kompakt**, falls jeder Δ-1-Typ von $\mathcal{A}$ (über A) in $\mathcal{A}$ realisiert ist.

Zu Beginn des vorigen Abschnitts sahen wir, daß ein Δ-Typ schon durch jeweils *eine* Belegung jeder Δ-Formel und somit durch insgesamt $|\Delta| = \aleph_0$ Formeln gegeben ist. Daraus folgt unmittelbar die folgende

Bemerkung: $\aleph_1$-saturierte Gruppen sind algebraisch kompakt.

In $T^{\mathbb{Z}}$ genügt sogar die $\aleph_0$-Saturiertheit, wie wir in Satz 14.5.3 zeigen werden.
Ein Modell $\mathcal{N}$ von $T^{\mathbb{Z}}$ ist algebraisch kompakt genau dann, wenn jeder Δ^+-1-Typ von $\mathcal{N}$ in $\mathcal{N}$ realisiert ist, denn die einzigen Δ-1-Typen von $\mathcal{N}$, die keine Δ^+-Typen sind, sind nach Lemma 14.4.1 (s.a. die Anmerkung danach) die algebraischen, die ohnehin in $\mathcal{N}$ realisiert sind. Wir werden das in Lemma 14.5.2 verschärfen, geben vorher aber noch eine nützliche Charakterisierung elementarer Unterstrukturen von Modellen von $T^{\mathbb{Z}}$ an.

Bemerkung: Sei $\mathcal{B} \subseteq_{rd} \mathcal{M} \models \mathrm{AG}$ und $0 < n < \omega$.
Für alle $b \in B$ gilt $b + nB = B \cap b + nM$ (denn aus $b \in B \cap b + nM$ folgt $B \cap b + nM = b + (B \cap nM)$, und wegen der Reinheit gilt $B \cap nM = nB$).

Lemma 14.5.1 Sei $\mathcal{B} \subseteq_{rd} \mathcal{M} \models T^{\mathbb{Z}}$.
$\mathcal{B} \preceq \mathcal{M}$ genau dann, wenn für jede natürliche Zahl $n > 0$ und jedes $a \in M$ gilt $B \cap a+nM \neq \emptyset$ (genau dann, wenn es für alle $n > 0$ und $a \in M$ ein $b \in B$ gibt mit $b+nB = B \cap a+nM$).

Beweis
Nach Lemma 14.3.2 ist $\mathcal{B} \preceq \mathcal{M}$ äquivalent zu $\mathcal{B} \models T^{\mathbb{Z}}$. Trifft das zu, so haben $\mathcal{B}$ und $\mathcal{M}$ die gleiche Anzahl (nämlich n) Nebenklassen bzgl. nB bzw. nM, und die Bedingung in Klammern (somit auch die davor) folgt aus obiger Bemerkung.
Enthält nun umgekehrt jede Nebenklasse von nM ein Element aus B, so erhalten wir für jedes erzeugende Element $a+nM$ der Faktorgruppe $M/nM = \{ ka+nM : k < n \}$ ein $b \in B$ mit $b-a \in nM$, also auch $kb-ka \in nM$ für alle $k < \omega$. Das bedeutet, daß die Nebenklassen $kb+nB$ für verschiedene $k < n$ verschieden sind. Es kann aber wegen $nM \cap B = nB$ in B nicht mehr solche Nebenklassen geben, als es Nebenklassen von nM in M gibt. Also machen die Elemente $kb+nB$ von B/nB für $k < n$ bereits die ganze Gruppe B/nB aus, die von $b+nB$ erzeugt wird und somit zyklisch von der Ordnung n ist. Da außerdem $\mathcal{B}$ als Untergruppe von $\mathcal{M}$ torsionsfrei ist, ist $\mathcal{B}$ Modell von $T^{\mathbb{Z}}$. ■

Bemerkung: Sei $\mathcal{B} \subseteq_{rd} \mathcal{M} \models T^{\mathbb{Z}}$.
Wenn $\mathcal{M}$ den Typ $\mathbb{1}$ realisiert und eine solche Realisierung in B liegt, so gilt $\mathcal{B} \preceq \mathcal{M}$ (denn dann ist die äquivalente Bedingung aus dem vorigen Lemma erfüllt).

Lemma 14.5.2 Ein Modell $\mathcal{N}$ von $T^{\mathbb{Z}}$ ist genau dann algebraisch kompakt, wenn $\mathcal{N}$ eine Realisierung 1_N des Typs $\mathbb{1}$ (aus §14.4) enthält und außerdem alle Δ^+-1-Typen von $\mathcal{N}$ über 1_N (d.h., mit einzigem Parameter 1_N) realisiert.

Beweis
Sei $\mathcal{N} \models T^{\mathbb{Z}}$ algebraisch kompakt und $\mathcal{M}$ eine gemeinsame elementare Erweiterung von $\mathcal{N}$ und $\mathbb{Z}$. Dann realisiert $1 \in \mathbb{Z} \preceq \mathcal{M}$

den Typ $\mathbb{1}$ in $\mathcal{M}$, weshalb die Aussage $\exists x \bigwedge_{p \in \mathbb{P}, p<n} p \mid x-1$ in $\mathcal{M}$ gilt für alle $n < \omega$. Nach vorigem Lemma gibt es nun für jedes $p \in \mathbb{P}$ ein $b_p \in N$ mit $\mathcal{N} \cap 1+p\mathcal{M} = b_p+p\mathcal{N}$ (und $b_p+p\mathcal{M} = 1+p\mathcal{M}$). Folglich ist $p \mid x-1$ in $\mathcal{M}$ äquivalent zu $p \mid x-b_p$, weshalb auch die Aussage $\exists x \bigwedge_{p \in \mathbb{P}, p<n} p \mid x-b_p$ für alle $n < \omega$ in $\mathcal{M}$ gilt. Die Parameter in dieser Formel kommen aber aus N, und somit gilt sie auch in $\mathcal{N} \preceq \mathcal{M}$. Daher ist $\{p \mid x-b_p : p \in \mathbb{P}\}$ ein Δ-Typ von $\mathcal{N}$, der nach Annahme in $\mathcal{N}$ realisiert ist. Jede Realisierung 1_N dieses Typs realisiert aber $\mathbb{1}$, denn aus

$1_N \in b_p+p\mathcal{N} = \mathcal{N} \cap b_p+p\mathcal{M} = \mathcal{N} \cap 1+p\mathcal{M}$

folgt $\mathcal{N} \models p \nmid 1_N$ für alle $p \in \mathbb{P}$ (und somit natürlich $\mathcal{N} \models n \nmid 1_N$ für alle $n \neq 1$).

Da alle Δ^+-1-Typen von $\mathcal{N}$ über 1_N insbesondere Δ-1-Typen von $\mathcal{N}$ sind, sind diese alle nach Annahme in $\mathcal{N}$ realisiert. Damit ist die eine Richtung des Lemmas bewiesen.

Für die andere Richtung realisiere $1_N \in N$ den Typ $\mathbb{1}$ in $\mathcal{N}$ und seien außerdem alle Δ^+-1-Typen von $\mathcal{N}$ über 1_N in $\mathcal{N}$ realisiert. Wir hatten eingangs erwähnt, daß es für die algebraische Kompaktheit von $\mathcal{N}$ genügt, alle Δ^+-1-Typen von $\mathcal{N}$ zu realisieren. Wie im Beweis von Lemma 14.4.3(2) folgt aber aus $1_N \models \mathbb{1}$, daß $\{i1_N : i < n\}$ ein Repräsentantensystem der Nebenklassenzerlegung von $\mathcal{N}$ bzgl. $n\mathcal{N}$ ist ($n > 0$), weshalb sich jede Nebenklasse von $n\mathcal{N}$ in $\mathcal{N}$ mit dem einzigen Parameter 1_N definieren läßt und deshalb jeder Δ^+-1-Typ von $\mathcal{N}$ über N bereits durch einen Δ^+-1-Typ von $\mathcal{N}$ über 1_N ausdrückbar ist. ■

Mit diesem Lemma erhalten wir viele algebraisch kompakte Modelle von $T^{\mathbb{Z}}$:

Satz 14.5.3

(1) $\aleph_0$-saturierte Modelle von $T^{\mathbb{Z}}$ sind algebraisch kompakt.

(2) Jedes algebraisch kompakte Modell von $T^{\mathbb{Z}}$ hat eine Mächtigkeit $\geq 2^{\aleph_0}$.

(3) $\mathbb{Z}$ hat eine algebraisch kompakte elementare Erweiterung der Mächtigkeit $2^{\aleph_0}$.

(4) Jede elementare Erweiterung eines algebraisch kompakten Modells von $T^{\mathbb{Z}}$ ist algebraisch kompakt.

Beweis

(1) folgt unmittelbar aus vorigem Lemma.

Zu (2): Wir hatten im vorigen Abschnitt festgestellt, daß es $2^{\aleph_0}$ paarweise inkonsistente Δ^+-1-Typen über jedem Modell von $T^{\mathbb{Z}}$ gibt. In einem algebraisch kompakten Modell müssen diese alle realisiert sein. Da verschiedene Typen von verschiedenen Elementen realisiert werden, folgt daraus die Behauptung.

Zu (3): Daß $T^{\mathbb{Z}}$ überhaupt ein algebraisch kompaktes Modell der Mächtigkeit $2^{\aleph_0}$ besitzt, folgt bereits aus (1), (2) und Bemerkung (8) in §12.1. Wir wollen aber eines, das $\mathbb{Z}$ elementar erweitert. Dazu sei S die Menge aller "vollständigen" Δ^+-1-Typen von $\mathbb{Z}$ über 1. (S hat die Mächtigkeit $2^{\aleph_0}$.) Wähle mittels Korollar 11.2.5 ein $\mathcal{M}_S \succeq \mathbb{Z}$ einer Mächtigkeit $\leq |\mathbb{Z}| + |L_{\mathbb{Z}}| + |S| = \aleph_0 + \aleph_0 + 2^{\aleph_0} = 2^{\aleph_0}$, das alle Typen aus S realisiert. Da $1 \in \mathbb{Z} \preceq \mathcal{M}_S$ auch $\mathbb{1}$ in $\mathcal{M}_S$ realisiert, folgt die Behauptung aus dem vorigen Lemma.

Zu (4): Ist $\mathcal{N} \models T^{\mathbb{Z}}$ algebraisch kompakt, so realisiert $\mathcal{N}$ nach vorigem Lemma den Typ $\mathbb{1}$ durch ein 1_N und außerdem alle Δ^+-1-Typen von $\mathcal{N}$ über 1_N. Wenn $\mathcal{M} \succeq \mathcal{N}$, so realisiert 1_N den Typ $\mathbb{1}$ auch in $\mathcal{M}$, und die Δ^+-1-Typen von $\mathcal{M}$ über 1_N sind dieselben wie die von $\mathcal{N}$, also bereits alle in $\mathcal{N} \preceq \mathcal{M}$ realisiert. Nochmals voriges Lemma angewandt ergibt sich die algebraische Kompaktheit von $\mathcal{M}$. ■

Zur Erinnerung: Eine Untergruppe $\mathcal{A}$ von $\mathcal{B}$ ist **direkter Summand** von $\mathcal{B}$, falls es eine Untergruppe C von $\mathcal{B}$ gibt mit $\mathcal{B} \cong \mathcal{A} \times C$ (im Sinne von §1.6); für (abelsche) Gruppen schreibt man dann gewöhnlich $\mathcal{B} = \mathcal{A} \oplus C$. Dies ist äquivalent dazu, daß $\mathcal{B} = \mathcal{A}+C$ (also $\mathcal{B}$ von $\mathcal{A}$ und C als Gruppe erzeugt

wird) und $\mathcal{A} \cap C = 0$. Man sagt, die Einbettung f: $\mathcal{A} \hookrightarrow \mathcal{B}$ von Gruppen **zerfällt**, falls f[$\mathcal{A}$] direkter Summand von $\mathcal{B}$ ist.
Bekanntlich sind die dividierbaren Gruppen **injektiv** in dem Sinne, daß Einbettungen von solchen in beliebige (abelsche) Gruppen zerfallen, vgl. die Literatur in Anhang F.
(Die Umkehrung gilt auch, denn jede Gruppe, insbesondere jede injektive, ist - wie wir in §6.3 gezeigt haben - einbettbar in eine dividierbare, und direkte Summanden dividierbarer Gruppen sind offenbar auch dividierbar.)
Da direkte Summen dividierbarer Gruppen offenbar auch dividierbar sind, besitzt jede Gruppe eine eindeutig bestimmte größte dividierbare Untergruppe, den sog. **dividierbaren Teil** von $\mathcal{A}$, in Zeichen $\mathcal{D}_{\mathcal{A}}$, was im torsionsfreien Fall besonders einfach einzusehen ist. Ist nämlich $\mathcal{A}$ eine torsionsfreie Gruppe, so ist die Untergruppe $\bigcap_{0<n<\omega} n\mathcal{A}$ dividierbar: Ist d ein Element dieser Untergruppe und $0 < n < \omega$, so existiert ein $a \in A$ mit $d = na$; wir überzeugen uns davon, daß auch a aus dieser Untergruppe ist (und somit d durch n teilbar, was genügt). Dazu sei $0 < m < \omega$. Da nach Wahl von d ein $b \in A$ existiert mit $d = nmb$ und $\mathcal{A}$ torsionsfrei ist, muß $a = mb$ gelten, also $a \in m\mathcal{A}$, wie gewünscht. Jede dividierbare Untergruppe von $\mathcal{A}$ ist natürlich in $\bigcap_{0<n<\omega} n\mathcal{A}$ enthalten, weshalb letztere die gesuchte größte dividierbare Untergruppe von $\mathcal{A}$ ist.
Wie gesagt ist $\mathcal{D}_{\mathcal{A}}$ injektiv, weshalb es eine Untergruppe $\mathcal{A}_r$ von $\mathcal{A}$ gibt mit $\mathcal{A} = \mathcal{A}_r \oplus \mathcal{D}_{\mathcal{A}}$. Wegen der Maximalität von $\mathcal{D}_{\mathcal{A}}$ kann $\mathcal{A}_r$ keine nichttrivialen dividierbaren Untergruppen mehr enthalten - man sagt, $\mathcal{A}_r$ ist eine **reduzierte** Gruppe. Die Gruppe $\mathcal{A}_r$ ist zwar als Untergruppe von $\mathcal{A}$ im Gegensatz zu $\mathcal{D}_{\mathcal{A}}$ nicht eindeutig bestimmt, aber jede andere Untergruppe $\mathcal{B}$ mit $\mathcal{A} = \mathcal{B} \oplus \mathcal{D}_{\mathcal{A}}$ ist isomorph zu $\mathcal{A}_r \cong \mathcal{A}/\mathcal{D}_{\mathcal{A}}$. Deshalb nennen wir $\mathcal{A}_r$ etwas lax *einen* **reduzierten Teil** von $\mathcal{A}$.

Reduziertheit torsionsfreier Gruppen läßt sich durch Typenvermeidung beschreiben:

Lemma 14.5.4 Eine torsionsfreie Gruppe ist reduziert genau dann, wenn sie den Typ $\mathbb{1}_*$ vermeidet.

Beweis

Sei $\mathcal{A}$ eine torsionsfreie Gruppe.

Jede Realisierung von $\mathbb{1}_*$ in $\mathcal{A}$ liegt offenbar in $\bigcap_{0<n<\omega} n\mathcal{A} = \mathcal{D}_{\mathcal{A}}$ und ist von 0 verschieden. Umgekehrt realisiert jedes von 0 verschiedene Element von $\mathcal{D}_{\mathcal{A}}$ den Typ $\mathbb{1}_*$. Die Behauptung folgt nun daraus, daß $\mathcal{A}$ genau dann reduziert ist, wenn $\mathcal{D}_{\mathcal{A}} = 0$. ■

Mit dem Typenvermeidungssatz 13.1.1 erhält man folglich **reduzierte** Modelle von $T^{\mathbb{Z}}$, d.h. solche, die als Gruppe reduziert sind (Übungsaufgabe!). Das nächste Lemma liefert uns derartige Modelle aber auf viel konkretere Weise.

Bemerkung: Es läßt sich leicht einsehen, daß jede Realisierung von $\mathbb{1}_*$ in einer torsionsfreien Gruppe die Gruppe $\mathbb{Q}$ erzeugt. Da $\mathbb{Q}$ injektiv ist, zeigt man damit ohne weiteres, daß jede dividierbare torsionsfreie Gruppe direkte Summe von Kopien von $\mathbb{Q}$ ist (oder sich - gleichbedeutend - als Vektorraum über $\mathbb{Q}$ ansehen läßt). Diese Gruppen sind also von der Form $\mathbb{Q}^{(\kappa)}$ (vgl. die Bezeichnung aus §11.1; der dort zitierte Satz über die Zerlegungen dividierbarer Gruppen ist eine Verallgemeinerung des eben Gesagten).

Lemma 14.5.5 Sei $\mathcal{A} = \mathcal{A}_r \oplus \mathcal{D}_{\mathcal{A}}$ eine beliebige torsionsfreie Gruppe.

(1) $\mathcal{A} \models T^{\mathbb{Z}}$ gdw. $\mathcal{A}_r \models T^{\mathbb{Z}}$ gdw. $\mathcal{A}_r \preceq \mathcal{A} \models T^{\mathbb{Z}}$.

(2) $\mathcal{A}$ ist algebraisch kompaktes Modell von $T^{\mathbb{Z}}$ genau dann, wenn $\mathcal{A}_r$ es ist.

Beweis

Wegen der Dividierbarkeit von $\mathcal{D}_{\mathcal{A}}$ gilt für $n > 0$ stets

$\mathcal{A}/n\mathcal{A} \cong \mathcal{A}_r/n\mathcal{A}_r \oplus \mathcal{D}_{\mathcal{A}}/n\mathcal{D}_{\mathcal{A}} \cong \mathcal{A}_r/n\mathcal{A}_r$.

Also haben wir $\mathcal{A}/n\mathcal{A} \cong \mathbb{Z}_n$ gdw. $\mathcal{A}_r/n\mathcal{A}_r \cong \mathbb{Z}_n$ und, da $\mathcal{A}_r$ natürlich auch torsionsfrei ist, $\mathcal{A} \models T^{\mathbb{Z}}$ gdw. $\mathcal{A}_r \models T^{\mathbb{Z}}$.

Als direkter Summand von $\mathcal{A}$ ist $\mathcal{A}_r$ rein in $\mathcal{A}$. Ist nun $\mathcal{A}_r$, und somit auch $\mathcal{A}$, Modell von $T^{\mathbb{Z}}$, so ist diese Inklusion nach Lemma 14.3.2 elementar. Das beweist (1).
Zu (2): Ist $\mathcal{A}_r \models T^{\mathbb{Z}}$ algebraisch kompakt, so haben wir wegen (1) zunächst $\mathcal{A}_r \preceq \mathcal{A} \models T^{\mathbb{Z}}$ und dann nach Satz 14.5.3(4) auch, daß $\mathcal{A}$ algebraisch kompakt ist. Für den Beweis der Umkehrung schreiben wir jedes Element a von $\mathcal{A} = \mathcal{A}_r \oplus \mathcal{D}_{\mathcal{A}}$ entsprechend dieser Zerlegung als $a = a_r + d_a$. Wegen der algebraischen Kompaktheit von $\mathcal{A}$ gibt es ein solches a, das den Typ $\mathbb{1}$ realisiert. Da $n \mid d_a$, so folgt aus $n \nmid a$ auch $n \nmid a_r$ ($n > 0$). Andererseits kann a_r nicht 0 sein, denn $n \mid d_a$ und $n \nmid a$. Also realisiert auch $a_r \in \mathcal{A}_r$ den Typ $\mathbb{1}$. Sei 1_r eine Realisierung von $\mathbb{1}$ in $\mathcal{A}_r$. Um Lemma 14.5.2 anwenden zu können, brauchen wir uns nur noch davon zu überzeugen, daß allgemein a und a_r denselben Δ^+-Typ über 1_r haben, d.h., daß $n \mid (a - i1_r)$ gdw. $n \mid (a_r - i1_r)$ für alle $n > 0$. Das folgt aber unmittelbar aus $n \mid d_a$. ■

Das bringt uns zu folgendem Zerlegungssatz.

Satz 14.5.6

(1) Wenn $f: \mathcal{N} \hookrightarrow_{rd} \mathcal{M}$ und $\mathcal{N}, \mathcal{M} \models T^{\mathbb{Z}}$, so folgt aus der algebraischen Kompaktheit von $\mathcal{N}$ (die von $\mathcal{M}$ und), daß f elementar ist und zerfällt.

(2) Sei $\mathcal{N} \subseteq_{rd} \mathcal{M}$ und $\mathcal{N}, \mathcal{M} \models T^{\mathbb{Z}}$, und sei $\mathcal{N}$ algebraisch kompakt.
Dann ist $\mathcal{M}$ algebraisch kompakt, und $\mathcal{D}_{\mathcal{M}}$ hat einen direkten Summanden $\mathcal{D}$ mit $\mathcal{D}_{\mathcal{M}} = \mathcal{D}_{\mathcal{N}} \oplus \mathcal{D}$, so daß
$\mathcal{N}_r \preceq \mathcal{N} = \mathcal{N}_r \oplus \mathcal{D}_{\mathcal{N}} \preceq \mathcal{M} = \mathcal{N} \oplus \mathcal{D} = \mathcal{N}_r \oplus \mathcal{D}_{\mathcal{M}}$.
(Dabei sind $\mathcal{D}$, $\mathcal{D}_{\mathcal{N}}$ und $\mathcal{D}_{\mathcal{M}}$ Vektorräume über $\mathbb{Q}$, für deren Dimension gilt $\dim \mathcal{D}_{\mathcal{M}} = \dim \mathcal{D}_{\mathcal{N}} + \dim \mathcal{D}$.)

Beweis

(2) angewandt auf $f[\mathcal{N}] \subseteq_{rd} \mathcal{M}$ zieht unmittelbar (1) nach sich, und wir nehmen deshalb die Situation aus (2) an.

Aus $\mathcal{N} \subseteq \mathcal{M}$ folgt natürlich $\mathcal{D}_{\mathcal{N}} = \bigcap_{0<n<\omega} n\mathcal{N} \subseteq \bigcap_{0<n<\omega} n\mathcal{M} = \mathcal{D}_{\mathcal{M}}$ (aus der Reinheit sogar $\mathcal{D}_{\mathcal{N}} = \mathcal{N} \cap \mathcal{D}_{\mathcal{M}}$), und deshalb muß es eine Zerlegung $\mathcal{D}_{\mathcal{M}} = \mathcal{D}_{\mathcal{N}} \oplus \mathcal{D}$ geben. Aus der obigen Bemerkung folgt dann der Klammerzusatz und aus dem Lemma ergibt sich $\mathcal{N}_r \preceq \mathcal{N}_r \oplus \mathcal{D}_{\mathcal{N}} (=\mathcal{N})$.
Nach Lemma 14.3.2 ist auch $\mathcal{N}$ elementar in $\mathcal{M}$ und somit nach Satz 14.5.3 auch $\mathcal{M}$ algebraisch kompakt.
Es bleibt zu zeigen, daß $\mathcal{M} = \mathcal{N}_r \oplus \mathcal{D}_{\mathcal{M}}$ (denn dann haben wir auch $\mathcal{M} = \mathcal{N}_r \oplus \mathcal{D}_{\mathcal{N}} \oplus \mathcal{D} = \mathcal{N} \oplus \mathcal{D}$). Da $\mathcal{N}_r$ reduziert ist, ist sein Durchschnitt mit $\mathcal{D}_{\mathcal{M}}$ trivial, und es genügt zu zeigen, daß $\mathcal{M} = \mathcal{N}_r + \mathcal{D}_{\mathcal{M}}$.
Sei a ein beliebiges Element aus M. Aus $\mathcal{N}_r \preceq \mathcal{M}$ folgt, daß $tp^{\mathcal{M}}_{\Delta^+}(a/N_r)$ ein Typ von $\mathcal{N}_r$ ist, und dieser ist wegen der algebraischen Kompaktheit von $\mathcal{N}_r$ durch ein b in $\mathcal{N}_r$ realisiert. Dann liegen a und b in denselben Nebenklassen bzgl. $n\mathcal{M}$, d.h., $a-b \in n\mathcal{M}$, für alle $n > 0$. Das bedeutet, daß $a-b \in \mathcal{D}_{\mathcal{M}}$ und folglich $a = b+(a-b) \in \mathcal{N}_r + \mathcal{D}_{\mathcal{M}}$ wie gewünscht. ■

Korollar 14.5.7 Wenn $\mathcal{N} \preceq \mathcal{M} \models T^{\mathbb{Z}}$ algebraisch kompakt ist, so $\mathcal{N}_r \cong \mathcal{M}_r$.

Beweis
Aus dem Satz folgt $\mathcal{M}_r \oplus \mathcal{D}_{\mathcal{M}} = \mathcal{M} = \mathcal{N}_r \oplus \mathcal{D}_{\mathcal{M}}$. Daraus ergibt sich mit dem üblichen Isomorphiesatz $\mathcal{M}_r \cong \mathcal{M}/\mathcal{D}_{\mathcal{M}} \cong \mathcal{N}_r$. ■

Ü1. Wende den Typenvermeidungssatz an, um reduzierte Modelle von $T^{\mathbb{Z}}$ zu erhalten. [Vgl. Lemma 14.5.4.]

Ü2. Beweise, daß *jede* (abelsche) Gruppe eine algebraisch kompakte elementare Erweiterung besitzt. [Vgl. Ü8.4.3 und Ü12.1.6.]

Ü3. Sei U ein Nichthauptultrafilter (d.h., ein Ultrafilter, der kein Hauptfilter ist) auf der Menge $\mathbb{P}$ aller Primzahlen.
Zeige, daß $\prod_{p\in\mathbb{P}} \mathbb{Z}_p/U$ eine torsionsfreie dividierbare Gruppe ist. [Vgl. Malcev (1973), §8.2.]

14.6. Reduzierte und saturierte Modelle

In Satz 14.5.3 hatten wir gezeigt, daß $\mathbb{Z}$ eine algebraisch kompakte elementare Erweiterung der Mächtigkeit $2^{\aleph_0}$ hat.

$\hat{\mathbb{Z}}$ bezeichne einen reduzierten Teil dieser elementaren Erweiterung von $\mathbb{Z}$.

Nach Lemma 14.5.5 ist $\hat{\mathbb{Z}}$ algebraisch kompaktes Modell von $T^{\mathbb{Z}}$ und hat mithin die Mächtigkeit $2^{\aleph_0}$. Wie wir in Kürze sehen werden, ist $\hat{\mathbb{Z}}$ bis auf Isomorphie das einzige algebraisch kompakte Modell von $T^{\mathbb{Z}}$, das gleichzeitig reduziert ist, und außerdem gewissermaßen das größte reduzierte und das kleinste algebraisch kompakte Modell von $T^{\mathbb{Z}}$, wodurch es eine ausgezeichnete Stellung innerhalb der Modellklasse von $T^{\mathbb{Z}}$ einnimmt.

Lemma 14.6.1 Sei $\mathcal{M} = \mathcal{M}_r \oplus \mathcal{D}_{\mathcal{M}} \models T^{\mathbb{Z}}$ und pr: $\mathcal{M} \to \mathcal{M}_r$ die durch diese Zerlegung induzierte kanonische Projektion (vgl. §1.6).
Für jede elementare Einbettung f eines reduzierten Modells $\mathcal{N}$ von $T^{\mathbb{Z}}$ in $\mathcal{M}$ gilt pr f: $\mathcal{N} \overset{\equiv}{\hookrightarrow} \mathcal{M}_r$.

Beweis
Wir zeigen, daß die eingeschränkte Abbildung pr $\restriction$f[$\mathcal{N}$] elementar ist (dann ist auch pr f elementar, vgl. Lemma 8.2.2). Nach Lemma 14.3.2 genügt dafür, deren Reinheit nachzuweisen.
Sei also $a \in$ f[$\mathcal{N}$] und pr(a) teilbar durch $n < \omega$ in $\mathcal{M}_r$. Wir müssen zeigen, daß a durch n teilbar ist (eigentlich in f[$\mathcal{N}$] , aber wegen f[$\mathcal{N}$] $\preceq \mathcal{M}$ ist das gleichbedeutend mit der Teilbarkeit in $\mathcal{M}$). Entsprechend der Zerlegung von $\mathcal{M}$ schreiben wir $a = b + d$ mit $b \in \mathcal{M}_r$ und $d \in \mathcal{D}_{\mathcal{M}}$. Dann folgt aus der Teilbarkeit von d (in $\mathcal{D}_{\mathcal{M}}$) und der von $b = \text{pr}(a)$ (in $\mathcal{M}_r$) natürlich auch die von a (in $\mathcal{M}$). ∎

Wir kommen zu dem angekündigten Satz, der zeigt, daß algebraisch kompakte reduzierte Modelle einerseits atomaren und andererseits saturierten Modellen und auf gewisse Weise auch $\mathbb{Z}$ ähnlich sind (vgl. die Sätze 12.1.1 und 12.2.1).

Satz 14.6.2

(1) (Universalität) Jedes reduzierte Modell von $T^{\mathbb{Z}}$ ist elementar in $\hat{\mathbb{Z}}$ einbettbar.

(2) (Minimalität) Keine echte elementare Unterstruktur von $\hat{\mathbb{Z}}$ ist algebraisch kompakt.

(3) (Eindeutigkeit) Alle reduzierten algebraisch kompakten Modelle von $T^{\mathbb{Z}}$ sind isomorph zu $\hat{\mathbb{Z}}$.

(4) (Einbettbarkeit) $\hat{\mathbb{Z}}$ ist in jedes algebraisch kompakte Modell von $T^{\mathbb{Z}}$ elementar einbettbar.

Beweis

Zu (1): Sei $\mathcal{M} \models T^{\mathbb{Z}}$ reduziert und $\mathcal{N}$ eine gemeinsame elementare Erweiterung von $\mathcal{M}$ und $\hat{\mathbb{Z}}$. Nach obigem Lemma ist $\mathcal{M}$ elementar in $\mathcal{N}_r$ einbettbar, während nach Korollar 14.5.7 $\mathcal{N}_r$ zum reduzierten Teil von $\hat{\mathbb{Z}}$, also zu $\hat{\mathbb{Z}}$ selbst isomorph ist. Folglich ist $\mathcal{M}$ elementar in $\hat{\mathbb{Z}}$ einbettbar.

Zu (2): Sei $\mathcal{N} \preceq \hat{\mathbb{Z}}$ algebraisch kompakt. Dann gibt es nach Satz 14.5.6 eine dividierbare Gruppe $\mathcal{D}$ mit $\hat{\mathbb{Z}} = \mathcal{N} \oplus \mathcal{D}$. Da $\hat{\mathbb{Z}}$ reduziert ist, muß $\mathcal{D}$ trivial und $\mathcal{N}$ gleich $\hat{\mathbb{Z}}$ sein.

(3) folgt unmittelbar aus (1) und (2).

Zu (4): Sei $\mathcal{N} \models T^{\mathbb{Z}}$ algebraisch kompakt. Dann ist $\mathcal{N}_r$ wegen (1) elementar in $\hat{\mathbb{Z}}$ einbettbar. Nach Lemma 14.5.5 ist $\mathcal{N}_r$ aber algebraisch kompakt (und $\mathcal{N}_r \preceq \mathcal{N}$), also wegen (2) isomorph zu $\hat{\mathbb{Z}}$. Folglich ist $\hat{\mathbb{Z}}$ elementar in $\mathcal{N}$ einbettbar. ■

$\hat{\mathbb{Z}}$ ist nach (4) also Primstruktur für die Klasse der algebraisch kompakten Modelle von $T^{\mathbb{Z}}$ und das sogar "elementar", weshalb $\hat{\mathbb{Z}}$ etwas lax auch **algebraisch kompaktes Primmodell** von $T^{\mathbb{Z}}$ genannt wird.

Daraus ergibt sich (z.B. mittels Lemma 14.5.4)

Korollar 14.6.3 Die reduzierten Modelle von $T^{\mathbb{Z}}$ sind bis auf Isomorphie gerade die elementaren Unterstrukturen von $\hat{\mathbb{Z}}$ und haben daher eine Mächtigkeit $\leq 2^{\aleph_0}$. ■

Zusammen mit der Bemerkung vor Lemma 14.5.5 über die Gestalt torsionsfreier dividierbarer Gruppen können wir nun die Modelle von $T^{\mathbb{Z}}$ wie folgt beschreiben.

Korollar 14.6.4 Die Modelle von $T^{\mathbb{Z}}$ sind (bis auf Isomorphie) genau die Gruppen der Form $\mathcal{M} \oplus \mathbb{Q}^{(\kappa)}$, wobei $\mathcal{M} \preceq \hat{\mathbb{Z}}$ und $\kappa \in \mathrm{Cn}$. ■

Aus verständlichen Gründen nennen wir κ die $\mathbb{Q}$-**Dimension** des Modells $\mathcal{N} = \mathcal{M} \oplus \mathbb{Q}^{(\kappa)}$, falls $\mathcal{M} \preceq \hat{\mathbb{Z}}$, in Zeichen $\mathbb{Q}\text{-dim}(\mathcal{N}) = \kappa$.

Bemerkungen

(1) Dabei ist $\mathcal{M}$ ein reduzierter Teil von $\mathcal{N}$ und $\mathbb{Q}^{(\kappa)}$ der dividierbare. Da beide bis auf Isomorphie eindeutig sind, sind die Modelle $\mathcal{N}$ von $T^{\mathbb{Z}}$ (bis auf Isomorphie) eindeutig durch ihren reduzierten Teil $\mathcal{N}_r$ und ihre $\mathbb{Q}$-Dimension $\mathbb{Q}\text{-dim}(\mathcal{N})$ gegeben.

(2) (Über die Mächtigkeit von Modellen von $T^{\mathbb{Z}}$)
Wenn $\mathcal{N} \models T^{\mathbb{Z}}$, so $|\mathcal{N}| = \max\{|\mathcal{N}_r|, \mathbb{Q}\text{-dim}(\mathcal{N})\}$
(vgl. Ü7.6.2). ■

Korollar 14.6.5 Das elementare Diagramm $\mathrm{Th}(\hat{\mathbb{Z}}, \hat{\mathbb{Z}})$ von $\hat{\mathbb{Z}}$ ist eine λ-kategorische $L_{\mathbb{Z}}(\hat{\mathbb{Z}})$-Theorie für alle $\lambda > 2^{\aleph_0}$.

Beweis

Die Modelle des elementaren Diagramms sind die Modelle von $T^{\mathbb{Z}}$, in die $\hat{\mathbb{Z}}$ elementar einbettbar ist (mit Konstanten für die (Bilder der) Elemente aus $\hat{\mathbb{Z}}$), deren reduzierter Teil also (isomorph zu) ganz $\hat{\mathbb{Z}}$ ist. Das sind gerade die Gruppen der Form $\hat{\mathbb{Z}} \oplus \mathbb{Q}^{(\lambda)}$ für beliebige $\lambda \in \mathrm{Cn}$. Diese sind eindeutig durch ihre

Q-Dimension λ bestimmt und haben nach vorangegangener Bemerkung (2) die Mächtigkeit λ falls $\lambda > 2^{\aleph_0}$. Für jede solche Mächtigkeit gibt es also bis auf Isomorphie genau eines. ■

Saharon Shelah führte für Theorien, die ein Modell besitzen, dessen elementares Diagramm kategorisch in allen höheren Mächtigkeiten ist, die Bezeichnung **unidimensional** ein. Wir kommen in den Übungen und im letzten Abschnitt noch einmal auf solche Theorien zurück.

Als nächstes kennzeichnen wir die saturierten unter den Modellen von $T^{\mathbb{Z}}$.
Abzählbare kann es nicht geben, da $T^{\mathbb{Z}}$ nicht klein ist (vgl. Satz 12.1.3; das folgt auch aus Satz 14.5.3(1) und (2)).

Lemma 14.6.6 Sei $\lambda \in \mathrm{Cn}$ überabzählbar und $\mathcal{M} \models T^{\mathbb{Z}}$.
$\mathcal{M}$ ist λ-saturiert gdw. $\mathcal{M}$ den Typ $\mathbb{1}$ realisiert und für alle $\mathcal{N} \preceq \mathcal{M}$ mit $|N| < \lambda$, die ebenfalls $\mathbb{1}$ realisieren, jeder Δ^+-1-Typ über N (oder lediglich über einer Realisierung von $\mathbb{1}$ in $\mathcal{N}$) durch ein Element aus $M \setminus N$ in $\mathcal{M}$ realisiert ist.

Beweis
$\Rightarrow$: Schon aus der $\aleph_0$-Saturiertheit folgt, daß $\mathbb{1}$ realisiert ist. Enthalte nun $\mathcal{N} \preceq \mathcal{M}$ eine solche Realisierung 1_N (die $\mathbb{1}$ natürlich auch in $\mathcal{M}$ realisiert). Wir haben mehrfach benutzt (z.B. in der zweiten Hälfte des Beweises von Lemma 14.5.2), daß die Δ^+-1-Typen über N durch die über 1_N bereits bestimmt sind.
Also genügt es, diese in $M \setminus N$ zu realisieren. Ist nun Φ ein solcher Δ^+-1-Typ über 1_N, so ist $\Psi = \Phi \cup \{x \neq b : b \in N\}$ ein Typ von $\mathcal{N}$ (und $\mathcal{M} \succeq \mathcal{N}$), denn jede endliche Konjunktion von Formeln aus Φ (die einer endlichen Konjunktion von D-Formeln entspricht) definiert - wie wir in §14.2 gesehen haben - eine unendliche Menge in $\mathcal{N}$, ist also auch widerspruchsfrei zusammen mit endlich vielen der Ungleichungen $x \neq b$ ($b \in$ N); Ψ ist also Typ von $\mathcal{M}$ nach Satz 11.2.3(ii). Die Menge der in Ψ vorkommenden Parameter ist N (denn $1_N \in$ N), hat also eine Mächtigkeit

$< \lambda$, weshalb aus der λ-Saturiertheit von $\mathcal{M}$ die Realisierbarkeit von Ψ in $\mathcal{M}$ folgt. Dann ist Φ in $M \setminus N$ realisiert.
$\Leftarrow$: Nach Bemerkung (4) aus §12.1 genügt es für die λ-Saturiertheit von $\mathcal{M}$, Parametermengen einer Mächtigkeit $< \lambda$ in $\mathcal{M}$ zu betrachten, die selbst elementare Unterstrukturen von $\mathcal{M}$ sind (beachte: $|L_{\mathbb{Z}}| = \aleph_0 < \lambda$). Analog wird die Behauptung nur verschärft, wenn jeweils $1_M \models \mathbb{1}$ zu $\mathcal{N}$ hinzugefügt und angenommen wird, daß $1_M \in N$ (es werden dadurch höchstens mehr Typen). Wir brauchen also nur noch jeden vollständigen nichtalgebraischen 1-Typ von $\mathcal{M}$ über N in $\mathcal{M}$ zu realisieren (die algebraischen sind ohnehin bereits in $\mathcal{N} \subseteq \mathcal{M}$ realisiert). Nach Lemma 14.4.3(2) genügt es dafür wiederum, jeden Δ^+-1-Typ über 1_M in $M \setminus N$ zu realisieren, was nach Voraussetzung möglich ist. ■

Satz 14.6.7 $\mathcal{M} \models T^{\mathbb{Z}}$ ist genau dann saturiert, wenn $\mathcal{M}_r \cong \hat{\mathbb{Z}}$ und $\mathbb{Q}\text{-dim}(\mathcal{M}) = |M|$.

Beweis

Ist das Modell $\mathcal{M}$ saturiert, so ist es (z.B. nach Satz 14.5.3(1)) algebraisch kompakt. Nach Lemma 14.5.5 ist $\mathcal{M}_r$ ein (reduziertes!) algebraisch kompaktes Modell, also wegen obigem Eindeutigkeitssatz isomorph zu $\hat{\mathbb{Z}}$. Ist nun die $\mathbb{Q}$-Dimension von $\mathcal{M}$ gleich κ, so gilt $|\mathcal{D}_{\mathcal{M}}| = |\mathbb{Q}^{(\kappa)}| = \kappa + \aleph_0$, weshalb jeder 1-Typ über $\mathcal{D}_{\mathcal{M}}$ in $\mathcal{M}$ realisiert sein müßte, falls $\kappa < |\mathcal{M}|$. Insbesondere träfe das auf den Typ $\mathbb{1}^* \cup \{x \neq d : d \in \mathcal{D}_{\mathcal{M}}\}$ zu, was natürlich nicht möglich ist (vgl. Lemma 14.5.4 und die Bemerkung danach). Also muß $\kappa = |\mathcal{M}|$ gelten, und die eine Richtung ist bewiesen.

Für die andere Richtung betrachte $\mathcal{M} = \hat{\mathbb{Z}} \oplus \mathbb{Q}^{(\kappa)}$ mit $\kappa = |M|$. Obige Bemerkung (2) ergibt, daß dies gerade für $\kappa \geq 2^{\aleph_0}$ der Fall ist und daß $\mathbb{Q}\text{-dim}(\mathcal{N}) < \kappa$, und somit $\mathcal{D}_{\mathcal{M}} \setminus \mathcal{D}_{\mathcal{N}} \neq \emptyset$, falls $\mathcal{N} \preceq \mathcal{M}$ eine kleinere Mächtigkeit hat als κ. Für das Kriterium aus vorigem Lemma müssen wir gerade solche $\mathcal{N}$ betrachten. Wähle $d \in \mathcal{D}_{\mathcal{M}} \setminus \mathcal{D}_{\mathcal{N}}$. Da das Modell $\mathcal{M}$ als elementare Erweiterung von

$\hat{\mathbb{Z}}$ algebraisch kompakt ist, realisiert es alle Δ^+-1-Typen über N. Nun hat offenbar ein beliebiges $a \in$ M denselben Δ^+-1-Typ über N in $\mathcal{M}$ wie $a + d$ (denn d ist durch alle $n > 0$ dividierbar). Andererseits liegt $a + d$ außerhalb von N, wenn a innerhalb liegt. Also werden in jedem Fall alle Δ^+-1-Typen über N in M\N - wie gewünscht - realisiert. ■

Korollar 14.6.8 Die saturierten Modelle von $T^{\mathbb{Z}}$ sind (bis auf Isomorphie) gerade die der Form $\hat{\mathbb{Z}} \oplus \mathbb{Q}^{(\kappa)}$ mit $\kappa \geq 2^{\aleph_0}$. ■

Ü1. Gib einen direkten Beweis dafür an, daß jedes reduzierte Modell von $T^{\mathbb{Z}}$ eine Mächtigkeit $\leq 2^{\aleph_0}$ hat. [Vgl. das Ende des Beweises von Satz 14.5.6.]

Ü2. Da reduzierte Teile von Modellen als Teilmengen nicht eindeutig bestimmt sind, kann man in Lemma 14.6.1 nicht damit rechnen, daß bereits $f[\mathcal{N}]$ *gleich* $\mathcal{M}_r$ ist. Gib ein Gegenbeispiel an! [Zeige z.B., daß der durch $n \mapsto (n,n)$ gegebene Homomorphismus von $\mathbb{Z}$ nach $\mathbb{Z} \oplus \mathbb{Q}$ rein, also elementar ist.]

Ü3. Beweise, daß jedes $2^{\aleph_0}$-saturierte Modell von $T^{\mathbb{Z}}$ saturiert ist.

Da saturierte Modelle gleicher Mächtigkeit isomorph sind (Bemerkung (5) aus §12.1), folgt aus der in Ü3 konstatierten Eigenschaft einer Theorie,daß alle $2^{\aleph_0}$-saturierten Modelle gleicher Mächtigkeit isomorph sind - was wir im konkreten Fall von $T^{\mathbb{Z}}$ aus der Beschreibung der saturierten Modelle direkt ablesen können.

Ü4. Es gilt nun für beliebige unidimensionale Theorien (vgl. das Kleingedruckte nach Korollar 14.6.5) zu zeigen, daß es ein $\kappa \in$ Cn gibt, so daß alle κ-saturierten Modelle gleicher Mächtigkeit isomorph sind. [Beweise in Verallgemeinerung von Satz 12.1.1(1), daß κ-saturierte Strukturen κ-**universell** in dem Sinne sind, daß sich jede zu ihr elementar äquivalente Struktur einer Mächtigkeit $\leq \kappa$ elementar in sie einbetten läßt.]

14.7. Das Spektrum

In §13.3 hatten wir die Bezeichnung $I(\lambda,T)$ für die Anzahl der nichtisomorphen Modelle von T der Mächtigkeit λ kennengelernt.

Die Funktion, die auf Cn durch $\lambda \mapsto I(\lambda,T)$ gegeben ist, heißt **Spektralfunktion** der Theorie T.
Das **Spektralproblem** für T ist das der Ermittlung dieser Funktion.

Bemerkungen

(1) T ist λ-kategorisch genau dann, wenn $I(\lambda,T)=1$.

(2) Nach Löwenheim-Skolem gilt $I(\lambda,T) > 0$ für alle L-Theorien T mit unendlichen Modellen und alle $\lambda \geq |T|$.

(3) Eine vollständige Theorie T hat ein unendliches Modell genau dann, wenn $I(n,T) = 0$ für alle $n < \omega$.

Nehmen wir uns als letzte Aufgabe der Analyse der Theorie $T^{\mathbb{Z}}$ ihr Spektralproblem vor und versuchen, deren Spektralfunktion weitgehend zu beschreiben. Überzeugen wir uns aber erst einmal davon, daß Spektralfunktionen ganz generell kardinalzahlige Werte haben. Dazu geben wir geeignete obere Schranken für diese an.

Lemma 14.7.1 Sei $\lambda \in$ Cn.

(1) Es gibt höchstens $\max\{|L|, 2^{\lambda}\}$ nichtisomorphe L-Strukturen der Mächtigkeit λ.

(2) Wenn $\lambda \geq |L|$, so gibt es höchstens 2^{λ} nichtisomorphe L-Strukturen der Mächtigkeit λ.

Beweis

Jede n-stellige Relation (wie auch jede (n−1)-stellige Funktion) auf M entspricht einer Teilmenge von M^n. Ist $|M| = \lambda$ unendlich, so $|M^n| = \lambda^n = \lambda$, und es gibt höchstens 2^{λ} solcher Teilmengen. Für jede der höchstens $|L|$ nichtlogischen Konstanten aus L gibt es also auf einem Träger M der Mächtigkeit λ höchstens 2^λ Möglichkeiten, sie zu interpretieren, also höchstens $|L| \cdot 2^\lambda$ Möglichkeiten, M zu einer L-Struktur zu machen. Daraus folgt (1) für unendliches λ und somit auch (2). Ist $|M| = \lambda$ endlich, so hat M^n nur endlich viele Teilmengen, weshalb es für jede der höchstens $|L|$ nichtlogischen Konstanten aus L auf dem Träger M höchstens $\aleph_0$ Möglichkeiten gibt, sie zu interpretieren. Also gibt es höchstens $|L| \cdot \aleph_0 = |L|$ Möglichkeiten, M zu einer L-Struktur zu machen. Daraus folgt (1) auch für endliches λ.■

Dieselben Schranken gelten natürlich erst recht für $I(\lambda,T)$, wenn T eine L-Theorie ist. Daß sie die bestmöglichen sind (für unendliche λ selbst, wenn T vollständig ist), überlassen wir als Übungsaufgabe.

Kehren wir zu unsrem Beispiel T^Z zurück und betrachten $I(\lambda,T^Z)$ für eine unendliche Kardinalzahl λ. Nach Korollar 14.6.4 und den sich daran anschließenden Mächtigkeitsbetrachtungen (Bemerkung (2)) sind die Modelle der Mächtigkeit λ (bis auf Isomorphie) gerade die Gruppen $\mathcal{M} \oplus \mathbb{Q}^{(\kappa)}$ mit $\mathcal{M} \preceq \hat{\mathbb{Z}}$ und $\kappa \leq \lambda$, wobei $\kappa = \lambda$, falls $|\mathcal{M}| < \lambda$. Für jedes fixierte reduzierte Modell $\mathcal{M}$ gibt es also im Fall $|\mathcal{M}| < \lambda$ genau ein solches Modell, nämlich $\mathcal{M} \oplus \mathbb{Q}^{(\lambda)}$, und im Fall $|\mathcal{M}| = \lambda$ genau so viele, wie es Kardinalzahlen $\leq \lambda$ gibt, nämlich für jedes $\kappa \leq \lambda$ das Modell $\mathcal{M} \oplus \mathbb{Q}^{(\kappa)}$. Die Klassifikation *aller* Modelle ist damit auf die der reduzierten zurückgeführt. Zwar haben wir die reduzierten Modelle nicht klassifiziert und werden es auch nicht tun (s. §14.8), wir können aber dennoch eine interessante obere Schranke für die Spektralfunktion angeben:

Satz 14.7.2

(1) $I(\aleph_0, T^{\mathbb{Z}}) = 2^{\aleph_0}$.

(2) Wenn $\aleph_0 \leq \lambda \leq 2^{\aleph_0}$, so $2^{\aleph_0} \leq I(\lambda, T^{\mathbb{Z}}) \leq 2^{\lambda}$.

(3) Für alle $\lambda \geq \aleph_0$ gilt $2^{\aleph_0} \leq I(\lambda, T^{\mathbb{Z}}) \leq 2^{2^{\aleph_0}}$.

Beweis

(1) folgt daraus, daß es $2^{\aleph_0}$ verschiedene Δ^+-1-Typen von $\mathbb{Z}$ über 1 gibt und jeder dieser Typen nach §11.2 in einem abzählbaren Modell realisiert wird (und jedes solche Modell nur *abzählbar* viele dieser Typen realisieren kann). Daraus folgen auch die unteren Schranken in (2) und (3), während die obere in (2) sich unmittelbar aus obigem Lemma ergibt.

Zu (3): Wenn $\lambda > 2^{\aleph_0}$, so ist die $\mathbb{Q}$-Dimension eines Modells der Mächtigkeit λ, wie gesagt, festgelegt auf λ, und es gibt genauso viele Modelle der Mächtigkeit λ wie es reduzierte Modelle gibt. Es kann aber nach unseren Betrachtungen über letztere ihrer nicht mehr geben als es überhaupt Teilmengen von $\hat{\mathbb{Z}}$ gibt, also höchstens $2^{2^{\aleph_0}}$.

Das beweist (3) im Fall $\lambda > 2^{\aleph_0}$. Der verbleibende Fall fällt schließlich unter (2), denn aus $\lambda \leq 2^{\aleph_0}$ folgt $2^{\lambda} \leq 2^{2^{\aleph_0}}$. ■

Es läßt sich zeigen, daß die oberen Schranken sowohl in (2) als auch in (3) tatsächlich angenommen werden, d.h., daß $I(\lambda, T^{\mathbb{Z}}) = 2^{\min\{\lambda, 2^{\aleph_0}\}}$ für alle $\lambda \geq \aleph_0$ (Quellenangaben dazu finden sich im nächsten Abschnitt). Dadurch wird das Spektralproblem für $T^{\mathbb{Z}}$ schließlich vollständig gelöst.

Ü1. Gib für jedes unendliche $\kappa \in Cn$ eine Sprache L der Mächtigkeit κ und eine L-Theorie T an mit $I(2,T) = \kappa$. [Betrachte κ Individuenkonstanten und $T = \emptyset^{\models}$.]

Ü2. Finde eine vollständige abzählbare Theorie T mit $I(\lambda, T) = 2^{\lambda}$ für alle $\lambda \geq \aleph_0$.

Bezeichne T^* das elementare Diagramm $Th(\hat{\mathbb{Z}}, \hat{\mathbb{Z}})$ von $\hat{\mathbb{Z}}$. Wir wissen seit Korollar 14.6.5, daß T^* kategorisch ist in allen $\lambda > 2^{\aleph_0}$, d.h., $I(\lambda, T^*) = 1$ für alle $\lambda > 2^{\aleph_0}$ (und natürlich $I(\lambda, T^*) = 0$ für alle $\lambda < 2^{\aleph_0}$, da $|\hat{\mathbb{Z}}| = 2^{\aleph_0}$). Es erhebt sich die Frage nach $I(2^{\aleph_0},T^*)$. Um dafür einen arithmetischen Ausdruck angeben zu können, schreiben wir $2^{\aleph_0}$ als $\aleph_\alpha$ für gewisses $\alpha \in On$ (wir wissen natürlich nicht, welches α, vgl. §7.6).

Ü3. Beweise $I(2^{\aleph_0},T^*) = \aleph_0 + |\alpha+1|$, wobei $2^{\aleph_0} = \aleph_\alpha$. [Setze die Mächtigkeit der Ordinalzahl $\alpha+1$ in Beziehung zur Anzahl der unendlichen Kardinalzahlen $\leq\aleph_\alpha$!]

Ü4. Sei $\mathcal{K}$ ein unendlicher Schiefkörper (und $T^\infty_\mathcal{K}$ die vollständige Theorie der unendlichen $\mathcal{K}$-Vektorräume, vgl. Ü8.4.2).
Bestimme $I(|\mathcal{K}|,T^\infty_\mathcal{K})$! [Vgl. Ü3 .]

14.8. Eine Art Epilog

Wir sind am Ende unserer Abhandlung angelangt. Das Beispiel $T^{\mathbb{Z}}$, das wir zur Illustration so ausführlich, wenn auch nicht erschöpfend behandelt haben, ist in vielerlei Hinsicht instruktiv, und wir wollen es als Ausblick auf spezielle Themen nutzen (während Ratschläge allgemeinerer Art im Anhang folgen).

Wir sind eine konkrete Darstellung der Gruppe $\hat{\mathbb{Z}}$ und eine Berechnung der Anzahl ihrer nichtisomorphen elementaren Unterstrukturen schuldig geblieben. Das läßt sich nachholen bei

[M. Nadel, J. Stavi, *On models of the elementary theory of* (**Z**,+,1), J. Symb. Logic 55, **1990**, 1-20].

(Dort wird nur die Expansion $T^{\mathbb{Z}}_1$ von $T^{\mathbb{Z}}$ untersucht, die wir in Ü14.2.3 betrachtet haben, was aber, wie die Lektüre zeigt, genügt, um die verbliebene Lücke zu schließen.) Die Darstellung ist weitgehend elementar, und außerdem werden weitere interessante Eigenschaften von $T^{\mathbb{Z}}$ (genauer, von $T^{\mathbb{Z}}_1$) behandelt.
Daß die Gruppe $\hat{\mathbb{Z}}$ als gewisse *Vervollständigung* von $\mathbb{Z}$ aufgefaßt werden kann und daß sie ins direkte Produkt der Gruppen der sog. *ganzen* p-*adischen Zahlen* zerfällt (wobei p alle Primzahlen durchläuft), läßt sich in

[L. Fuchs, *Infinite Abelian Groups* I, Academic Press, N.Y. **1970**]

oder in dem Original

[I. Kaplansky, *Infinite Abelian Groups*, University of Michigan Press, Ann Arbor, ^{2}**1956**]

nachschlagen, ebenso wichtige Eigenschaften beliebiger algebraisch kompakter Gruppen. In Satz 14.5.6(1) überzeugten wir uns davon, daß reine Einbettungen algebraisch kompakter Modelle von $T^{\mathbb{Z}}$ zerfallen. Daß dies für beliebige algebraisch kompakte Gruppen gilt, ja sogar äquivalent zur algebraischen Kompaktheit (der einzubettenden Gruppe) ist - weshalb algebraisch kompakte Gruppen auch **rein injektiv** heißen (*injektiv* bzgl. *reiner* Einbettungen), wurde von Fuchs entdeckt und ist in seinem Buch nachzulesen. Die in Korollar 14.2.3 nachgewiesene $\tilde{\Delta}$-Elimination für $T^{\mathbb{Z}}$ (und damit auch der in Lemma 14.3.2 beschriebene Zusammenhang zwischen Reinheit und Elementarität) läßt sich für alle Gruppen (sogar simultan für die gesamte Theorie AG) durchführen, wie

[W. Szmielew, *Elementary properties of Abelian groups*, Fund. Math. 41, **1955**, 203-271]

zeigte. Daraus folgt mit demselben Argument wie in Bemerkung (2), §14.4, daß jede (abelsche!)* Gruppe stabil ist [Hinweis zum modelltheoretischen Jargon: Eine Struktur wird **stabil** genannt, wenn ihre vollständige Theorie es ist; analog für andere Eigenschaften, die eigentlich nur Theorien zugeschrieben werden]. Als (letzte) Übungsaufgabe überlassen wir, eine Gruppe zu finden, die nicht superstabil ist.

Mutatis mutandis trifft das bisher Gesagte auf *Moduln* über beliebigen Ringen zu. Bei der Elimination müssen dann statt der

---

*) Bei nichtabelschen Gruppen ist die Situation eine völlig andere: *Jede* unendliche Potenz einer nichtabelschen Gruppe ist instabil, vgl. z.B. Exercise 9.1.15 in dem weiter unten zitierten Werk von Hodges.

Δ-Formeln beliebige positiv primitive Formeln zugelassen werden,

[W. Baur, *Elimination of quantifiers for modules*, Israel J. Math. 25, **1976**, 64-70].

Neuere Beweise dessen sind konzeptioneller und leichter verständlich und liefern mehr oder weniger direkt auch die (stärkere) $\tilde{\Delta}$-Elimination für AG; siehe dazu

[M. Prest, *Model Theory and Modules*, London Math. Society Lecture Notes Series 130, Cambridge University Press, Cambridge **1988**],

[M. Ziegler, *Model theory of modules*, Ann. Pure Appl. Logic 26, **1984**, 149-213]

oder aber

[W. Hodges, *Model Theory*, Encyclopedia of mathematics and its applications 42, Cambridge University Press, Cambridge **1993**],

wo auch der Zusammenhang von algebraischer Kompaktheit mit anderen Saturiertheitsbegriffen wie *atomarer Kompaktheit* im Kontext beliebiger Strukturen erörtert wird. (Auch das einführende Kapitel von

[J. T. Baldwin, *Fundamentals of Stability Theory*, Perspectives in Math. Logic, Springer, N.Y. **1988**]

enthält den Beweis der Elimination für Moduln.)

Die ersten beiden dieser Quellen decken überdies den bisher umrissenen Themenkreis ab und enthalten eine Fülle stabilitätstheoretischer Betrachtungen von Moduln. So wurde in der Arbeit von Martin Ziegler (die weitestgehend in dem Buch von Mike Prest aufgegangen ist) erstmals das Spektralproblem für *alle* unendlichen Moduln über abzählbaren Ringen gelöst. Dort wurde auch gezeigt, daß unser Satz 14.6.2(4) über die Existenz einer Primstruktur von und in der Klasse aller algebraisch kompakten Modelle von $T^{\mathbb{Z}}$ in viel größerer Allgemeinheit - alle superstabilen vollständigen Theorien von Moduln eingeschlossen - gilt. Ein Großteil unserer Analyse von $T^{\mathbb{Z}}$ trifft auf beliebige unidimensionale Theorien zu (vgl. das Kleingedruckte nach Korollar 14.6.5), oder zumindest auf solche vom sog. *U*- (oder auch *Lascar*-) *Rang* 1 zu. Dies ist Bestandteil der Stabilitäts- oder Klassifikationstheorie und in seiner Allgemeinheit als anschließende Lektüre ungeeignet (vgl. etwa

[S. Shelah, *Classification Theory (and the Number of Non-Isomorphic Models)*, Studies in Logic and the Foundations of Mathematics 92, North-Holland, Amsterdam [2]**1990**]

oder das bereits zitierte Werk von Baldwin).

Der Fall unidimensionaler *Moduln* ist zwar viel einfacher, setzt aber wiederum einige Kenntnisse der Theorie der algebraisch kompakten Moduln voraus (vgl. Chapter 7 in Prests Buch).

Ein angemessener Einstieg in die Stabilitätstheorie, wie er im Anhang empfohlen wird, schlösse aber den Fall unidimensionaler Theorien ein, die außerdem (abzählbar und) $\aleph_0$-stabil (man sagt auch ω-stabil) sind. Das sind nämlich gerade die $\aleph_1$-kategorischen (abzählbaren) Theorien, die der Satz von Morley beschreibt, der den Ausgangspunkt für die von Saharon Shelah begründete Stabilitätstheorie bildete (vgl. §8.5).

Eine letzte Bemerkung zum Spektralproblem, um einem verbreiteten Mißverständnis vorzugreifen.

In der ursprünglichen Fassung von

[H. Scholz, *Ein ungelöstes Problem der symbolischen Logik*, J. Symb. Logic 17, **1952**, 160]

geht es dabei nicht um die Spektralfunktion selbst, sondern gewissermaßen nur um deren Träger, d.h., um die Menge $\{ \lambda \in Cn : I(\lambda,T) > 0 \}$, und das auch lediglich für endlich axiomatisierbare Theorien T, also - und so formulierte es Heinrich Scholz - für einzelne Aussagen. Wegen des Satzes von Löwenheim-Skolem ist dieses Problem für unendliche λ trivial (eigentlich nur für $\lambda \geq |L|$, aber einzelne Aussagen lassen sich natürlich bereits in einem abzählbaren Fragment der Ausgangssprache formulieren), d.h., die obige Menge enthält entweder jede oder gar keine unendliche Kardinalzahl. Deshalb betrachtet man statt dessen die Menge $\{ n < \omega : I(n,T) > 0 \}$ und bezeichnet diese als **Spektrum** von T. Die Beschreibung der möglichen Spektren von Aussagen ist ein schwieriges Problem und bis heute weitgehend ungelöst, s.a.

[E. Börger, *Berechenbarkeit, Komplexität, Logik*, Vieweg, Braunschweig **1985**],

[R. Fagin, *Finite-model theory - a personal perspective*, Theoret. Computer Sc. 116, **1993**, 3-31]

und Hodges' *Model Theory*.

Im Unendlichen, wo das Scholzsche Spektralproblem trivial ist, bietet sich nun die nächstschwierige Frage an, nämlich die nach den *Werten* der Spektralfunktion (und das nicht nur für endlich axiomatisierbare Theorien), also das, was *wir* Spektralproblem genannt haben.

Dieses Problem ist programmatisch für die gesamte Shelahsche Theorie, und man könnte vielleicht meinen, diese sei eher mengentheoretisch denn modelltheoretisch orientiert, gehe es doch um die Bestimmung von Kardinalzahlfunktionen. Weit gefehlt, man ist vor allem an Ergebnissen interessiert, die nicht von speziellen Eigenschaften der gewählten Mengenlehre abhängen, und dafür braucht man eben *modell*theoretische Struktureinsichten. Bestes Beispiel ist der Satz von Vaught über die Unmöglichkeit des Spektralwertes 2 beim Argument $\aleph_0$ (Satz 13.4.1), dessen eigentliche Aussage einfach nur kurios erscheinen mag (auch wohl keine sonderlich interessanten Folgerungen zeitigte), dessen Beweis hingegen einen Großteil unserer vorherigen strukturellen Betrachtungen notwendig machte.

Ü1. Zeige, daß die Gruppe $\mathbb{Z}^{(\omega)}$ nicht superstabil ist.

Literatur nebst Hinweisen zur weiteren Lektüre

Zu einigen speziellen Themen sind im Text bereits Hinweise ergangen. Hier werden einige allgemeine Ratschläge erteilt, wie das Studium der Modelltheorie gezielt fortgesetzt werden kann. Denen, die dies systematisch vorhaben, sei Bruno Poizats in Abschnitt A zitiertes Einführungswerk *Cours de théorie des modèles* ans Herz gelegt (das lediglich im Selbstverlag erschienen und - wie auch sein zweites in Abschnitt C zitiertes Buch - leider nur vom Autor direkt (Université Lyon) zu beziehen ist). Denen, die eher einen Überblick über die Vielfalt modelltheoretischer Methoden (u.a. auch für Logiken höherer Stufe) anstreben, sei Wilfrid Hodges' umfangreiches ebenfalls in A genanntes Werk *Model Theory* empfohlen. Beide Bücher sind von großer didaktischer Raffinesse und literarischem Esprit und vertreten einen von aktueller Forschung geprägten Standpunkt.
Weitere geeignete Lektüre ist ebenfalls unter A aufgelistet. Alle dort genannten Titel (bis auf das spieltheoretische Buch von Hodges) behandeln den Satz von Morley, über dessen zentrale Bedeutung bereits in §8.5 ein wenig gesagt wurde. Ein ausführlicher Anhang in dem Buch von Klaus Potthoff ist der von Abraham Robinson entwickelten Nichtstandardanalysis gewidmet.
Die in Abschnitt B aufgeführten Werke setzen ein gewisses Maß an stabilitätstheoretischer Kenntnis voraus, während die unter C genannten modelltheoretischen Abhandlungen über spezielle Strukturklassen zumindest modelltheoretisch gesehen im Anschluß an das hier Gelesene unmittelbar zugänglich sein sollten - bis auf das von Poizat (das trotz seiner Orientierung auf Gruppen eher in den Umkreis der unter B genannten Literatur gehört) und den von Ali Nesin und Anand Pillay herausgegebenen Sammelband, der die empfehlenswerte (französisch geschriebene!) Übersichtsarbeit von Poizat, *An introduction to algebraically closed fields and varieties* (pp. 41-67) enthält, in der interessante Verbindungen zwischen Modelltheorie und algebraischer Geometrie besprochen werden.
Für den kürzeren Atem eignen sich als modelltheoretische Ergänzung auch einzelne Kapitel aus den in D aufgeführten Logiklehrbüchern. Stellvertretend

seien die in dem Buch von Alexander Prestel behandelten Anwendungen auf geordnete, insbesondere *reell* abgeschlossene, Körper genannt, die ein Pendant zu den hier angestellten Betrachtungen über *algebraisch* abgeschlossene Körper bilden.

Einen Überblick über einen Großteil der gesamten Logik läßt sich mit

[J. Barwise (ed.), *Handbook of Mathematical Logic*, Studies in Logic and the Foundations of Mathematics 90, North-Holland, Amsterdam **1977**, 1165 pp.]

verschaffen (in dem die Modelltheorie ein Drittel ausmacht).

Die Seitenangaben in eckigen Klammern verweisen auf die Stelle im Text.

A. Neuere Lehrbücher

S. Buechler, *Essential Stability Theory*, Perspectives in Math. Logic, Springer, erscheint demnächst

C. C. Chang, H. J. Keisler [sprich: Kießler], *Model Theory*, Studies in Logic and the Foundations of Mathematics 73, North-Holland, Amsterdam ^{3}**1990**, 650 pp.

W. Hodges, *Building Models by Games*, London Mathematical Society Student Texts 2, Cambridge University Press, Cambridge **1985**, 311 pp.

W. Hodges, *Model Theory*, Encyclopedia of mathematics and its applications 42, Cambridge University Press, Cambridge **1993**, 772 pp. [14, 61, 114, 307, 309]

D. Lascar, *Stability in model theory*, Pitman Monographs and Surveys 36, Longman Science & Technical, Harlow **1987**, 193 pp.

A. Pillay, *An introduction to stability theory*, Oxford Logic Guides 8, Clarendon Press, Oxford **1983**, 146 pp.

B. Poizat, *Cours de théorie des modèles*, Nur al-Mantiq wal-Ma'rifah, Villeurbanne **1985**, 584 pp.

K. Potthoff, *Einführung in die Modelltheorie und ihre Anwendungen*, Wiss. Buchgesellschaft, Darmstadt **1981**, 277 pp.

G. E. Sacks, *Saturated Model Theory*, Benjamin, Reading **1972**, 335 pp. [256]

B. Neuere Monographien

J. T. Baldwin, *Fundamentals of Stability Theory*, Perspectives in Math. Logic, Springer, N.Y. **1988**, 447 pp. [307f]

A. Pillay, *Geometric stability theory*, Oxford Logic Guides, Clarendon Press, Oxford, erscheint demnächst

S. Shelah, *Classification Theory (and the Number of Non-Isomorphic Models)*, Studies in Logic and the Foundations of Mathematics 92, North-Holland, Amsterdam ^{2}**1990**, 705 pp. [308f]

C. Modelltheorie spezieller Strukturen (Auswahl)

G. Cherlin, *Model-Theoretic Algebra*, Lecture Notes in Mathematics 521, Springer, Berlin **1976**, 232 pp. [bewertete Körper, Ringe, rein-injektive abelsche Gruppen und Moduln, $\aleph_1$-kategorische Körper]

H.-D. Ebbinghaus, J. Flum, *Finite-model theory*, erscheint demnächst

Ю. Л. Ершов (Y. L. Ershov [sprich: Jerschov]), **Проблемы разрешимости и конструктивные модели** (Entscheidbarkeitsprobleme und konstruktive Modelle, Russisch), Nauka, Moskva **1980**, 416 pp. [distributive Verbände, algebraisch kompakte abelsche Gruppen, bewertete Körper]

C. U. Jensen, H. Lenzing, *Model theoretic algebra (With particular emphasis on fields, rings and modules)*, Algebra, Logic and Applications 2, Gordon & Breach, N.Y. **1989**, 443 pp.

R. Kaye, *Models of Peano Arithmetic*, Oxford Logic Guides 15, Clarendon Press, Oxford **1991**, 292 pp.

A. H. Nesin, A. Pillay (eds.), *The model theory of groups*, Notre Dame Mathematical Lectures 11, Univ. of Notre Dame Press, Notre Dame **1989**, 209 pp.

B. Poizat, *Groupes stables*,Nural-Mantiqwal-Ma'rifah,Villeurbanne **1987**,215 pp.

M. Prest, *Model Theory and Modules*, London Math. Society Lecture Notes Series 130, Cambridge University Press, Cambridge **1988**, 380 pp. [307]

J. G. Rosenstein, *Linear orderings*, Academic Press, N.Y. **1982**, 487 pp.

D. Einführungen in die Logik mit ergänzenden modelltheoretischen Kapiteln (Auswahl)

J. Bridge, *Beginning model theory: the completeness theorem and some consequences*, Oxford Logic Guides 1, Clarendon Press, Oxford **1977**, 143 pp.

R. Cori, D. Lascar, *Logique mathématique* I, II, Masson, Paris [2]**1994**, 385+347 pp.

H.-D. Ebbinghaus, J. Flum, W. Thomas, *Einführung in die mathematische Logik*, BI Wissenschaftsverlag, Mannheim [3]**1992**, 338 pp.

H. B. Enderton, *A mathematical introduction to logic*, Academic Press, N.Y. **1972**

J. D. Monk, *Mathematical Logic*, Graduate Texts in Mathematics 37, Springer, N.Y. **1976**, 531 pp.

A. Prestel, *Einführung in die mathematische Logik und Modelltheorie*, Vieweg-Studium 60, Braunschweig **1986**, 286 pp.

H.-P. Tuschik, H. Wolter, *Mathematische Logik - kurzgefaßt (Grundlagen, Modelltheorie, Entscheidbarkeit, Mengenlehre)*, BI Wissenschaftsverlag, Mannheim **1994**, 203 pp.

E. Mengentheoretische Einführungen (Auswahl)

H.-D. Ebbinghaus, *Einführung in die Mengenlehre*, BI Wissenschaftsverlag, Mannheim [3]**1994**, 236 pp.

U. Friedrichsdorf, A. Prestel, *Mengenlehre für den Mathematiker*, Vieweg-Studium 58, Braunschweig **1985**, 103 pp.

P. R. Halmos, *Naive Mengenlehre*, Vandenhoeck & Ruprecht, Göttingen **1968**, 132 pp.

A. Oberschelp, *Allgemeine Mengenlehre*, BI Wissenschaftsverlag, Mannheim **1994**, 300 pp.

F. Algebraische Literatur (Auswahl)

P. M. Cohn, *Algebra* 1-3, Wiley, Chichester **1974/1977/**[2]**1991**, 483+321+474 pp. [254]

L. Fuchs, *Infinite Abelian Groups* I, Academic Press, N.Y. **1970**, 290 pp. [305]

P. R. Halmos, *Lectures on Boolean Algebras*, Springer, N.Y. **1974**, 147 pp.

I. Kaplansky, *Infinite Abelian Groups*, University of Michigan Press, Ann Arbor, ²**1956**, 91 pp. [306]

M. I. Kargapolov, J. I. Mersljakov, *Fundamentals of the Theory of Groups*, Springer, N. Y. ²**1979**, 203 pp. [u.a. lokale Sätze]

E. Kunz, *Algebra*, Vieweg-Studium 43, Braunschweig **1991**, 254 pp.

F. Lorenz, *Einführung in die Algebra* I, BI Wissenschaftsverlag, Mannheim **1987**, 338 pp.

G. Scheja, U. Storch, *Lehrbuch der Algebra* 1-3, Teubner, Stuttgart **1980/1988/1981**, 408+816+239 pp.

R. Sikorski, *Boolean Algebras*, Ergebnisse der Mathematik und ihrer Grenzgebiete 25, Springer, Berlin ³**1969**, 237 pp.

B. L. van der Waerden, *Algebra* I, Heidelberger Taschenbücher 12, Springer, Berlin ⁷**1966**, 271 pp. [254]

G. Weitere im Text zitierte Literatur

H. Bachmann, *Transfinite Zahlen*, Ergebnisse der Mathematik und ihrer Grenzgebiete 1, Springer, Berlin **1955**, 204 pp. [136]

J. T. Baldwin, A. R. Blass, A. M. W. Glass, D. W. Kueker, *A 'natural' theory without a prime model*, algebra universalis 3, **1973**, 152-155 [278]

J. T. Baldwin, A. H. Lachlan, *On strongly minimal sets*, J. Symb. Logic 36, **1971**, 79-96 [234, 254]

W. Baur, *Elimination of quantifiers for modules*, Israel J. Math. 25, **1976**, 64-70 [307]

E. Börger, *Berechenbarkeit, Komplexität, Logik*, Vieweg, Braunschweig **1985**, 469 pp. [309]

G. Cantor, *Beiträge zur Begründung der transfiniten Mengenlehre* I, Math. Ann. 46, **1895**, 481-512 (auch in Cantor (1932)) [119, 145]

G. Cantor, *Beiträge zur Begründung der transfiniten Mengenlehre* II, Math. Ann. 49, **1897**, 207-246 (auch in Cantor (1932)) [136]

G. Cantor, *Gesammelte Abhandlungen mathematischen und philosophischen Inhalts*, Springer, Berlin **1932**, Reprint **1980**, 489 pp.

C. C. Chang, *On unions of chains of models*, Proc. Am. Math. Soc. 10, **1959**, 120-127 [203]

E. Engeler, *A characterization of theories with isomorphic denumerable models*, Notices Am. Math. Soc. 6, **1959**, 161 [262]

R. Fagin, *Finite-model theory - a personal perspective*, Theoret. Computer Sc. 116, **1993**, 3-31 [309]

K. Gödel, *Die Vollständigkeit der Axiome des logischen Funktionenkalküls*, Monatsh. Math. Phys. 37, **1930**, 349-360 [70]

A. Grzegorczyk, A. Mostowski, C. Ryll-Nardzewski, *Definability of sets in models of axiomatic theories*, Bull. Acad. Polon. Sci. Sér. Sci. Math. Astronom. Phys. 9, **1961**, 163-167 [257]

L. Henkin, *Some interconnections between modern algebra and mathematical logic*, Trans. A.M.S. 74, **1953**, 410-427 [106]

E. V. Huntington, *The continuum as a type of order: an exposition of the modern theory*, Annals of Math. 6, **1904/05**, 178-79 [120]

H. J. Keisler, *Some applications of infinitely long formulas*, J. Symb. Logic 30, **1965**, 339-349 [210]

L. Löwenheim, *Über Möglichkeiten im Relativkalkül*, Math. Ann. 76, **1915**, 447-470 [72, 159]

J. Łoś, *On the categoricity in power of elementary deductive systems and some related problems*, Colloq. Math. 3, **1954**, 58-62 [163]

J. Łoś, *On extending of models* I, Fund. Math. 42, **1955**, 38-54 [99]

J. Łoś, *Quelques remarques, théorèmes et problèmes sur les classes définissables d'algèbres*, in: Mathematical interpretation of formal systems, ed. L. E. J. Brouwer et al., Amsterdam **1955**, 98-113 [67]

J. Łoś, R. Suszko, *On the extending of models* IV: *Infinite sums of models*, Fund. Math. 44, **1957**, 52-60 [203]

R. C. Lyndon, *Properties preserved under homomorphism*, Pacific J. Math. 9, **1959**, 143-154 [207]

A. I. Malcev, *Untersuchungen aus dem Gebiete der mathematischen Logik*, Rec. Math. N.S. 1, **1936**, 323-336 (auch in Malcev (1971)) [70]

А. И. Мальцев, Об одном общем методе получения локальных теорем теории групп, Učenye Zapiski Ivanov. Ped. Inst. 1, **1941**, no.1, 3-9 (engl. Übersetzung in Malcev (1971)) [93]

A. I. Malcev, *The Metamathematics of Algebraic Systems. Collected Papers: 1936-1967*, Studies in Logic and the Foundations of Mathematics 66, North-Holland, Amsterdam **1971**, 494 pp. [70]

A. I. Malcev, *Algebraic Systems*, Grundlehren der Mathematischen Wissenschaften 192, Springer, Berlin **1973**, 317 pp. [23, 295]

W. E. Marsh, *On ω_1-categorical and not ω-categorical theories*, Dissertation, Dartmouth College **1966**, unveröffentlicht [234, 254]

M. Morley, *Categoricity in power*, Trans. Am. Math. Soc. 114, **1965**, 514-538 [164, 173]

M. D. Morley, R. L. Vaught, *Homogeneous universal models*, Math. Scand. 11, **1962**, 37-57 [241]

D. Mumford, *Algebraic Geometry* I (*Complex Projective Varieties*), Grundlehren der Mathematischen Wissenschaften 221, Springer, Berlin **1976**, 186 pp. [192]

M. Nadel, J. Stavi, *On models of the elementary theory of* $(\mathbf{Z},+,1)$, J. Symb. Logic 55, **1990**, 1-20 [305]

J. v. Neumann, *Zur Einführung der transfiniten Zahlen*, Acta Litt. Scient. Univ. Szeged., Sectio scient. math. 1, **1923**, 199-208 (auch in v. Neumann (1961)) [136]

J. v. Neumann, *Die Axiomatisierung der Mengenlehre,* Math. Zeitschrift 27, **1928**, 669-752 (auch in v. Neumann (1961)) [145]

J. v. Neumann, *Collected Works*, Vol. 1, Pergamon Press, Oxford **1961**, 654 pp.

K. Прутков (K. Prutkov), Полное собрание сочинений, St. Peterburg ^{2}**1885** [11]

A. Robinson, *On the Metamathematics of Algebra*, Studies in Logic and the Foundations of Mathematics, North-Holland, Amsterdam **1951**, 195 pp. [79]

A. Robinson, *Complete Theories*, Studies in Logic and the Foundations of Mathematics, North-Holland, Amsterdam **1956**, 129 pp. [166, 194]

A. Robinson, *Introduction to Model Theory and to the Metamathematics of Algebra*, Studies in Logic and the Foundations of Mathematics 66, North-Holland, Amsterdam ^{2}**1965**, 284 pp. [187]

C. Ryll-Nardzewski, *On the categoricity in power* $\aleph_0$, Bull. Acad. Polon. Sci. Sér. Sci. Math. Astron. Phys. 7, **1959**, 545-548 [262]

H. Scholz, *Ein ungelöstes Problem der symbolischen Logik*, J. Symb. Logic 17, **1952**, 160 [308]

Th. Skolem, *Logisch-kombinatorische Untersuchungen über die Erfüllbarkeit oder Beweisbarkeit mathematischer Sätze nebst einem Theorem über dichte Mengen*, Skrifter, Videnskabsakademie i Kristiania I. Mat.-Nat. Kl. No. 4, **1920**, 1-36 (auch in Skolem (1970)) [72, 159]

Th. Skolem, *Einige Bemerkungen zur axiomatischen Begründung der Mengenlehre*, Proc. 5th Scand. Math. Congress, Helsinki **1922**, 217-232 (auch in Skolem (1970)) [160]

Th. Skolem, *Über die Nicht-Charakterisierbarkeit der Zahlenreihe mittels endlich oder abzählbar unendlich vieler Aussagen mit ausschließlich Zahlenvariablen*, Fund. Math. 23, **1934**, 150-161 (auch in Skolem (1970)) [73]

Th. Skolem, *Selected Works in Logic*, ed. J. E. Fenstad, Oslo **1970** [72]

E. Steinitz, *Algebraische Theorie der Körper*, J. Reine Angew. Math. 137, **1910**, 167-309, Reprint, R. Baer, H. Hesse (eds.), Chelsea, N. Y. **1950**, 176 pp. [254]

M. H. Stone, *The representation theorem for Boolean algebra*, Trans. Am. Math. Soc. 40, **1936**, 37-111 [87]

L. Svenonius, $\aleph_0$*-categoricity in first-order predicate calculus*, Theoria (Lund) 25, **1959**, 82-94 [262]

W. Szmielew, *Elementary properties of Abelian groups*, Fund. Math. 41, **1955**, 203-271 [306]

E. Szpilrajn, *Sur l'extension de l'ordre partiel*, Fund. Math. 16, **1930**, 386-389 [118]

A. Tarski, *Une contribution à la théorie de la mesure*, Fund. Math. 15, **1930**, 42-50 (auch in Tarski (1986)) [69]

A. Tarski, *Über einige fundamentale Begriffe der Mathematik*, C.R. Séances Soc. Sci. Lettres Varsovie Cl. III 23, **1930**, 22-29 (auch in Tarski (1986)) [49, 59]

A. Tarski, *Der Wahrheitsbegriff in den formalisierten Sprachen*, Studia Philosoph. 1, Warschau **1935**, 261-405 (auch in Tarski (1986)) [40]

A. Tarski, *Contributions to the theory of models* I, II, Koninkl. Ned. Akad. Wetensch. Proc. Ser. A 57, **1954**, 572-588 (auch in Tarski (1986)) [99]

A. Tarski, *Collected Papers*, eds. S. R. Givant, R. N. McKenzie, Birkhäuser, Basel **1986** (Vol. 1: 1921-34, 659 pp., Vol. 2: 1935-44, 699 pp., Vol. 3: 1945-57, 682 pp., Vol. 4: 1958-79, 757 pp.)

A. Tarski, R. Vaught, *Arithmetical extensions of relational systems*, Compositio Math. 13, **1957**, 81-102 (auch in Tarski (1986)) [153, 199]

P. Terentius Afer (Terenz), *Drei Komödien*, Reclam, Leipzig **1973** [14]

R. Vaught, *Applications of the Löwenheim-Skolem-Tarski theorem to problems of completeness and decidability*, Koninkl. Ned. Akad. Wettensch. Proc. Ser. A 57, **1954**, 467-472 [163]

R. Vaught, *Denumerable models of complete theories*, Infinitistic Methods Pergamon, London und Państwowe Wydawnictwo Naukowe, Warszawa, **1961**, 303-321 [245, 249, 256]

M. Ziegler, *Model theory of modules*, Ann. Pure Appl. Logic 26, **1984**, 149-213 [307]

Symbolverzeichnis

Allgemeines, Mengen, Filter, etc.

Strukturen und Operatoren auf solchen

Spezielle Strukturen

Beziehungen zwischen Strukturen

Signaturen und Sprachen

Spezielle Signaturen und Sprachen

Spezielle Terme, Formeln und Formelmengen

Semantik

Beziehungen zwischen Formeln und Formelmengen

Theorien

Spezielle Theorien

Typen

Index